蓝信 LANDSEAS

U0274598

丹东市蓝信电器有限公司成立于二〇〇〇年一月，公司主营产品：流量标准装置、测控软件系统和智能化仪器仪表。产品分为三大类十几个品种；主要应用于军工、石油、化工、装备制造业和公用事业等方面，为客户提供全套的解决方案。

企业获得国家高新技术企业证书、辽宁省软件企业证书，自主开发计算机软件系统共获得10项国家计算机软件著作权；同时"蓝信计量检定系统"及"蓝信工业生产线自动控制系统"获得辽宁省软件产品证书。

蓝信电器公司在流量标准装置涉猎的领域宽，在高精度、大口径、高压、高温低温、大口径、微小口径、易燃易爆及装置专用部件等多方面创作了成功的业绩，在气体（包括天然气和特殊气体）原级装置（mt法、pVTt法）和微小流量装置的技术指标处于国内先进。

蓝信电器公司具有较强的研发、创新能力，在流量领域取得多项原创成果，其中自主研发的"切断阀漏率在线检测方法"获得国家发明专利证书、辽宁省"专精特新"产品证书；"浮力平衡式称量装置"获得国家实用新型专利证书。2017年公司获得丹东市"专精特新"中小企业证书。

集装箱移动小流量标准装置

质量时间（mt）法+喷嘴法气体流量标准装置

天然气pVTt法原级流量标准装置

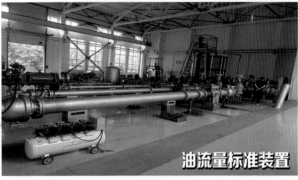

油流量标准装置

DN1200大口径水流量标准装置

丹东市蓝信电器有限公司
地址：辽宁省丹东市振兴区集环路13-1号
联系电话：0415-3158758　　邮箱：landseas01@163.com
网址：www.landseas.cn

工厂

气体中压超声流量计

工业超声燃气表

工商户

民用超声燃气表

超声波燃气表/流量计

打造"1+1>2"的智能终端

小区住宅

- 覆盖燃气上中下游全产业链

- 无可动部件，计量精准可靠

- 安全管控：防逆流、防拆卸、高温保护等

- 基于4G/5G技术，实现远程数据传输、远程实时监控等

- 基于大数据、云计算技术，实现产品全生命周期管理

金卡智能集团股份有限公司

A: 浙江省杭州市钱塘区金乔街158号
E: marketing@jinka.cn

W: www.jinka.cn
T: 0571-56633333

股票名称：金卡智能
股票代码：300349

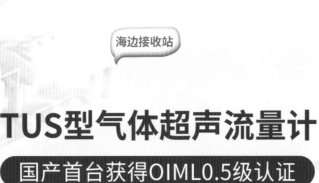

海边接收站

TUS型气体超声流量计

国产首台获得OIML0.5级认证

- 📣 可提供四声道、六声道、八声道供用户选择，满足用户的不同需求

- ⊙ 不确定度优于0.2%、准确度满足0.5级要求

- 4G 搭载 4G 技术，可将数据上传至云服务器，实现产品全生命周期管理

- 🌡 内置高精度的温度传感器，可自动修正壳体的膨胀系数

- 🔧 具备超强的自诊断功能，可将诊断结果无线远传至终端，能够快速分析设备状态

- 🔥 搭配在线气相色谱分析仪、流量计算机，可实现准确的能量计量

能量计量方案

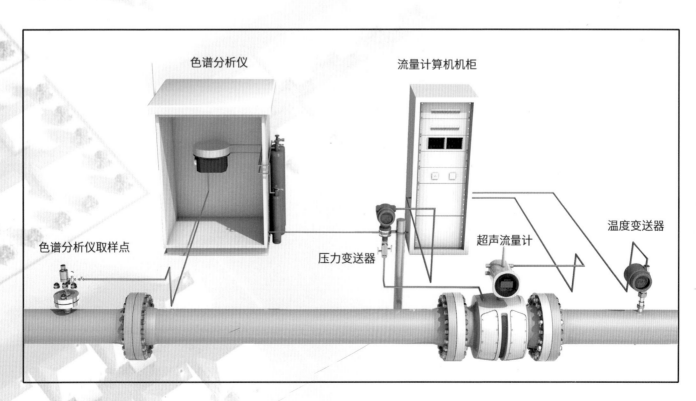

色谱分析仪　　流量计算机机柜

色谱分析仪取样点　　压力变送器　　超声流量计　　温度变送器

A: 浙江省苍南县工业园区花莲路198号　　W: www.tancy.com
E: tancy@tancy.com　　T : 0577-6885 6655

天信仪表集团有限公司

流量国家计量技术规范汇编

中国标准出版社 编

中国标准出版社

北京

图书在版编目(CIP)数据

流量国家计量技术规范汇编/中国标准出版社编.
—北京:中国质量标准出版传媒有限公司,2023.8
ISBN 978-7-5026-5159-6

Ⅰ.①流… Ⅱ.①中… Ⅲ.①流量仪表-技术规范-汇编-
中国 Ⅳ.①TH814-65

中国国家版本馆 CIP 数据核字(2023)第 069209 号

中 国 标 准 出 版 社 出 版 发 行
北京市朝阳区和平里西街甲 2 号(100029)
北京市西城区三里河北街 16 号(100045)

网址 www.spc.net.cn
总编室:(010)68533533   发行中心:(010)51780238
读者服务部:(010)68523946
中国标准出版社秦皇岛印刷厂印刷
各地新华书店经销

*

开本 880×1230 1/16 印张 38.5 字数 1 154 千字
2023 年 8 月第一版 2023 年 8 月第一次印刷

*

定价 279.00 元

出版说明

流量计量器具广泛应用于冶金、石油、化工、电力、水利等行业,对于贸易结算、工艺控制起着极其重要的作用。为满足不同种类流体特性、不同流动状态下的流量计量问题,我国先后研制并投入使用了速度式流量计、容积流量计、动量式流量计、电磁流量计、超声波流量计等几十种新型流量计。为了评定流量计量器具的计量性能,保证量值的准确,国务院计量行政部门已发布现行有效的流量检定系统表有2项,检定规程有33项,型式评价大纲有16项,校准规范有11项。

为了满足计量技术机构和广大企事业单位开展流量计量器具检定、校准工作的需要和使用方便,中国标准出版社系统整理了已发布的流量国家计量技术规范,组织编辑了《流量国家计量技术规范汇编》。本汇编收录了截至2023年6月30日前已发布的现行有效的流量检定规程8项,包括JJG 162—2019《饮用冷水水表检定规程》、JJG 1114—2015《液化天然气加气机检定规程》等;流量型式评价大纲8项,包括JJF 1354—2012《膜式燃气表型式评价大纲》、JJF 1522—2015《热水水表型式评价大纲》等;以及3项流量校准规范,包括JJF 1583—2016《标准表法压缩天然气加气机检定装置校准规范》、JJF 1586—2016《主动活塞式流量标准装置校准规范》等。本汇编可为流量计量器具检测、生产、使用人员参考和使用相关技术规范提供便利,是工作人员常用的一本工具书。

由于技术规范的时效性,本汇编所收录的技术规范可能会被修订或重新制定,请读者使用时注意采用最新的有效版本。

本汇编由中国标准出版社策划、选编。如本书有任何不足之处,敬请读者批评指正。

编者
2023年6月

目　录

流量检定规程

流量型式评价大纲

流量校准规范

流量检定规程

中华人民共和国国家计量检定规程

JJG 162—2019

饮 用 冷 水 水 表

Cold Potable Water Meters

2019-12-31 发布　　　　　　　　　　　2020-03-31 实施

国家市场监督管理总局 发布

饮用冷水水表检定规程

Verification Regulation of
Cold Potable Water Meters

JJG 162—2019
代替 JJG 162—2009
正文部分

归 口 单 位：全国流量计量技术委员会液体流量分技术委员会

主要起草单位：浙江省计量科学研究院

北京市计量检测科学研究院

参加起草单位：河南省计量科学研究院

重庆市计量质量检测科学研究院

宁波东海仪表水道有限公司

福州科融仪表有限公司

本规程委托全国流量计量技术委员会液体流量分技术委员会负责解释

本规程主要起草人：

赵建亮（浙江省计量科学研究院）

胡涤新（浙江省计量科学研究院）

李　晨（北京市计量检测科学研究院）

参加起草人：

朱永宏（河南省计量科学研究院）

张泽宏（重庆市计量质量检测科学研究院）

林志良（宁波东海仪表水道有限公司）

陈含章（福州科融仪表有限公司）

引　言

本规程是在 JJG 162—2009《冷水水表》的基础上，参考了国际法制计量组织（OIML）发布的国际建议 OIML R49-1：2013《饮用冷水水表和热水水表　第 1 部分：计量和技术要求》（Water meters for cold potable water and hot water Part 1：Metrological and technical requirements）有关首次检定的建议，结合我国水表制造和应用的实际情况进行修订。本规程遵循 JJF 1002—2010《国家计量检定规程编写规则》的相关规定。

与 JJG 162—2009 相比，本规程仅涉及水表检定部分的内容，型式评价部分的内容由另行制定的型式评价大纲代替。本次修订除了编辑性修改之外，主要技术变化如下：

——术语部分结合 OIML R49-1：2013 和我国水表相关行业标准，删除了仅与型式评价部分相关的术语，如"固有误差""耐久性"等，保留了与检定相关的术语及其定义，增加了"机电转换装置""机电转换误差"等术语及其定义；

——调整了检定项目的名称，将原"外观和功能"调整为"外观、封印和标志"，原"外观和功能"中适用于带电子装置水表的功能部分单列为"电子装置功能"；

——明确了"电子装置功能"检定项目中带电子装置的机械式水表机电转换误差的技术要求和检定方法；

——细化了检定用计量标准器和配套设备；

——检定方法中增加了流量时间法，并增加了针对水表与检定装置不同步时采用测量检定时间来修正体积的示值误差计算方法，列出了相应的计算公式；

——检定结果的处理中增加了针对量大面广的公称通径不大于 DN25 水表可只出具检定合格证的规定；

——删除了原规程的附录 G"水表的检定流量和用水量参考值"，增加了附录 A"水表的使用中检查方法"、附录 D"水表的分类"和附录 E"密度查表法"；

——将原规程附录 F"检定记录参考格式"修订为附录 B；原规程附录 H"检定证书和检定结果通知书内页格式"修订为附录 C。

本规程的历次版本发布情况：

——JJG 162—2009《冷水水表》；

——JJG 162—2007《冷水水表》；

——JJG 162—1985《水表及其试验装置》。

饮用冷水水表检定规程

1 范围

本规程适用于饮用冷水水表的首次检定、后续检定和使用中检查。

本规程所指的饮用冷水水表是温度等级为 T30 和 T50、测量流经封闭满管道可饮用冷水的水表，包括工作原理基于机械原理、电子或电磁原理的水表，以及基于机械原理带电子装置的水表。

2 引用文件

本规程引用了下列文件：

JJG 164　液体流量标准装置

JJG 643　标准表法流量标准装置

JJG 1113　水表检定装置

JJF 1777—2019　饮用冷水水表型式评价大纲

凡是注日期的引用文件，仅注日期的版本适用于本规程；凡是不注日期的引用文件，其最新版本（包括所有的修改单）适用于本规程。

3 术语和计量单位

3.1 术语

3.1.1 水表　water meter

在测量条件下，用于连续测量、记录和显示流经测量传感器的水体积的仪表。

注：水表包括至少一个测量传感器、一个计算器（如有，包括调整或修正装置）以及一个指示装置。三者可以置于不同外壳内。

3.1.2 测量传感器　measurement transducer

将所测量的水的流量或体积转换成信号传送给计算器的水表部件，包括敏感器。

注：

1　测量传感器可以自主工作或使用外部电源，可以基于机械或电子原理。

2　敏感器通常也称检测元件，详见 JJF 1777—2019 中 3.1.3 的定义。

3.1.3 计算器　calculator

接收测量传感器和可能来自于相关测量仪表的输出信号，并将其转换成测量结果的水表部件。如果条件许可，在测量结果未被采用之前还可将其存入存储器。

注：

1　机械式水表中的齿轮传动装置被认为是计算器。

2　计算器可以与辅助装置之间进行双向通信。

3.1.4 指示装置　indicating device

用于指示流经水表的水体积的水表部件。

3.1.5 指示装置的第一单元　first element of an indicating device

由若干个元件组成的指示装置中附带检定标度分格分度尺的元件。

3.1.6 **检定标度分格** verification scale interval

指示装置的第一单元的最小分度值。

3.1.7 **调整装置** adjustment device

水表中可对水表进行调整，使误差曲线偏移至与其本身基本平行，且仍处于最大允许误差范围内的装置。

3.1.8 **修正装置** correction device

连接或安装在水表中，在测量条件下根据被测水的流量和（或）特性以及预先确定的校准曲线自动修正体积的装置。

> 注：被测水的特性，如温度和压力，可以用相关测量仪表进行测量，或者储存在仪表的存储器中。

3.1.9 **辅助装置** ancillary device

用于执行某一特定功能，直接参与产生、传输或显示测得值的装置。

辅助装置主要有以下几种：

　　a）调零装置；

　　b）价格指示装置；

　　c）重复指示装置；

　　d）打印装置；

　　e）存储装置；

　　f）费率控制装置；

　　g）预置装置；

　　h）自助装置；

　　i）流量传感器运动检测器；

　　j）远程读数装置（可永久或临时安装）。

> 注：辅助装置中调零、价格指示、重复指示、费率控制、预置等与主示值和贸易结算相关联的功能应受法制计量控制。

3.1.10 **整体式水表** complete meter

测量传感器、计算器及指示装置不可分离的水表。

3.1.11 **分体式水表** combined meter

测量传感器、计算器及指示装置可分离的水表。

3.1.12 **主示值** primary indication

受法制计量控制的指示值。

> 注：如有重复指示，测量结果的初始指示为主示值。

3.1.13 **常用流量（Q_3）** permanent flow rate

额定工作条件下的最大流量。在此流量下，水表应正常工作并符合最大允许误差要求。

> 注：在本规程中，此流量以 m^3/h 来表示。

3.1.14 **过载流量（Q_4）** overload flow rate

要求水表在短时间内能符合最大允许误差要求，随后在额定工作条件下仍能保持计量特性的最大流量。

注：此处"短时间"参考定义为"一天内不超过 1 h，一年内不超过 200 h"。

3.1.15　最小流量（Q_1）　minimum flow rate

要求水表工作在最大允许误差之内的最低流量。

3.1.16　分界流量（Q_2）　transitional flow rate

出现在常用流量和最小流量之间，将流量范围划分成各有特定最大允许误差的"流量高区"和"流量低区"两个区的流量。

注：通常将 $Q_1 \leqslant Q < Q_2$ 称为"流量低区"，$Q_2 \leqslant Q \leqslant Q_4$ 称为"流量高区"。

3.1.17　复式水表转换流量（Q_x）　combination meter changeover flow rate

随着流量减小大水表停止工作时的流量 Q_{x1}，或者随着流量增大大水表开始工作时的流量 Q_{x2}。

注：复式水表的结构特征详见附录 D 中 D.2.2.5。

3.1.18　最大允许（工作）压力（MAP）　maximum admissible pressure

在额定工作条件下水表能够持久承受且计量特性不会劣化的最高内压力。

3.1.19　工作温度（T_w）　working temperature

水表上游测得的管道内的水温。

注：水表按适用的工作温度范围分为 T30 和 T50 两个温度等级，T30 表示工作温度范围为 (0.1～30)℃，T50 表示工作温度范围为 (0.1～50)℃。

3.1.20　工作压力（p_w）　working pressure

水表上下游测得的管道内的平均水压（表压力）。

3.1.21　试验流量　test flow rate

根据经过校准的参考装置示值计算出的试验时的平均流量。

注：本规程中试验流量即检定流量。

3.1.22　公称通径（DN）　nominal diameter

管道系统部件尺寸的字母数字标志，仅供参考用。

注：

1　公称通径由字母 DN 后接一个无量纲整数组成，该整数间接表示以毫米为单位的连接端内径或外径的实际尺寸。

2　字母 DN 后跟的数不代表一个可度量的值，且不应用来参与计算，相关建议有规定的除外。

3　有关使用 DN 标志系统的建议中，任何 DN 与部件尺寸之间的关系可以如 DN/OD（外直径）或 DN/ID（内直径）的形式给出。

3.1.23　额定工作条件　rated operating condition

为使水表按设计性能工作，在测量时需要满足的工作条件。

3.1.24　电子装置　electronic device

采用电子组件并执行特定功能的装置，通常制作成独立单元且可以单独试验。

3.1.25　机电转换装置　converter of mechanical-electric signal

将机械式水表的机械计数信号转换成电子计数信号的装置。

注：

1　机电转换装置根据转换原理和信号特征，分实时转换式和直读式两种；

——实时转换式：该类水表的机电转换装置一般通过信号元件的运动产生周期性的脉冲信号，由电子装置实时采集并记录。每一个脉冲信号代表一个固定的体积量，称之为脉冲当量。

——直读式：该类水表的机电转换装置将代表体积总量的机械指示装置进行电子编码，电子装置读取编码信号，经解码后转换成总量的数值。数值的分辨力取决于最低编码位机械指示装置的分度，称之为最小转换分度值。

2 机电转换装置是辅助装置的一种。当由机电转换装置产生的水表总量示值作为结算依据时，应受法制计量控制。

3.1.26 机电转换误差 error of mechanical-electric conversion

带机电转换装置的水表电子体积总量或增量示值与对应的机械体积总量或增量示值之差。

3.1.27 启停法 start-stop method

一种水表在静止状态下读数的试验方法，通过操作检定装置阀门开关来实现流量通断。

注：启停法通常仅适用于收集法检定装置，当标准表法检定装置的标准表特性和技术指标满足启停操作时也可采用。

3.1.28 换向法 switch method

一种水表在稳定流动状态下和换流时读数的试验方法，通过切换检定装置的换向器来改变水流流入或流出装置的收集容器，分别在换入或换出收集容器的这一刻读取被检水表的初始读数和终止读数。

注：换向法适用于带换向器的收集法检定装置，如果水表有检定信号输出，检定信号可代替水表读数。

3.1.29 流量时间法 flowrate-time method

一种水表在稳定流动状态下读数的试验方法，检定装置的参考量值和水表的示值均通过流量与时间的积分来获得。

注：流量时间法通常适用于标准表法检定装置和活塞式水表检定装置，需要被检水表有检定信号输出。

3.2 计量单位

水表的测量、显示、打印和存储量的计量单位均应采用法定计量单位，主要量及其计量单位应符合表1的规定。

表 1　计量单位

量的名称	单位名称	单位符号
体积	立方米	m^3
流量	立方米每小时	m^3/h

4　概述

4.1　原理和结构组成

饮用冷水水表（以下简称水表）是一种以用途来命名的计量器具，用于计量流经封闭满管道中可饮用冷水的体积总量，广泛应用于自来水供应部门供给居民和工商业等用户自来水输送量的贸易结算计量。

水表的结构组成见图 1。

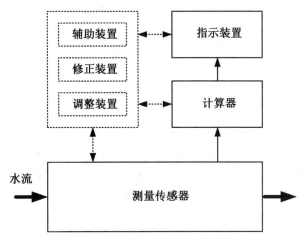

图 1 水表的结构组成

注：实线部分表示基本结构组成，虚线部分表示可选结构组成。

当水流经水表的测量传感器时，测量传感器通过物理效应感测水的流速或体积，并转换成机械传动或电子信号传送给计算器，计算器将接收到的信号进行转换和运算，得到水量测量结果并传送给指示装置显示。水表可以根据功能和性能的需要加装辅助装置、修正装置和调整装置。

4.2 分类

根据水表的工作原理和结构特征，一般可分为：

a）机械式水表：测量传感器、计算器和指示装置均为机械原理和结构的水表。

b）带电子装置的机械式水表：保留机械式水表完整的结构，在此基础上加装了电子装置的水表。

c）电子式水表：计算器和指示装置均为电子原理和结构的水表，测量传感器包括机械传感和电子传感。

水表的工作原理和结构型式众多，具体可参阅附录 D。

5 计量性能要求

5.1 水表的流量特性

5.1.1 水表的流量特性应按 Q_1、Q_2、Q_3 和 Q_4 的数值确定。

5.1.2 水表应按 Q_3（m^3/h）的数值以及 Q_3/Q_1 的数值标识。

5.1.3 Q_3 的数值应从表 2 中选取。

表 2 Q_3 的数值   单位为 m^3/h

1.0	1.6	2.5	4.0	6.3
10	16	25	40	63
100	160	250	400	630
1 000	1 600	2 500	4 000	6 300
注：该列数可以按此序列扩展到更大或者更小的数值。				

5.1.4 Q_3/Q_1 的数值应从表 3 中选取。

表 3 Q_3/Q_1 的数值

40	50	63	80	100
125	160	200	250	315
400	500	630	800	1 000

注：该列数可以按此序列扩展到更大的数值。

注：

1 表 2 和表 3 的数分别来自于 GB/T 321—2005《优先数和优先数系》的 R5 和 R10；

2 Q_3/Q_1 可以用符号 R 表示，如 R160 表示 $Q_3/Q_1=160$。

5.1.5 比值 Q_2/Q_1 为 1.6。

5.1.6 比值 Q_4/Q_3 为 1.25。

5.2 准确度等级和最大允许误差

5.2.1 水表的准确度等级分为 1 级和 2 级，不同准确度等级的水表在不同工作温度下的最大允许误差应符合表 4 的规定。

表 4 水表的最大允许误差

流量		低区	高区	
		$Q_1{\leqslant}Q<Q_2$	$Q_2{\leqslant}Q{\leqslant}Q_4$	
工作温度/℃		$0.1{\leqslant}T_w{\leqslant}50$	$0.1{\leqslant}T_w{\leqslant}30$	$30<T_w{\leqslant}50$
最大允许误差	1 级	±3%	±1%	±2%
	2 级	±5%	±2%	±3%

5.2.2 如果水表所有的示值误差符号相同，则至少其中一个示值误差应不超过最大允许误差的 1/2。

5.2.3 使用中检查水表的最大允许误差为表 4 规定的最大允许误差的 2 倍。

6 通用技术要求

6.1 外观、标志和封印

6.1.1 外观

6.1.1.1 整体式水表和分体式水表的结构及连接应完整正确。

6.1.1.2 新制造的水表应外壳色泽均匀，易锈蚀部件的表面和内壁均应有可靠的防腐蚀涂镀层，无明显起泡、锈斑和涂镀层剥落等缺陷。水表的指示装置应持续保持清晰易读，无附件阻挡，使用中应不发生指示退化、显示闪烁、笔画缺失或杂物污染等读数缺陷。

6.1.1.3 使用中和修理后的水表应无可觉察的变形，外表退化不应导致标志缺失，影响使用。水表内壁涂镀层仍应完好，无显著改变表面粗糙度的锈蚀和污垢沉积，表内应无可见的杂物缠绕、零部件断裂或变形的痕迹。

6.1.2 标志

6.1.2.1 计量法制标志

水表的显著位置应标志有计量器具型式批准标志和编号。

新制造水表应有出厂检验合格证。

6.1.2.2 计量器具标识

水表应清晰、永久地在外壳、指示装置的度盘或铭牌、不可分离的表盖上，集中或分散标明下列信息：

a）计量单位。

b）准确度等级，如果是 2 级可不标注。

c）Q_3 和 Q_3/Q_1 的数值：如果水表可测量反向流且 Q_3 和 Q_3/Q_1 的数值在正向和反向流的情况下不同，则 Q_3 和 Q_3/Q_1 的数值均应按对应流向描述；比值 Q_3/Q_1 可表述为 R，如"R160"。如果水表在水平和竖直方位上的 Q_3/Q_1 值不同，则两种 Q_3/Q_1 值均应按对应的水表安装方位描述。

d）制造商的名称或注册商标。

e）制造年月，其中年份至少为最后两位。

f）编号。

g）流动方向（标志在水表壳体的两侧，如果在任何情况下都能很容易看到表示流动方向的指示箭头，也可只标志在一侧）。

h）MAP，DN500 以下超过 1 MPa、DN500 及以上超过 0.6 MPa 时，应标注。

i）字母 V 或 H，V 表示水表只能竖直方位（垂直于地面）安装，H 表示水表只能水平方位安装，不标注表示水表可以任意方位安装。

j）温度等级，如果是 T30 可不标注。

k）压力损失等级，如果是 $\Delta p63$ 可不标注。

l）流场敏感度等级，如果是 U0/D0 可不标注。

对于带电子装置的水表，下列额外的内容还需要标明在适当的地方：

m）对于外部电源：电压和频率；

n）对于可更换电池：更换电池的最后期限；

o）对于不可更换电池：更换水表的最后期限；

p）环境等级：

1）B 级：安装在室内的固定水表，环境温度范围：5 ℃～55 ℃，无显著振动和冲击；

2）O 级：安装在室外的固定水表，环境温度范围：－25 ℃～55 ℃，无显著振动和冲击；

3）M 级：可移动安装的水表，环境温度范围：－25 ℃～55 ℃，承受显著振动和冲击。

q）电磁环境等级：

1）E1 级：住宅、商业和轻工业电磁环境；

2）E2 级：工业电磁环境。

示例：

具有下列特性的水表：

——$Q_3 = 2.5\ \text{m}^3/\text{h}$；

——$Q_3/Q_1 = 200$；

——水平安装；

——温度等级：T30；

——压力损失等级：$\Delta p 63$；

——最大允许压力：1 MPa；

——流场敏感度等级：U10/D5；

——编号：123456；

——制造年月：2017 年 05 月；

——制造商：ABC。

可以标记如下：

Q_3 2.5、R200、H、→、U10/D5、123456、1705、ABC。

6.1.2.3 与水表使用有关的其他说明性信息应在使用说明书等随机文件中标明，如果水表的型式批准文件指定了附加检定流量点，相关要求应记录在随机文件中。

6.1.3 封印

6.1.3.1 水表应有带封印或封闭结构的保护装置，以保证水表安装前和正确安装后，在不损坏保护装置或保护装置封印的情况下无法拆卸或者改动水表及其调整装置、修正装置和相关测量仪表。水表的检定标志和保护封印应施加在无需拆开或拆卸水表的情况下便可见的部位。

6.1.3.2 当带电子装置的水表可以通过按键或通信接口修改影响测量结果的参数时，应采取电子封印。只允许授权人员通过密码（口令）或特殊设备（例如钥匙）接触参数，密码应能更换。

6.1.3.3 现场使用中的水表应按照制造商的规定安装，对不允许自行拆卸的连接部位应有可靠的封印保护装置。

6.2 电子装置功能

6.2.1 带电子装置的水表应在使用说明书等随机文件中阐明与用户使用和操作有关的各项功能；存储在电子装置内对测量结果有影响的可修改参数，如传感器系数、仪表系数、信号当量、修正系数等应能在水表及相关测量仪表的铭牌或随机文件中获得。

6.2.2 电子装置可以具备 3.1.9 中的一种或多种功能，其中重复指示、费率控制、预置等与计量主示值相关联，并直接参与贸易结算的功能应受法制计量控制，所有的功能在额定工作条件下均应保持正常。

6.2.3 带电子装置的机械式水表，电子示值应与机械主示值保持正确的对应关系，机电转换误差应符合表 5 的规定。

表 5　水表机电转换误差

机电转换方式	机电转换误差
实时转换式	不超过 ±1 个脉冲当量
直读式	不超过 ±1 个最小转换分度值

6.3 密封性

6.3.1 新制造的水表应能承受 1.6 MAP 且持续 1 min 的密封性试验，不发生渗漏、泄漏或损坏。

6.3.2 使用中的水表在工作条件下应无渗漏。

7 计量器具控制

计量器具控制包括首次检定、后续检定和使用中检查。

7.1 检定条件

7.1.1 计量标准器及配套设备

7.1.1.1 计量标准器

检定水表计量性能的计量标准器为准确度等级 0.2 级的水表检定装置，或扩展不确定度（$k=2$）优于水表最大允许误差绝对值 1/5 的水流量标准装置。

水表检定装置或水流量标准装置还应满足下列要求：

a）装置可以是基于收集法的静态容积法、静态质量法装置，也可以是基于流量时间法的标准表法装置或活塞式水表检定装置；

b）装置的流量范围应满足所检水表最小规格的最小流量和最大规格的过载流量；

c）装置应有供水稳压措施，能消除脉动、水锤和振动的不利影响，装置应具有适宜的流量稳定度，确保在一次检定期间流量恒定在选定的值上；

d）装置测量段的管道内直径应满足所检水表的通径范围；

e）装置测量段的安装条件应满足所检水表的安装要求；

f）当装置具备时间测量和接收脉冲、电流或编码等检定信号的功能时，这些功能应经过验证，测量参数应经过检定或校准；

g）装置的技术指标还应符合 JJG 1113《水表检定装置》、JJG 164《液体流量标准装置》和 JJG 643《标准表法流量标准装置》等相应规程的规定，经检定合格或经校准满足相应的要求。

注：在检定 $Q_3 \leqslant 16\ m^3/h$ 的水表时，当检定流量不大于 $0.10Q_3$ 时，检定装置理想的供水方式是恒水头水槽。

7.1.1.2 主要配套设备

主要配套设备见表 6。

表 6　主要配套设备

序号	设备名称	技术要求	用途	适用性
1	水压强度试验装置	带压力指示，最大输出静水压：不低于 2 MAP；压力指示仪表：准确度等级 1.6 级，1.6 MAP 测量点应不低于量程的 1/3	密封性检查	适用于所有原理的装置
2	测时器	最大允许误差：±0.5 s/d	密封性检查和流量测定	

表 6（续）

序号	设备名称	技术要求	用途	适用性
3	水温度计	最大允许误差：±1 ℃	水温监测	适用于所有原理的装置
4	水压力计	准确度等级：2.5 级	水压监测	
5	大气温度计	最大允许误差：±1 ℃	环境温度监测	
6	湿度计	最大允许误差：±10％RH	环境湿度监测	
7	水密度计	最大允许误差：±0.04％	水密度测量	仅适用于质量法装置，二者可选其一
8	水温测量仪	最大允许误差：±0.2 ℃	水密度测温查表法	

注 1：所列技术要求为最低要求。

注 2：如果计量标准器集成了有关设备，则认为满足要求。

用于水表电子封印和电子装置功能检查的专用读写设备由水表制造商提供。

7.1.2 检定环境条件

检定环境条件应满足水表的额定工作条件，且符合下列要求：

a) 环境温度范围：5 ℃～35 ℃，当采用容积法装置检定水表时，环境温度应控制在 10 ℃～30 ℃之内；

b) 水温范围：20 ℃±10 ℃，一次检定的水温变化不超过 5 ℃，且与环境温度之间的偏差应不超过 5 ℃；

c) 环境相对湿度范围：当检定带电子装置的水表时应不超过 93％，且一次检定的湿度变化应不超过 10％；

d) 水源压力范围：最小为 0.03 MPa，最大到 MAP，水表上游压力变化不超过 10％；

e) 工作电源范围：交流电源电压为标称值的 85％～110％，频率为标称值的 98％～102％；直流电源电压为标称值的 90％～110％；

f) 检定场所应无明显的振动和外磁场干扰。

7.1.3 检定介质

检定介质应为公共饮用水或清洁的循环水，水中不应含有任何可能会损坏水表或影响水表工作的物质，且无气泡。

检定基于电磁感应原理的水表时，水的电导率应控制在制造商要求的范围内。

7.2 检定项目

水表的检定项目见表 7。

表 7　检定项目一览表

序号	检定项目	检定类别		
		首次检定	后续检定	使用中检查
1	外观、标志和封印	＋	＋	＋
2	电子装置功能	＋	＋	＋

表 7（续）

序号	检定项目	检定类别		
		首次检定	后续检定	使用中检查
3	密封性	＋	－	＋
4	示值误差	＋	＋	＋

注 1："＋"表示需要检定的项目，"—"表示不需要检定的项目。

注 2：后续检定的最大允许误差与首次检定相同。

注 3：使用中检查按附录 A 的规定进行。

7.3 检定方法

7.3.1 外观、标志和封印检查

7.3.1.1 用目测方法检查水表的外观，应符合 6.1.1 的规定。

7.3.1.2 用目测方法检查水表的标志，应符合 6.1.2 的规定。

7.3.1.3 用目测方法检查水表的保护装置和封印，并操作检查带电子装置水表的电子封印，需要时应将水表与专用读写设备连接，检查水表的内置参数和测量结果，应符合 6.1.3 的规定。

7.3.1.4 外观、标志和封印的使用中检查按附录 A 的规定进行。

7.3.2 电子装置功能检查

按下列程序检查水表的电子装置功能：

a）确定水表的电子装置型式，如各功能装置为独立型式或与计算器组成整体型式。

b）对照使用说明书等随机文件确定电子装置重复指示、费率控制或预置等具体功能。

c）对照使用说明书等随机文件操作检查步骤 b）确定的电子装置功能，必要时应将水表与专用读写设备相连接。

d）确认操作检查过程中电子装置未发生功能失效或故障，相关功能与设计要求相一致，影响测量结果的可修改参数与铭牌或随机文件的标注须一致。

如果是带电子装置的机械式水表，还应按下列程序进行机电转换误差检查：

e）实时转换式水表可以单独，也可以与示值误差检定一起进行。在水表静止状态下记录其机械指示装置和电子装置的初始读数，流过一定水量后停止通水，再记录水表机械指示装置和电子装置的终止读数，按公式（1）计算机电转换误差，结果应符合表 5 的规定。

$$\Delta V = \mid V_{e2} - V_{e1} \mid - \mid V_{m2} - V_{m1} \mid \qquad (1)$$

式中：

ΔV——机电转换误差，m^3；

V_{e2}——电子装置的终止读数，m^3；

V_{e1}——电子装置的初始读数，m^3；

V_{m2}——机械指示装置的终止读数，m^3；

V_{m1}——机械指示装置的初始读数，m^3。

需要复核结果时应增加通水量，以提高复核结果的可靠性。

f）直读式水表可以单独，也可以与示值误差检定一起进行。将水表与专用读写设备连接，读取一组机械指示装置和电子装置的读数，按公式（2）计算机电转换误差，结果应符合表5的规定。

$$\Delta V = V_e - V_m \tag{2}$$

式中：

ΔV——机电转换误差，m^3；

V_e——电子装置的读数，m^3；

V_m——机械指示装置的读数，m^3。

需要复核结果时可读取多组不同的机械指示装置和电子装置读数，以提高复核结果的可靠性。最多可读取10组，每组读数的间隔约为最小转换分度值的1/10。

电子装置功能的使用中检查按附录A的规定进行。

7.3.3 密封性检查

将水表单个或成批安装在水压强度试验装置上，先通水排除表内和试验装置管道内的空气，然后在水表静止状态下缓慢平稳地升高试验水压，直到1.6 MAP，然后在该压力下保持1 min并观察水表，应无渗漏或损坏。保压期间应保证压力为静水压，避免压力冲击，流量应为零。

密封性的使用中检查按附录A的规定进行。

7.3.4 示值误差检定

7.3.4.1 检定流量点

水表的检定流量点一般为Q_1、Q_2和Q_3，对于复式水表还应增加$1.1Q_{x2}$。如果水表的随机文件中标明了附加检定流量点，还应增加该流量点。

各检定流量点的实际流量应分别控制在如下范围内：

a）最小流量Q_1：$Q_1 \sim 1.1Q_1$；

b）分界流量Q_2：$Q_2 \sim 1.1Q_2$；

c）常用流量Q_3：$0.9Q_3 \sim Q_3$；

d）转换流量$1.1Q_{x2}$：$1.05Q_{x2} \sim 1.15Q_{x2}$；

e）附加检定流量Q：$0.95Q \sim 1.05Q$。

7.3.4.2 检定用水量

当采用启停法检定水表时，检定用水量应符合表8的规定。

表8 启停法检定用水量的规定

准确度等级	最少检定用水量
1级	检定标度分格或检定信号分辨力的400倍，且不少于检定流量下1 min对应的体积。
2级	检定标度分格或检定信号分辨力的200倍，且不少于检定流量下1 min对应的体积。

当采用其他方法检定水表时，检定用水量应确保示值误差测量结果的不确定度不大于启停法的不确定度。

7.3.4.3 检定信号

如果机械式水表包含了可供快速检定的元件，可以利用该元件的检定功能，连接外部传感器提供检定信号。

带电子装置的水表如果提供了脉冲、电流或编码等检定信号，可以利用这些信号进行检定。

水表体积示值与检定信号之间的关系应是确定的，采用检定信号进行检定时应检查信号代表的体积与指示装置显示体积的一致性，检定装置应能防止信号丢失或接收干扰信号。

7.3.4.4 水表读数

水表在静止状态下一次读数的最大内插误差一般不超过检定标度分格的 1/2，对水表两次读数时总的内插误差可达到 1 个检定标度分格。

对于检定标度不连续变化的数字式指示装置，总的读数误差为 1 个间隔数字。

水表在稳定流动状态下的人工读数误差是难以估计的，应优先采用检定信号来代替人工读数，否则需要延长检定时间，使得读数误差引入的不确定度控制在合理范围。

7.3.4.5 检定程序

a）安装

1）将水表按照制造商规定的要求和安装方位安装在检定装置上，保证水表上下游测量段的长度不小于制造商规定的直管段长度，对于有多种安装方位的水表应按实际使用的方位安装。

2）当能保证水表前后的工作压力在 0.03 MPa 到 MAP 之间，且前后水表之间没有明显的相互影响时，相同型号规格的水表可以串联安装。

3）测量段与水表的流动轴线应保持一致，避免流动扰动的不利影响，必要时测量段上游安装流动整直器。

4）检定同轴水表时，应采用与其相匹配的集合管安装到检定装置上。

5）检定插装式水表和可互换计量模块水表时，应采用专用连接接口安装到检定装置上。

6）检定分体式水表时，水表的各个组成部分应正确连接。

7）容积式水表对上游安装条件不敏感，除制造商建议外无特殊要求。

b）启停法

启停法按下列程序操作：

1）将水表安装在检定装置上。

2）在水表的额定流量范围内通水，排除表内和检定装置管道内的空气；当水表需要预运转或通电预热时，应按制造商的使用说明执行，制造商无说明的，确认水表在稳定流量下工作正常即可。

3）保持水表上游进水阀处于完全打开状态，关闭水表下游的流量调节阀，使水完全停止流动，并使装置的计量标准器处于工作等待状态。

4）水表处于静止状态，在指示装置不动时读取水表的读数。当利用水表输出信号进行检定时，接收检定信号的仪表应表明水表输出信号处于零位，如脉冲计数器指示值为零并且无脉冲累加。

5）打开流量调节阀，调节流量到检定点流量值，开启流量时应避免产生超过 Q_4 的冲击流量，也应避免流量调节时间过长使得水表工作在非恒定流量区间的时间占总检定时间的比例过大而引入不合理的测量不确定度。

6）水表流过规定的检定用水量之后关闭流量调节阀，使水完全停止流动。

7）水表处于静止状态，在指示装置不动时读取水表的读数，并读取计量标准器的读数，容器内收集的水的体积就是流经水表的实际体积。当利用水表输出信号进行检定时，接收检定信号的仪表应表明水表输出信号处于零位，如脉冲计数器指示值不变并且无脉冲累加。

8）必要时用测时器测量从打开流量调节阀到关闭流量调节阀之间的时间，以核查试验流量是否控制在规定的允许范围内。

9）按公式（3）计算水表的示值误差。

10）重复步骤 3）～9），完成全部流量点的检定。

附加说明：

——恒定流量期间流量的相对变化在低区应不超过±2.5%，高区应不超过±5%。

——当水流停止时，水表运动部件的惯性和水表内水的旋转运动相结合，可能会导致某些类型水表和某些检定流量点产生明显误差，对于这种情况，目前还不能确定一个简单的经验法则，如规定一些条件使该误差减小到可忽略不计，如需复核结果，应增加检定用水量，延长检定时间，或者将检定结果与其他方法相比较，c）和 d）所述的检定方法能消除上述不确定度的起因。

——某些类型的电子式水表提供了检定用脉冲信号，这种水表响应流量变化的形式可能是在阀门关闭后输出有效脉冲，则读数应在确认有效脉冲接收之后进行。

——为方便记录和计算，水表读数或示值可以用升（L）为单位。

c）换向法

换向法按下列程序操作：

1）将水表安装在检定装置上。

2）在水表的额定流量范围内通水，排除表内和检定装置管道内的空气。当水表需要预运转或通电预热时，应按制造商的使用说明执行，制造商无说明的，确认水表在稳定流量下工作正常即可。

3）调节检定装置的流量到检定点流量值，并使装置的计量标准器处于工作等待状态。

4）水表指示装置处于运动状态，读取水表的读数，同步启动换向器，将水流引向收集容器。

5）水表流过规定的时间或检定用水量之后，再在读取水表读数时同步启动换向器将水流引开。

6）读取计量标准器的读数，容器内收集的水的体积就是流经水表的实际体积。

7）按公式（3）计算水表的示值误差。

8）重复步骤 3）～7），完成全部流量点的检定。

附加说明：

——当人工读数不能确保将读数误差引入的不确定度控制在合理范围时，应采用检定信号代替人工读数。

——当因检定信号的分辨力过低，或者收集容器的最大收集量不能保证检定信号读取与检定装置换向之间保持可忽略的同步时，应分别测量代表水表读数的脉冲计数时间和装置的检定时间，以便将装置测得的实际体积按两个时间差异修正到与水表读数时间一致的体积，示值误差按公式（4）计算。

——为确保低分辨力脉冲计数引入的不确定度足够小，脉冲计数和计时仪表应记录完整周期的脉冲个数及对应的时间。

——检定时间应不少于装置最短测量时间。

——为方便记录和计算，水表读数或示值可以用升（L）为单位。

注：当检定信号读取由测量不同步性引入的标准不确定度不大于测量结果合成标准不确定度的 1/3 时，水表与装置之间的不同步性可以忽略。

d）流量时间法

流量时间法按下列程序操作：

1）将水表安装在检定装置上。

2）在水表的额定流量范围内通水，排除表内和检定装置管道内的空气。当水表需要预运转或通电预热时，应按制造商的使用说明执行，制造商无说明的，确认水表在稳定流量下工作正常即可。

3）调节检定装置的流量到检定点流量值，并使装置的计量标准器处于工作等待状态，使水表的检定信号处于正常输出状态。

4）检定装置启动测量指令，使装置的控制系统同步接收计量标准器信号和水表的检定信号。当无法满足同步要求时，控制系统应测量接收各自信号对应的时间，以便将装置测得的实际体积按两个时间差异修正到与水表读数时间一致的体积。

5）水表流过规定的检定用水量之后检定装置启动停止测量指令，使装置的控制系统停止接收计量标准器信号和水表的检定信号，并停止测量时间。

6）满足同步测量时按公式（3），不满足同步测量时按公式（4）计算水表的示值误差。

7）重复步骤 3）～6），完成全部流量点的检定。

附加说明：

——具备自动控制功能的装置也应该满足上述 3）～6）的程序。

——检定时间应不少于装置最短测量时间。

——为方便记录和计算，水表读数或示值可以用升（L）为单位。

7.3.4.6 复式水表检定的附加说明

复式水表一般应采用换向法进行检定，当有检定信号输出时也可采用流量时间法进行检定，以保证水表的转换装置在流量增加和流量减小情况下都正常工作。检定时应同时分别读取大水表、小水表和计量标准器的读数，水表的指示值为大水表和小水表指示值之和。当无法实现同步测量时，应采用检定信号代替人工读数，按 7.3.4.5 c）中附加说明规定的方法进行。

7.3.4.7 计算公式

a）满足同步测量的示值误差计算

当水表和装置满足同步测量时，按公式（3）计算示值误差。

$$E = \frac{V_i - V_a}{V_a} \times 100\%$$ （3）

式中：

E——水表的相对示值误差，保留 1 位小数；

V_i——水表指示装置上增加（或减少）的体积，m^3 或 L；

V_a——流过水表的实际体积，m^3 或 L。

b）不满足同步测量的示值误差计算

当水表和装置不满足同步测量时，按公式（4）计算示值误差。

$$E = \left[\frac{V_i \times t_a}{V_a \times t_i} - 1 \right] \times 100\%$$ （4）

式中：

E——水表的相对示值误差；

V_i——水表指示装置上增加（或减少）的体积，m^3 或 L；

t_a——测量实际体积 V_a 所对应的时间，s；

V_a——流过水表的实际体积，m^3 或 L；

t_i——测量水表指示体积 V_i 所对应的时间，s。

c）相关的过程公式

1）检定时的试验流量按公式（5）计算。

$$Q = \frac{V_a}{t_a} \times 3\,600$$ （5）

式中：

Q——检定时的试验流量，m^3/h；

V_a——流过水表的实际体积，m^3；

t_a——测量实际 V_a 所对应的时间，s。

2）当直接读取水表指示装置读数时，水表所指示的体积变化 V_i 按公式（6）计算。

$$V_i = | V_1 - V_0 |$$ （6）

式中：

V_i——水表指示的体积变化，m^3；

V_1——水表的终止读数，m^3；

V_0——水表的初始读数，m^3。

3）当水表输出脉冲信号时，水表所指示的体积变化 V_i 按公式（7）计算。

$$V_i = C \times N$$ （7）

式中：

V_i——水表指示的体积变化，m^3；

C——每个脉冲所代表的体积量，或称为脉冲当量，m^3；

N——检定期间记录的脉冲总数。

注：一些脉冲输出的水表用仪表系数 K 来表示脉冲数量与体积之间的关系，则 K 与 C 互为倒数关系。

其他输出信号的体积示值计算参见附录 D。

4）当采用质量法测量流过水表的实际体积 V_a 时，按公式（8）计算。

$$V_a = c \times \frac{M_a}{\rho} \tag{8}$$

式中：

V_a——流过水表的实际体积，m^3；

c——称重法时为空气浮力修正系数，取 1.001 1，质量流量计作为标准表时取 1，无量纲；

M_a——计量标准器确定的流过水表的水的实际质量，kg；

ρ——水表处水的密度，kg/m^3。

水的密度 ρ 可以用水密度计直接测量得到，也可以采用附录 E 中的密度查表法得到。

在检定过程中，当水温变化不超过 2 ℃时，水的密度 ρ 可以用一次测量的结果参与计算，当水温变化超过 2 ℃时应重新测量。

7.3.4.8 检定次数

每个检定流量点一般检定一次。

当仅一个流量点的示值误差超过最大允许误差，则应在此流量点下重复检定，再得到两个结果。如果该流量点下的三个检定结果中有两个在最大允许误差范围内，且 3 个检定结果的算术平均值也落在最大允许误差以内，应认为该流量点检定合格。

7.3.4.9 示值误差检定结果判定

所有检定流量点的示值误差及其符号均符合 5.2 的规定时，方可判定示值误差检定结果合格。

7.3.4.10 示值误差的使用中检查

水表示值误差的使用中检查按附录 A 的规定进行。

7.4 检定结果的处理

检定合格的水表发给检定证书，对于公称通径在 DN25 及以下的水表也可以只出具检定合格证，施加在水表的醒目位置。

检定不合格的水表发给检定结果通知书，对于已施加有检定合格证的水表还应注销检定合格证。检定结果通知书应有检定不合格项说明。

检定证书和检定结果通知书的内页格式见附录 C。

7.5 检定周期

7.5.1 对于公称通径为 DN50 及以下，且 Q_3 不大于 16 m^3/h 的水表只作安装前首次强制检定，限期使用，到期轮换，使用期限规定如下：

    a）公称通径不超过 DN25 的水表使用期限不超过 6 年；

    b）公称通径超过 DN25 但不超过 DN50 的水表使用期限不超过 4 年。

7.5.2 公称通径超过 DN50 或 Q_3 超过 16 m³/h 的水表检定周期一般为 2 年。

附录 A

水表的使用中检查方法

A.1 外观和封印检查

外观和封印检查在使用现场进行，水表处于日常使用状态。用目测、手动检查方法检查水表的外观和封印，通过人机界面或通信端口检查带电子装置水表的电子封印是否被非授权修改，检查结果应分别符合 6.1.1 和 6.1.3 的规定。

A.2 电子装置功能检查

电子装置功能检查一般在使用现场进行，水表处于日常使用状态。通过人机界面或通信端口操作电子装置，观察是否有错误提示或功能故障现象，核对影响测量结果的可修改参数是否被非授权修改，对带电子装置的机械式水表按 7.3.2 中 e) 或 f) 的规定进行机电转换误差试验。

具有远程通信和监测功能的水表，也可以利用远程监控系统进行电子装置的功能检查。

A.3 密封性检查

密封性检查在使用现场进行，水表处于日常使用状态。观察并检查水表的外表面及水表与连接管道结合面的密封性情况，应无可察觉的渗漏或密封损坏等现象或痕迹。

A.4 示值误差检查

A.4.1 影响使用中水表示值误差的因素

下列（但不限于）因素会影响使用中水表的示值误差：

a) 因机械磨损、化学腐蚀或元器件老化等导致水表的性能退化；

b) 不满足制造商规定的安装，如前后直管段长度不足、管道内径不匹配、安装方位偏离、背压不足等；

c) 水中含有固体颗粒、纤维等杂质；

d) 水中含有空气；

e) 水中的溶解物在水表中沉积；

f) 水流有脉动、旋涡或速度分布畸变；

g) 水温、水压或流量等超过额定工作条件；

h) 强烈振动；

i) 电气或电磁干扰（对带电子装置水表）。

A.4.2 检查对象

检查中发现有下列情况的水表应列为示值误差检查的主要对象：

a) 材料锈蚀或水质污染痕迹明显的水表；

b) 保护封印已损坏的水表；

c) 不按制造商规定安装的水表；

d) 电子装置的关键参数或密码已被非授权更改的水表；

e) 供用水双方中有一方认为需要进行检查的水表。

A.4.3 检查条件

能否对水表进行示值误差使用中检查，还需要结合水表的现场安装和使用条件来综合确定。

检查在使用现场进行，水表处于日常使用状态。

A.4.4 检查设备

根据水表的安装和使用条件选择下列合适的检查设备：

——标准量器；

——称重容器；

——标准流量计，如电磁流量计、超声波流量计和涡轮流量计等。

检查设备的测量不确定度一般应优于水表使用中检查最大允许误差绝对值的 1/2。

注：为保证检查设备在检查现场达到所要求的测量不确定度水平，在实验室条件下检查设备评定的测量不确定度一般应优于水表使用中检查最大允许误差绝对值的 1/4。

A.4.5 检查方法

将流经水表的水收集到标准量器或称重容器中，或者使流过水表的水流过串联安装的标准流量计，在相同时间内比较水表的体积增量和检查设备所记录的体积增量，按公式（3）计算水表的示值误差。如果不能保证水表与检查设备保持同步测量，可以通过延长测量时间的方法来获得近似同步，也可以采用公式（4）对应的测量方法。

示值误差检查的流量值一般为介于 Q_2 和 Q_3 之间的一个点，并尽可能保持稳定。当采用标准流量计时，应确保标准流量计的工作条件和测量范围满足测量要求。

A.5 为进一步查明水表自身的计量性能是否发生显著变化，可将水表拆下，在实验室条件下进行示值误差试验。有计量纠纷的水表应慎重拆表，尽可能在查明安装状况和实际使用条件下的示值误差之后再将水表拆下。

附录 B

检定记录参考格式

B.1 水表检定记录参考格式如下，实际使用时可根据检定装置的工作原理和检定方法修改。

水表检定记录

送检单位：　　　　　　委托编号：　　　　　　证书编号：

水表名称：　　　　　　型号规格：　　　　　　公称通径：

制造商：　　　　　　　编号：　　　$Q_3=$　　m^3/h，$Q_3/Q_1=$

准确度等级　　级，MAP＝　　MPa，温度等级：□T30 □T50，检定类别：□首次 □后续

外观、标志和封印		□符合 □不符合（描述具体不符合）					
电子装置功能	功能名称	检查结果	机械/m^3		电子/m^3		误差/m^3
			V_{m1}	V_{m2}	V_{e1}	V_{e2}	
		影响测量结果的可修改参数（如有）					
密封性	1.6 MAP 持续 1 min，□无渗漏　　□渗漏　　□泄漏　　□损坏						

示值误差						
检定流量点	流量值 m^3/h	水表/L			检定装置示值 V_a/L	示值误差 E/%
		始值 V_0	终值 V_1	示值 V_i		
Q_1						
Q_2						
Q_3						
检定结论	□合格，□准予限期使用年，□检定周期年。□不合格 其他说明：					

检定条件：环境温度　　℃，相对湿度　　%，水温　　℃，水压　　MPa

检定装置型号规格：　　　　　编号：　　　　　准确度等级或不确定度：

检定地点：

检定员：　　　　　核验员：　　　　　检定日期：

B.2 使用质量法装置，采用检定信号检定水表时示值误差检定的记录格式如下。

示值误差								
检定流量点	流量值 m^3/h	水表			检定装置			误差/%
		信号值	体积/L	时间/s	质量/kg	体积/L	时间/s	
Q_1								
Q_2								
Q_3								
水表脉冲当量：　　　L；水密度：　　　kg/L								

注：

1 格式中"信号值"可根据具体的检定信号修改，如检定信号为脉冲时修改为"脉冲数"，检定信号为电流信号或电压信号时修改为"电流值"或"电压值"，检定信号为编码信号时为"编码值"；

2 如果检定方法不需要测量时间，可删去"时间"栏。

B.3 使用容积法装置，采用检定信号检定水表时示值误差检定的记录格式如下。

示值误差						
检定 流量点	流量值 m³/h	水表			检定装置		误差 /%
		信号值	体积/L	时间/s	体积/L	时间/s	
Q_1							
Q_2							
Q_3							
水表脉冲当量： L							

B.4 水表串联检定记录的参考格式如下，可根据实际需要修改。

水表串联检定记录

送检单位：   委托编号：   证书编号（范围）：

水表名称：   型号规格：   公称通径：

制造商： $Q_3＝$ m³/h，$Q_3/Q_1＝$ ，准确度等级   级

MAP＝   MPa，温度等级：□T30 □T50

水表编号										
外观、标志和封印										
电子 装置 功能	功能									
	机械/m³	V_{m1}								
		V_{m2}								
	电子/m³	V_{e1}								
		V_{e2}								
	误差/m³									
密封性（1.6 MAP/1 min）										
示值 误差	Q_1	水表 L	初值							
			终值							
			示值							
		装置示值/L								
		误差/%								
	Q_2	水表/L	初值							
			终值							
			示值							
		装置示值/L								
		误差/%								

表（续）

示值误差	Q_3	水表 L	初值										
			终值										
			示值										
		装置示值/L											
		误差/%											
检定结论													
备注													

检定条件：环境温度　　　℃，相对湿度　　　％，水温　　　℃，水压　　　MPa

检定装置型号规格：　　　　　　编号：　　　　　　准确度等级或不确定度：

检定地点：

检定员：　　　　　　核验员：　　　　　　检定日期：

附录 C

检定证书和检定结果通知书内页格式

C.1 检定证书和检定结果通知书内页参考格式如下：

证书编号××××××-××××

检定机构授权说明				
检定环境条件及地点				
环境温度	℃	地点		
相对湿度	％	其他		
使用的计量标准装置				
名称	测量范围	不确定度/准确度等级	计量标准证书编号	有效期至
检定使用的计量标准器				
名称	测量范围	不确定度/准确度等级	检定/校准证书编号	有效期至
检定结果				
序号	检定项目	结论		
1	外观、标志和封印			
2	电子装置功能			
3	密封性			
4	示值误差			
附加说明	1. 水表的准确度等级为　　级； 2. 本次检定为首次检定（或后续检定）。			

以下空白

C.2 检定结果通知书应有检定不合格项说明。

附录 D

水表的分类

D.1 水表根据工作原理和结构特征分为机械式水表、带电子装置的机械式水表和电子式水表三类。

D.2 机械式水表

D.2.1 机械式水表的分类

根据测量传感器的原理，机械式水表分为速度式水表和容积式水表两类。

D.2.2 速度式水表

D.2.2.1 结构和原理

速度式水表指安装在封闭管道中，由一个被水流速度驱动旋转的叶轮转子构成的机械式水表，也称为叶轮式水表。速度式水表的工作原理是叶轮旋转满足动量矩守恒定律，叶轮转速与水的流速成正比。

根据叶轮结构特征，将速度式水表分为旋翼式水表和螺翼式水表。

D.2.2.2 旋翼式水表

旋翼式水表指由围绕垂直于流动轴线旋转的直板形叶轮转子构成的一种速度式水表。

旋翼式水表根据流道内冲击叶轮的水流股数分为旋翼式单流束水表和旋翼式多流束水表。如果是单股流束冲击在叶轮边缘的某一处，称之为单流束水表；如果是多股流束同时冲击在叶轮边缘的某几处，则称之为多流束水表。

D.2.2.3 螺翼式水表

螺翼式水表指叶轮转子为螺旋形的一种速度式水表，也称伏特曼（Woltmann）水表。通常将螺旋形叶轮称为翼轮。

根据翼轮旋转轴与水流方向的关系，将螺翼式水表分为水平螺翼式水表和垂直螺翼式水表。水平螺翼式水表的旋转轴与水流方向平行，且与重力方向垂直；垂直螺翼式水表的旋转轴与水流方向垂直，且与重力方向一致。

D.2.2.4 涡轮式水表

涡轮式水表是在水平螺翼式水表基础上的一种改进设计，叶轮转子的水力特性能够较好地克服重力影响，可以不限于水平安装使用。

D.2.2.5 复式水表

复式水表指由一个大水表、一个小水表和一个转换装置组成的水表。转换装置根据流经水表的流量大小自动引导水流流过小水表或者大水表，或者同时流过两个水表。

复式水表的大水表通常采用螺翼式水表，小水表通常采用旋翼式水表。

D.2.3 容积式水表

容积式水表是一种安装在封闭管道中，由一些被逐次充满和排放水的已知容积的计量室和凭借流动驱动的机构组成的机械式水表。

容积式水表的计量机构主要有旋转活塞和章动圆盘两种。

D.2.4 特殊安装形式的水表

D.2.4.1 同轴水表

同轴水表指利用集合管接入封闭管道的一种水表。

同轴水表与集合管的进口和出口通道在两者之间的接口处是同轴的。

D.2.4.2 插装式水表

插装式水表指借助于称为连接接口的中介装置接入封闭管道的一种水表。

插装式水表连接接口是专为轴向相交或者同轴的插装式水表连接设计的管件。

注：水表进出口的流道以及连接接口可以是如 ISO 4064-4《可饮用冷水和热水表 第 4 部分：ISO 4064-1 未述及非计量要求》（*Water meters for cold potable water and hot water—Part 4：Non-metrological requirements not covered in* ISO 4064-1）中规定的同轴或者轴向相交。

D.2.4.3 可互换计量模块水表

可互换计量模块水表指常用流量大于 16 m^3/h，包括一个与型式批准相同的连接接口和一个可互换计量模块的水表。

可互换计量模块指由一个测量传感器、一个计算器和一个指示装置组成的独立模块。

可互换计量模块水表连接接口是专为可互换计量模块连接设计的管件。

D.3 带电子装置的机械式水表

D.3.1 结构类型

带电子装置的机械式水表主要包括 IC 卡水表和远传水表，通常加装电子装置的目的是实现预定的管理功能，且不改变机械式水表原有的计量性能。

D.3.2 IC 卡水表

IC 卡水表是一种以机械式水表为流量计量基表，以 IC 卡为信息载体，加装电子控制器和电控阀所组成的具有结算功能的水表。

D.3.3 远传水表

远传水表是一种以机械式水表为流量计量基表，加装电子装置实现水量信号采集和数据处理、存储、远程传输等功能的水表。

远传水表根据水量信号采集方法分为实时式和直读式两种。

远传水表根据信号传输方式分为有线远传和无线远传两种。

D.4 电子式水表

D.4.1 机械传感电子式水表

机械传感电子式水表由机械式测量传感器、电子式计算器和指示装置等组成，其测量传感器的结构原理与机械式水表相同。

D.4.2 电子传感电子式水表

电子传感电子式水表由基于电子或电磁感应原理的测量传感器、电子式计算器和指示装置等组成。常见的电子传感电子式水表有超声波水表和电磁水表，其结构和原理如下：

a) 超声波水表

超声波水表主要由测量管、超声换能器、测量电路和显示单元等组成。超声波水表的工作原理是基于超声波传播时间差法，通过测量超声波在水中顺流传播和逆流传播的时间，根据流速与时间的关系函数计算得到流量。

b) 电磁水表

电磁水表主要由测量管、励磁线圈、感应电极、测量电路和显示单元等组成。电磁水表的工作原理是基于法拉第电磁感应定律，通电的励磁线圈建立磁场，流经测量管的水是运动导体，切割磁力线时在电极两端产生感应电动势，流速与感应电动势成正比。

D.4.3 电子式水表的输出信号

D.4.3.1 脉冲信号

某些电子式水表输出用于检定或远程读数的脉冲信号，水表指示体积与脉冲信号之间的关系满足式（D.1）。

$$V_i = C \times N \tag{D.1}$$

式中：

V_i——水表指示体积，m^3；

C——每个脉冲所代表的体积量，或称为脉冲当量，m^3；

N——脉冲总数。

D.4.3.2 电流信号

某些电子式水表输出用于检定或远程读数的直流电流信号（4 mA～20 mA），水表指示体积与电流信号之间的关系满足式（D.2）。

$$V_i = C_I(I_t - 4)t \tag{D.2}$$

式中：

V_i——水表指示体积，m^3；

C_I——直流电流信号与流量相关的常数，$C_I = Q_4/16$，$m^3 \cdot h^{-1} \cdot mA^{-1}$；

I_t——时间 t 内直流电流信号平均值，mA；

t——时间，h。

D.4.3.3 电压信号

某些电子式水表输出用于检定或远程读数的直流电压信号（1 V～5 V），水表指示体积与直流电压信号之间的关系满足式（D.3）。

$$V_i = C_U(U_t - 1)t \tag{D.3}$$

式中：

V_i——水表指示体积，m^3；

C_U——直流电压信号与流量相关的常数，$C_U = Q_4/4$，$m^3 \cdot h^{-1} \cdot V^{-1}$；

U_t——时间 t 内直流电压信号平均值，V；

t——时间，h。

D.4.3.4 通信信号

某些电子式水表输出用于检定或远程读数的通信信号，包含了水表指示体积的数据。

附录 E

密度查表法

E.1 表 E.1 是根据无空气蒸馏水 IAPWS 公式计算出的纯水密度表。

表 E.1 纯水密度

水温 ℃	密度 kg/m³	水温 ℃	密度 kg/m³	水温 ℃	密度 kg/m³	水温 ℃	密度 kg/m³
0	999.84	21	998.00	42	991.44	63	981.63
1	999.90	22	997.77	43	991.04	64	981.09
2	999.94	23	997.54	44	990.63	65	980.55
3	999.97	24	997.30	45	990.21	66	980.00
4	999.98	25	997.05	46	989.79	67	979.45
5	999.97	26	996.79	47	989.36	68	978.90
6	999.94	27	996.52	48	988.93	69	978.33
7	999.90	28	996.24	49	988.48	70	977.76
8	999.85	29	995.95	50	988.04	71	977.19
9	999.78	30	995.65	51	987.58	72	976.61
10	999.70	31	995.34	52	987.12	73	976.03
11	999.61	32	995.03	53	986.65	74	975.44
12	999.50	33	994.71	54	986.17	75	974.84
13	999.38	34	994.37	55	985.69	76	974.24
14	999.25	35	994.03	56	985.21	77	973.64
15	999.10	36	993.69	57	984.71	78	973.03
16	998.95	37	993.33	58	984.21	79	972.41
17	998.78	38	992.97	59	983.71	80	971.79
18	998.60	39	992.60	60	983.20		
19	998.41	40	992.22	61	982.68		
20	998.21	41	991.83	62	982.16		

E.2 当水的实际密度与查表所得的纯水密度之间的差异大于 0.05% 时，可采用公式 (E.1) 对查表密度进行修正。

$$\rho = \rho_t + (\rho_{tm} - \rho_{tp}) \tag{E.1}$$

式中：

ρ——水温为 t 时水的修正密度，kg/m³；

ρ_t——水温为 t 时纯水的查表密度，kg/m^3；

ρ_{tm}——与大气温度接近的某一水温条件下（热交换可忽略），用水密度计测得的水的实际密度，kg/m^3；

ρ_{tp}——与 ρ_{tm} 相同水温下纯水的查表密度，kg/m^3。

中华人民共和国国家计量检定规程

JJG 577—2012

膜 式 燃 气 表

Diaphragm Gas Meters

2012-09-03 发布　　　　　　　　　　　2013-03-03 实施

国家质量监督检验检疫总局 发布

膜式燃气表检定规程

Verification Regulation

of Diaphragm Gas Meters

JJG 577—2012
代替 JJG 577—2005
规程正文部分

归 口 单 位：全国流量容量计量技术委员会

主要起草单位：北京市计量检测科学研究院

重庆市计量质量检测研究院

参加起草单位：浙江省计量科学研究院

重庆前卫克罗姆表业有限责任公司

丹东热工仪表有限公司

重庆市山城燃气设备有限公司

本规程委托全国流量容量计量技术委员会负责解释

本规程主要起草人：

　　杨有涛　（北京市计量检测科学研究院）

　　廖　新　（重庆市计量质量检测研究院）

参加起草人：

　　金　岚　（浙江省计量科学研究院）

　　唐　蕾　（北京市计量检测科学研究院）

　　陈海林　（重庆前卫克罗姆表业有限责任公司）

　　孙晓东　（丹东热工仪表有限公司）

　　徐义洲　（重庆市山城燃气设备有限公司）

引 言

本规程是以国家标准 GB/T 6968—2011《膜式燃气表》、国际法制计量组织（OIML）的国际建议 R137-1&2：2012《气体流量计》（Gas Meters）为技术依据，结合我国膜式燃气表的行业现状，对 JJG 577—2005《膜式燃气表》进行修订的。在主要的技术指标上与国家标准、国际建议等效。根据工作需要，将 JJG 577—2005《膜式燃气表》拆分成为检定规程和型式评价大纲技术规范。与 JJG 577—2005 版本相比，本规程除编辑性修改外，主要技术变化如下：

——取消了计量等级，采用准确度等级表示方式；

——修改了检定小流量点，可以在 $q_{min} \sim 3q_{min}$ 之间选取；

——修改了计数器技术要求；

——修改了燃气表的流量范围参数；

——修改了检定环境要求；

——取消了扭矩对性能影响要求；

——修改了示值误差试验时最少通气量要求；

——增加了使用中检查误差的具体检测方法；

——修改了检定证书/检定结果通知书内页格式；

——删除了原规程中附录 A "型式评价试验大纲"，型式评价试验大纲作为国家技术规范另行制定。

JJG 577—2005 的历次版本发布情况为：

——JJG 333—83 皮膜式家用煤气表（试行）；

——JJG 577—88 工业煤气表（试行）；

——JJG 577—1994 膜式煤气表。

膜式燃气表检定规程

1 范围

本规程适用于膜式燃气表（以下简称为燃气表）的首次检定、后续检定和使用中检查。

2 引用文件

本规程引用了下列文件：

JJF 1001—2011 通用计量术语及定义

GB/T 6968—2011 膜式燃气表

OIML R137-1&2：2012 气体流量计（Gas Meters）

OIML D11：2004 电子测量仪器通用要求（General requirements for electronic measuring instrument）

EN 1359：1998＋A1：2006 膜式燃气表（Diaphragm Gas Meters）

凡是注日期的引用文件，仅注日期的版本适用本规程；凡是不注日期的引用文件，其最新版本（包括所有的修改单）适用于本规程。

3 术语和计量单位

3.1 术语

3.1.1 最大流量 q_{max} maximum flow-rate q_{max}

燃气表符合计量性能要求的上限流量。

3.1.2 最小流量 q_{min} minimum flow-rate q_{min}

燃气表符合计量性能要求的下限流量。

3.1.3 分界流量 q_t transitional flow-rate q_t

介于最大流量和最小流量之间、把燃气表流量范围分为"高区"和"低区"的流量。燃气表在高区和低区各有相应的最大允许误差。q_t 为 $0.1q_{max}$。

3.1.4 流量范围 flow-rate range

能符合燃气表计量性能要求的最大流量和最小流量所限定的范围。

3.1.5 最大工作压力 p_{max} maximum operating pressure p_{max}

燃气表工作压力的上限值。

3.1.6 压力损失 Δ_p pressure loss Δ_p

在最大流量的条件下，燃气表进气口与出气口之间的平均压力降。

3.1.7 累积流量 Q integrating value Q

燃气表在一段时间内指示装置所累积的体积流量。

3.1.8 回转体积 V_c cyclic volume V_c

燃气表计量室完成一个工作循环所排出的气体体积。

3.1.9 欠压值 minimum operating voltage

保证附加装置正常工作的设定的最低工作电压值。

3.1.10 带附加装置的燃气表 gas meters equipped with ancillary devices

装备了附加装置以实现预定功能的燃气表。附加装置一般包括读取基表的数据、流量信号转换和控制单元等。

注：带附加装置燃气表所用的机械表一般称为基表。

3.2 计量单位

体积单位：立方米，符号 m^3；升，符号 L；立方分米，符号 dm^3。

流量单位：立方米每小时，符号 m^3/h。

压力单位：帕［斯卡］、千帕，符号 Pa、kPa。

温度单位：摄氏度，符号℃。

4 概述

4.1 原理和结构

燃气表属于容积式气体流量计，它采用柔性膜片计量室方式来测量气体体积流量。在压力差的作用下，燃气经分配阀交替进入计量室，充满后排向出气口，同时推动计量室内的柔性膜片作往复式运动，通过转换机构将这一充气、排气的循环过程转换成相应的气体体积流量，再通过传动机构传递到计数器，完成燃气累积计量功能。

基表主要由外壳、膜片计量室、分配阀、连杆机构、防止逆转装置、传动机构和计数器等部件组成。

4.1.1 防止逆转装置

燃气表应装有防止逆转的装置，当气体流入方向与规定流向相反时，燃气表应能停止计量或者不能逆向计数。燃气表应能承受意外反向流而不致造成正向流计量性能发生改变。

4.1.2 附加装置

附加装置是在基表上附加的可以实现相应功能的装置。允许在基表上装有预付费装置、脉冲发生器、工商业表二次装置等实现某些功能的附加装置，但是不能影响燃气表的计量性能。

4.2 用途

燃气表主要用于计量燃气的累积体积流量，大量应用在民用及工商业的燃气计量场合。

5 计量性能要求

燃气表的准确度等级为 1.5 级，其示值误差应符合表 1 的规定。

表 1 最大允许误差

流量 q m^3/h	最大允许误差（MPE）	
	首次检定/后续检定	使用中检查
$q_{min} \leqslant q < q_t$	±3%	±6%
$q_t \leqslant q \leqslant q_{max}$	±1.5%	±3%

6 通用技术要求

6.1 铭牌和标记

燃气表铭牌或表体应标明：

a) 制造商名称（商标）；

b) 产品名称；

c) 型号规格；

d) 准确度等级；

e) 出厂编号；

f) 制造计量器具许可证标志和编号；

g) 流量范围；

h) 最大工作压力；

i) 回转体积；

j) 制造年月；

k) 适用环境温度范围；（如果是 $-10\ ℃\sim40\ ℃$ 可不标注）

l) 表体上应有清晰、永久性的标明气体流向的箭头或文字。

其他有关技术指标（如适用），如机电信号转换值（仅对附加装置带机电信号转换的燃气表）。

6.2 外观

新制造燃气表外壳涂层应均匀，不得有气泡、脱落、划痕等现象。计数器及标记应清晰易读，机械封印应完好可靠。燃气表运行应该平稳，不允许有影响计量性能、明显的间歇性停顿现象。

6.3 流量范围

燃气表的流量范围值应符合表 2 的规定。

表 2　流量范围　　　　　　　　　　　　　　　　　　　　　　m^3/h

序号	最大流量 q_{max}	最小流量 q_{min}	分界流量 q_t
1	2.5	0.016	0.25
2	4	0.025	0.4
3	6	0.04	0.6
4	10	0.06	1.0
5	16	0.10	1.6
6	25	0.16	2.5
7	40	0.25	4.0
8	65	0.40	6.5
9	100	0.65	10.0
10	160	1.0	16.0
注：最小流量值可以比表中所列的最小流量上限值小，但是该值应是表中的某个值，或者是某个值的十进位约数值。			

6.4 指示装置

计数器应满足燃气表累积流量在最大流量下工作 6 000 h 而不回零的要求。其最小分度值和末位数码所表明的最大体积值应符合表 3 的规定。

表 3　最小分度值上限

最大流量 q_{max} m^3/h	最小分度值上限值 dm^3	末位数码代表的最大体积值 dm^3
$q_{max} \leqslant 10$	0.2	1
$16 \leqslant q_{max} \leqslant 100$	2	10
$q_{max} = 160$	20	100

6.5 密封性

燃气表必须进行密封性试验，输入 1.5 倍最大工作压力，持续时间不少于 3 min，燃气表不得漏气。

6.6 压力损失

燃气表压力损失最大允许值不得超过表 4 的规定。

表 4　压力损失最大允许值

最大流量 q_{max} m^3/h	压力损失最大允许值 Pa	
	首次检定	带控制阀门类的首次检定
$q_{max} \leqslant 10$	200	250
$16 \leqslant q_{max} \leqslant 65$	300	375
$q_{max} \geqslant 100$	400	500

6.7 附加装置

如果燃气表装有附加装置，其计量性能应满足第 5 章的要求。带附加装置的燃气表的功能应满足附录 A 中的相应的功能检测要求。

如果燃气表装有机电转换器，应标明转换值。

6.8 安全性能

带附加装置的燃气表应具有防爆合格证书。

7 计量器具控制

计量器具控制包括燃气表的首次检定、后续检定和使用中检查。

7.1 检定条件

7.1.1 示值误差的测量结果扩展不确定度应等于或优于燃气表最大允许误差的 1/3。

7.1.2 配套设备及要求见表 5。

表 5 配套设备

序号	设备名称	技术要求	用　途
1	微压计	1 级或者准确度等级相当的其他压力计	测量压力损失
2	温度计	分度值≤0.2 ℃	测量燃气表气温和标准装置液体和气体温度、环境温度等
3	压力计	分辨力≤10 Pa	测量表前压和标准装置处的压力
4	精密压力表	分辨力≤200 Pa	密封性试验
5	气压表（计）	MPE：±2.5 hPa	测量大气压力
6	湿度计	MPE：±10％ RH	测量环境湿度
7	秒表	分度值：0.01 s	时间测量

7.1.3　检定环境条件：

检定温度：（20±2）℃；

大气压力一般为：（86～106）kPa；

相对湿度：45％～75％。

7.1.4　燃气表一般应在检定环境条件下放置 4 h 以上，等待燃气表稳定到检定环境的温度下方可进行检定。

7.1.5　检定过程中，标准装置处的温度和燃气表处的温度之差（包括室温、标准装置液温、检定介质温度）应不超过 1 ℃。

7.1.6　检定介质一般为空气。

7.1.7　检定压力不得超过燃气表最大工作压力，检定系统不得漏气。

7.2　检定项目

首次检定、后续检定和使用中检查的项目见表 6。

表 6 检定项目一览表

序号	检定项目	检定类别		
		首次检定	后续检定	使用中检查
1	外　观	＋	＋	＋
2	密封性	＋	＋	＋
3	压力损失	＋	－	－
4	示值误差	＋	＋	＋
5	附加装置功能检测	＋	＋	＋

注：

1　"＋"表示需检定；"－"表示不需检查。

2　对于最大流量 q_{max}≥16 m³/h 的燃气表如经修理后，其后续检定须按首次检定进行。

3　使用中检查的目的是为了检查燃气表的检定标记或检定证书是否有效，保护标记是否损坏，检定后的燃气表状态是否受到明显变动，及其示值误差是否超过使用中检查的最大允许误差。

7.3 检定方法

7.3.1 外观

常规检查燃气表的外观，应符合本规程第6章"通用技术要求"中6.1、6.2、6.3和6.4的要求。

7.3.2 密封性

密封性试验可采用如图1所示或采用其他等效的试验方法。输入1.5倍最大工作压力，持续时间不少于3 min，燃气表不得漏气。

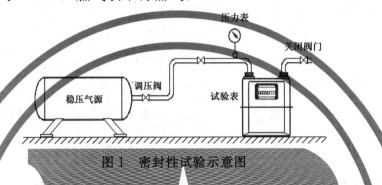

图1 密封性试验示意图

7.3.3 压力损失

压力损失是在最大流量条件下，使用倾斜式微压计或者准确度等级相当的压力计测量燃气表的进气口和出气口之间的压力降；压力测试点与燃气表接口之间的距离不应超出接口标称直径的3倍。在测量中，取压力降的最大值和最小值的算术平均值，按公式（1）计算：

$$\Delta p = \frac{\Delta p_{\max} + \Delta p_{\min}}{2} \tag{1}$$

式中：

Δp ——压力损失值，Pa；

$\Delta p_{\max}$ ——压力降的最大值，Pa；

$\Delta p_{\min}$ ——压力降的最小值，Pa。

7.3.4 示值误差

检定前，燃气表应以最大流量预运转，通过的气体体积至少是燃气表回转体积的50倍。独立测量示值误差间的最大差值应不超过0.6%（小流量点除外）。

单次测量示值误差按公式（2）计算：

$$E = \frac{V_{\mathrm{m}} - V_{\mathrm{ref}}}{V_{\mathrm{ref}}} \times 100\% \tag{2}$$

式中：

E ——单次测量的示值误差，%；

V_{m} ——燃气表的示值，$\mathrm{dm^3}$；

V_{ref} ——通过燃气表的气体实际值，$\mathrm{dm^3}$。

检定时应测量燃气表的进口端和标准装置处的温度、压力，按公式（3）进行温度、压力修正：

$$V_{ref} = V_s \frac{p_{sa} T_{ma}}{p_{ma} T_{sa}} \qquad (3)$$

式中：

V_s ——标准装置的示值，dm^3；

p_{sa} ——标准装置处的绝对压力，Pa；

T_{sa} ——标准装置处的热力学温度，K；

p_{ma} ——燃气表进口端的绝对压力，Pa；

T_{ma} ——燃气表进口端的热力学温度，K。

注：

1 如果标准装置处 T_{sa} 和燃气表的气体温度 T_{ma} 的差≤0.5 ℃，可以不进行温度修正计算，则单次测量示值误差公式（2）简化成：

$$E = \left[\frac{V_m - V_s}{V_s} - \frac{(p_{sa} - p_{ma})V_m}{p_{sa}V_{sa}} \right] \times 100\% \qquad (4)$$

2 同时如果标准装置处压力 p_{sa} 和燃气表进口端压力 p_{ma} 的差≤0.2%，可以不进行压力修正计算，则单次测量示值误差公式（4）简化成：

$$E = \frac{V_m - V_s}{V_s} \times 100\% \qquad (5)$$

7.3.4.1 示值误差检定时的最少通气量应能满足计量准确的要求，推荐不少于燃气表最小分度值的 200 倍，且一般不小于检定流量下 1 min 所对应的体积量，尽可能使燃气表最小位字轮转动一圈或数圈，以减少周期性变化的影响。对小流量点的检定，在能满足计量准确的前提下可适当减少通气量。

7.3.4.2 燃气表检定流量点一般为小流量、中流量和大流量。小流量检定点可以在（$q_{min} \sim 3q_{min}$）之间选取，中流量为 $0.2q_{max}$ 和大流量为 q_{max}，每个流量点至少检定一次。如果一次检定有疑问，应增加检定次数。二次测量所得示值误差间的最大差值应不超过0.6%（小流量点除外）。示值误差应取测量结果的算术平均值。检定流量一般不超过设定流量的±5%。

7.3.4.3 使用中检查如在实验室进行时，燃气表检测流量点一般可为 $0.2q_{max}$、q_{max}。如在现场常温下（20±10）℃试验时，一般可选择在 $0.2q_{max}$ 流量点进行试验检查。如果试验有争议，以在实验室检测结果为准。

7.3.4.4 示值误差的检定方法

燃气表检定装置可采用钟罩式气体流量标准装置（以下简称钟罩，见图2）、标准表法流量标准装置（以下简称标准表法）以及能满足7.1.1要求的其他气体流量标准装置，常用的标准表有湿式气体流量计（见图3）、气体腰轮流量计和临界流流量计。

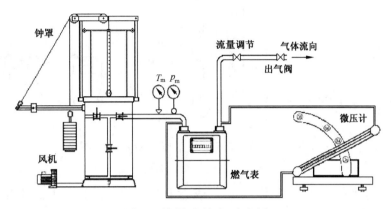

图 2　钟罩法检定示意图

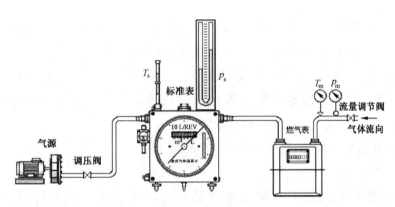

图 3　标准表法检定示意图

临界流流量计作为标准表的燃气表检定装置示意图如图 4 所示（负压法）。按检定流量点选择音速喷嘴。测量通过临界流流量计气体的滞止压力、滞止温度并计算出流过燃气表的实际体积值，将流过的气体实际体积值和燃气表的示值相比较并进行示值误差计算。正压法装置同理，示意图如图 5 所示。

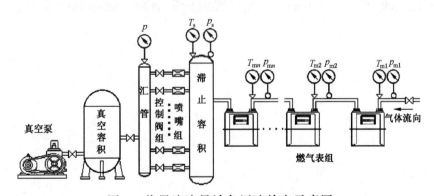

图 4　临界流流量计负压法检定示意图

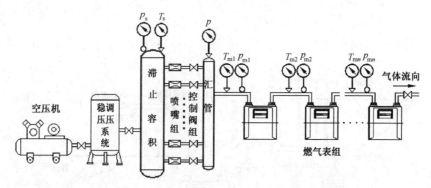

图5 临界流流量计正压法检定示意图

a）动态法

对于采用光电采样器进行采样的方式或者脉冲输出的标准装置和燃气表，可通过电脑采样器对信号自动采样或者人工读数方法，动态地获得燃气表和标准装置的体积、压力、温度值，计算得到通过燃气表的实际体积 V_{ref}。

b）静态法

按照检定流量先调整好流量调节阀。关闭被检表后出气阀，等待标准器和被检表之间压力保持一致，检定系统稳定后，记录标准器和被检表起始值。打开被检表后出气阀，记录标准器和被检表检定时相关的温度、压力值。当燃气表运行到预定终止读数时，关闭出气阀，记录标准器和燃气表终止读数值，计算出标准器和燃气表体积值。

7.3.4.5 仲裁检定等优先采用钟罩动态法。

7.3.5 带附加装置燃气表的功能检测参照附录A。

7.4 检定结果的处理

检定合格的燃气表发给检定证书或加贴检定合格标识（或封印标志）；检定不合格的燃气表发给检定结果通知书，并注明不合格项目。

7.5 检定周期

7.5.1 对于最大流量 $q_{max} \leqslant 10 \ m^3/h$ 且用于贸易结算的燃气表只作首次强制检定，限期使用，到期更换。以天然气为介质的燃气表使用期限一般不超过10年。以人工燃气、液化石油气等为介质的燃气表使用期限一般不超过6年。

7.5.2 对于最大流量 $q_{max} \geqslant 16 \ m^3/h$ 燃气表的检定周期一般不超过3年。

附录 A

燃气表附加装置的功能检测

对带有附加装置的燃气表，需要根据产品说明书和产品所能达到的功能（在不破坏封印的情况下）进行检测。

A.1 功能检测可以在非检定条件下进行。对于带附加装置的燃气表一般应具有以下提示功能：

A.1.1 工作电源欠压

当燃气表工作电源欠压时，应有明确的文字符号、声光报警、关闭控制阀等一种或几种方式提示。

A.1.2 误操作

当燃气表遇到错误操作时，应予以文字符号、声光报警等一种或几种方式提示，关闭控制阀或维持原工作状态。

A.2 带预付费的燃气表必须具有以下控制功能：

A.2.1 预付费和用气控制

燃气表只要存有剩余气量就应能正常工作。当剩余气量为零气量时应能提示并关闭控制阀。若输入购气量时，应能打开控制阀恢复供气并正确显示输入气量的值。正常用气时表内气量应准确核减。

A.2.2 断电保护

燃气表断电之后应能立即关闭控制阀，恢复供电后应能正常打开控制阀，表内存储气量应与关阀前完全一致。

A.2.3 其他控制

对于无线远传燃气表，应具有无线抄表累积用气量、阀门控制等控制功能。

使用无线远传燃气表配用的手持单元与燃气表通讯，执行手持单元的抄表及阀门控制功能，通讯成功后，手持单元应能正确显示燃气表累积用气量及阀门状态。

A.3 转换功能

对于具有机械计数器与电子计数器双重累计计量方式的燃气表，其机电转换应不超过一个转换值。

A.4 其他功能检查

按照产品说明书（或者企业标准）进行相应的功能检测。

附录 B

检定证书/检定结果通知书内页信息及格式

B.1 检定证书内页信息格式

B.1.1 检定证书/检定结果通知书内页格式式样

<table>
<tr><td colspan="5" align="center">证书编号××××××-××××</td></tr>
<tr><td colspan="5">检定机构授权说明</td></tr>
<tr><td colspan="5">检定环境条件及地点</td></tr>
<tr><td align="center">温　度</td><td align="center">℃</td><td align="center">地　点</td><td colspan="2"></td></tr>
<tr><td align="center">相对湿度</td><td align="center">%</td><td align="center">大气压力</td><td>kPa</td><td>检定介质　　空气</td></tr>
<tr><td colspan="5">检定使用的计量标准装置</td></tr>
<tr><td align="center">名　　称</td><td align="center">测量范围</td><td align="center">不确定度/准确度等级/
最大允许误差</td><td align="center">计量标准
证书编号</td><td align="center">有效期至</td></tr>
<tr><td></td><td></td><td></td><td></td><td></td></tr>
<tr><td colspan="5">检定使用的标准器</td></tr>
<tr><td align="center">名　　称</td><td align="center">测量范围</td><td align="center">不确定度/准确度等级/
最大允许误差</td><td align="center">标准器检定/校准
证书编号</td><td align="center">有效期至</td></tr>
<tr><td></td><td></td><td></td><td></td><td></td></tr>
<tr><td align="center">检定技术依据</td><td colspan="4" align="center">JJG 577—2012《膜式燃气表》</td></tr>
</table>

B.1.2 检定项目及结果

序　号	检定项目	检定结果
1	外观	
2	密封性	
3	压力损失	
4	示值误差	
5	附加装置功能检测	
6	检定结论	

B.2 检定结果通知书内页信息格式参照以上内容，并给出不合格项，检定结论为不合格。

中华人民共和国国家计量检定规程

JJG 640—2016

差压式流量计

Differential Pressure Flowmeters

2016-11-30 发布

2017-05-30 实施

国家质量监督检验检疫总局 发布

差压式流量计检定规程

Verification Regulation of
Differential Pressure Flowmeters

JJG 640—2016
代替 JJG 640—1994

归 口 单 位：全国流量容量计量技术委员会

主要起草单位：中国计量科学研究院

参加起草单位：天津润泰自动化仪表有限公司

北京博思达新世纪测控技术有限公司

辽宁省计量科学研究院

大连索尼卡电子有限公司

上海科洋科技股份有限公司

本规程委托全国流量容量计量技术委员会负责解释

本规程主要起草人：

史振东（中国计量科学研究院）

段慧明（中国计量科学研究院）

参加起草人：

童复来（天津润泰自动化仪表有限公司）

张志立（北京博思达新世纪测控技术有限公司）

王　振（辽宁省计量科学研究院）

庞世强（大连索尼卡电子有限公司）

周　人（上海科洋科技股份有限公司）

引　言

本规程是按 JJF 1002—2010《国家计量检定规程编写规则》，依据 JJF 1004《流量计量名词术语及定义》，结合我国差压式流量计的技术水平及现状进行修订。

本规程与 JJG 640—1994《差压式流量计》相比，主要变化如下：

——按 JJF 1002—2010《国家计量检定规程编写规则》的要求，确定了规程结构，增加了引言、引用文件；

——规定了差压式流量计的三种检定方法。在原来几何检测法、系数检测法的基础上，新增加了示值误差检测法；

——根据 GB 2624—2006 相对 GB 2624—1993 的变化，新版规程中几何检测法的标准节流件的直径比、流出系数及其不确定度、节流件上游管道内壁 K/D 要求相应发生了变化；

——明确了准确度等级为 0.5 级、1 级、1.5 级、2 级、2.5 级；

——根据 JJF 1002—2010《国家计量检定规程编写规则》的要求，在附录 C 中给出了三种检定方法的检定证书/检定结果通知书内页格式。

本规程的历次版本发布情况：

——JJG 640—1994。

差压式流量计检定规程

1 范围

本规程适用于一体化差压式流量计以及分体差压式流量计的标准节流件和差压装置的首次检定、后续检定和使用中检查。

2 引用文件

本规程引用了下列文件：

JJG 882 压力变送器

JJG 1003 流量积算仪

JJF 1001—2011 通用计量术语及定义

JJF 1004—2004 流量计量名词术语及定义

GB/T 2624.1—2006 用安装在圆形截面管道中的差压装置测量满管流体流量 第1部分：一般原理和要求

GB/T 2624.2—2006 用安装在圆形截面管道中的差压装置测量满管流体流量 第2部分：孔板

GB/T 2624.3—2006 用安装在圆形截面管道中的差压装置测量满管流体流量 第3部分：喷嘴和文丘里喷嘴

GB/T 2624.4—2006 用安装在圆形截面管道中的差压装置测量满管流体流量 第4部分：文丘里管

ISO 5167-1：2003 用安装在圆形截面管道中的差压装置测量满管流体流量 第1部分：一般原理和要求（Measurement of fluid flow by means of pressure differential devices inserted in circular cross-section conduits running full—Part 1：General principles and requirements）

ISO 5167-2：2003 用安装在圆形截面管道中的差压装置测量满管流体流量 第2部分：孔板（Measurement of fluid flow by means of pressure differential devices inserted in circular cross-section conduits running full—Part 2：Orifice plates）

ISO 5167-3：2003 用安装在圆形截面管道中的差压装置测量满管流体流量 第3部分：喷嘴和文丘里喷嘴（Measurement of fluid flow by means of pressure differential devices inserted in circular cross-section conduits running full—Part 3：Nozzles and Venturi nozzles）

ISO 5167-4：2003 用安装在圆形截面管道中的差压装置测量满管流体流量 第4部分：文丘里管（Measurement of fluid flow by means of pressure differential devices inserted in circular cross-section conduits running full—Part 4：Venturi tubes）

凡是注日期的引用文件，仅注日期的版本适用于本规程；凡是不注日期的引用文件，其最新版本（包括所有的修改单）适用于本规程。

3 术语和定义

3.1 术语

3.1.1 节流件 orifice element

为使上下游产生压力差而使用的具有收缩过流截面的部件。

3.1.2 节流孔 orifice

节流件中流体通过的开孔部分。

3.1.3 喉部 throat

标准孔板、ISA 1932 喷嘴、长径喷嘴、文丘里喷嘴、经典文丘里管等节流件的节流孔中横截面积最小的部位。

3.1.4 标准孔板 orifice plate

符合 GB/T 2624.2—2006 中 5.1 要求的薄板。

3.1.5 ISA 1932 喷嘴 ISA 1932 nozzle

符合 GB/T 2624.3—2006 中 5.1 要求的喷嘴。

3.1.6 长径喷嘴 long radius nozzle

符合 GB/T 2624.3—2006 中 5.2 要求的喷嘴。

3.1.7 文丘里喷嘴 Venturi nozzle

符合 GB/T 2624.3—2006 中 5.3 要求的喷嘴。

3.1.8 经典文丘里管 classical Venturi tube

符合 GB/T 2624.4—2006 中第 5 章要求的文丘里管。

3.1.9 标准节流件 standardized throttling element

可以用几何检测法检测得到流量关系的节流件。包括标准孔板、ISA 1932 喷嘴、长径喷嘴、文丘里喷嘴、经典文丘里管。

3.1.10 非标准节流件 non-standardized throttling element

标准节流件以外的节流件。

3.1.11 节流装置 throttling device

由节流件、取压装置、前后测量管组成的装置。

3.1.12 标准节流装置 standardized throttling device

由标准节流件、取压装置和前后测量管组成的装置。

3.1.13 非标准节流装置 non-standardized throttling device

由非标准节流件、取压装置和前后测量管组成的装置。

3.1.14 差压件 differential pressure element

可使上下游产生压力差的部件。分为包括节流件和非节流式差压件两种。

3.1.15 差压装置 differential pressure device

由差压件、取压装置和前后测量管组成的装置。分为节流装置和非节流式差压装置两种。

3.1.16 直径比 diameters ratio

节流孔或喉部的直径与上游测量管道的内径之比。

3.1.17 面积比 areas ratio

节流孔或喉部的流通面积与上游测量管道的面积之比。

3.1.18 流出系数 discharge coefficient

为不可压缩流体确定的表示通过差压件的实际流量与理论流量之间关系的参数。

3.1.19 几何检测法 geometry test method

测量标准节流装置的节流件、取压装置和前后测量管的形位几何参数，以确定其流量特性的方法。

3.1.20 系数检测法 coefficient test method

通过流量标准装置对差压装置进行实流检测，得到流出系数或流量系数的方法。

3.1.21 示值误差检测法 whole test method

通过流量标准装置对差压式流量计整体进行实流检测，以确定流量示值误差的方法。

3.2 计量单位及符号

计量单位及符号见表1。

表 1　计量单位及符号

代 号	量	量纲	单位符号
C	流出系数	无量纲	——
α	流量系数	无量纲	——
d	工况条件下节流孔或喉部直径	L	m
D	工况条件下上游测量管内径（或经典文丘里管上游直径）	L	m
k	等效均匀粗糙度	L	m
K	压力损失系数（压力损失与动压 $\rho v^2/2$ 成正比）	无量纲	——
l	取压口间距	L	m
L	相对取压口间距	无量纲	——
p	流体的绝对静压	$ML^{-1}T^{-2}$	Pa
q_m	质量流量	MT^{-1}	kg/s
q_V	体积流量	L^3T^{-1}	m^3/s
R_a	粗糙度算术平均偏差	L	m
Re	雷诺数	无量纲	——
Re_D	与 D 有关的雷诺数	无量纲	——
Re_d	与 d 有关的雷诺数	无量纲	——
t	流体温度	θ	℃
T	流体温度	θ	K

表 1（续）

代 号	量	量纲	单位符号
U_{rel}	相对扩展不确定度	无量纲	——
υ	管道中流体的轴向平均速度	LT^{-1}	m/s
β	直径比：$\beta=d/D$	无量纲	——
Δp	差压	$ML^{-1}T^{-2}$	Pa
ε	可膨胀性系数	无量纲	——
κ	等熵指数	无量纲	——
E	渐近速度系数	无量纲	——
μ	流体的动力黏度	$ML^{-1}T^{-1}$	Pa·s
υ	流体的运动黏度：$\upsilon=\mu/\rho$	L^2T^{-1}	m^2/s
ρ	流体密度	ML^{-3}	kg/m^3
τ	压力比：$\tau=p_2/p_1$	无量纲	——
Φ	扩散段的总的角度	无量纲	弧度

注1：在"量纲"栏中，长度、质量、时间和热力学温度的量纲，分别用 L、M、T 和 θ 表示。
注2：下角标 1，表示在上游取压孔平面；下角标 2，表示在下游取压孔平面。

4 概述

4.1 工作原理

差压式流量计是以伯努利方程和流动连续性方程为依据，当被测介质流经差压件时，在其两侧产生差压，由差压与流量的关系，通过测量差压确定流体的流量。

4.2 组成

差压式流量计主要由差压装置、差压变送器和流量积算仪组成。

4.3 分类

差压式流量计的分类按其差压件的种类来划分。

差压件包括节流件（包括标准节流件、非标准节流件）、非节流式差压件。

标准节流件包括标准孔板、ISA 1932 喷嘴、长径喷嘴、文丘里喷嘴、经典文丘里管；非标准节流件包括锥形入口孔板、1/4 圆孔板、偏心孔板、圆缺孔板、多孔孔板、锥形节流件、楔形节流件等；非节流式差压件包括弯管、均速管等。

对应的差压式流量计的分类为：标准孔板流量计、ISA 1932 喷嘴流量计、长径喷嘴流量计、文丘里喷嘴流量计、经典文丘里管流量计；锥形入口孔板流量计、1/4 圆孔板流量计、偏心孔板流量计、圆缺孔板流量计、多孔孔板流量计、锥形流量计、楔形流量计；弯管流量计、均速管流量计等。

4.4 用途

差压式流量计主要用于封闭管道中满管单相流体流量的测量。

5 计量性能要求

计量性能要求分为三个部分，分别为：几何检测法计量性能要求、系数检测法计量性能要求、示值误差检测法计量性能要求。

几何检测法适用于配套标准节流件（包括标准孔板、ISA 1932 喷嘴、长径喷嘴、文丘里喷嘴、经典文丘里管）的节流装置的检测。

系数检测法适用于差压装置的检测。

示值误差检测法适用于差压式流量计的整机检测。

5.1 几何检测法计量性能要求

应给出配套标准节流件的节流装置的流出系数 C 及其相对不确定度。

5.1.1 标准孔板流出系数的相对不确定度为：

——$0.1 \leqslant \beta < 0.2$ 为 $(0.7 - \beta)\%$；

——$0.2 \leqslant \beta \leqslant 0.6$ 为 0.5%；

——$0.6 < \beta \leqslant 0.75$ 为 $(1.667\beta - 0.5)\%$。

若 $D < 71.12\text{mm}$，在上述不确定度值基础上加 $0.9(0.75 - \beta)(2.8 - D/25.4)\%$；

若 $\beta > 0.5$ 和 $Re_D < 10\ 000$，在上述不确定度值基础上加 0.5%。

5.1.2 ISA 1932 喷嘴流出系数的相对不确定度为：

——0.8%（对于 $\beta \leqslant 0.6$）；

——$(2\beta - 0.4)\%$（对于 $\beta > 0.6$）。

5.1.3 长径喷嘴流出系数的相对不确定度为：2.0%。

5.1.4 文丘里喷嘴流出系数的相对不确定度为：$(1.2 + 1.5\beta^4)\%$。

5.1.5 经典文丘里管流出系数的相对不确定度。

5.1.5.1 "铸造"收缩段经典文丘里管流出系数的相对不确定度为：0.7%。

5.1.5.2 机械加工收缩段经典文丘里管流出系数的相对不确定度为：1%。

5.1.5.3 粗焊铁板收缩段经典文丘里管流出系数的相对不确定度为：1.5%。

5.2 系数检测法计量性能要求

5.2.1 准确度等级

差压装置的准确度等级、最大允许误差应符合表 2 的要求。

表 2 系数检测法差压装置的准确度等级

准确度等级	0.5	1.0	1.5	2.0	2.5
最大允许误差/%	±0.5	±1.0	±1.5	±2.0	±2.5

5.2.2 重复性

差压装置的重复性不得超过相应准确度等级规定的最大允许误差绝对值的 1/3。

5.3 示值误差检测法计量性能要求

5.3.1 准确度等级

流量计的准确度等级、最大允许误差应符合表 3 的要求。

表 3　示值误差检测法流量计的准确度等级

准确度等级	0.5	1.0	1.5	2.0	2.5
最大允许误差/%	±0.5	±1.0	±1.5	±2.0	±2.5

5.3.2　重复性

流量计的重复性不得超过相应准确度等级规定的最大允许误差绝对值的1/3。

6　通用技术要求

6.1　随机文件

流量计、差压装置、差压件、差压变送器和流量积算仪应附有使用说明书。说明书上应说明技术条件和流量计的计量性能等。周期检定的流量计还应有前次检定的检定证书。

6.2　标识和铭牌

6.2.1　流量计应有明显的流向标识。

6.2.2　流量计应有铭牌。表体或铭牌上一般应注明：

　　a) 产品及制造厂名称；

　　b) 产品规格及型号；

　　c) 出厂编号；

　　d) 制造计量器具许可证标志及编号；

　　e) 最大工作压力；

　　f) 适用工作温度范围；

　　g) 公称通径；

　　h) 节流件孔径；

　　i) 准确度等级（或最大允许误差）；

　　j) 防爆等级和防爆合格证编号（用于爆炸性气体环境）；

　　k) 防护等级；

　　l) 制造年月。

6.3　外观

6.3.1　新制造的流量计的外表应有良好的处理，不得有毛刺、刻痕、裂纹、锈蚀、霉斑和涂镀层不得有起皮、剥落等现象。

6.3.2　流量计表体的连接部分的焊接应平整光洁，不得有虚焊、脱焊等现象。

6.3.3　密封面应平整，不得有损伤。

6.3.4　二次表显示窗的数字应醒目、整齐，表示功能的文字符号和标志应完整、清晰、端正；读数装置上的防护玻璃应有良好的透明度，没有使读数畸变等妨碍读数的缺陷；按键应没有粘连现象；具有参数修改自动记录功能。

7　计量器具控制

流量计检定项目见表4。

表 4　检定项目一览表

检定项目	首次检定	后续检定	使用中检查
随机文件、标识及外观	＋	＋	＋
流量计参数	＋	＋	＋
相对示值误差	＋	＋	－
重复性	＋	＋	－

注："＋"表示需检定，"－"表示不必检定。

7.1　几何检测法

根据 7.1.1～7.1.5，只要检测合格，就能达到 5.1 对应的计量性能要求。

7.1.1　孔板

7.1.1.1　平面度

a）A 面平面度的检定条件

检测用的一般量具及仪器：0 级或 1 级样板直尺及 5 等量块（或塞尺）、0.01 mm/m 合象水平仪，当孔板外径大于 ϕ400 时可用 0 级平尺及千分表等。

b）A 面平面度的检定项目和检定方法

当使用样板直尺时，可用通过直径的直线度来检测孔板 A 面是否平整。

将孔板放在平板上，A 面朝上，用适当长度的样板直尺轻靠 A 面，转动孔板可寻找沿直径方向的最大的缝隙宽度，可用量块（或塞尺）测出高度 h_A。

h_A 应符合如下要求：$h_A < 0.0025(D-d)$。

7.1.1.2　A 面及开孔圆筒形 e 面的表面粗糙度

a）A 面及开孔圆筒形 e 面的表面粗糙度的检定条件

检测用的一般量具及仪器：表面粗糙度比较样块、轮廓法触针式表面粗糙度测量仪等。

b）A 面及开孔圆筒形 e 面的表面粗糙度的检定项目和检定方法

当使用表面粗糙度比较样块时，是以样块（最好用与被检测件相同材料做成的样块）工作面的表面粗糙度为标准，与孔板 A、e 面进行比较，从而用视觉（可借助于放大镜、比较显微镜）判断孔板 A 面及 e 面的粗糙度 R_a，比较结果应符合附录 A.1.1 中的规定。

7.1.1.3　边缘 G、H、I

a）边缘 G、H、I 的检定条件

检测用的一般量具及仪器：用视觉（可借助于放大镜）及凭触觉（如指甲；工具显微镜铅片模压法）。

b）边缘 G、H、I 的检定项目和检定方法

1）用目测法检查（可借助于 2 倍放大镜），其结果应符合附录 A.1.1 中规定。

2）孔板入口边缘圆弧半径 r_k 的检测。

① 反射光法：当 $d \geqslant 25$ mm 时，用 2 倍放大镜将孔板倾斜 45°角，使日光和人工光

源射向直角入口边缘；当 $d<25$ mm 时，用 4 倍放大镜观察边缘应无反射光。

② 模压法：用铅片模压孔板入口边缘，用工具显微镜实测 r_k。其结果应符合附录 A.1.1 中的规定。

7.1.1.4 厚度 E 及长度 e

a）厚度 E 及长度 e 的检定条件

检测用的一般量具及仪器：千分尺或板厚千分尺、工具显微镜（模压法）、e 值检测仪等。

b）厚度 E 及长度 e 的检定项目和检定方法

1）E 的检测：用量具分别在离内圆外及离外圆内约各 10 mm 处大致均布的位置上各测 n（本条中 $n=3$）个 E 值，记作 E_i，按式（1）计算 E 的平均值。

$$E=\frac{1}{n}\sum_{i=1}^{n}E_i \tag{1}$$

式中：

E_i——第 i 次测量的 E 值。

$$e_E=(E_i)_{max}-(E_i)_{min} \tag{2}$$

式中：

e_E——E 的最大偏差。

2）e 的检测：一般在大致均布的 3 个位置上测量 e 值，e 的平均值及最大偏差 e_e 的计算式类同式（1）和式（2）。

上述检测的 E、e、e_E、e_e 值应符合附录 A.1.1 中的要求。在确认加工工艺方法后，e 值也可在需要时再做检测。

7.1.1.5 节流孔直径 d

a）节流孔直径 d 的检定条件

检测用的量具及仪器：工具显微镜、孔径测量仪、内测千分尺、内径千分尺、带表卡尺、游标卡尺等。

b）节流孔直径 d 的检定项目和检定方法

根据所测直径 d 的数值大小，加工公差 Δd 的要求，选择合适的量具及仪器。在 4 个大致等角度的位置上测量节流件的直径，d 的平均值按类同式（1）计算。

直径的相对误差 E_{d_i}，按式（3）计算：

$$E_{d_i}=\frac{|d_i-d|}{d}\times100\% \tag{3}$$

式中：

d_i——第 i 次测量的直径。

在计算流量准确度 E_q 时，若 E_d 有实测值，则测量 n（$n\geqslant6$）个 d_i 值，并按式（4）计算 E_d。

$$E_d=(E_{rd}^2+E_{sd}^2)^{\frac{1}{2}} \tag{4}$$

式中：

E_{rd}——d 的重复性，可按式（5）计算；

E_{sd}——测量 d 的量仪准确度。

$$E_{rd} = \frac{t_\alpha}{d} \left[\frac{1}{(n-1)} \cdot \sum_{i=1}^{n} (d_i - d)^2 \right]^{\frac{1}{2}} \times 100\% \qquad (5)$$

式中：

t_α——包含概率为 95% 的 t 分布系数。

7.1.1.6 斜角 ψ

a）斜角 ψ 的检定条件

检测用的量具：角度规、样板角（专制）等。

b）斜角 ψ 的检定项目和检定方法

斜角 ψ 的检测，将孔板 B 面朝上放在平板上，用角度规或样板角等，在任一直径方向测量两个斜角，按类同式（1）计算平均值。

7.1.2 ISA 1932 喷嘴

7.1.2.1 ISA 1932 喷嘴 A 及 E 的表面粗糙度

a）A 及 E 的表面粗糙度的检定条件

检测用的量具与 7.1.1.2 相同。

b）A 及 E 的表面粗糙度的检定项目和检定方法

A 及 E 的表面粗糙度的检测：检测用的量具检测方法与 7.1.1.2 相同。

7.1.2.2 ISA 1932 喷嘴的入口收缩部分的廓形

a）入口收缩部分的廓形的的检定条件

检测用的样板量具和仪器：收缩部分圆弧曲面样板、工具显微镜、百分表等。

b）入口收缩部分的廓形的检定项目和检定方法

1）廓形用样板检查，允许有轻微均匀透光。

2）在入口收缩段上垂直于轴线的同一个平面上测量两个直径。为了找到垂直于轴线的同一平面的几个直径，可将喷嘴的出口（作基面）放在平板上，让圆弧曲面朝上，对于 $D \leqslant 200$ mm 的喷嘴，可用工具显微镜的灵敏杠杆测头法或透射法测量或者用其他仪器及方法测量。

当 $D > 200$ mm 时，也可用安装在水平两维坐标的专用基座上的百分表测量。用式（3）计算任意两个直径的百分误差。

7.1.2.3 ISA 1932 喷嘴的喉部直径 d

a）喉部直径 d 的检定条件

检测用的量具及仪器：工具显微镜（或孔径测量仪）、孔径千分尺、内径表等。

b）喉部直径 d 的检定项目和检定方法

将喷嘴入口（作基面）放在平板上，出口朝上。在喉部长度 b（$b = 0.3\ d$）的范围上至少测量 4 个直径，各直径之间应有近似相等角度。

平均直径和直径的最大偏差分别按类同式（1）及式（2）计算。

7.1.2.4 ISA 1932 喷嘴的出口边缘 f

a）出口边缘 f 的检定条件

检测用的量具及仪器：视觉或不小于 2 倍的放大镜。

b）出口边缘 f 的检定项目和检定方法

用目测法（或借助于 2 倍放大镜）检查，其结果应符合 A.1.2 的规定。

7.1.2.5　ISA 1932 喷嘴总长

a）喷嘴总长的检定条件

检测用量具：游标卡尺等。

b）喷嘴总长的检定项目和检定方法

检定项目为 $0.3 \leqslant \beta \leqslant 2/3$ 和 $2/3 < \beta \leqslant 0.8$ 两种情况下喷嘴的总长。检定方法是将喷嘴放在平板上，用游标卡尺测量沿轴向的长度。

7.1.3　长径喷嘴

7.1.3.1　A、B 面表面粗糙度

与 7.1.1.2 相同。

7.1.3.2　收缩段 A 的 1/4 椭圆曲面

与 7.1.2.2 相同。

7.1.3.3　喉部 B 的直径 d

a）喉部 B 的直径 d 的检定条件

检测用的量具及仪器：工具显微镜（或孔径测量仪）、孔径千分尺、内径表等。

b）喉部 B 的直径 d 的检定项目和检定方法

将长径喷嘴入口（作基面）放在平板上出口朝上，在喉部长度 b 的范围内至少测量 4 个直径值。分别位于出口处及入口处，各直径之间有近似相等的角度。

按类同式（1）计算喉部长度上平均直径和出口处、入口处的平均值以及按式（3）计算直径的百分误差。

7.1.4　文丘里喷嘴

7.1.4.1　收缩段和喉部

收缩段和喉部要求与 ISA 1932 喷嘴相同。

7.1.4.2　扩散段

a）扩散段的扩散角的检定条件

检测用的量具：游标卡尺、内径表、孔径千分尺等。

b）扩散段的扩散角的检定项目和检定方法

由上述量具测出圆锥体上、下端面的直径 d_1、d_2 及长度 L，有

$$\tan \frac{\varphi}{2} = \frac{d_2 - d_1}{2L} \qquad (6)$$

7.1.5　经典文丘里管

7.1.5.1　入口圆筒段 A 直径 D_A

a）入口圆筒段 A 直径 D_A 的检定条件

检测用的量具：游标卡尺、内径表、孔径千分尺等。

b）入口圆筒段 A 直径 D_A 的检定项目和检定方法

用上述量具在每对取压口附近，各对取压口之间及取压口平面之外各测两个直径，共 8 个按类同式（1）求其平均直径 D_A。

直径百分误差及与上游管道直径 D 的偏差应符合第 A.1.5 项的要求。

7.1.5.2 收缩段 B

a）收缩段 B 的检定条件

检测用的量具同上。

b）收缩段 B 的检定项目和检定方法

收缩角 ψ 的测量：用上述量具测出圆锥体上、下端面的直径 d_1、d_2 及长度 L，用公式（6）计算 ψ。

7.1.5.3 喉部直径 d

a）喉部直径 d 的检定条件

检测用的量具：同 7.1.5.1。

b）喉部直径 d 的检定项目和检定方法

选用量仪，在取压口平面上，每对取压口附近处至少测 4 个直径。用游标卡尺测量喉部长度。

7.1.5.4 A、B、C 表面粗糙度

检测用量具及方法与第 7.1.1.2 相同。

7.1.5.5 扩散段 E

a）扩散段 E 的检定条件

检测用的量具：同 7.1.5.1。

b）扩散段 E 的检定项目和检定方法

用上述量具测量扩散段的上、下端面直径，算出扩散段夹角。

7.1.5.6 半径 R_1，R_2，R_3

a）半径 R_1，R_2，R_3 的检定条件

检测用的量具：触觉和视觉。

b）半径 R_1，R_2，R_3 的检定项目和检定方法

用触觉和目测检查，另外 R_1 最好为零。必要时可用内径表测量 R_1、R_2 的实际尺寸。

7.1.6 取压装置

7.1.6.1 取压装置的检定条件

检测用的量具：游标卡尺、直角尺或刻度直角钢尺、钢直尺或钢卷尺等。

7.1.6.2 取压装置的检定项目和检定方法

一般可用目测法或选用上述量具进行测量，分别测量取压口直径，上游取压口轴线到节流件上游断面距离 l_1，下游取压口轴线到节流件下游断面距离 l_2。

7.1.7 管道

7.1.7.1 管道相对粗糙度

a）管道相对粗糙度的检定条件

检测用的量具：表面粗糙度比较样块、轮廓法触针式表面粗糙度测量仪等。

b）管道相对粗糙度的检定项目和检定方法

当使用表面粗糙度比较样块时，是以样块工作面的表面粗糙度为标准，与管道内表

面进行比较，从而用目测（可借助于放大镜）判断管道内表面的粗糙度 R_a。

7.1.7.2 管道内径

a) 管道内径的检定条件

检测用的量具：内径表、孔径千分尺等。

b) 管道内径的检定项目和检定方法

计算 β 的管道直径 D 值，是取上游取压口的上游 $0.5D$ 长度范围内的平均值。D 值应是在垂直轴线的至少 3 个横截面内测得的内径值的平均值，且分布在 $0.5D$ 长度上，其中两个横截面距上游取压口分别为 $0D$ 和 $0.5D$，如有焊接颈部结构情况下，其中一个横截面必须在焊接平面内。如果有夹持环，该 $0.5D$ 值从夹持环上游边缘算起，在每个横截面内至少测量 4 个直径值，该 4 个直径值彼此之间大约有相等的角度。管道内径 D 的平均值按类同式（1）计算，直径的准确度按类同式（4）计算。

7.2 系数检测法

7.2.1 差压装置的检定条件

7.2.1.1 流量标准装置的要求

流量标准装置及其配套仪器均应有有效的检定或校准证书；差压装置前后应具有足够长的直管段，在差压装置的下游应有一定的背压；装置的扩展不确定度不大于流量计最大允许误差绝对值的 1/3。

7.2.1.2 差压变送器、压力变送器、温度计的要求

检查各个设备的铭牌、说明书和检定（校准）证书，差压变送器、压力变送器、温度计的测量误差对检测结果的影响应不超过差压装置准确度等级的 1/3。

7.2.1.3 流体的要求

检测用的流体应是单相、清洁的，无可见颗粒、纤维等杂质。流体应充满管道及流量计。优先采用水为检测介质，可排除可膨胀性系数的影响。

7.2.1.4 环境条件

环境温度一般为（5～45）℃，湿度一般为 35%～95%RH，大气压力一般为（86～106）kPa。

7.2.2 差压装置的检定项目和检定方法

7.2.2.1 检定项目

系数检测法的检定项目为测量差压装置的流出系数或流量系数。

7.2.2.2 检定方法

以水流量装置为例。应准备至少 2 台不同量程的差压变送器，保证各检测点的差压示值不低于 $0.3\Delta p_{max}$。将差压装置安装到流量标准装置管道上，打开差压计平衡阀，然后打开正、负压力阀；开启流量装置，让流体在管路中以不低于 70% 的最大检定流量循环不少于 10 min，同时排除差压测量系统中的空气和堵漏现象；关闭正、负压力取压阀，校准差压变送器带静压的零位；打开正、负压力阀，将流量调到流量上限值，关闭差压变送器平衡阀，待差压、压力、温度稳定后（一般 5 min 即可）开始检测。测量标准流量值 $(q_s)_{ij}$，并同时采样差压值 Δp_{ij}，然后测量水温，查出水的密度值 ρ_1。

（1）对于以标准孔板、ISA 1932 喷嘴、长径喷嘴、文丘里喷嘴、经典文丘里管为

节流件的标准节流装置，流出系数按式（7）计算，流量系数按式（8）计算：

$$C_{ij} = 7.908\,47\sqrt{1-\beta^4}\,\frac{(q_s)_{ij}}{d^2} \cdot \sqrt{\frac{\rho_1}{\Delta p_{ij}}} \tag{7}$$

$$\alpha_{ij} = 7.908\,47\,\frac{(q_s)_{ij}}{d^2} \cdot \sqrt{\frac{\rho_1}{\Delta p_{ij}}} \tag{8}$$

流出系数与流量系数的关系为：

$$\alpha_{ij} = \frac{C_{ij}}{\sqrt{1-\beta^4}} \tag{9}$$

式中：

C_{ij} ——第 i 检定点第 j 次检测的流出系数值，无量纲；

α_{ij} ——第 i 检定点第 j 次检测的流量系数值，无量纲；

$(q_s)_{ij}$——第 i 检定点第 j 次检测标准流量值，m³/h；

d ——测量节流孔的内径，mm；

Δp_{ij} ——第 i 检定点第 j 次检测差压值，kPa；

ρ_1 ——水的密度，kg/m³；

β ——节流孔或喉部直径与测量管直径比，无量纲。

（2）对于用非标准节流装置，流出系数按式（10）计算：

$$C_{ij} = 7.908\,47\sqrt{1-m^2}\,\frac{(q_s)_{ij}}{mD^2} \cdot \sqrt{\frac{\rho_1}{\Delta p_{ij}}} \tag{10}$$

式中：

m ——节流面积比，无量纲；

D ——管道内径，mm。

（3）对于非节流式差压装置，流出系数按其各自的公式计算。

管道雷诺数 Re_D 按式（11）计算：

$$Re_{D_{ij}} = 0.353\,7\,\frac{(q_s)_{ij}}{\upsilon \cdot D} \tag{11}$$

式中：

$Re_{D_{ij}}$——第 i 检定点第 j 次检测时的管道雷诺数，无量纲；

υ ——水的运动黏度（见表5），m²/s。

表 5　水的运动黏度

温度/℃	运动黏度/（m²/s）	温度/℃	运动黏度/（m²/s）	温度/℃	运动黏度/（m²/s）
10	1.370×10^{-6}	15	1.139×10^{-6}	20	1.004×10^{-6}
25	0.893×10^{-6}	30	0.801×10^{-6}	35	0.724×10^{-6}

差压装置各检测流量点的流出系数按式（12）计算：

$$C_i = \frac{1}{n} \cdot \sum_{j=1}^{n} C_{ij} \tag{12}$$

式中：

C_i——第 i 检定点的流出系数平均值。

差压装置的流出系数按式（13）计算：

$$C = \frac{(C_i)_{max} + (C_i)_{min}}{2} \tag{13}$$

差压装置的最大示值误差按式（14）计算：

$$E = \frac{(C_i)_{max} - (C_i)_{min}}{(C_i)_{max} + (C_i)_{min}} \times 100\% \tag{14}$$

式中：

E　　　——差压装置的最大示值误差；

$(C_i)_{max}$　——流量计各检测点流量系数中最大值；

$(C_i)_{min}$　——流量计各检测点流量系数中最小值。

差压装置各检测流量点的重复性按式（15）计算：

$$(E_r)_i = \frac{1}{C_i}\left[\frac{1}{(n-1)} \cdot \sum_{j=1}^{n}(C_{ij} - C_i)^2\right]^{\frac{1}{2}} \times 100\% \tag{15}$$

式中：

$(E_r)_i$——第 i 检测流量点的重复性。

差压装置的重复性按式（16）计算：

$$E_r = [(E_r)_i]_{max} \tag{16}$$

式中：

E_r——流量计的重复性。

7.2.3　检定点及检定次数

7.2.3.1　检定点

检定点一般不少于 5 个，分别为 Q_{max}、$0.75Q_{max}$、$0.5Q_{max}$、$0.25Q_{max}$、Q_{min}。

7.2.3.2　检定次数

每个流量点至少检测 3 次。

7.3　示值误差检测法

7.3.1　检定条件

7.3.1.1　流量标准装置的要求

流量标准装置及其配套仪器均应有有效的检定或校准证书；流量计前后应具有足够长的直管段，在流量计的下游应有一定的背压；装置的扩展不确定度不大于流量计最大允许误差绝对值的 1/3。

7.3.1.2　流体的要求

检测用的流体应是单相、清洁的，无可见颗粒、纤维等杂质。流体应充满管道及流量计。检测用介质及其状态应尽量与使用介质及其状态接近。

7.3.2　检定项目和检定方法

7.3.2.1　检定项目

示值误差检测法的检定项目为测量差压式流量计流量的示值误差和重复性。

7.3.2.2 检定方法

同 7.2.2 的方法。只是要增加记录流量计和标准器记录的累积流量或瞬时流量值。在每次检测中，应读取并记录流量计显示仪表的示值、标准器的示值和检定时间，还应根据需要并记录标准器和流量计处流体的温度和压力等。

流量计各流量点单次检测的相对示值误差按式（17）或（18）计算：

$$E_{ij} = \frac{Q_{ij} - (Q_s)_{ij}}{(Q_s)_{ij}} \times 100\% \tag{17}$$

$$E_{ij} = \frac{q_{ij} - (q_s)_{ij}}{(q_s)_{ij}} \times 100\% \tag{18}$$

式中：

E_{ij} ——第 i 检测点第 j 次检测被检测流量计的相对示值误差，%；

Q_{ij} ——第 i 检测点第 j 次检测时被检流量计显示的累积流量值，m³；

$(Q_s)_{ij}$——第 i 检测点第 j 次检测标准器换算到被检流量计处状态的累积流量值，m³；

q_{ij} ——第 i 检测点第 j 次检测时被检测流量计显示的瞬时流量值（或模拟输出对于的瞬时流量值，可为一次实验过程中多次读取的瞬时流量值的平均值），m³/h；

$(q_s)_{ij}$——第 i 检测点第 j 次检测标准器换算到被检流量计处状态的瞬时流量值，m³/h。

流量计各流量点的相对示值误差按式（19）计算：

$$E_i = \frac{1}{n} \cdot \sum_{j=1}^{n} E_{ij} \tag{19}$$

式中：

E_i ——第 i 检测点流量计相对示值误差，%；

n ——第 i 检测点检测次数；

E_{ij} ——第 i 检测点第 j 次检测流量计的相对示值误差，%。

流量计的相对示值误差按式（20）计算：

$$E = \pm |E_i|_{max} \tag{20}$$

式中：

E——流量计的相对示值误差，%。

流量计的相对示值误差应符合规程表 3 的规定。

示值误差检测法的重复性计算：

流量计各流量点的重复性按式（21）计算：

$$(E_r)_i = \left[\frac{1}{(n-1)} \cdot \sum_{j=1}^{n} (E_{ij} - E_i)^2 \right]^{\frac{1}{2}} \times 100\% \tag{21}$$

式中：

$(E_r)_i$——第 i 检测流量点的重复性。

流量计的重复性按式（22）计算：

$$E_r = [(E_r)_i]_{max} \qquad (22)$$

式中：

E_r——流量计的重复性。

7.3.3 检定点及检定次数

7.3.3.1 检定点

检定点一般不少于 5 个，分别为 Q_{max}、$0.75Q_{max}$、$0.5Q_{max}$、$0.25Q_{max}$、Q_{min}。

7.3.3.2 检定次数

每个流量点至少检测 3 次。

7.4 检定结果的处理

7.4.1 几何检测法检定结果的处理

经检定合格的差压式流量计、节流装置、标准节流件（包括标准孔板、ISA 1932 喷嘴、长径喷嘴、文丘里喷嘴、经典文丘里管），发给检定证书；经检定不合格的差压式流量计、节流装置、标准节流件（包括标准孔板、ISA 1932 喷嘴、长径喷嘴、文丘里喷嘴、经典文丘里管），发给检定结果通知书。

7.4.2 系数检测法检定结果的处理

经检定合格的差压装置，发给检定证书；

经检定不合格的差压装置，发给检定结果通知书。

7.4.3 示值误差检测法检定结果的处理

经检定合格的差压式流量计，发给检定证书；

经检定不合格的差压式流量计，发给检定结果通知书，并注明不合格项，检定证书及检定结果通知书内容要求参见附录 C。

7.5 检定周期

7.5.1 几何检测法检定周期

几何检测法的标准节流件的检定周期一般不超过 2 年；

对 ISA 1932 喷嘴、长径喷嘴、文丘里喷嘴、经典文丘里管，根据使用情况可以延长，但一般不超过 4 年。

7.5.2 系数检测法检定周期

系数检测法的差压装置的检定周期一般不超过 2 年。

对 ISA 1932 喷嘴、长径喷嘴、文丘里喷嘴、经典文丘里管组成的差压装置，根据使用情况可以延长，但一般不超过 4 年。

7.5.3 示值误差检测法检定周期

示值误差检测法检测的差压式流量计的检定周期一般不超过 1 年。

附录 A

几何检测法的计量性能要求

A.1 节流件的计量性能要求

A.1.1 标准孔板节流件的计量性能要求

标准孔板的形状如图 A.1 所示。孔板的取压方式有角接取压、法兰取压及 $D-\dfrac{D}{2}$ 取压三种。

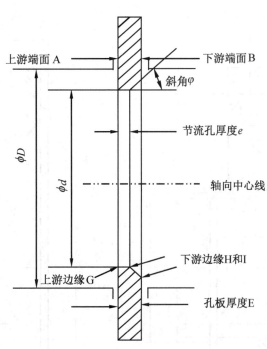

图 A.1 标准孔板

A.1.1.1 上游端面 A 的平面度 h_A 应小于 0.002 5 $(D-d)$。

A.1.1.2 上游端面 A 及开孔圆筒形 e 面的表面粗糙度 $R_a < 10^{-4}d$。

A.1.1.3 上游边缘 G 无卷边和毛刺，亦无肉眼可见的异常；边缘应是尖锐的，其圆弧半径 r_k 不超过 $\pm 0.000\ 4d$；下游边缘 H 和 I 不允许有明显缺陷。

A.1.1.4 e 在 $(0.005 \sim 0.02)\ D$ 之间，任意位置上测得的 e 值之差不超过 $\pm 0.001D$；厚度 E 在 $e \sim 0.05D$ 之间（当 50 mm$\leqslant$D$\leqslant$64 mm 时，E 可以达到 3.2 mm），任意位置上测得的 E 值之差不超过 $\pm 0.001D$。

A.1.1.5 若 $D \geqslant 200$ mm 时，在孔板任意点上测得的各个 E 值之间的差不大于 0.001D。如 $D < 200$ mm 时，在孔板任意点上测得的各个 E 值之间的差不大于 0.2 mm。

A.1.1.6 节流孔直径 $d \geqslant 12.5$ mm；任意一个直径与直径平均值之差不超过直径平均值的 $\pm 0.05\%$。

A.1.1.7 出口斜角 φ 在 $30° \sim 60°$ 之间。

A.1.1.8 双向孔板

a）孔板应不切斜角；

b）两个端面均应符合 A.1.1.1 中关于上游端面的规定；

c）孔板的厚度 E 应等于节流孔的厚度 e；

d）节流孔的两个边缘均应符合 A.1.1.3 中关于上游边缘的规定。

A.1.2　ISA 1932 喷嘴的计量性能要求

ISA 1932 喷嘴，其形状如图 A.2 所示。喷嘴在管道内的部分是圆形的，喷嘴是由圆弧形的收缩部分和圆筒形喉部组成，喷嘴采用角接取压法。

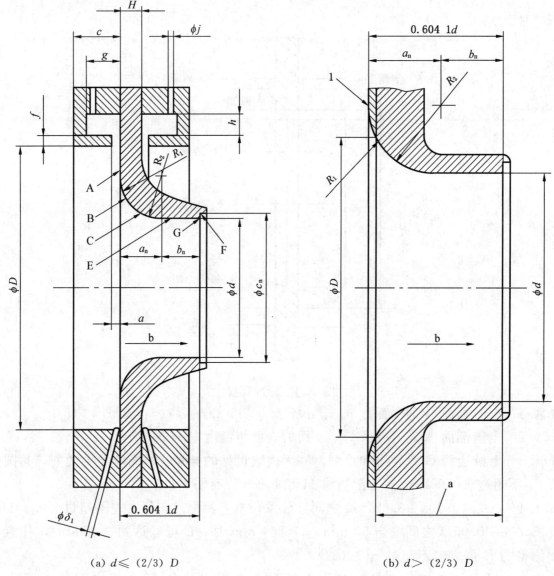

(a) $d \leqslant (2/3) D$　　　　　(b) $d > (2/3) D$

图注：

1　应切除的部分；

a　见表 A.1；

b　流动方向。

图 A.2　ISA 1932 喷嘴

（1）上游端面 A 及喉部 E 的表面粗糙度 $R_a \leqslant 10^{-4} d$；

（2）在垂直于入口收缩段轴线的同一平面上，任意两个直径之差不超过平均直径的

±0.1%；

（3）喉部长度 $b_n=0.3d$；喉部是圆筒形，横截面上的任意一个直径与直径平均值之差不大于直径平均值的±0.05%；

（4）出口边缘 G 应锐利，无明显缺陷；

（5）喷嘴总长度 l 的数值列在表 A.1 中。

表 A.1 喷嘴总长度

β	喷嘴总长度（不包括保护槽长度）l
$0.3\leqslant\beta\leqslant2/3$	$0.604\ 1d$
$2/3<\beta\leqslant0.8$	$[0.404\ 1+(0.75/\beta-0.25/\beta^2-0.522\ 5)^{1/2}]d$
注：$\Delta l=\pm0.05l$	

A.1.3 长径喷嘴的计量性能要求

长径喷嘴的形状如图 A.3 所示，这两种型式的喷嘴都是由型线为 1/4 椭圆的入口收缩部分，圆筒形喉部组成，它采用 $D-\dfrac{D}{2}$ 取压法。

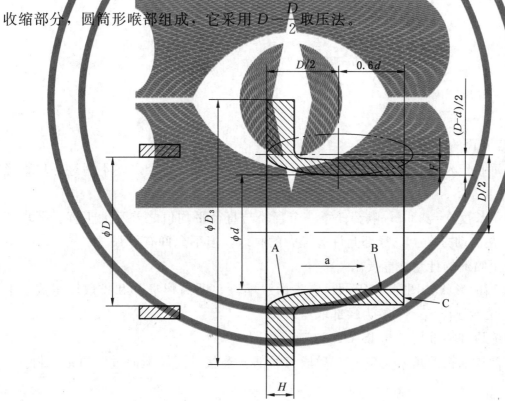

（a）高比值 $0.25\leqslant\beta\leqslant0.8$

图 A.3 长径喷嘴

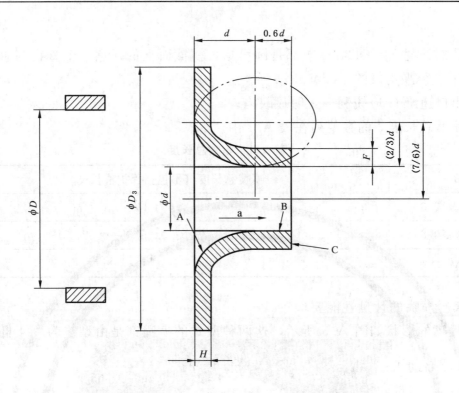

（b）低比值 0.20≤β≤0.5

图注：

a 流动方向。

图 A.3（续）

A.1.3.1 A、B 面的表面粗糙度 R_a≤10^{-4}·d。

A.1.3.2 在垂直于入口收缩段轴线的同一平面上，任意两个直径之差不超过平均直径的±0.1%。

A.1.3.3 喉部长度 b=0.6d；喉部任意一个直径与直径平均值之差不大于直径平均值的±0.05%；在流动方向上，喉部允许有轻微的收缩，但不允许有扩张。

A.1.4 文丘里喷嘴的计量性能要求

文丘里喷嘴的形状如图 A.4 所示。它是由收缩段、圆筒形喉部和扩散段组成，取压方式上游为角接取压口，下游为喉部取压口。

A.1.4.1 收缩段和喉部要求与 ISA 1932 喷嘴相同。

A.1.4.2 扩散段的扩散角 φ≤30°；扩散段与喉部 F 连接处无圆弧面过渡和无毛刺。

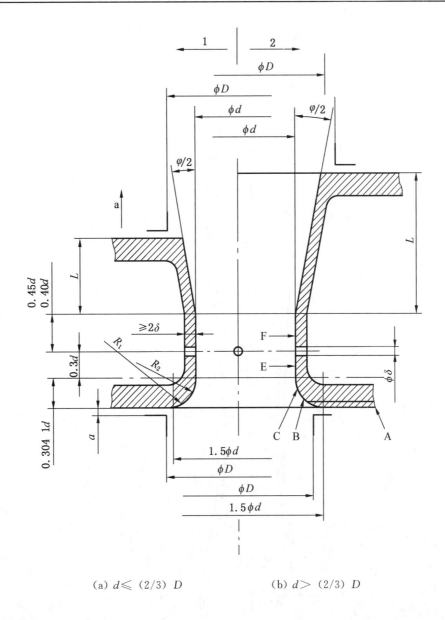

(a) $d \leqslant (2/3)\ D$　　　　(b) $d > (2/3)\ D$

图注：

1　截尾的扩散段；

2　不截尾的扩散段；

a　流动方向。

图 A.4　文丘里喷嘴

A.1.5　经典文丘里管的计量性能要求

经典文丘里管的形状如图 A.5 所示。它是由入口圆筒段 A，圆锥形收缩段 B，圆筒形喉部 C 和圆锥形扩散段 E 组成，其上、下游取压口分别设在 A 及 C 的位置上。

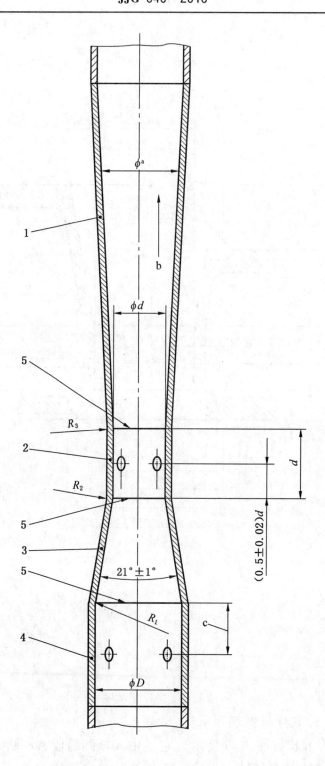

图注：

1　圆锥扩散段 E；

2　圆筒喉部 C；

3　圆锥收缩段 B；

4　入口圆筒段 A；

5　连接平面；

a　$7°\leqslant\varphi\leqslant15°$；

b　流动方向；

c　见 A.2.4.4。

图 A.5　经典文丘里管

A.1.5.1　入口圆筒段 A 的内表面是一个对称于旋转轴线（下称轴线）的旋转表面，该轴线与管道轴线同心，并且与 B 和 C 同轴；入口圆筒段 A 的直径为 D_A，与管道内径 D 之差不超过 $\pm 0.01D$；建议入口圆筒段 A 的长度等于 D_A；入口圆筒段 A 任意一个直径与直径平均值之差不超过平均直径值的 $\pm 0.4\%$，平均直径要求在每对取压口附近处、各对取压口之间及取压口平面之外各个平面上测得。

A.1.5.2　收缩段 B 为圆锥形，夹角为 $20°\sim 22°$；垂直于轴线的同一平面上，至少测量两个直径，而任意直径与直径平均值之差应不超过平均直径的 $\pm 0.4\%$。

A.1.5.3　圆筒形喉部 C 是直径和长度为 d 的圆形管段，d 在取压口平面上及每对取压口之间和附近测量，任意直径与直径平均值之差不得大于平均直径值的 $\pm 0.10\%$。

A.1.5.4　A、B、C 表面的 R_a 满足如下要求：

　　a）B 是铸造的，A、B 面 $R_a < 10^{-4}D$，C 面 $R_a < 10^{-5}d$；

　　b）B 是经机械加工的，A、B、C 面 $R_a < 10^{-5}d$；

　　c）B 是粗焊铁板的，A、B 面 R_a 约为 $5 \times 10^{-4}D$，C 面 $R_a < 10^{-5}d$，并且内表面应清洁，无结皮和焊渣，可以镀锌，内部焊缝与周围表面齐平，焊缝不要靠近取压口。

A.1.5.5　扩散段 E 的扩散角 φ 为 $7°\sim 15°$；E 与 C 同轴，直径方向上没有台阶。

A.1.5.6　圆弧半径 R_1，R_2，R_3

　　a）对于铸造的 $R_1 = 1.375D \pm 0.275D$，$R_2 = 3.625d \pm 0.125d$，$R_3 = 5d \sim 15d$；

　　b）对于经机械加工的 R_1 小于 $0.25D$，最好为零，R_2、R_3 小于 $0.25d$；

　　c）圆弧处无毛刺及凹凸。

A.1.6　适用范围

　　由 A.1.1～A.1.5 节流件组成的节流装置的适用范围见表 A.2。

表 A.2 节流装置的适用范围与 E_C 和 E_ε

节流件名称	孔径 d/mm	常用管道内径 D/mm	直径比 β	雷诺数 Re_D	E_C %	E_ε %	节流件上游管道内壁 K/D
角接取压孔板	$12.5{\leqslant}d$	$50{\leqslant}D{\leqslant}1\,000$	$0.1{\leqslant}\beta{\leqslant}0.75$	$0.1{\leqslant}\beta{<}0.55,5\,000{\leqslant}Re_D$ $0.56{<}\beta,16\,000\beta^2 D{\leqslant}Re_D$	$0.1{\leqslant}\beta{<}0.2$ 时为$(0.7-\beta)$;	$(p_2/p_1){>}0.75$ 时 $\pm3.5(\Delta p/(\kappa p_1))$	表 A.4 表 A.5
法兰取压孔板	$12.5{\leqslant}d$	$50{\leqslant}D{\leqslant}1\,000$	$0.1{\leqslant}\beta{\leqslant}0.75$	$5\,000{\leqslant}Re_D$ 且 $170\beta^2 D{\leqslant}Re_D$	$0.2{\leqslant}\beta{\leqslant}0.6$ 时为0.6;		
$D-(D/2)$ 取压孔板	$12.5{\leqslant}d$	$50{\leqslant}D{\leqslant}1\,000$	$0.1{\leqslant}\beta{\leqslant}0.75$	$0.1{\leqslant}\beta{<}0.56,5\,000{\leqslant}Re_D$ $0.56{<}\beta,16\,000\beta^2 D{\leqslant}Re_D$	$0.6{<}\beta{\leqslant}0.75$ 时为$(1.667\beta-0.5)$		
ISA 1932 喷嘴		$50{\leqslant}D{\leqslant}500$	$0.3{\leqslant}\beta{\leqslant}0.80$	$0.3{\leqslant}\beta{\leqslant}0.44$, $7{\times}10^4{\leqslant}Re_D{\leqslant}10^7$ $0.44{\leqslant}\beta{\leqslant}0.80$, $2{\times}10^4{\leqslant}Re_D{\leqslant}10^7$	$\beta{\leqslant}0.6$ 时, ±0.8, $\beta{>}0.6$ 时, $\pm(2\beta-0.4)$	$\pm2(\Delta p/p_1)$	表 A.6
长径喷嘴		$50{\leqslant}D{\leqslant}630$	$0.2{\leqslant}\beta{\leqslant}0.8$	$10^4{\leqslant}Re_D{\leqslant}10^7$	±2	$\pm2(\Delta p/p_1)$	(K/D) $\leqslant3.2{\times}10^{-4}$
文丘里喷嘴	$50{\leqslant}d$	$65{\leqslant}D{\leqslant}500$	$0.316{\leqslant}\beta$ $\leqslant0.775$	$1.5{\times}10^5{\leqslant}Re_D{\leqslant}2{\times}10^6$	$\pm(1.2+1.5\beta^4)$	$\pm(4+100\beta^8)$ $(\Delta p/p_1)$	表 A.7
经典文丘里管 铸造收缩段		$100{\leqslant}D{\leqslant}800$	$0.3{\leqslant}\beta{\leqslant}0.75$	$2{\times}10^5{\leqslant}Re_D{\leqslant}2{\times}10^6$	±0.7	$\pm(4+100\beta^8)$ $(\Delta p/p_1)$	(K/D) $\leqslant3.2{\times}10^{-4}$
机械加工收缩段		$50{\leqslant}D{\leqslant}250$	$0.4{\leqslant}\beta{\leqslant}0.75$	$2{\times}10^5{\leqslant}Re_D{\leqslant}2{\times}10^6$	±1.0		
铁板收缩收缩段		$200{\leqslant}D{\leqslant}1\,200$	$0.4{\leqslant}\beta{\leqslant}0.70$	$2{\times}10^5{\leqslant}Re_D{\leqslant}2{\times}10^6$	±1.5		

A.2 取压装置

A.2.1 孔板节流件有如下几种取压方式

A.2.1.1 $D-\dfrac{D}{2}$ 取压方式或法兰取压方式

1) $D-\dfrac{D}{2}$ 取压口间距和法兰取压口间距如图 A.6 所示，取压口间距 1 是取压口轴线与孔板的某一规定端面的距离，设计取压口位置时，预先应考虑垫圈和（或）密封材料的厚度。

$D-\dfrac{D}{2}$ 取压：l_1、l_2 都是指取压口轴线到孔板上游端面的距离；

法兰取压：l_1 是取压口轴线到孔板上游端面的距离；l_2 是取压口轴线到孔板下游端面的距离。

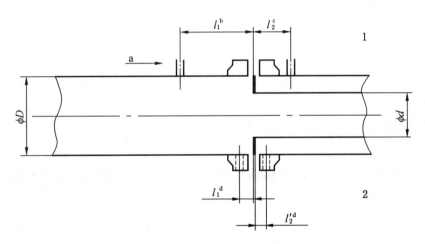

图注：

1　D 和 $D/2$ 取压口；

2　法兰取压口；

a　流动方向；

b　$l_1 = D \pm 0.1\,D$；

c　$l_2 = 0.5\,D \pm 0.02\,D$（对于 $\beta \leqslant 0.6$）；

　　　$0.5\,D \pm 0.01\,D$（对于 $\beta > 0.6$）；

d　$l_1 = l'_2 = (25.4 \pm 0.5)$ mm（对于 $\beta > 0.6$ 和 $D < 150$ mm）；

　　　(25.4 ± 1) mm（对于 $\beta \leqslant 0.6$）；

　　　(25.4 ± 1) mm（对于 $\beta > 0.6$ 和 150 mm$\leqslant D \leqslant 1\,000$ mm）。

图 A.6　$D-D/2$ 取压口或法兰取压口孔板的取压口间距

2) 取压口的轴线与管道轴线应成直角。

3) 在孔的穿透处其投影为圆形的边缘，与管壁内表面平齐，允许有倒角但尽量小，圆弧半径小于取压口直径的 1/10。在连接孔的内部，在管壁上钻出的孔的边缘或靠近取压口的管壁上不得有不规则性。

4) 取压口直径应小于 $0.13D$，同时小于 13 mm。上、下游取压口的直径相同。

5) 从管道内壁量起至少在 2.5 倍取压口直径的长度范围内，取压孔是圆筒形的。

6) 取压口的轴线允许位于管道的任意轴向平面上。在单次流向改变（弯头或三通）

之后，如果采用一对单独钻孔的取压口，那么取压口的轴线垂直于弯头或三通所在的平面。

7）对于孔板不同型式的取压装置允许一起使用，但避免相互干扰，在孔板一侧的几个取压口的轴线不得处于同一个轴向平面内。

A.2.1.2　角接取压方式

1）角接取压装置有两种型式，即具有取压口的夹持环（环室）和具有取压口的单独钻孔，如图 A.7 所示。

2）取压口轴线与孔板各相应端面之间的间距等于取压口直径之半或取压口环隙宽度之半。取压口出口边缘与管壁内表面平齐，如采用单独钻孔取压，则取压口的轴线尽量与管道轴线垂直。若在同一个上游或下游取压口平面上，有几个单独取压口，它们的轴线应等角度均匀分布，取压口大小 a 的数值如下：

对于清洁流体和蒸汽：

——对于 $\beta \leqslant 0.65$：$0.005D \leqslant a \leqslant 0.03D$；

——对于 $\beta > 0.65$：$0.01D \leqslant a \leqslant 0.02D$。

如果 $D < 100$ mm，则 a 值达到 2 mm 对于任何 β 都是可接受的。

对于任何 β 值：

——对于清洁流体：1 mm $\leqslant a \leqslant$ 10 mm；

——对于蒸汽，用环室时：1 mm $\leqslant a \leqslant$ 10 mm；

——对于蒸汽和液化气体，用单独钻孔取压口时：4 mm $\leqslant a \leqslant$ 10 mm。

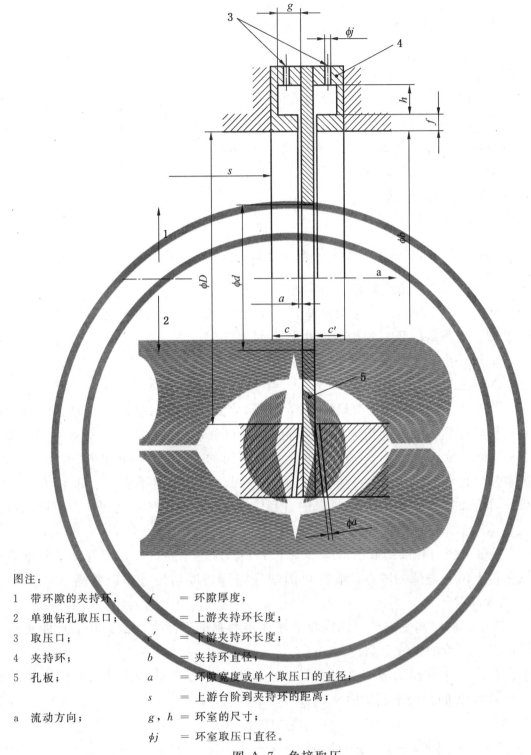

图注：

1 带环隙的夹持环； f = 环隙厚度；

2 单独钻孔取压口； c = 上游夹持环长度；

3 取压口； c' = 下游夹持环长度；

4 夹持环； b = 夹持环直径；

5 孔板； a = 环隙宽度或单个取压口的直径；

                         s = 上游台阶到夹持环的距离；

a   流动方向； g，h = 环室的尺寸；

     ϕj = 环室取压口直径。

图 A.7 角接取压

3）夹持环的内径 b

b 应等于或大于管道直径 D，以保证它不致突入管道内，并满足下式的要求：

$$\frac{b-D}{D} \times \frac{C}{D} \times 100 \leqslant \frac{0.1}{0.1 + 2.3\beta^4}$$

上、下游夹持环长度分别为 c 和 c'，应不大于 0.5D。此外，b 值在如下极限范围内：

$$D \leqslant b \leqslant 1.04D$$

4）所有与被测流体接触的夹持环的表面应是清洁的，光滑的。

A.2.2 标准喷嘴的取压方式

标准喷嘴采用图 A.7 的角接取压方式。

A.2.2.1 上游取压口应符合角接取压方式的规定。

A.2.2.2 下游取压口按角接取压口进行设置，也可设置在较远的下游处。但在任何情况下，取压口轴线与喷嘴端面 A 之间的距离 l_2 应满足下面的要求：

当 $\beta \leqslant 0.67$ 时，$l_2 \leqslant 0.15D$

当 $\beta > 0.67$ 时，$l_2 \leqslant 0.2D$

A.2.3 长径喷嘴取压方式

长径喷嘴采用图 A.6 所示的 $D - \dfrac{D}{2}$ 取压方式。

A.2.3.1 上游取压口的轴线应相距喷嘴入口端面 $1D_{-0.1D}^{+0.2D}$。

A.2.3.2 下游取压口的轴线应相距喷嘴入口端面 $0.50D \pm 0.01D$，但对于 $\beta < 0.3188$ 的低比值喷嘴，其下游取压口的轴线应相距喷嘴入口 $1.6d_{-0.02D}^{+0}$。

A.2.3.3 其余要求应符合 A.2.1 的要求。

A.2.4 经典文丘里管的取压方式

A.2.4.1 经典文丘里管的取压口设在上游和喉部，这些取压口做成几个单独的管壁取压口形式，用均压室或均压环把上游和喉部的取压口分别连接起来。

A.2.4.2 如果 d 大于或等于 33.3 mm，这些取压口的直径应在 4 mm 与 10 mm 之间，此外上游取压口的直径绝不应大于 $0.1D$，喉部取压口的直径绝不能大于 $0.13d$。

如果 d 小于 33.3 mm，喉部取压口的直径应在 $0.1d$ 与 $0.13d$ 之间，上游取压口的直径应在 $0.1d$ 与 $0.1D$ 之间。

A.2.4.3 上游取压口和喉部取压口均不少于 4 个，并且在经典文丘里管轴线的垂直平面上，以测量上游和喉部的压力。取压口的轴线应等角度均匀分布，并满足 A.2.1 中 3）及 5）的要求。

A.2.4.4 取压口的距离是取压口轴线与下述规定的基准平面之间的距离。此距离是在平行于经典文丘里管的轴线上测得。

对于"铸造"收缩段的经典文丘里管，上游取压口至收缩段 B（或它们的延长部分）和入口圆筒 A 的相交平面的距离 l_1 如下：

当 D 在（100～150）mm 之间时：l_1 为 $(0.5 \pm 0.25)D$；

当 D 在（150～800）mm 之间时：l_1 为 $(0.5 \sim 0.25)D$。

对于机械加工收缩段的经典文丘里管和粗焊铁板收缩段的经典文丘里管，上游取压口至入口圆筒 A 和收缩段 B（或它们的延长部分）的相交面之间的距离 l_1 为 $(0.5 \pm 0.05)D$。

对于任何型式的经典文丘里管，喉部取压口至收缩段 B 和喉部 C（或它们的延长部分）的相交平面之间的距离 l_2 均为 $(0.5 \pm 0.02)d$。

上、下游均压环的横截面面积分别等于或大于上、下游侧取压口总面积之半。但是当经典文丘里管的上游敷设，因引起非对称流动的管件而要求的最短上游直管段一起使用时，建议上述给出的均压环截面积应加倍。

A.2.4.5 文丘里喷嘴的取压装置应包括上游取压口的夹持环和喉部取压口的均压室或均压环。

（1）取压口的位置

取压口的轴线可位于任意轴向平面内，但要满足附录 A.2.1.1、A.2.1.2 中的要求。

（2）上游取压口

上游取压口采用角接取压口与 ISA 1932 喷嘴相同。

（3）喉部取压口

喉部取压口由引到均压室或均压环的至少 4 个单个取压口组成，不得采用环隙或间断隙。它们的轴线之间约有相等的角度，并在垂直于文丘里喷嘴轴线的平面上，该平面是圆筒形喉部 E 与 E' 之间的假想界面。

通常取压口要足够大，以防止被污垢或气泡堵塞，文丘里喷嘴喉部内的单个取压口的直径应小于或等于 $0.04d$，且在（2～10）mm 之间。

A.3 管道

节流件安装在有恒定横截面的圆筒形直管段内，管道内表面应清洁，并且应满足有关粗糙度的规定。

A.3.1 孔板上游管道的内表面相对粗糙度应满足表 A.3 和表 A.4 的要求。

表 A.3 孔板上游管道的 $10^4 R_a/D$ 的最大值

β	Re_D								
	$\leqslant 10^4$	3×10^4	10^5	3×10^5	10^6	3×10^6	10^7	3×10^7	10^8
$\leqslant 0.20$	15	15	15	15	15	15	15	15	15
0.30	15	15	15	15	15	15	15	14	13
0.40	15	15	10	7.2	5.2	4.1	3.5	3.1	2.7
0.50	11	7.7	4.9	3.3	2.2	1.6	1.3	1.1	0.9
0.60	5.6	4.0	2.5	1.6	1.0	0.7	0.6	0.5	0.4
$\geqslant 0.65$	4.2	3.0	1.9	1.2	0.8	0.6	0.4	0.3	0.3

表 A.4 孔板上游管道的 $10^4 R_a/D$ 的最小值

β	Re_D			
	$\leqslant 3 \times 10^6$	10^7	3×10^7	10^8
$\leqslant 0.50$	0.0	0.0	0.0	0.0
0.60	0.0	0.0	0.003	0.004
$\geqslant 0.65$	0.0	0.013	0.016	0.012

A.3.2 ISA 1932 喷嘴上游管道的内表面相对粗糙度应满足表 A.5 的要求。

表 A.5　ISA 1932 喷嘴上游相对粗糙度上限值

β	≤0.35	0.36	0.38	0.40	0.42	0.44	0.46	0.48	0.50	0.60	0.70	0.77	0.80
$10^4 R_a/D$	8.0	5.9	4.3	3.4	2.8	2.4	2.1	1.9	1.8	1.4	1.3	1.2	1.2

表中 R_a 值是管壁等效绝对粗糙度，它取决于管壁峰谷高度、分布、尖锐度及其他管壁上粗糙性等要素，R_a 值列于表 A.6 中。

A.3.3　长径喷嘴上游管道内表面相对粗糙度应满足 $R_a/D \leqslant 3.2 \times 10^{-4}$。

表 A.6　管壁等效绝对粗糙度 R_a 值

材料	条件	R_a/mm
黄铜、紫铜、铝、塑料、玻璃	光滑，无沉积物	<0.03
钢	新的，冷拔无缝管	<0.03
	新的，热辣无缝管	0.05～0.10
	新的，轧制无缝管	0.05～0.10
	新的，纵向焊接管	0.05～0.10
	新的，螺旋焊接管	0.10
	轻微锈蚀	0.10～0.20
	锈蚀	0.20～0.30
	结皮	0.50～2.00
	严重结皮	>2
	新的，涂覆沥青	0.03～0.05
	一般的，涂覆沥青	0.10～0.20
	镀锌的	0.13
铸铁	新的	0.25
	锈蚀	1.0～1.5
	结皮	>1.5
	新的，涂覆	0.03～0.05
石棉水泥	新的，有涂层的和无涂层的	<0.03
	一般的，无涂层的	0.05

A.3.4　文丘里喷嘴上游管道的内表面相对粗糙度满足表 A.7 的要求。

表 A.7　文丘里喷嘴上游相对粗糙度上限值

β	≤0.35	0.36	0.38	0.40	0.42	0.44	0.46	0.48	0.50	0.60	0.70	0.775
$10^4 R_a/D$	8.0	5.9	4.3	3.4	2.8	2.4	2.1	1.9	1.8	1.4	1.3	1.2

A.3.5　经典文丘里管上游量起至少等于 $2D$ 的长度范围内，上游管道相对粗糙度 $K/D \leqslant 3.2 \times 10^{-4}$。

A.3.6　计算 β 的管道直径 D 值，是取上游取压口的上游 $0.5D$ 长度范围内的平均值。管道内径的准确度一般不超过 0.4%。

附录 B

流出系数计算公式

B.1 标准孔板流出系数计算公式

标准孔板流出系数 C 用 Reader-Harris/Gallagher（1998）公式[①]，即式（B.1）计算：

$$C=0.596\ 1+0.026\ 1\beta^2-0.216\beta^8+0.000\ 521\left(\frac{10^6\beta}{Re_D}\right)^{0.7}+(0.018\ 8+0.006\ 3A)\beta^{3.5}\left(\frac{10^6}{Re_D}\right)^{0.3}$$

$$+(0.043+0.080e^{-10L_1}-0.123e^{-7L_1})(1-0.11A)\frac{\beta^4}{1-\beta^4}-0.031(M'_2-0.8M'^{1.1}_2)\beta^{1.3}\ \text{(B.1)}$$

若 $D<71.12$ mm（2.8 in），应把下列项加入公式（B.1）：

$$+0.011(0.75-\beta)\left(2.8-\frac{D}{25.4}\right)$$

式中：

$\beta(=d/D)$ —— 直径比，直径 d 和 D 以毫米表示；

Re_D —— 根据 D 计算出的雷诺数；

$L_1(=l_1/D)$ —— 孔板上游端面到上游取压口的距离除以管道直径得出的商；

$M'_2=\dfrac{2L'_2}{1-\beta}$；

$L'_2(=l'_2/D)$ —— 孔板下游端面到下游取压口的距离除以管道直径得出的商（L'_2 表示自孔板下游端面起的下游间距的参考符号，而 L_2 表示自孔板上游端面起的下游间距的参考符号）；

$A=\left(\dfrac{19\ 000\beta}{Re_D}\right)^{0.8}$；

当间距符合 A.2.1.1 或 A.2.1.2 的要求时，上述公式中采用的 L_1 和 L'_2 的值如下所示：

——对于角接取压口：

$L_1=L'_2=0$

——对于 D 和 $D/2$ 取压口：

$L_1=1$

$L'_2=0.47$

——对于法兰取压口：

$L_1=L'_2=\dfrac{25.4}{D}$

D 以毫米表示。

B.2 ISA 1932 喷嘴流出系数计算公式：

---

① 依据 GB 2624.3—2006、GB 2624.4—2006 中第 5 部分。

$$C = 0.990\ 0 - 0.226\ 2\beta^{4.1} - (0.001\ 75\beta^2 - 0.003\ 3\beta^{4.15}) \left[\frac{10^6}{Re_D}\right]^{1.15} \tag{B.2}$$

B.3 长径喷嘴流出系数计算公式：

$$C = 0.996\ 5 - 0.006\ 53 \sqrt{\frac{10^6\beta}{Re_D}} \tag{B.3}$$

B.4 文丘里喷嘴流出系数计算公式：

$$C = 0.985\ 8 - 0.196\beta^{4.5} \tag{B.4}$$

B.5 文丘里管流出系数计算公式

B.5.1 "铸造"收缩段经典文丘里管的流出系数：

$$C = 0.984 \tag{B.5}$$

B.5.2 机械加工收缩段经典文丘里管的流出系数：

$$C = 0.995 \tag{B.6}$$

B.5.3 粗焊铁板收缩段经典文丘里管的流出系数：

$$C = 0.985 \tag{B.7}$$

注：在符合表 A.2 的前提下，以上 B.1～B.7 公式才适用。

附录 C

检定证书及检定结果通知书内页格式

C.1 检定证书内页格式（对三种不同检测方法，对应三种不同证书格式）

除通用规定要求内容外，检定证书内页还应注明以下信息：

C.1.1 几何检测法检定证书内页格式

a）孔板

检定项目	规程要求	检定结果
A 面、e 面、G 边		
A 面平面度 h_A/mm		
A 面、e 面 R_a/μm		
G、H、（I）边缘		
厚度 E/mm，ΔE/mm		
节流孔直径 d/mm，E_d/%		
斜角 ψ/（°）		

b）ISA 1932 喷嘴

检定项目	规程要求	检定结果
A、E 面 R_a/μm		
收缩段廓形		
喉部直径 d/mm，E_d/%		
入口直径 D/mm		
出口边缘 f		
喷嘴总长度 l/mm		

c）长径喷嘴

检定项目	规程要求	检定结果
A、B 面 R_a/μm		
收缩段 1/4 椭圆廓形		
喉部直径 d/mm，E_d/%		
喉部长度 b/mm		
入口直径 D/mm		

d）文丘里喷嘴

检定项目	规程要求	检定结果
A、E、F 面 $R_a/\mu m$		
收缩段廓形		
喉部直径 d/mm，$E_d/\%$		
喉部长度 b/mm		
入口直径 D/mm		
扩散角/（°）		

e）经典文丘里管

检定项目	规程要求	检定结果
A、B、C 面 $R_a/\mu m$		
收缩段 B 角/（°）		
喉部直径 d/mm		
喉部长度/mm		
入口圆筒段直径 D_A/mm		
扩散角/（°）		

进行节流件几何检定，应给出流出系数 C 及其不确定度 E_C 值，对应证书为节流件的检定证书；

如果对节流装置进行检定，需加上以下项目：

	取压方式	检定结果
取 压 装 置	上、下游取压孔间距 L_1/mm、L_2/mm	
	取压孔直径 b/mm	
	取压孔状态	
上、下游测量管	上游 D/mm，l_1，$E_D/\%$	
	下游 D/mm，l_2，$E_D/\%$	
	管内状态 K/D	

进行节流件几何检定及取压装置及上下游管道检定，应给出上表内容及流出系数 C 及其相对不确定度值，对应证书为节流装置的检定证书。

C.1.2 系数检测法检定证书内页格式

（一）检定结果

检定流量点	雷诺数 Re_D	流出系数（或流量系数）	重复性/%	最大示值误差/%

（二）检定条件

1. 被检差压装置名称、输出信号类型及与流量对应关系

2. 介质名称（是混合介质需列出具体的介质组分）

3. 介质温度

4. 介质压力

5. 其他相关参数

根据检定结果，给出差压装置的流出系数（或流量系数）及准确度等级，对应证书为差压装置的检定证书。

C.1.3 示值误差检测法检定证书内页格式

（一）检定结果

检定流量点	雷诺数 Re_D	示值误差/%	重复性/%

（二）检定条件

1. 被检流量计名称、输出信号类型及与流量对应关系

2. 介质名称（是混合介质需列出具体的介质组分）

3. 介质温度

4. 介质压力

5. 其他相关参数

根据检定结果，给出流量计准确度等级。对应证书为差压式流量计的检定证书。

C.2 检定结果通知书内页格式参照以上内容，需指明不合格项目。

中华人民共和国国家计量检定规程

JJG 686—2015

热 水 水 表

Hot Water Meters

2015-04-10 发布

2015-10-10 实施

国家质量监督检验检疫总局 发布

热水水表检定规程

Verification Regulation

of Hot Water Meters

JJG 686—2015
代替 JJG 686—2006 正文部分

归 口 单 位：全国流量容量计量技术委员会

主要起草单位：浙江省计量科学研究院

河南省计量科学研究院

参加起草单位：宁波东海仪表水道有限公司

江西三川水表股份有限公司

山东三龙仪表有限公司

内蒙古自治区计量科学研究院

浙江迪元仪表有限公司

本规程委托全国流量容量计量技术委员会负责解释

本规程主要起草人：

詹志杰（浙江省计量科学研究院）

崔耀华（河南省计量科学研究院）

陆佳颖（浙江省计量科学研究院）

参加起草人：

林志良（宁波东海仪表水道有限公司）

宋财华（江西三川水表股份有限公司）

董光银（山东三龙仪表有限公司）

杨焕诚（内蒙古自治区计量科学研究院）

孙向东（浙江迪元仪表有限公司）

引　言

本规程是以 GB/T 778.1～3—2007《封闭满管道中水流量的测量　饮用冷水水表和热水水表》、国际法制计量组织（OIML）的国际建议 OIML R49-1：2013（E）《测量可饮用冷水和热水的水表—第 1 部分：计量和技术要求》、OIML R49-2：2013（E）《测量可饮用冷水和热水的水表—第 2 部分：试验方法》为编制依据，结合了我国热水表制造和使用行业现状，对 JJG 686—2006 正文部分进行修订的。主要的技术指标与国家标准等效。根据管理工作需要，将原 JJG 686—2006《热水表》拆分为检定规程和型式评价大纲两个技术规范。

本规程与 JJG 686—2006 正文相比，除编辑性修改外，主要技术变化如下：

——在规程适用范围重新进行了规定：除机械式热水表外，增加了基于电磁或电子原理工作的热水表；热水表最高工作温度由 180 ℃改为 130 ℃，并用温度等级表示；

——热水表的流量特性由 Q_1、Q_2、Q_3、Q_4 确定，替代原特性流量符号；

——热水表按 Q_3（以 m³/h 为单位）和 Q_3/Q_1、Q_2/Q_1 的比值标志，并规定了系列数，替代原水表代号和计量等级 A、B、C、D 的表达方式；

——检定项目中原"外观检查"改为"外观与功能检查"；

——检定周期由原"一般不超过 2 年"的规定改为与国家计量行政部门对强制检定计量器具的管理方式相同；

本规程的历次版本发布情况为：

——JJG 686—1990　热水表；

——JJG 686—2006　热水表。

热水水表检定规程

1 范围

本规程适用于标称口径不大于 300 mm 的热水水表（以下简称热水表）的首次检定、后续检定和使用中检查。

本规程所指热水表为测量流经封闭满管道热水、温度等级为 T70～T130 的水表，包括机械式热水表、配备了电子装置的机械式热水表、基于电磁或电子原理工作的热水表。

2 引用文件

本规程引用下列文件：

JJG 162—2009 冷水水表

JJG 164—2000 液体流量标准装置

GB/T 778.1—2007 封闭满管道中水流量的测量 饮用冷水水表和热水水表 第 1 部分：规范

GB/T 778.2—2007 封闭满管道中水流量的测量 饮用冷水水表和热水水表 第 2 部分：安装要求

GB/T 778.3—2007 封闭满管道中水流量的测量 饮用冷水水表和热水水表 第 3 部分：试验方法和试验设备

OIML R49-1：2013（E） 测量可饮用冷水和热水的水表—第 1 部分：计量和技术要求《Water meters intended for the metering of cold potable water and hot water—Part 1：Metrological and technical requirements》

OIML R49-2：2013（E） 测量可饮用冷水和热水的水表—第 2 部分：试验方法《Water meters intended for the metering of cold potable water and hot water—Part 2：Test methods》

凡是注日期的引用文件，仅注日期的版本适用于本规程；凡是不注日期的引用文件，其最新版本（包括所有的修改单）适用于本规程。

3 术语和计量单位

3.1 术语

除了引用 JJG 162 所规定的术语外，本规程还引用下列术语。

3.1.1 流量时间法 flowrate-time method

在检定过程中流经水表的水量通过流量和时间的测量结果来确定，可以通过在规定的时间内进行一次或多次流量的重复测量来实现。但要避免在试验开始和结束时的非恒定流量区进行瞬时流量测量。

3.1.2 水表温度等级 meter temperature class

水表中根据所适用的水温最高值和最低值所制定的等级，以字母 T 和水温特性值的数字表示。

> 注：如 T90 代表最低工作温度为 0.1 ℃、最高为 90 ℃ 的热水水表工作范围，T30/130 代表最低
> 工作温度为 30 ℃、最高为 130 ℃ 的热水水表工作范围。

3.1.3 辅助装置 ancillary device

用于执行某一特定功能，直接参与产生、传输或显示测量结果的装置。主要有以下几种：

a）调零装置；

b）价格指示装置；

c）重复指示装置；

d）打印装置；

e）存储装置；

f）税控装置；

g）预调装置；

h）自助装置；

i）流动传感器运动检测器（可从指示装置中清晰看出）；

j）远传读数装置（永久或临时）；

k）温度测量显示装置（电子式）。

3.1.4 计量元件可更换式水表 meter with exchangeable metrological unit

包含了经过相同型式批准的连接接口和可更换测量元件的常用流量 $Q_3 \geqslant 16 \ m^3/h$ 的水表。

3.2 计量单位

（1）体积：立方米，符号 m^3。

（2）流量：立方米每小时或升每小时，符号 m^3/h 或 L/h。

（3）温度：摄氏度，℃。

4 概述

4.1 原理和结构组成

典型的热水表工作原理是采用叶轮式或螺翼式机械传感器，测量水流速，将流速信号转换成转速信号输入计算器，积算出流过的热水体积并在指示装置上显示。热水表的测量原理一般采用机械原理，也可采用电子或电磁原理。采用电子或电磁原理测量时，可能采用转换器对信号进行转换。热水表可以安装辅助装置以检测、显示和传输水温等信号。

热水表应至少包括测量传感器、计算器（可包括调节或修正装置）、指示装置三个部分，各部分可组为一体，也可以安装在不同位置。

热水表可以配备用于完成特定功能的辅助设备，如远传装置等。

采用电子或电磁原理测量的热水表（如电磁水表、超声水表等）的具体工作原理和

结构组成可以参考相同工作原理的流量计检定规程。

4.2 分类

4.2.1 按热水表的工作原理和组成结构，热水表一般可分机械式热水表和带电子装置热水表。

4.2.2 带电子装置热水表是装备了电子装置以实现预定功能的热水表。带电子装置水表包括配备了电子装置的机械式水表、基于电磁或电子测量原理工作的热水表。电子装置包括流量信号转换和处理单元，并可附加存贮装置、预调装置等。

注：带电子装置水表所用的机械式水表一般称为基表。

4.2.3 热水表按温度等级分类及对应的工作水温范围见表1。

表 1　热水表的温度等级

等级	最低允许工作水温 ℃	最高允许工作水温 ℃	备注
T70	0.1	70	
T90	0.1	90	
T130	0.1	130	
T30/70	30	70	
T30/90	30	90	
T30/130	30	130	

5　计量性能要求

5.1　Q_1、Q_2、Q_3、Q_4 的值

5.1.1　热水表的流量特性由 Q_1、Q_2、Q_3、Q_4 确定。

5.1.2　热水表应按 Q_3（以 m^3/h 为单位）和 Q_3/Q_1 的比值标志。

5.1.3　常用流量 Q_3 值从下列值中选用：

1	1.6	2.5	4	6.3
10	16	25	40	63
100	160	250	400	630
1 000	1 600	2 500	4 000	6 300

以上值的单位为 m^3/h，并可以按系列向更高或更低值方向扩展。

5.1.4　量程比 Q_3/Q_1 的比值从以下值中选择：

40	50	63	80	100
125	160	200	250	315
400	500	630	800	1 000

以上值可以按系列向更高值方向扩展。

Q_3/Q_1 可以用符号 R 表示，如 R_{100} 表示 $Q_3/Q_1=100$。

5.1.5 Q_2/Q_1 的比值一般应为 1.6。

> 注：对 Q_3 超过 16 m^3/h 的热水表，Q_2/Q_1 也可为 2.5、4、6.3。

5.1.6 Q_4/Q_3 的比值应为 1.25。

5.2 准确度等级和最大允许误差

热水表的准确度等级分为 1 级、2 级。

热水表在其工作水温范围内，按流量高区、低区确定其最大允许误差。热水表的设计和制造应使热水表在其额定工作条件范围内的示值误差不超过 5.2.1～5.2.3 所规定的最大允许误差。

5.2.1 1 级热水表（准确度等级为 1 级）

热水表的最大允许误差在高区（$Q_2 \leqslant Q \leqslant Q_4$）为 $\pm 2\%$，低区（$Q_1 \leqslant Q < Q_2$）为 $\pm 3\%$。

5.2.2 2 级热水表（准确度等级为 2 级）

热水表的最大允许误差在高区（$Q_2 \leqslant Q \leqslant Q_4$）为 $\pm 3\%$，低区（$Q_1 \leqslant Q < Q_2$）为 $\pm 5\%$。

5.2.3 组合式热水表和计量元件可更换式热水表的最大允许误差根据其准确度等级不应超过 5.2.1 或 5.2.2 的规定值。

5.2.4 热水表的相对示值误差 E 用百分数表示，并按式（1）计算。

$$E = \frac{V_i - V_a}{V_a} \times 100\% \tag{1}$$

式中：

V_i——指示体积，m^3；

V_a——实际体积，m^3。

5.2.5 如果热水表可以计量反向流，则反向流期间的实际体积应从显示体积中减去反向流体积，或者单独记录。正向流和反向流都应符合最大允许误差的要求。不同流向下的常用流量和流量范围可以不同。

如果热水表不能计量反向流，则应能防止反向流，或者能承受意外反向流而不致造成正向流计量性能发生任何下降或变化。

5.2.6 在热水表额定工作条件范围内温度和压力变化时，热水表应符合最大允许误差的要求。

5.2.7 当流量为零时，热水表的积算读数应无变化。

6 通用技术要求

6.1 材料和结构

6.1.1 热水表的制造材料应有足够的强度和耐用度，以满足热水表的使用要求。

6.1.2 热水表的制造材料应不受工作温度范围内水温变化的不利影响（见 6.4）。

6.1.3 热水表内所有接触水的零部件应采用通常认为是无毒、无污染、无生物活性的材料制造。

6.1.4　整体热水表的制造材料应能抗内、外部腐蚀，或进行适当的表面防护处理。

6.1.5　热水表的指示装置应采用透明窗保护，还可配备一个合适的表盖作为辅助保护。

6.1.6　如果热水表指示装置透明窗内侧有可能形成冷凝，热水表应安装消除冷凝的装置。

6.2　调整和修正

6.2.1　热水表可以安装调整装置和（或）修正装置。

6.2.2　如果这些装置安装在热水表外，应采取封印措施（见6.7）。

6.3　安装条件

6.3.1　热水表的安装应使其在正常条件下完全充满水。

6.3.2　如果热水表的准确度可能受到水中存在固体颗粒的影响，应配备过滤器，安装在其进口或在上游管线。

6.3.3　如果热水表的准确度容易受到上游或下游管段的漩涡的影响（如由于弯头、阀门或泵引起的），应按制造商的规定安装足够长的直管段，安装（或不安装）整直器，以满足热水表的最大允许误差要求。

6.3.4　流动剖面敏感度等级

制造厂应依据 GB/T 778.3 规定的相关试验的结果，按照表2和表3的等级规定流动剖面敏感度等级。

制造厂应详细说明需要使用的流动调整段，包括整直器和（或）直管段，并将其作为被检测的这一类热水表的辅助装置。

表 2　对上游流速场不规则变化的敏感度等级（U）

等级	必需的直管段（×DN）	需要整直器
U0	0	否
U3	3	否
U5	5	否
U10	10	否
U15	15	否
U0S	0	是
U3S	3	是
U5S	5	是
U10S	10	是

注：表中 DN 为热水表的标称口径，下同。

表 3　对下游流速场不规则变化的敏感度等级（D）

等级	必需的直管段 （×DN）	需要整直器
D0	0	否
D3	3	否
D5	5	否
D0S	0	是
D3S	3	是

6.4　额定工作条件

a) 流量范围：$Q_1 \sim Q_3$；

b) 环境温度：5 ℃～55 ℃；

c) 水温：根据表 1 选择对应温度等级的热水表水温范围；

d) 环境相对湿度：（0～100）%，除了远传指示装置为（0～93）%外；

e) 水压：0.03 MPa～最大允许压力 MAP（MAP 至少为 1 MPa）；

f) 工作电源：外部供电的，交流电或外部直流电的工作电压变化范围应在标称电压的－15%～＋10%内，交流电频率变化范围应在标称频率的±2%内；电池供电的，工作电压范围为制造商说明的最低电压 U_{bmin}～全新电池的电压 U_{bmax}。

6.5　标记和铭牌

应清楚、永久地在热水表外壳、指示装置的度盘或铭牌、不可分离的热水表表盖上，集中或分散标明以下信息。

a) 计量单位：立方米或 m^3；

b) 准确度等级：如果不是 2 级，应标明；

c) Q_3 值，Q_3/Q_1 的比值，Q_2/Q_1 的比值（当不为 1.6 时应注明）；

d) 制造计量器具许可证和型式批准的标志和编号（或预留相应的设计位置）；

注：进口计量器具应标明型式批准标志和编号。

e) 制造商名称或商标；

f) 制造年月和编号（尽可能靠近指示装置）；

g) 流向（在热水表壳体二侧标志，或者如果在任何情况下都能很容易看到流动方向指示箭头，也可只标志在一侧）；

h) 最大允许压力：如果不为 1 MPa，应标明；

i) 安装方式：如果只能水平或垂直安装，应标明（H 代表水平安装，V 代表垂直安装）；

j) 温度等级；

k) 最大压力损失：如果不为 0.063 MPa，应注明；

注：可按 GB/T 778.1 规定标注压力损失等级。

对于带电子装置热水表，附加的标识应标明：

l) 外电源：电压和频率；

　　m）可换电池：最迟的电池更换时间；

　　n）不可换电池：最迟的热水表更换时间；

　　o）气候与机械环境等级；

　　p）电磁环境等级。

　　注：热水表可用相应的符号标注来反映对流动剖面敏感度等级、气候和机械环境等级、电磁兼容等级，以及提供给辅助装置的信号类型等要求。此类信息可在热水表上标注，也可在说明书或相关数据单注明。

6.6　指示装置

热水表的指示装置要求应符合 JJG 162—2009 第 6.6 的要求。

6.7　防护装置

6.7.1　机械封印

热水表应配置可以封印的防护装置，以保证在正确安装热水表前和安装后，在不损坏防护装置的情况下无法拆卸或者改动热水表和（或）调整装置或修正装置。

对计量单元可更换式热水表，其调节器应与计量单元一体，并且在封印后，不可调节。

6.7.2　电子封印

6.7.2.1　当机械封印装置不能阻止对确定测量结果有影响的参数被接触时，保护措施应符合以下规定：

　　a）参数接触只允许被授权的人进行，如采用密码（关键词）或特殊设备（如钥匙）的方法。密码应可更改。

　　b）至少最后一次存取干预行为应被记录。记录中应包含日期和能够识别实施干预的授权人员的特征要素［见上一条 a）规定］。如果最后一次干预的记录未被下一次干预所覆盖，至少应保证两年的追溯期。如果能记忆二次以上的干预，但必须删除先前的记录才能记录新的干预，应删除最老的记录。

6.7.2.2　热水表有可以被用户分开的可互换部件时，应满足以下规定：

　　a）除非符合 6.7.2.1 的规定，否则不能在断开点接触参与确定测量结果的参数；

　　b）应采用电子和数据处理保密装置，或在电子方法不可能时采用机械装置，以防止插入任何可能影响测量结果的部件。

6.7.2.3　对于装有可被用户分开但不可互换的部件的热水表，应符合 6.7.2.2 的规定。另外，这类热水表应配备一种装置，使得当各种部件不按制造商的配置连接时热水表不能工作。

　　注：用户擅自分离部件是不允许的，应防止这种行为，如利用一个装置，在部件被分开和重新连接后禁止所有测量。

6.8　密封性

热水表应在 1.6 倍最大允许压力下，持续 1 min 无外渗漏。

同轴热水表与集合管间的密封件应保证热水表的入口和出口通道之间不发生泄漏。

带电子装置热水表内部如有控制阀门，则阀门处于关闭状态时在最大允许压力下应无内泄漏或不超过产品标准规定的泄漏量。

6.9 带电子装置热水表

6.9.1 外观

带电子装置热水表应有良好的表面处理，不得有毛刺、划痕、裂纹、锈蚀、霉斑和涂层剥落现象。

显示的数字应醒目、整齐，表示功能的文字符号和标志应完整、清晰、端正。

读数装置上的防护玻璃应有良好的透明度，没有使读数畸变等妨碍读数的缺陷。

6.9.2 功能

带电子装置热水表应根据产品特性具备相应的功能，并符合产品标准或使用说明书的相关要求。

这类功能通常有显示功能、查询功能、提示功能、控制功能、保护功能等。有水价计算显示的热水表还应有价格设置、分段（或分时）水价计算显示功能，单价的数字位数、用水段的划分应能满足用水管理的需要。

如有按键开关、接触式或非接触式控制器（如 IC 卡、磁棒等），操作应灵活可靠。

6.9.3 信号转换

配备电子装置的机械式热水表（包括电子远传热水表和 IC 卡热水表等），其信号转换应准确可靠。

6.9.4 电源

电源中断或更换电池时，故障之前的热水表主示值应不丢失。

6.10 辅助装置

热水表辅助装置功能应符合其产品标准或使用说明书的要求。

辅助装置的永久性安装不应影响热水表的计量性能和主示值的读数。

7 计量器具控制

计量器具控制包括首次检定、后续检定和使用中检查。

首次检定、后续检定和使用中检查按 7.1～7.5 进行。

7.1 检定条件

7.1.1 流量标准装置

a) 热水表检定一般采用质量法热水流量标准装置（又称热水表检定装置），也可以采用标准表法流量标准装置、容积法热水流量标准装置、流量时间法热水流量标准装置等。当使用这些装置检定时，应保证流经被检表和标准器处的热水温度符合检定水温的要求。

仲裁检定时，用质量法热水流量标准装置进行检定。

b) 热水表检定装置的扩展不确定度（$k=2$）应不大于热水表最大允许误差绝对值的三分之一，具有有效的检定或校准证书。

c) 热水表检定装置的试验流量范围、试验通径范围、试验段安装条件应能满足被检热水表的要求。

d) 质量法热水表检定装置应配置密度计，最大允许误差应不超过±0.05％；如果采用的计算软件用水温测量值换算成密度值，则该软件相关功能的可靠性应得到确认。

e) 热水表检定装置应有必要的安全装置，以防热水介质意外泄漏伤及操作人员。

7.1.2 成组试验

热水表可单台试验。同型号规格的热水表也可成组试验。成组试验时，出口压力应符合7.1.6的要求，热水表间应无明显相互影响。

7.1.3 检定环境和场所

检定环境应符合热水表的额定工作条件。

试验场所应排除其他外界干扰影响（如振动、外磁场等）。

7.1.4 安装

检定时，热水表的安装应符合其使用说明书的要求，尽可能避免有弯头、泵、锥管和上游管道直径变化等，并在上下游设置最大长度的直管段。安装应满足热水表流动剖面敏感度等级的要求。

热水表与上、下游直管段要同轴安装，密封件不得凸入管内。

整个检定管路系统在检定时应无泄漏或渗漏，也无空气吸入管内。

7.1.5 检定介质和温度

检定介质为热水，水温为 50 ℃±10 ℃。

在一次检定试验期间，水温变化应不超过 5 ℃。

水介质的电导率可能会影响采用电磁感应原理的热水表，水介质的电导率应在制造商规定的数值范围内。

7.1.6 水压

检定时，热水表入口处的压力应不大于被检热水表的最大允许工作压力，热水表的出口压力应不小于 0.03 MPa。

热水表上游的压力应保持稳定。应采取稳压措施，使热水表上游的压力变化不超过 10%。在一次检定过程中，应尽可能消除水锤、脉动、振动等因素的干扰。

7.1.7 流量

在一次检定试验期间，流量应恒定在选定值上。各次试验期间流量的相对变化（不包括启动和停止）在低区应不超过±2.5%，在高区应不超过±5%。

7.2 检定项目

热水表的检定项目列于表4中。

表 4 检定项目

序号	检定项目	检定类别		
		首次检定	后续检定	使用中检查
1	外观和功能检查	+	+	+
2	密封性检查	+	+	+
3	示值误差检定	+	+	—
注：表中"+"号表示应检项目，"—"号表示可不检项目。				

7.3 检定方法

7.3.1 外观和功能检查

用目测法和常规检具检查，热水表的外观应符合本规程第 6.5～6.7。带电子装置热水表还应符合 6.9.1 的要求。

功能检查一般只对带电子装置热水表进行，检查应选择与法制计量管理有关的内容，如与主示值有关的显示和信号转换功能。这些功能应符合相应产品标准技术要求的有关规定。

使用中检查时，该项检查主要为热水表的保护装置是否有效、指示装置是否清晰可读。

7.3.2 密封性检查

把热水表安装在耐压试验台或带耐压装置的热水表检定装置上，先通热水排除试验设备和热水表内的空气，并使热水表预热一段时间（至少 3 min），然后缓慢升压，使热水表承受规定的试验静压力。试验时水压的增压速度应缓慢平稳，水温控制在参比温度范围。

首次检定和后续检定时，试验压力为热水表最大允许压力，持续时间不少于 1 min，热水表应无渗漏现象。

> 注：对计量单元可更换的热水表，后续检定如采用只对计量单元进行检定时，可不进行密封性
> 检查，但要求在示值误差试验时装配安装无渗漏。

使用中检查时，热水表应在使用场合不超过其技术参数下的最大工作压力和最高温度下无渗漏。

7.3.3 示值误差检定

7.3.3.1 检定介质

热水表的检定介质热水水温应符合 7.1.5 的要求。

7.3.3.2 检定流量

一般情况下，在首次检定和后续检定时，每一台热水表均应在常用流量 Q_3、分界流量 Q_2 和最小流量 Q_1 三个流量点进行检定。水温应符合 7.1.5。实际流量值应分别控制在：

a) $0.9Q_3 \sim Q_3$ 之间；

b) $Q_2 \sim 1.1Q_2$ 之间；

c) $Q_1 \sim 1.1Q_1$ 之间。

> 注：当热水表的工作温度范围覆盖冷水（0.1～30）℃范围时，一般情况下不进行冷水介质的检
> 定。仲裁检定时，如果需要检定热水表在冷水下的计量性能，则按 JJG 162—2009 第 7.3.3
> 规定方法进行，水温控制在冷水参比温度（15～25）℃内，流量点为 Q_3，检定结果按 5.2.1～
> 5.2.3 规定进行判定。

如果热水表的型式批准证书规定了替代的试验流量，则可在证书规定的流量下进行检定。

在一次检定过程中，热水表应连续运行。

7.3.3.3 检定用水量

检定热水表示值误差时，检定用水量的确定与热水表的准确度等级、最小检定分格值、热水表的复合惯性和热水表动态人工读数误差等有关。增加检定用水量或在稳流状态下换流可以降低测量不确定度。

如果用流量时间法或其他自动控制和读数方法进行检定，可以减少检定用水量，但这类方法应保证热水表的示值误差测量结果不确定度不超过其最大允许误差的三分之一。

用启停法热水表检定装置检定准确度等级 2 级的热水表时，一次检定的用水量应不小于热水表最小检定分格值的 200 倍；检定准确度等级 1 级的热水表时，一次检定的用水量应不小于热水表最小检定分格值的 400 倍。

如果热水表是电子式按间隔时间阶段显示，则在稳定流量状态下人工读数时，应考虑按其在检定流量下对应的体积增量作为热水表的检定分格值，以确定合适的检定用水量。

7.3.3.4 水表读数

检定标度连续变化时，热水表每次读数的最大内插误差一般不超过 1/2 最小检定分格值。因此在测量热水表的排出体积时（观察热水表二次），总的内插误差可达到 1 个最小检定分格值。

对于检定标度不连续变化的数字式指示装置，读数误差最大为 1 个间隔数字，热水表排出体积（观察热水表二次），总的读数误差可达到 2 个最小间隔数字。

某些类型的热水表可能具有供测试用的脉冲输出或状态设定，如果有，应按其使用说明书进行读数的连接配置和数据处理。

a）热水表静止时读数

安装在热水表下游的阀门控制试验时的流量，关闭该阀门使水停止流动。当流量为零时，热水表的积算读数应无变化。热水表静止时读数是在其指示装置静止后读取热水表指示值。

b）在稳定流量状态下换流时读数

检定在流动状态稳定后进行。检定开始时，换向器将水流导入一个经过校准的容器，结束时将水流导出。读数在热水表运转时进行。

对热水表读数应与流动换向器的动作同步。

注：当热水表运行时的人工读数达不到静止状态时读数的准确度时，应采用附加装置（如光电传感器等）进行热水表的读数。否则应重新对人工读数准确性进行评估，增加检定用水量。

c）流量时间法读数和计算

当采用流量时间法时，一般可以采用附加装置（如光电传感器等）对被检热水表和/或读取完整的信号数目 N 和对应的时间，并按信号的体积当量 K 换算出试验期间热水表和/或标准表的指示体积 V：

$$V = \frac{N_i K}{t_i} \times t_s \qquad (2)$$

式中：

V——被检热水表或标准表的指示体积，m^3；

N_i——被检热水表或标准表的完整信号采读数目；

t_i——对应完整信号数目 N_i 的采读时间，s；

K——信号的体积当量，m^3；

t_s——检定时间，s。

流量时间法的采样读数应在稳定流量下进行。只要测量不确定度满足要求，检定时间 t_s 可以与热水表或标准表的信号采读时间 t_i 相同或更长。

对于带有瞬时流量指示的标准表或标准装置，也可采用重复测量的方法，对流量显示值间隔读数取平均值的方法得到瞬时流量。

7.3.3.5 操作步骤

a) 首先按产品安装指示把被检热水表正确地安装在热水表检定装置的试验段上，用热水表允许的流量通水，排除热水表和管道中的空气，同时使热水表平稳运转一段时间。从热水表至热水表检定装置标准器的试验管路应无渗漏。

b) 如用带换向器的质量法热水表检定装置检定，先用调节阀把试验流量调整到规定的流量值，并将所选用容器的秤置零或复位，待热水表指示至起始值 V_0 时，启动换向器切换水流，使其注入该容器；当热水表指示值达到预先设定值 V_1 时，切换水流，计算热水表的指示体积 V_i（$V_i = V_1 - V_0$）；

如用不带换向器的质量法热水表检定装置检定，则先使热水表停止运行，将其指针对准零线或某一刻度线，读取初始读数 V_0，试验结果后，待热水表停止运转后读取并记录热水表终止读数 V_1，计算热水表的指示体积 V_i（$V_i = V_1 - V_0$）；

待量器的水位静止后读取并记录量器中水的实际 M，测量水温 t 和水密度 ρ，或依据测量水温 t 和计算软件得到水密度 ρ 值。考虑到空气浮力影响，按下式把水的称重读数 M_a 换算到实际体积 V_a：

$$V_a = c \times \frac{M_a}{\rho} \tag{3}$$

式中：

M_a——称重读数，kg；

ρ——热水密度，kg/m^3；

c——浮力修正系数，用式（4）计算：

$$c = \frac{1 - \dfrac{\rho_a}{\rho_w}}{1 - \dfrac{\rho_a}{\rho}} \tag{4}$$

式中：

ρ_a——空气密度，一般取 $1.2\ kg/m^3$；

ρ_w——砝码密度，取 $7\ 800\ kg/m^3$。

c) 如用容积法热水表检定装置检定，参照 b) 的方法读取和计算热水表的指示体积

V_i待量器的水位静止后读取并记录容器中水体积V_a。容器读数操作时，应控制量器内的热水温度符合7.1.5的要求，否则试验结果应修正至50℃下的体积。

d) 如果采用流量时间法，按式（2）分别得到热水表指示体积V_i和实际体积V_a。

7.3.3.6 示值误差计算

热水表的示值误差E按式（5）计算：

$$E = \frac{V_i - V_a}{V_a} \times 100\%$$

(5)

式中：

V_i——指示体积，m^3；

V_a——实际体积，m^3。

7.3.3.7 检定次数

每个流量点一般检定一次。

如果一次检定的E值超过最大允许误差，可重复再做2次，以3次E值的平均值作为该流量点下的示值误差。当后2次的E值均在最大允许误差内、且3次E值的平均值也不超过最大允许误差时，可认为检定结果是合格的。

7.3.3.8 热水表检定记录格式（质量法）参见附录A。

7.3.3.9 首次检定和后续检定时，检定结果应符合5.2.1～5.2.3的要求。

7.3.4 计量单元可更换的热水表检定

对计量单元可更换的热水表，应采用相同型式批准的水表外壳只对计量单元进行检定。这种情况下，要求可更换计量单元的调节装置与计量单元是一体且已封印的。检定方法、控制及结果判断按7.3.3.2～7.3.3.9进行。检定完毕后，将计量单元安装回原水表表壳，且应在安装现场最严酷的条件下无渗漏。

7.4 检定结果的处理

经检定符合本规程要求的热水表填发相应准确度等级的检定证书、检定合格证，或加盖合格封印；不符合要求的，发给检定结果通知书，并注明不合格项目。证书内页格式见附录B。

7.5 检定周期

7.5.1 对于标称口径小于或等于50 mm的热水表只作首次强制检定，限期使用，到期更换。

a) 标称口径25 mm及以下的标称口径的热水表使用期限一般不超过6年；

b) 标称口径大于25 mm～50 mm的热水表使用期限一般不超过4年。

7.5.2 标称口径大于50 mm的热水表检定周期一般为2年。

附录 A

检定记录参考格式（质量法）

送检单位＿＿＿＿＿＿＿＿＿＿＿＿＿＿＿＿ 检定记录编号＿＿＿＿＿＿＿＿＿＿＿

型号规格＿＿＿＿＿＿＿＿ 标称口径＿＿＿＿ 表号＿＿＿＿ 准确度等级＿＿＿＿＿

制造商＿＿＿＿＿＿＿＿＿＿＿ 制造日期＿＿＿＿＿＿＿ 商标＿＿＿＿＿＿＿＿＿

常用流量 Q_3：＿＿＿＿＿ m^3/h　Q_3/Q_1：＿＿＿＿＿＿　Q_2/Q_1：＿＿＿＿＿＿

检定点	Q (m^3/h)	热水表示值 V_i/L			$t/℃$	ρ (kg/m^3)	标准器质量示值 M/kg	标准器体积示值 V_a/L	$E/(\%)$
		始 V_0	末 V_1	V_i					
外观和功能检查									
密封性试验									
备注									

检定条件：室温＿＿＿＿＿ ℃ 相对湿度＿＿＿＿＿＿ ％ 水压＿＿＿＿＿＿ MPa

检定设备型号＿＿＿＿＿＿＿＿＿ 编号＿＿＿＿＿＿＿＿ 准确度等级＿＿＿＿＿＿

检定结果＿＿＿＿ 检定员＿＿＿＿＿ 核验员＿＿＿＿＿＿ 检定日期＿＿＿＿＿

附录 B

检定证书和检定结果通知书内页格式

（一）检定证书内页格式

1. 本次检定所依据的检定规程

JJG 686—2015　热水水表检定规程

2. 本次检定所用计量标准

名称：＿＿＿＿＿＿＿＿＿测量范围：＿＿＿＿＿＿不确定度或准确度等级：＿＿＿＿＿

计量标准证书编号：＿＿＿＿＿＿＿＿＿有效期至：＿＿＿＿＿年　月　日

3. 检定环境条件

环境温度：＿＿＿＿＿℃　相对湿度：＿＿＿＿＿％　：

4. 检定结果

检定项目	检定结果
外观和功能	
密　封　性	
示值误差	
检定结论：合格，符合准确度等级＿＿＿＿级的要求。	

（二）检定结果通知书内页格式

检定结果通知书内页格式要求同上，需指明不合格项目，检定结论为不合格。

中华人民共和国国家计量检定规程

JJG 1003—2016

流 量 积 算 仪

Flow Integration Meters

2016-11-25 发布　　　　　　　　　2017-05-25 实施

国 家 质 量 监 督 检 验 检 疫 总 局 发布

流量积算仪检定规程

Verification Regulation
of Flow Integration Meters

JJG 1003—2016
代替 JJG 1003—2005

归 口 单 位：全国流量容量计量技术委员会

主要起草单位：河南省计量科学研究院

国家水表质量监督检验中心

参加起草单位：中国计量科学研究院

北京博思达新世纪测控技术有限公司

安徽省计量科学研究院

郑州市热力总公司

本规程委托全国流量容量计量技术委员会负责解释

本规程主要起草人：

      朱永宏（河南省计量科学研究院）

      周文辉（河南省计量科学研究院）

      闫继伟（国家水表质量监督检验中心）

参加起草人：

      史振东（中国计量科学研究院）

      李　健（北京博思达新世纪测控技术有限公司）

      孙秀良（安徽省计量科学研究院）

      王程远（郑州市热力总公司）

引　言

本规程以 GB/T 13639—2008《工业过程测量和控制系统用模拟输入数字式指示仪》、GB/T 2624—2006《用安装在圆形截面管道中的差压装置测量满管流体流量》为技术依据，结合了我国流量积算仪的生产和使用现状，对 JJG 1003—2005《流量积算仪》进行修订。在主要的技术指标上与国家标准等效。与 JJG 1003—2005 相比，本规程除编辑性修改外，主要技术变化如下：

——增加了流量积算仪的定义；

——增加了定量控制的定义；

——流量信号的输入形式增加了数字信号；

——增加了贸易结算用流量积算仪的通用技术要求；

——删除了绝缘电阻和绝缘强度；

——修改了试验点的选取；

——增加了瞬时热量和累积热量的检定方法；

——删除了原规程中附录 A "型式评价试验大纲"；

——删除了原规程中附录 B "流量误差试验中测量参数选取的规定"中的部分内容；

——修改了原规程附录 C "检定格式"中的部分内容；

——修改了原规程附录 D "检定证书及检定结果通知书内页格式"中的部分内容。

本规程的历次版本发布情况：

——JJG 1003—2005。

流量积算仪检定规程

1 范围

本规程适用于流量积算仪（以下简称积算仪）的首次检定、后续检定、使用中检查。

具备积算仪功能的其他流量积算装置可参照本规程。

2 引用文件

本规程引用下列文件：

JJG 1055—2009 在线气相色谱仪

GB/T 2624—2006 用安装在圆形截面管道中的差压装置测量满管流体流量

GB 6587—1989 电子测量仪表环境试验

GB/T 11062 天然气 发热量、密度、相对密度和沃泊指数的计算方法（mod ISO 6976）

GB/T 13639—2008 工业过程测量和控制系统用模拟输入数字式指示仪

GB/T 17747 天然气压缩因子的计算（idt ISO 12213）

GB/T 18603 天然气计量系统技术要求

GB/T 21446—2008 用标准孔板流量计测量天然气流量

CJ 128—2007 热量表

JB/T 2274—2014 流量显示仪表

凡是注日期的引用文件，仅注日期的版本适用于本规程；凡是不注日期的引用文件，其最新版本（包括所有的修改单）适用于本规程。

3 术语和计量单位

3.1 术语

3.1.1 流量积算仪 flow integration meters

通过采集与流量相关的传感器信号，用相关的数学模型计算出流量（能量）的装置。通常又称为流量显示仪、流量计算机等。与其配套的传感器通常有标准节流装置、涡轮、涡街、电磁、超声流量传感器或变送器等及补偿用的压力变送器、差压变送器、温度变送器、组分分析仪等。

3.1.2 断电保护 power outage protection

积算仪在供电电源断电期间，积算仪内设参数及积算仪累积流量等数据能够可靠保存起来的功能。

3.1.3 采样周期 sampling period

相邻两次采样之间的时间间隔。

3.1.4 小信号切除 low flowrate cut off

积算仪为克服干扰、变送器或传感器的零漂影响或为保证流量计系统正常运行而设置的功能。低于特定流量值时仪表按零值处理，高于此值时仪表正常运行。

3.1.5 补偿参量显示 accessorial display parameter

积算仪中为显示介质工作状态（如压力、温度等）而设置的辅助显示。

3.1.6 数字信号和通讯协议 digital signals and communication protocol

用于积算仪与传感器、变送器、网络终端之间遵循约定协议进行通讯或完成服务的信号，协议定义了数据单元传输的内容与格式。例如 HART 协议、Modbus 协议、Profibus 协议等。

3.1.7 定量控制

通过对积算仪内部参数的设定来实现对开关量信号的控制，以达到控制现场执行机构的目的。

3.2 计量单位

质量单位：千克，符号 kg。

时间单位：秒，符号 s。

体积单位：立方米，符号 m^3。

流量单位：立方米每小时，符号 m^3/h。

压力单位：帕［斯卡］、千帕，符号 Pa，kPa。

温度单位：摄氏度，符号℃。

热量单位：焦耳，符号 J。

4 概述

4.1 工作原理

积算仪的工作原理：通过对与之配套的流量变送器、流量传感器和其他变送器（温度、压力等）输出模拟信号、脉冲信号或者数字信号的采集，用相关的数学模型计算出瞬时流量、累积流量等，并进行显示、储存和传送。

4.2 结构

积算仪主要由中央处理单元、输入输出单元、显示单元和操作按钮等组成。输入输出单元包含流量传感器信号输入、温度、压力等补偿信号输入、流量等信号输出等。

4.3 流量信号输入形式

积算仪的输入信号一般有模拟信号、脉冲信号、数字信号三种形式，也可使用说明书中给出的其他信号形式。

模拟信号：电流：DC（4～20）mA 或 DC（0～10）mA。

电压：DC（1～5）V 或 DC（0～5）V。

脉冲信号：电流脉冲、电压脉冲，其频率通常为 10 kHz 以下。

4.4 配套仪表信号输入形式

模拟信号：

电流：DC（4～20）mA 或 DC（0～10）mA。

电压：DC（1～5）V；DC（0～5）V。

电阻：（0～9 999.99）Ω。

热电偶：分度号为 S、R、B、K 等。

数字信号和通讯协议：包含 HART 协议（采用基于 BELL202 标准的 FSK 频移键控信号，在（4～20）mA 信号上叠加幅度为 0.5 mA 的数字音频信号，波特率为 1 200 bps）、Modbus 协议（包含：Modbus 串行链路基于 TIA/EIA 标准：232-E 和 485-A；Modbus TCP/IP 基于 IETF 标准：RFC793 和 RFC791）、PROFIBUS 协议（基于 EN50170 标准，波特率在 9.6 kbps～12 Mbps）等。

5 计量性能要求

积算仪根据主示值最大允许误差划分准确度等级，如表 1 所示。主示值为瞬时流量、累积流量、累积能量（热量）中的一个或几个示值。

表 1 准确度等级与最大允许误差

准确度等级	0.05 级	0.1 级	0.2 级	0.5 级	1.0 级
主示值最大允许误差	±0.05%	±0.1%	±0.2%	±0.5%	±1.0%

除主示值以外的其他示值及辅助参数测量值最大允许误差以使用说明书中规定为准。

6 通用技术要求

6.1 一般技术要求

6.1.1 积算仪应有使用说明书，说明书上应注明适用流量计（传感器）的种类、类型、调校方法、操作步骤、适用介质、是否带有温度压力补偿及其他功能，提供引用的标准或计算依据。

6.1.2 积算仪外壳、铭牌、接线柱应经过良好的表面处理，不得有镀层脱落、锈蚀、划伤、沾污等缺陷。显示部分文字、数字、符号、标志应清晰鲜明、无重叠，仪表显示亮度均匀，不应有缺笔画等现象。

6.1.3 仪积算仪铭牌应有厂名、型号、编号、准确度等级、出厂年月等。

6.1.4 积算仪流量系数（密度、传感器系数等）的有效位数应不少于 5 位；瞬时流量显示分辨力引入的误差应不超过最大允许误差的 1/10，累积流量显示位数不少于 6 位。

6.1.5 本规程推荐气体体积流量计量的标准参比条件和发热量测量的燃烧标准参比条件均为绝对压力 101.325 kPa、热力学温度 293.15 K。也可采用贸易合同约定的压力、温度作为参比条件。

6.1.6 传感器传输信号为数字信号的应提供相应通讯协议和软件。

6.1.7 小信号切除

允许有小信号切除，配套传感器为标准节流装置的切除点应不大于设计工况下最大流量的 8%，配套传感器为其他类型的切除点应不大于设计工况下最大流量的 5%。

6.1.8 采样周期

积算仪的流量信号采样时间应不大于 2 s；压力、温度采样时间应不大于 5 s；介质组分或物性参数的采样时间参照 JJG 1055—2009 中规定的要求，一般不超过 15 min。

6.2 其他技术要求

6.2.1 贸易结算用积算仪除应遵循 6.1 的所有要求外，还应遵循 6.2.2～6.2.6 的要求。

6.2.2 贸易结算用积算仪物性参数计算应遵循附录 A.2，其他介质遵循相关标准。

6.2.3 贸易结算用积算仪应具有参数设置、数据记录和历史事件的记录的安全保护功能，所有记录均不可修改、删除、存储器存满后以先进先出原则溢出，并应设有操作权限设置，分级密码、密钥、封印等保护措施。

6.2.4 贸易结算用积算仪数据处理、流量计算周期不超过 5 s，累积流量显示位数不少于 9 位，A/D 转换器不低于 16 位，D/A 转换器不低于 12 位。

6.2.5 贸易结算用积算仪应明确计算模型的来源和理论值的计算依据。

6.2.6 安全性能

用于易燃易爆场合的积算仪应具有防爆合格证书。

7 计量器具控制

7.1 检定条件

7.1.1 主要检定设备

7.1.1.1 标准电流表

最大允许误差不超过被检积算仪最大允许误差的 1/5。

7.1.1.2 标准电压表

最大允许误差不超过被检积算仪最大允许误差的 1/5。

7.1.1.3 通用计数器

计数范围：0～99 999；分辨力：1 个字。

7.1.1.4 标准电阻箱

最大允许误差不超过被检积算仪最大允许误差的 1/5。

7.1.1.5 计时器

分辨力优于 0.01 s。

7.1.1.6 频率信号发生器

频率范围：(0～10) kHz，最大允许误差：$\pm 1 \times 10^{-5}$。

7.1.2 附属设备

7.1.2.1 直流信号源

可输出三路 DC (0～20) mA ［或 DC (0～5) V］连续可调信号，稳定度：0.05%/2 h。

7.1.2.2 毫伏发生器

输出范围：DC (0～50) mV，最大允许误差：$\pm 1 \times 10^{-4}$；

7.1.2.3 电阻箱

(0～9 999.99) Ω，优于 1.0 级。

7.1.3 检定环境条件

检定温度：（20±5）℃；

相对湿度：45％～75％；

交流电源（220±22）V，频率（50±1）Hz。

7.1.4 除地磁场外的其他外界磁场、机械振动等干扰应小到对积算仪的影响可忽略不计。

7.2 检定项目

积算仪的检定项目列于表 2 中。

表 2 积算仪的检定项目

序 号	检定项目	首次检定	后续检定	使用中检查
1	外观及功能检查	+	+	+
2	主示值最大允许误差	+	+	—
注："+"表示应检定，"—"表示可不检定。				

7.3 检定方法

7.3.1 外观检查

用目测的方法检查铭牌和外观，应符合 6.1.2、6.1.3、6.1.4、6.1.5 的要求。

贸易结算用积算仪，还应符合 6.2 要求。

7.3.2 示值误差的检定

检定前按图 1 连接好线，通常被检仪表通电预热 10 min。如产品说明书对预热时间另有规定的，则按说明书规定的时间预热。

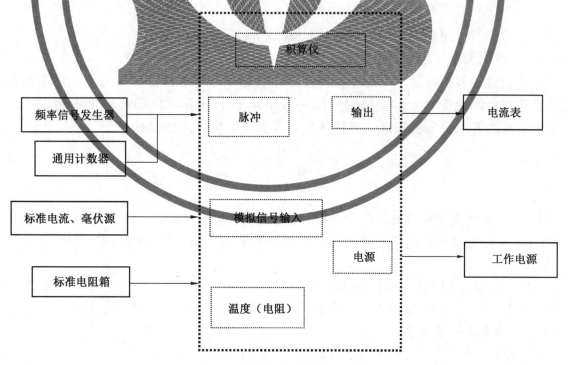

图 1 积算仪检定接线示意图

7.3.2.1 瞬时流量

a）试验点取流量传感器（或变送器）流量范围对应的输入信号的量程下限、

117

0.25 倍、0.5 倍、0.75 倍、1 倍量限附近；具有压力、温度补偿功能的以上检定点是在设计状态下，另外应在压力不变，温度在设计范围内任取两点，流量为最大；温度不变，压力在设计范围内任取两点，流量为最大情况下分别进行检定。

b）按选取检定点，积算仪做一次测量。

c）按式（1）计算每个流量点的误差 E_i，应满足表 1 中对积算仪最大允许误差的要求。

$$E_i = \frac{q_i - q_{si}}{q_{si}} \times 100\% \tag{1}$$

式中：

q_i——该流量检定点的流量积算仪示值，m^3/s 或 kg/s；

q_{si}——该流量检定点的流量的理论计算值，m^3/s 或 kg/s。

注：q_{si} 的计算应根据使用流量计的型式及被测介质在检定点的操作条件，依据该种流量计国家有关标准和计量检定规程进行计算（或使用通过法定计量检定单位认证的计算软件进行计算）。介质物性值计算应符合附录 A.2 规定。

7.3.2.2 累积流量

累积流量检定应在设计工作状态下进行。检定分辨力引入的不确定度应优于最大允许误差的 1/10，检定时间一般不小于 10 min，应满足表 1 中对积算仪最大允许误差的要求。累积流量误差 E_Q 按下式计算：

$$E_Q = \frac{Q_i - Q_{si}}{Q_{si}} \times 100\% \tag{2}$$

式中：

Q_i——积算仪累积流量示值，m^3 或 kg；

Q_{si}——积算仪累积流量理论计算值，m^3 或 kg。

7.3.2.3 累积能量（累积热量）

累积能量（累积热量）检定应在设计工作状态下进行。检定分辨力引入的不确定度应优于最大允许误差的 1/10，检定时间一般不小于 10 min，应满足表 1 中对积算仪最大允许误差的要求。累积能量（累积热量）误差 E_w 按下式计算：

$$E_w = \frac{W_i - W_{si}}{W_{si}} \times 100\% \tag{3}$$

式中：

W_i——积算仪累积能量（累积热量）示值，MJ 或 kWh；

W_{si}——积算仪累积能量（累积热量）理论计算值，MJ 或 kWh。

注：

1　W_{si} 的计算见 CJ 128—2007《热量表》；

2　如流量积算仪不具备该功能，此项可不进行检定。

7.3.2.4 补偿参量显示值

a）试验点取零点、$0.25A_{max}$、$0.5A_{max}$、$0.75A_{max}$、A_{max}。

注：

1　A_{max} 为模拟输入信号的上限值。

2　对于温度信号采用热电阻和热电偶的，A_{max} 取设计任务书温度上限。

b）按选取检定点，积算仪做一次测量。

c）按式（4）计算每个检定点误差 E_{Ai}，应满足使用说明书中对积算仪最大允许误差的要求。

$$E_{Ai} = \frac{A_i - A_{si}}{A_{max}} \times 100\% \tag{4}$$

式中：

A_i——检定点积算仪示值，Pa 或 ℃；

A_{si}——检定点输入信号对应的理论计算值，Pa 或 ℃；

A_{max}——输入信号对应的理论计算的最大值，Pa 或 ℃。

7.3.2.5 输出电流

a）试验点取 $0.2q_{max}$、$0.4q_{max}$、$0.6q_{max}$、$0.8q_{max}$、q_{max} 附近。

b）按选取检定点，积算仪做一次测量。

c）普通积算仪按式（5）、用于贸易结算的积算仪按式（6）计算每个检定点误差 E_{si}，应满足表 1 中对积算仪误差限的要求。

$$E_{si} = \frac{I_i - I_{si}}{I_{max} - I_0} \times 100\% \tag{5}$$

$$E_{si} = \frac{I_i - I_{si}}{I_{si}} \times 100\% \tag{6}$$

式中：

I_i——检定点输出电流值；

I_{si}——检定点流量理论计算对应的电流值；

I_{max}——最大流量理论计算对应的电流值；

I_0——流量零点对应的电流值。

7.3.2.6 定量控制

a）试验点取 $0.2q_{max}$、$0.5q_{max}$、q_{max} 附近。

b）按选取检定点，积算仪做一次测量。

c）按下式计算每个检定点误差 E_{si}，应满足表 1 中对积算仪最大允许误差的要求。

$$E_{si} = \frac{S_i - S_{si}}{S_{si}} \times 100\% \tag{7}$$

式中：

S_{si}——检定点起控制作用的总量理论计算值，m^3 或 kg；

S_i——设定值，m^3 或 kg。

7.3.3 小信号切除

接线及检定方法同图 1。在切除点附近由低到高缓慢改变输入信号，直至积算仪有对应参数显示，然后缓慢减少输入信号，积算仪有对应参数显示突然降为零。此时流量值为切除点，其数据应符合 6.1.7 的要求。

7.4 检定结果的处理

经检定符合本规程要求的积算仪，签发检定证书，并在检定证书中注明检定时仪表内部参数的具体设置值及配套仪表。不合格则签发检定结果通知书，并注明不合格项目。

7.5 检定周期

检定周期一般不超过 1 年。

附录 A

常用流量公式及介质物性参数选取规定

积算仪与各种类型流量变送器（传感器）配套使用，其流量公式各不相同，为真实的反映流量积算仪的准确性，本附录给出了流量测量中常用的流量公式，并对被测介质物性参数的选取做出了统一规定。

A.1 常用流量公式

A.1.1 节流式流量计质量流量按式（A.1）计算：

$$q_m = \frac{C}{\sqrt{1-\beta^4}} \varepsilon \frac{\pi}{4} d^2 \sqrt{2\Delta p \times \rho} \tag{A.1}$$

式中：

q_m——瞬时质量流量，kg/s；

C——流出系数（无量纲），标准节流式流量计按 GB/T 2624—2006 确定，非标准节流式流量计根据实流标定的数据计算；

ε——流束膨胀系数，对于液体，取定值 1；对于气体，标准节流式流量计按 GB/T 2624—2006 确定，非标准节流式流量计按 JJG 640 确定；

d——操作条件下节流件开孔直径，m；

Δp——差压，Pa；

ρ——操作条件下介质密度，kg/m³；

β——操作条件下节流件开孔直径与上游管道内径之比，$\beta = \dfrac{d}{D}$，其中，D——操作条件下上游管道内径，m。

A.1.2 脉冲输出型流量计（如涡街、涡轮等）流量按式（A.2）计算：

$$q_V = \frac{f}{k} \tag{A.2}$$

式中：

q_V——瞬时操作条件下体积流量，m³/s；

f——脉冲输出型流量计输出的脉冲信号频率，Hz；

k——脉冲输出型流量的仪表常数，1/m³；（按流量计出厂给定值或根据实流标定的数据计算）。

A.1.3 流量换算公式

质量流量换算成操作条件下体积流量公式：

$$q_V = \frac{q_m}{\rho} \tag{A.3}$$

式中：

ρ——操作条件下被测介质密度，kg/m³。

质量流量换算成标准参比条件下体积流量公式：

$$q_{VN} = \frac{q_m}{\rho_N} \tag{A.4}$$

式中：

q_{VN}——瞬时标准参比条件下体积流量，m^3/s；

ρ_N——标准参比条件下被测介质密度，kg/m^3。

A.2 介质物性值计算

A.2.1 天然气物性值计算

A.2.1.1 标准参比条件下天然气物性参数

天然气流量（能量）计算需使用的标准参比条件下物性参数包括：密度（ρ_n）、高位体积发热量（$\widetilde{H}_s$）及高位体积发热量（$\hat{H}_s$），应按 GB/T 11062 规定的方法计算。

A.2.1.2 操作条件下天然气物性参数

天然气流量计算需使用的操作条件下物性参数包括：密度 ρ、压缩因子 Z、黏度 μ、等熵指数 k，应按 GB/T 21446—2008 规定的方法计算。其中，计算密度 ρ 所需的压缩因子 Z，按 GB/T 17747 规定的方法计算。

A.2.2 人工煤气物性值计算

A.2.2.1 标准参比条件下人工煤气物性参数

人工煤气流量（能量）计算需使用的标准参比条件下物性参数包括：密度 ρ_n、高位体积发热量 $\widetilde{H}_s$ 及高位质量发热量 $\hat{H}_s$。其中，高位体积发热量 $\widetilde{H}_s$ 及高位质量发热量 $\hat{H}_s$ 应按 GB/T 11062 规定的方法计算，密度 ρ_n 按式（A.5）计算：

$$\rho_n = \rho_{gn} + \rho_{sn} \tag{A.5}$$

式中：

ρ_{gn}——人工煤气在标准参比条件下干部分的密度，kg/m^3。

已知各组分体积分数及其各组分标准参比条件下密度的混合干气体，按式（A.6）计算：

$$\rho_{gn} = \sum_{i=1}^{n} X_i \rho_{in} \tag{A.6}$$

式中：

ρ_{in}——人工煤气体中第 i 种组分标准参比条件下的密度，kg/m^3；

X_i——人工煤气体中第 i 种组分的体积分数；

n——人工煤气体总组分数。

已知各组分质量分数及其各组分标准参比条件下密度的混合干气体，按式（A.7）计算：

$$\rho_{gn} = \frac{1}{\sum\limits_{i=1}^{n} \dfrac{Y_i}{\rho_{in}}} \tag{A.7}$$

式中：

Y_i——人工煤气体中第 i 种组分的质量分数；

ρ_{in}——人工煤气中第 i 种组分标准参比条件下的密度，kg/m^3。

$$\rho_{sn} = \varphi_n \rho_{smaxn} \tag{A.8}$$

式中：

ρ_{smaxn}——标准参比条件下最大可能水蒸汽密度，kg/m^3；

φ_n——标准参比条件下煤气的相对湿度，%。

A.2.2.2 操作条件下人工煤气的物性参数

人工煤气流量计算需使用的操作条件下物性参数包括：密度 ρ、压缩因子 Z、动力黏度 μ、等熵指数 k，应按下述方法计算。

A.2.2.2.1 操作条件下人工煤气的密度 ρ

已知相对湿度，操作条件下人工煤气的密度 ρ，按式（A.9）计算：

$$\rho = \rho_g + \rho_s \tag{A.9}$$

式中：

ρ_g——人工煤气在操作条件下干部分的密度，kg/m^3，按式（A.10）计算；

ρ_s——人工煤气在操作条件下湿部分的密度，kg/m^3，按式（A.11）计算。

$$\rho_g = \rho_{gn} \frac{p - \varphi p_{smax}}{p_n} \frac{T_n}{TZ} \tag{A.10}$$

式中：

p——操作条件下人工煤气的绝对压力，kPa；

p_{smax}——操作条件下最大可能水蒸气绝对压力，kPa；

T——操作条件下人工煤气的热力学温度，K；

φ——操作条件下人工煤气的相对湿度，%，按式（A.12）计算；

Z——操作条件下干煤气的压缩因子，用雷德利克-孔（Redlich-Kwong）方程（简称 R-K 公式）计算。

$$\rho_s = \varphi \rho_{smax} \tag{A.11}$$

式中：

ρ_{smax}——操作条件下最大可能水蒸气密度，kg/m^3。

$$\varphi = \frac{p_s}{p_{smax}} = \frac{\rho_s}{\rho_{smax}} \tag{A.12}$$

式中：

p_s——操作条件下人工煤气湿部分的绝对分压，kPa。

不同操作条件下的相对湿度，按式（A.13）进行转换：

$$\varphi_1 = \varphi_2 \frac{p_1 T_2 \rho_{2smax}}{p_2 T_1 \rho_{1smax}} \tag{A.13}$$

式中：

φ_1、φ_2——分别为操作条件 1 与 2 下湿煤气的相对湿度，%；

p_1、p_2——分别为操作条件 1 与 2 下人工煤气的绝对压力，kPa；

T_1、T_2——分别为操作条件 1 与 2 条件下人工煤气的热力学温度，K；

ρ_{1smax}、ρ_{2smax}——分别为操作条件 1 与 2 下最大可能水蒸气密度，kg/m^3。

若由式（A.13）求出的 $\varphi_1 \geqslant 1$ 时，表明在操作条件 1 下煤气已被水蒸气饱和，而且部分水蒸气已冷凝，这时 φ_1 取 1。

A.2.2.2.2　操作条件下人工煤气的动力黏度 μ

操作条件下人工煤气动力黏度 μ，按式（A.14）计算：

$$\mu = \frac{\sum\limits_{i=1}^{n} X_i \mu_i \sqrt{M_i}}{\sum\limits_{i=1}^{n} X_i \sqrt{M_i}} \tag{A.14}$$

式中：

μ_i——操作条件下人工煤气中第 i 种组分的动力黏度，$Pa \cdot s$；

M_i——人工煤气中第 i 种组分的相对分子质量。

A.2.2.2.3　操作条件下人工煤气的等熵指数 k

操作条件下人工煤气等熵指数 k，按式（A.15）计算：

$$k = \frac{\sum\limits_{i=1}^{n} c_{pi} M_i X_i}{\sum\limits_{i=1}^{n} c_{Vi} M_i X_i} \tag{A.15}$$

式中：

c_{pi}——操作条件下人工煤气中第 i 种组分的定压比热容，$kJ/(kg \cdot \text{℃})$；

c_{Vi}——操作条件下人工煤气中第 i 种组分的定容比热容，$kJ/(kg \cdot \text{℃})$。

A.2.2.3　不同操作条件下湿煤气体积流量的转换

不同操作条件下湿煤气体积流量的转换，按式（A.16）计算：

$$q_{V2} = q_{V1} \frac{(p_1 - \varphi_1 p_{s1max}) T_2 Z_2}{(p_2 - \varphi_2 p_{s2max}) T_1 Z_1} \tag{A.16}$$

式中：

q_{V1}、q_{V2}——分别为操作条件 1 和 2 下的湿煤气体积流量，m^3/s；

p_1、p_2——分别为操作条件 1 和 2 的绝对压力，kPa；

T_1、T_2——分别为操作条件 1 和 2 的热力学温度，K；

Z_1、Z_2——分别为操作条件 1 和 2 煤气压缩系数，无量纲；

φ_1、φ_2——分别为操作条件 1 和操作条件 2 下煤气的相对湿度，%；

p_{s1max}、p_{s2max}——分别为操作条件 1 和操作条件 2 下最大可能水蒸气绝对压力，kPa。

A.2.3　蒸汽物性值的计算

蒸汽流量、能量计量所需的操作条件下的密度、黏度、等熵指数及比焓值等物性值，按水和水蒸气国际协会热力学性质工业标准 IAPWS-IFC 1997 公式确定。

A.3　液体热量（能量）计算公式

$$q_e = q_m \Delta H \tag{A.17}$$

式中：

q_e——单位时间载热液体释放的热量，kJ/s；

q_m——单位时间载热液体的质量流量，kg/s；

ΔH——热交换系统中入口温度与出口温度所对应的载热液体比焓之差，kJ/kg。

A.4 蒸汽能量计算公式

$$q_e = q_{m1}H_1 - q_{m2}H_2 \tag{A.18}$$

式中：

q_e——单位时间蒸汽释放的能量，MJ/s；

q_{m1}、q_{m2}——分别为热交换系统中入口与出口的蒸汽质量流量，kg/s；

H_1、H_2——分别为热交换系统中入口与出口蒸汽的比焓值，MJ/s，按水和水蒸气国际协会热力学性质工业标准 IAPWS-IFC 1997 公式确定。

A.5 燃气能量的计算公式

当燃气流量用在标准参比条件下的体积流量计量时，按式（A.19）计算能量流量：

$$q_e = q_{Vn}\widetilde{H}_s \tag{A.19}$$

式中：

q_e——单位时间流经计量仪表的燃气所具有的能量，MJ/s；

q_{Vn}——单位时间流经计量仪表的标准参比条件下燃气体积流量，m³/s；

$\widetilde{H}_s$——燃气在标准参比条件下高位体积发热量，MJ/m³。

当燃气流量用质量流量计量时，按式（A.20）计算能量流量：

$$q_e = q_m\hat{H}_s \tag{A.20}$$

式中：

q_m——单位时间流经计量仪表的燃气质量流量，kg/s；

$\hat{H}_s$——燃气在标准参比条件下高位质量发热量，MJ/kg。

附录 B

检定记录格式

（一）数据记录

测量介质：＿＿＿＿＿＿＿＿ 流量范围或仪表系数：＿＿＿＿＿＿＿

气体组分（或其他气质参数）：

气体名称							
组分/%							

其他气质参数：

注：测量介质为天然气或者煤气才填写以上表格。

配套仪表情况：

仪表名称	量程范围	输出信号类型	输出信号范围	准确度等级

（二）检定记录

1. 外观检查：＿＿＿＿＿＿＿＿＿＿＿＿＿＿＿＿＿＿＿＿＿＿＿＿＿＿＿

2. 示值误差

2.1 瞬时流量

流量信号 （　）	补偿信号1 （　）	补偿信号2 （　）	标准值 （　）	仪表显示值 （　）	误　差 （　　）

2.2 累积流量

输入信号 （　）	积算时间 （　）	积算标准值 （　）	仪表显示值（　）			误差/%
			初始值	终止值	差值	

2.3 累积能量（累积热量）

输入信号 （　）	温度1 （　）	温度2 （　）	积算时间 （　）	积算标准值 （　）	仪表显示值（　）			误差/%
					初始值	终止值	差值	

2.4 补偿参量显示值

试验点		零点	$0.25A_{max}$	$0.5A_{max}$	$0.75A_{max}$	A_{max}
第一 通道	理论计算值					
	实测值					
	误差/%					
第二 通道	理论计算值					
	实测值					
	误差/%					
第三 通道	理论计算值					
	实测值					
	误差/%					

2.5 输出信号检测

试验点		$0.2q_{max}$	$0.4q_{max}$	$0.6q_{max}$	$0.8q_{max}$	q_{max}
理论值						
输出信号 （　）	1					
	2					
误差/%						

2.6 定量控制（仅适用于带模拟输出功能的积算仪）

试验点		$0.2q_{max}$	$0.5q_{max}$	q_{max}
理论值				
实测值	1			
	2			
误差/%				

3 小信号切除：_____

附录 C

检定证书/检定结果通知书内页信息及格式

C.1 检定证书内页信息格式式样

1. 设定介质：

2. 设定流量范围：

3. 配套仪表：

仪表名称	量程范围	输出信号类型	输出信号范围	准确度等级

4. 检定结果：

4.1 外观及功能检查：

4.2 瞬时流量误差：

4.3 累积流量误差：

4.4 累积热量误差：

4.5 累积能量误差：

4.6 输出电流误差：

4.7 定量控制误差：

4.8 补偿参数显示误差：

4.9 小信号切除：切除点＿＿＿＿＿＿＿＿＿＿

5. 检定时仪表内部设定参数（组分）：

　　注：1）如配套节流装置，请注明设计工况；

　　　　2）如配套涡轮、涡街等输出频率信号类的流量计，应注明检定时仪表系数；

　　　　3）检定天然气贸易计算用流量积算仪（计算机）等仪表时，应注明气质组分或物性值等

　　　　　参数。

　　　　4）计算模型的来源。

C.2 检定结果通知书内页格式式样

1. 设定介质：

2. 设定流量范围：

3. 配套仪表：

仪表名称	量程范围	输出信号类型	输出信号范围	准确度等级

4. 不合格项目：

中华人民共和国国家计量检定规程

JJG 1113—2015

水 表 检 定 装 置

Verification Facility for Water Meters

2015-04-10 发布　　　　　　　　　　　2015-10-10 实施

国家质量监督检验检疫总局 发布

水表检定装置检定规程

Verification Regulation of

Verification Facility for Water Meters

JJG 1113—2015
代替 JJG 164—2000
中"水表检定装置"
部分

归 口 单 位：全国流量容量计量技术委员会

主要起草单位：中国计量科学研究院

浙江省计量科学研究院

北京市计量检测科学研究院

参加起草单位：宁波明泰流量设备有限公司

湖南省计量检测研究院

杭州天马计量科技有限公司

广东省计量科学研究院

本规程委托全国流量容量计量技术委员会负责解释

本规程主要起草人：

孟　涛（中国计量科学研究院）

赵建亮（浙江省计量科学研究院）

李　晨（北京市计量检测科学研究院）

参加起草人：

张祖明（宁波明泰流量设备有限公司）

李　宁（湖南省计量检测研究院）

马　天（杭州天马计量科技有限公司）

吴伟龙（广东省计量科学研究院）

引 言

本规程依据 JJF 1002—2010《国家计量检定规程编写规则》编写，结合水表检定装置的特点及在我国的发展现状，将 JJG 164—2000《液体流量标准装置》中水表检定装置部分进行单独修订，除本规程中注明引用 JJG 164—2000 中的部分检定方法外，本规程将替代 JJG 164—2000 中水表检定装置相应内容。对于标准表法水表装置的检定应依据 JJG 643《标准表法流量标准装置》的有关规定执行。此外，本规程主要针对的是冷水水表检定装置。

与 JJG 164—2000 相比，本规程除编辑性修改外主要技术变化如下：

——增加了引言，说明了规程修订的依据、修订前后主要技术变化、所替代规程的历次版本发布情况等；

——调整了水表装置的分类方法，将水表检定装置分为收集法、流量时间法及标准表法；

——明确了只有一个准确度等级，0.2 级；

——增加了对装置流量稳定性的要求；

——取消了对启停效应的检定；

——细化了对金属量器的通用技术要求，标尺长度、主示值的最小值等；

——增加了质量法装置中密度测量的要求；

——简化了计时器检定的要求；

——将工作量器容积检定按照是否需要重新刻线分为 2 种情况，分别规定了检定内容及方法；

——增加了对水表自动读数设备的检查；

——修改了对瞬时流量指示器的检定要求，改为对装置流量设定功能的检查；

——修改了衡器的检定方法，增加了对皮重、使用下限等的要求，减少了检定点，可以只检定加载过程；

——增加了水表活塞式检定装置的检定方法；

——在检定周期中增加了对衡器使用中检验的要求；

——修改了检定证书/检定结果通知书内页格式；

JJG 1113—2015《水表检定装置》的历次版本发布情况为：

——JJG 162—85《水表及其试验装置》；

——JJG 164—2000《液体流量标准装置》。

水表检定装置检定规程

1 范围

本规程适用于收集法和流量时间法的水表检定装置(以下简称装置)的首次检定、后续检定和使用中检查。

2 引用文件

本规程引用下列文件:

JJG 162　冷水水表

JJG 164　液体流量标准装置

JJG 259　标准金属量器

JJG 643　标准表法流量标准装置

GB/T 778.3—2007(idt ISO 4064:2005)封闭满管道中水流量的测量　饮用冷水水表和热水水表　第3部分:试验方法和试验设备

凡是注日期的引用文件,仅注日期的版本适用于本规程;凡是不注日期的引用文件,其最新版本(包括所有的修改单)适用于本规程。

3 术语

3.1 收集法　collection method

在检定过程中将流经水表的水收集在一个或多个容器中,用容量法或称重法确定水量。

3.2 流量时间法　flowrate and time method

在检定过程中流经水表的水量通过流量和时间的测量结果来确定。可以通过在规定的时间内进行一次或多次流量的重复测量来实现,但要避免在试验开始和结束时的非恒定流量区进行瞬时流量测量。

3.3 量器定值机构　volume preset device

安装在量器内的光电或电触点等感应水位的传感器,量器中的水位上升到预设位置时,发出反馈信号到装置操作系统以停止装置介质的流动,实现自动操作和标准体积值的确定。

4 概述

4.1 用途

装置是对封闭管道用水表进行流量量值传递的标准,可用于各种类型的冷水水表的检定、校准和测试方法研究。

4.2 组成

装置一般包括下列组成部分:

（1）供水系统（水池、水泵、稳压系统等）；

（2）管道系统（工艺管道、测量段、夹表器等）；

（3）瞬时流量指示器；

（4）换向（或启停）机构；

（5）换向信号同步及自动读数、计时仪表（如有必要）；

（6）主标准器（工作量器、衡器、活塞等）；

（7）密度测量部分（如有必要）；

（8）水温测量仪表；

（9）水压测量仪表。

为实现自动试验的功能，装置可配置水表读数传感器、量器定值机构或液位传感器、水表刻度盘摄像系统等设备。

根据需要，装置可一体化配置水表的其他性能检验设备，如压力损失测试设备、静压力测试设备等。

4.3 工作原理

装置产生的流量流过安装于装置管路系统内的被检水表，装置测量一段时间内流量的标准值，基于连续性方程，比较该时间段被检水表示值与标准值以确定水表的误差。以收集法装置为例，装置如图1所示，将被检水表4安装到装置的测量段管道上，启动控制系统，水泵11将水泵送至管路，使水流经被检水表4和工作量器7，同时读取被检水表4和工作量器7的示值，将被检水表的示值与装置的标准值相比较，从而确定被检水表的示值误差。收集法装置一般包括以下几种类型：启停容积法、静态容积法、启停质量法及静态质量法。

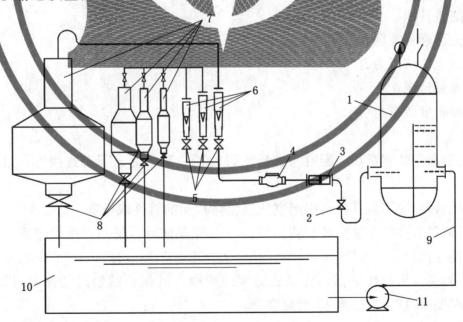

图 1 启停容积法装置示意图

1—稳压容器；2—进水阀门；3—夹表器；4—水表；5—流量调节阀；

6—瞬时流量指示器；7—工作量器；8—放水阀门；9—管路系统；10—水箱；11—水泵。

5 计量性能要求

5.1 准确度等级和最大允许误差

5.1.1 装置的准确度等级为 0.2 级。

5.1.2 装置主标准器累积体积流量的最大允许误差为 ±0.1%。

5.1.3 对于流量时间法装置及其他时间参数需要参与水表检定结果计算的装置，其计时器的误差不超过 ±0.05%。

5.2 装置主标准器的重复性

装置主标准器的重复性应优于主标准器的最大允许误差绝对值的 1/3。

5.3 换向器引入的不确定度

对于使用换向器的装置，由换向器引入的标准不确定度应小于 0.05%。

5.4 装置流量稳定性

收集法装置流量稳定性应不大于 1.0%；流量时间法装置流量稳定性应不大于 0.2%。

6 通用技术要求

6.1 铭牌和标识

装置应有铭牌。一般应注明如下信息：

(1) 制造厂名称；

(2) 产品名称及型号、规格；

(3) 出厂编号；

(4) 制造日期；

(5) 公称通径范围；

(6) 最大工作压力；

(7) 流量范围；

(8) 准确度等级。

6.2 管道系统

6.2.1 安装水表的测量段应配有与被检水表内径一致的上、下游连接管，且连接轴线也应一致。

6.2.2 测量段中应不包括任何引起空化或流体扰动的管件或设备。

6.2.3 流量调节阀应安装在装置测量段的下游管段之后，阀门开度设定后，实验中开度应无明显变化。

6.2.4 夹表装置应动作灵活，夹表的力度应适中，既保证试验时的测量段的密封性，也不致使水表（特别是塑壳水表）明显变形。

6.2.5 对于启停法装置，其管路设计应能保持实验前后出水管水面处于同一水平状态。

6.2.6 装置的承压部件应有足够的耐压强度，在工作压力范围内不产生刚性变形，弹性变形引起的内容积变化应能忽略不计。

6.3 工作量器

6.3.1 工作量器的主体材料应用不锈钢或经镀层的碳素钢制造，外壁应平整、光滑，内壁应经抛光处理。

6.3.2 工作量器应具有足够的刚性，在最大负载下，应不发生明显变形，壁厚应满足JJG 259《标准金属量器》中的要求，其支撑台架应无明显变形。

6.3.3 工作量器应垂直安装在牢固的基座上，安装时工作量器下面应留有一定空间，以便观察排水阀的密封性。量器或台架上有水平泡的，应按装置说明书控制在水平状态。

6.3.4 工作量器的主示值一般按装置适用水表规格的需求定位整数值的体积，如10 L、20 L、50 L、100 L、500 L、1 000 L等。工作量器可以采用隔板式或葫芦式以增多每个量器的主示值数量。主示值的最小值设计应满足JJG 162《冷水水表》中水表检定的最小用水量要求。

6.3.5 标称容量的液位刻度应位于计量颈的中部。工作量器计量颈标尺的长度应按照使用要求确定，通常建议计量颈的标尺范围应至少为量器主示值的±3%，如果量器用于检定水表分界流量或最小流量下示值误差的，则该标尺范围应至少为量器主示值的±6%。

6.3.6 在计量颈读数区域应装有一个液位管；液位管应采用无色透明硬质玻璃制造，管内径一般应在8 mm～16 mm之间且均匀一致，管表面应无妨碍观测液面的缺陷。

6.3.7 计量颈标尺应平直，刻线清晰，采用容积值刻度的标尺最小分格值一般不大于主示值的0.1%。

6.4 称重系统

6.4.1 衡器应有足够的测量分辨力。在其使用量程范围内，其分辨力应不大于称量值的0.05%。

6.4.2 衡器的基础应牢固并有良好的抗振性能。在衡器的最大称量状态下，应不发生明显变形；在装置运行且称重容器非进水状态下，衡器示值应稳定。

6.4.3 称重容器应在衡器台面上居中放置，其本体重量加上最大检定用水量的重量应不超过衡器的最大称量值（预置皮重后）；容器支架位置应不影响衡器示值误差检定或使用中检查时放置砝码。

6.4.4 称重容器的连接管路、气动管路和电缆等不应对称重结果产生附加影响。

6.4.5 质量法装置应能正确获取装置实验状态下的实验介质密度值，其误差应不超过±0.05%，相关计量仪表应具有有效的检定或校准证书。

6.5 换向（或实验启停）设备

6.5.1 换向器（含换向阀）工作时应保证不溅水，无分流现象，在最大流量下换向时所产生的压力波动对流量的影响应是定值。

6.5.2 启停法装置在装置最大流量下关断流量时，水锤现象不应对测量产生明显影响。

6.6 流量设定设备或方法

装置应有流量指示设备或瞬时流量的设定方法，相关仪器设备应是可溯源的。

收集法装置中，管道系统中一般应安装瞬时流量指示器，相对示值误差一般不超过

±2.5%。

6.7 密封性

6.7.1 在工作压力下，装置管路系统(自水泵出口至主标准器前管道出口部分)的各个部件及其连接处不应有泄漏现象。

6.7.2 收集法装置的量器或容器应在最大负荷下，液位管连接处、底阀应无渗漏。

6.7.3 流量时间法装置，如采用步进电机与活塞，则在最大试验压力和流量下，活塞系统应无渗漏。

6.8 自动读数设备

6.8.1 液位自动读数设备

对于配备量器定值机构或标尺上安装移动摄像头读取液位的收集法装置，应工作正常，且在检定工作量器时，应使用装置上所配备的量器定值机构或摄像头。

6.8.2 水表自动读数设备

对于配备色差传感器、光电传感器、摄像静态读数、摄像比对等设备，能够自动读取水表的指针或字轮读数的装置，水表读数应准确、可靠。

6.9 装置用水及供水系统

装置所用水质应清洁。如果水是循环使用的，则应经过过滤并防止含有危害人体、损坏水表或影响水表工作的有害物质进入。稳压容器、水塔和水池要便于清洗。

7 计量器具控制

计量器具控制包括首次检定、后续检定和使用中检查。

7.1 检定条件

7.1.1 检定设备

7.1.1.1 检定用标准量器

检定用标准量器的扩展不确定度应不大于工作量器最大允许误差绝对值的1/3。

检定用标准量器的量限一般应不小于被检工作量器容积的1/5。

标准量器组的容积与被检工作量器的计量颈分度值检定需要配套，准确度优于或等于二等。

7.1.1.2 检定衡器使用的标准砝码的扩展不确定度应不大于被检衡器最大允许误差绝对值的1/3。

7.1.1.3 超声测厚仪：最大允许误差优于±0.1 mm。

7.1.2 环境条件一般要求

环境温度：(10～30)℃；

大气相对湿度：(15～85)%；

大气压力：(86～106)kPa。

7.2 检定项目

首次检定、后续检定和使用中检查的项目分别列于表1中。

表 1　检定项目一览表

检定项目		首次检定	后续检定	使用中检查
外观、结构和功能检查		＋	＋	＋
附属设备及随机文件检查		＋	＋	＋
工作量器壁厚检验		＋	－	－
密封性检查		＋	＋	＋
主标准器累积流量误差检定	工作量器	＋	＋	－
	衡器	＋	＋	－
	活塞系统	＋	＋	－
主标准器重复性		＋	＋	－
换向器检定		＋	＋	－
流量稳定性检定		＋	＋	＋

注："＋"表示应检项目；"－"表示可不检项目。

7.3　检定方法

7.3.1　外观、结构和功能检查

用目测的方法检查装置，其结果应符合本规程 6.1～6.5 及 6.9 的要求。

7.3.2　附属设备及随机文件检查

7.3.2.1　流量设定设备或方法检查。检查用于流量设定相关计量仪表的证书或现场对流量设定效果进行测试，检查结果应满足 6.6 的要求。

7.3.2.2　对于流量时间法装置及其他时间参数需要参与水表检定结果计算的装置，计时器应具有检定（或校准）证书，且在有效期内，其误差应满足 5.1.3 的要求。

7.3.2.3　密度测量检查

适用于质量法装置。使用密度计的装置，密度计应具有检定（或校准）证书，且在有效期内，其误差应满足 6.4.5 的要求；采用查询水密度表方法的装置，用于水温测量的温度计最大允许误差应优于 ±0.2 ℃。

7.3.2.4　水表自动读数设备检查。在装置上安装好水表，现场对自动读数功能进行检查，应满足 6.8.2 要求。

7.3.3　工作量器壁厚检验

用超声测厚仪检测金属量器圆筒体的壁厚，应符合 6.3.2 中有关壁厚的要求。

7.3.4　密封性检查

7.3.4.1　管道系统密封性

启动控制设备，使流体流经装置各部件并运行 5 min，用目测方法检查装置各连接处；关闭流量调节阀，使管道系统处于装置最大工作压力下，用目测方法检查装置管道系统各连接处，不应有渗漏现象，其结果应符合本规程 6.7.1 的要求。

7.3.4.2　工作量器或称重容器密封性

适用于收集法装置。先关闭主标准器底阀，将工作量器或称重容器充满水。待水位稳定后，记下工作量器水位高度或衡器的读数；10 min 后再次观测记录工作量器水位

高度或衡器示值，两次读数之差不大于主标准器最大允许误差绝对值的 1/5，则认为满足本规程 6.7.2 的要求。

注：在两次读数之间的这段时间内，工作量器内的水温变化不应超过 2 ℃。

7.3.4.3 流量时间法装置密封性

若流量时间法的标准流量是由测量段前的活塞系统产生，则应在装置最大流量和最大工作压力下运行装置，满足本规程 6.7.3 的要求。如果标准流量是由收集法装置和计时器测量得到的，则参照 7.3.4.2 进行检查。

7.3.5 装置主标准器示值误差检定

主标准器具备检定证书(且在有效期内)的，其最大允许误差应满足 5.1.2 的要求；无检定证书的，容积法装置按照 7.3.5.1～7.3.5.3 进行，其中有液位自动读数设备的装置检定应按照 6.8.1 进行操作；质量法装置按照 7.3.5.4 进行。

7.3.5.1 对于需要重新刻线的工作量器容积示值

① 工作量器容积零点

具有容积零点刻度的工作量器，检定时对工作量器进行三次充满水和三次排空水试验，每排空一次，自水断续滴流起停留 30 s，读取标尺零点刻度，其重复性应不超过其工作量器最大允许误差绝对值的 1/3；

对于没有容积零点刻度的工作容器，可按其检定时确定容积零点的方法进行。一般可向工作量器充水到使用段高度，以开阀排水到关阀之间的时间间隔定为容积零点初始条件。

② 首先测量标准量器中的液温 t_3(℃)，并按标准量器规定的操作方法，向工作量器注水至各使用段的主示值容积进行检定。记录各检定点的液位值，并同时测量室温 t_1(℃)和工作量器中的液温 t_2(℃)。

③ 工作量器检定时，如果水温在(20±5 ℃)以外或水温变化超过 2 ℃，应按照公式(1)计算工作量器 20 ℃时的容积值：

$$V_{20,i} = V_s[1 - \alpha_1(t_1 - 20) - 2\alpha_2(t_2 - 20) + 3\alpha_3(t_3 - 20) + \beta(t_2 - t_3)] \quad (1)$$

式中：

V_s——标准量器注入工作量器中水的名义容积值，m³；

α_1、α_2、α_3——分别为工作量器标尺材料、工作量器材料、标准量器材料的线膨胀系数，1/℃；

β——温度为 t_3 时液体的体膨胀系数，1/℃。

④ 每使用段主示值容积检定次数应不少于 3 次，以实验结果的平均值作为检定结果。

7.3.5.2 工作量器计量颈分度容积

对于需要重新刻线的工作量器还应进行计量颈分度容积检定。视被检工作量器计量颈容量，选择相应容量的标准量器并注水至刻线位置；将检定用水注入被检工作量器至 H_a 刻线位置，再将标准量器中的水注入工作量器计量颈中，读取被检工作量器液位 H_b(H_a 至 H_b 的高度应不小于标尺总长的 2/3)，由公式(2)计算得出计量颈的分度容积 V_f：

$$V_f = \frac{V_d}{H_b - H_a} \tag{2}$$

式中：

V_f——计量颈分度容积，mL/mm；

V_d——用于计量颈分度的标准量器的容量，mL；

H_a——第一次读取的计量颈液位高度，mm；

H_b——第二次读取的计量颈液位高度，mm。

计量颈分度容积应进行 3 次测量，取 3 次平均值作为计量颈分度容积的检定结果。工作量器容积读数分辨力 V_r 可按公式（3）计算：

$$V_r = V_f \times h_r \tag{3}$$

式中：

V_r——工作量器容积读数分辨力，mL；

h_r——工作量器标尺读数分辨力，mm。

工作量器容积读数分辨力应符合 6.3.7 的要求。

当量器的示值用容积刻度时，其检定方法可参照本条执行。

7.3.5.3　对于已刻线的工作量器容积示值

检定操作与 7.3.5.1② 相同，主标准器（工作量器）容积相对示值误差计算按公式（4）进行：

$$E_{ij} = \frac{V_{ij} - (V_s)_{ij}}{(V_s)_{ij}} \times 100\% \tag{4}$$

式中：

E_{ij}——第 i 检定点第 j 次检定主标准器（工作量器）的相对示值误差；

V_{ij}——第 i 检定点第 j 次检定工作量器容积的指示值，m^3；

$(V_s)_{ij}$——第 i 检定点第 j 次标准量器容积值，m^3。

如果检定水温在（20±5 ℃）以外时，公式（4）中工作量器及标准量器容积值应按公式（5）进行修正：

$$V_t = V_{20}[1 + \alpha(t - 20)] \tag{5}$$

式中：

V_t——在 t ℃时量器的容积；

α——量器材料的线膨胀系数，1/℃。

取 n 次测量相对示值误差的平均值作为该检定点主标准器（工作量器）的相对示值误差，如公式（6）所示：

$$E_i = \frac{1}{n} \sum_{j=1}^{n} E_{ij} \tag{6}$$

式中：

E_i——第 i 检定点主标准器（工作量器）的相对示值误差；

n——第 i 检定点的实验次数。

相对示值误差的检定结果应符合 5.1.2 的要求。

7.3.5.4 衡器

在衡器使用范围内大致均匀地选择 5 个检定点,其中应包括衡器使用范围的上限及下限,用标准砝码从衡器使用范围下限开始,按照加载顺序依次对各检定点进行检定,每点检定次数应不少于 3 次,每个检定点单次测量的相对示值误差按公式(7)计算:

$$E_{ij} = \frac{M_{ij} - (M_s)_{ij}}{(M_s)_{ij}} \times 100\% \tag{7}$$

式中:

M_{ij}——第 i 检定点第 j 次检定的衡器示值,kg;

$(M_s)_{ij}$——第 i 检定点第 j 次标准砝码的质量(折算质量),kg。

取 n 次测量相对示值误差的平均值作为该检定点衡器的相对示值误差,如公式(6)所示,相对示值误差的检定结果应符合 5.1.2 的要求。

> 注:在有条件时,衡器检定时应包含称量容器,清零操作包含称量容器;
> 对于检定时需移除称量容器的,应先加载与称量容器等质量的替代配重,再进行清零操作;
> 衡器的使用下限一般应不低于衡器满量程的 1/3~1/5;
> 衡器的检定过程可以只检定加载过程,若包括减载过程,每点检定次数应不少于 6 次。

7.3.5.5 活塞式装置标准容积

检定方法见本规程附录 A。

7.3.6 主标准器的重复性

对于检定主标准器示值误差的,该检定点的重复性按公式(8)计算,当每个检定点重复 n 次实验时:

$$(E_r)_i = \frac{(E_i)_{max} - (E_i)_{min}}{d_n} \tag{8}$$

式中:

$(E_i)_{max}$、$(E_i)_{min}$——分别为第 i 检定点的最大、最小示值误差;

d_n——极差系数,其值见表 2。

表 2 极差系数表

n	3	4	5	6	7	8	9	10
d_n	1.69	2.06	2.33	2.53	2.70	2.85	2.97	3.08

对于直接标定主标准器示值的,如 7.3.5.1,该检定点的重复性按公式(9)计算:

$$(E_r)_i = \frac{(V_i)_{max} - (V_i)_{min}}{\overline{V_i} \cdot d_n} \tag{9}$$

式中:

$(V_i)_{max}$、$(V_i)_{min}$——分别为第 i 检定点的最大值、最小值;

$\overline{V_i}$——该检定点检定结果的平均值。

主标准器的重复性应满足本规程 5.2 的要求。

7.3.7 换向器

7.3.7.1 换向器应按台位,在最大流量、常用流量和最小流量下进行检定,取各流量点中不确定度的最大值作为该台位换向器的不确定度,应满足本规程 5.3 的要求。

7.3.7.2　选择下述方法之一进行换向器检定：

① 流量计检定法

按检定流量计的方法测量 1 次，记录衡器或工作量器读数值 B_{11}、测量时间 t_{11} 和流量计脉冲数 N_{11}；在与 t_{11} 大致相同的时间内操作换向器，使换向器换向 $m(m \geqslant 10)$ 次，记录衡器或累积读数值 B_{21}、累积测量时间 t_{21} 和流量计累积脉冲数 N_{21}。完成 1 次检定。重复进行 $n(n \geqslant 10)$ 次检定，记录 B_{1i}、B_{2i}、T_{1i}、T_{2i}、N_{1i} 和 $N_{2i}(i=1, 2, \cdots, n)$。第 i 次时间差 ΔT_i 按公式(10)计算：

$$\Delta T_i = \frac{T_{1i}(N_{1i}/N_{2i} - B_{1i}/B_{2i})}{[(mB_{1i}/B_{2i})(T_{1i}/T_{2i}) - N_{1i}/N_{2i}]} \tag{10}$$

式中：

T_{1i}——第 i 次检定中连续测量的测量时间；

T_{2i}——第 i 次检定中断续测量的测量时间；

N_{1i}——第 i 次检定中连续测量的流量计脉冲数；

N_{2i}——第 i 次检定中断续测量的流量计脉冲数；

B_{1i}——第 i 次检定中连续测量的衡器读数；

B_{2i}——第 i 次检定中断续测量的衡器读数。

平均时间差 ΔT 按公式(11)计算：

$$\Delta T = \frac{1}{n}\sum_{i=1}^{n}\Delta T_i \tag{11}$$

A 类相对标准不确定度按公式(12)计算：

$$s_1 = \frac{1}{T_{min}}\left[\frac{\sum_{i=1}^{n}(\Delta T_i - \Delta T)^2}{n-1}\right]^{1/2} \times 100\% \tag{12}$$

式中：

T_{min}——装置检定水表时的最短测量时间。

B 类相对标准不确定度按公式(13)计算：

$$u_1 = \frac{\Delta T}{2T_{min}} \times 100\% \tag{13}$$

② 行程差法：

将流量调至换向器检定流量，稳定 10 min。操作换向器，使换向器换向 $n(n \geqslant 10)$ 次，分别将换入和换出时间记作 T_{Ei} 和 $T_{Oi}(i=1, 2, \cdots, n)$，平均值 T_E、T_O 按照公式(14)、(15)计算：

$$T_E = \frac{\sum_{i=1}^{n}T_{Ei}}{n} \tag{14}$$

$$T_O = \frac{\sum_{i=1}^{n}T_{Oi}}{n} \tag{15}$$

式中：

T_{Ei}——第 i 次换出的时间；

T_{Oi}——第 i 次换出的时间。

A 类相对标准不确定度：

$$s_2 = \frac{1}{T_{min}} \left[\frac{\sum_{i=1}^{n}(T_{Ei} - T_E)^2}{n-1} \right]^{1/2} \times 100\% \tag{16}$$

$$s_3 = \frac{1}{T_{min}} \left[\frac{\sum_{i=1}^{n}(T_{Oi} - T_O)^2}{n-1} \right]^{1/2} \times 100\% \tag{17}$$

B 类相对标准不确定度：

$$u_2 = \frac{|T_E - T_O|}{4T_{min}} \times 100\% \tag{18}$$

7.3.7.3 换向器引入的标准不确定度 u_{Div} 按照公式(19)或(20)进行合成：

$$u_{Div} = [u_1^2 + s_1^2]^{\frac{1}{2}} \tag{19}$$

$$u_{Div} = [u_2^2 + s_2^2 + s_3^2]^{\frac{1}{2}} \tag{20}$$

7.3.8 装置流量稳定性

7.3.8.1 装置流量稳定性检定应在最大检定管线和最小检定管线的最大流量及最小流量下分别进行。

7.3.8.2 流量稳定性检定按照 JJG 164 中各累积时间之间流量稳定性检定及计算方法进行，应满足本规程 5.4 要求。

> 注：对无计时器的装置，应在装置上安装响应好、带瞬时流量指示功能的流量计进行实验，按照 JJG 643 中各累积时间内流量稳定性检定及计算方法进行，应满足本规程 5.4 要求。

7.4 检定结果的处理

检定合格的装置发给检定证书；检定不合格的装置发给检定结果通知书，并注明不合格项目。格式见附录 B。

在使用中检查时，如出现衡器示值误差超差或工作量器密封性检查不合格，应在对其进行维修或更换后，对装置进行重新检定。

7.5 检定周期

装置的检定周期一般不超过 2 年。

对于质量法装置，在每个检定周期内至少对使用的衡器进行 1 次使用中检查，操作方法按照 7.3.5.4；装置在周期检定时应提供使用中检查报告。

附录 A

活塞式装置标准容积检定

A.1 适用范围

适用于流量时间法中用活塞作为主标准器的容积检定，这类装置一般为小口径水表检定装置。

A.2 活塞标准容积检定方法

活塞式装置及其标准容积标定系统组成示意图如图 A.1 所示。

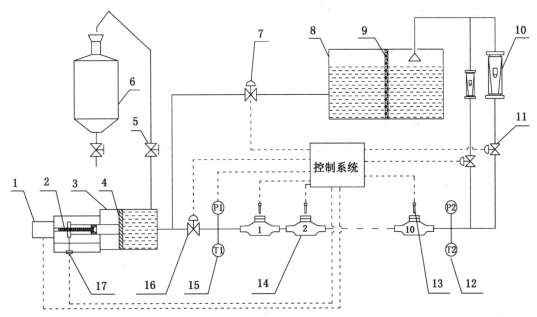

图 A.1 活塞式装置及其标准容积标定系统组成示意图

1—驱动电机；2—滚珠丝杠；3—标准活塞缸；4—活塞；5—标定用阀门；

6—量入式二等标准金属量器；7—回水阀；8—储水箱；9—过滤网；10—浮子流量计；

11—流量切换阀；12—出口温度、压力传感器；13—水表读数采样或动态图像处理器；

14—被检串联水表；15—入口温度、压力传感器；16—出水阀；17—光栅尺。

A.2.1 标准容积可采用容积法或称量法校准。活塞系统的体积输出信号可由其位移信号传感器转换得到。

A.2.2 检定容积大致取活塞标准有效容积值的 1/3，并接近实际检定水表时所设定的容积值。用容积法检定时，若无专用量入式二等标准金属量器，检定容积应符合 JJG 259 中关于标准量器容积的规格，且一般不应少于 1 L。

A.2.3 装置活塞的标准容积可大致分为三段（如前段、中段、后段，以 $i=1$、2、3 表示），每段每个容积各检定 3 次（以 $j=1$、2、3 表示）。

A.2.4 活塞标准容积检定过程（以使用标准量器进行检定为例）

1) 当装置一个行程运行完毕后，操作活塞退回至起始点。将校准口用适当管路连接，并设置一个鹅颈或折弯形顶部，使出水稳定导入量入式二等标准金属量器。

2) 调整标准量器水平。

3) 在装置操作系统中设置适当的标定流量。

4) 每次检定时，操作活塞运行 10 s 左右(模拟水表检定前的排气过程)或使活塞处于需检定的部位后，停止装置运行。通过校准口排出一些水，停止后，检查出水口处应无滴流。量入式二等标准金属量器处于零基准状态。

5) 设定标定容积$(V_o)_{ij}$和流量，启动电机系统运行活塞，将活塞系统腔内的水导入标准量器内，读出液位并计算出标准量器容积示值$(V_s)_{ij}$，同时监测水温 t_{ij} 处于稳定状态(温度变化应小于 0.5 ℃)。

6) 重复 4)、5)步骤，得到各段三次的容积值。

A.2.5 活塞每段容积的示值误差计算如公式(A.1)所示：

$$E_{ij} = \frac{(V_o)_{ij} - (V_s)_{ij}}{(V_s)_{ij}} \times 100\% \qquad (A.1)$$

式中：

E_{ij}——第 i 容积段、第 j 次检定的相对示值误差。

检定结果应符合本规程 5.1.2 的要求。

A.2.6 重复性计算参照本规程 7.3.6，检定结果应符合本规程 5.2 要求。

附录 B

检定证书及检定结果通知书(内页)格式

B.1 除通用规定要求内容外,检定证书内页还应注明以下信息:

表 B.1 检定证书内页信息表

项 目		检定结果
台位编号		
适用水表口径范围/mm		
外观检查		
附属设备及随机文件检查	流量设定设备或方法	
	计时器	
	密度测量	
	自动读数设备	
密封性检查		
主标准器	类型	
	型号	
	出厂编号	
	使用量限或范围	
	示值误差	
	重复性	
换向器检定 (检定方法:)	型式	
	型号	
	合成不确定度	
流量稳定性(%) (检定方法:)		

B.2 检定结果通知书内页格式要求同上,需指明不合格项目。

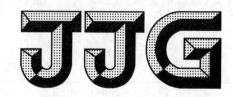

中华人民共和国国家计量检定规程

JJG 1114—2015

液化天然气加气机

Liquefied Natural Gas Dispensers

2015-06-15 发布   2015-09-15 实施

国家质量监督检验检疫总局 发布

液化天然气加气机检定规程

Verification Regulation of
Liquefied Natural Gas Dispensers

JJG 1114—2015

归 口 单 位：全国流量容量计量技术委员会

主要起草单位：中国测试技术研究院

北京市计量检测科学研究院

成都华气厚普机电设备股份有限公司

参加起草单位：重庆耐德能源装备集成有限公司

四川金科节能燃气技术设备有限公司

四川中测流量科技有限公司

本规程委托全国流量容量计量技术委员会负责解释

本规程主要起草人：

赵普俊（中国测试技术研究院）

王子钢（北京市计量检测科学研究院）

江　涛（成都华气厚普机电设备股份有限公司）

参加起草人：

熊茂涛（中国测试技术研究院）

廖　华（重庆耐德能源装备集成有限公司）

邬佳馨（四川金科节能燃气技术设备有限公司）

杨修杰（四川中测流量科技有限公司）

引 言

本规程参照 GB 50156《汽车加油站加气站设计与施工规范》、GB/T 20368《液化天然气（LNG）生产、储存和装运》、GB/T 25986《汽车用液化天然气加注装置》以及国际法制计量组织（OIML）的国际建议 R81：2006（E）《低温液体的动态测量设备及系统》（Dynamic measuring devices and systems for cryogenic liquids）为技术依据，结合我国 LNG 加气机行业现状和技术水平制定。本规程在主要的技术指标上与国际建议、国家标准等效。

本规程为首次制定。

液化天然气加气机检定规程

1 范围

本规程适用于液化天然气（LNG）加气机（以下简称加气机）的首次检定、后续检定和使用中检查。

2 引用文件

GB/T 18442.1　固定式真空绝热深冷压力容器　第1部分：总则

GB/T 19204　液化天然气的一般特性

GB/T 20368　液化天然气（LNG）生产、储存和装运

GB/T 25986　汽车用液化天然气加注装置

GB 50156　汽车加油站加气站设计与施工规范

OIML R81：2006（E）　低温液体的动态测量设备及系统（Dynamic measuring devices and systems for cryogenic liquids）

凡是注日期的引用文件，仅注日期的版本适用于本规程；凡是不注日期的引用文件，其最新版本（包括所有的修改单）适用于本规程。

3 术语和计量单位

3.1 术语

3.1.1 液化天然气（LNG）加气机 liquefied natural gas（LNG）dispensers

提供 LNG 加注服务，一般由低温流量计、调节阀、加气枪、回气枪、加气软管、回气软管以及电子计控器、辅助装置等组成的一个完整的液化天然气累积量测量系统。

3.1.2 LNG 储气容器 LNG gas vessel

用于储存和供应 LNG 燃料的真空绝热深冷压力容器，其技术指标应符合 GB/T 18442.1 的要求。

3.1.3 加气口 filling receptacle

与加气枪连接后给 LNG 储气容器加注 LNG 燃料的连接部件。

3.1.4 回气口 reclaiming receptacle

与回气枪连接后用于回收 LNG 储气容器中余气的连接部件。

3.1.5 循环口 circulation receptacle

加气机上用于与加气枪连接后进行预冷循环的连接部件。

3.1.6 加气枪 dispenser nozzle

加气机上用于连接加气口或循环口，且符合 GB/T 25986 要求的手工操作专用工具。

3.1.7 回气枪 reclaiming nozzle

加气机上用于连接回气口，且符合 GB/T 25986 要求的手工操作专用工具。

3.1.8　拉断阀　breakaway coupling valve

加气机上的专用保护装置，安装在加气机的加气软管和回气软管上，在额定拉脱力作用下可以断开成两段。

3.1.9　紧急停机装置　emergency shutdown device

加气机上的专用保护装置，紧急情况下人工触发后，能执行相应关断逻辑，切断或隔离 LNG 燃料来源，并关闭由于继续运行将导致事故加剧和扩大的设备，一般设在加气机的明显位置。

3.1.10　电子计控器　electronic computer

加气机的计算和控制装置，可接受流量计传输的流量电信号和压力传感器传输的压力电信号等，并按设定的参数运算；可进行数据的传送和显示操作，并自动判断和控制流体的流动；具有回零功能、付费金额指示功能等，还可实现计量误差的调整。

3.1.11　辅助装置　ancillary device

加气机上用以实现特殊功能的设备，通常有预置功能、打印功能等。

3.1.12　最小质量变量　minimum quality variable

加气机显示质量的最小变化量。

3.1.13　低温流量计　cryogenic flowmeter

加气机中用于测量低温液化气体（介质温度一般≤−100 ℃，如液氮、LNG 等）的流量计。包括测量加气量的液相流量计和用于测量回气量的气相流量计。

3.1.14　质量法低温液体流量标准装置　cryogenic liquids flow standard facilities by weighing method

以低温液化气体（如液氮或 LNG）为试验介质，采用质量法原理的流量标准装置。装置一般由流体源、试验管路系统、标准器以及辅助设备等组成。

3.1.15　标准表法低温液体流量标准装置　cryogenic liquids flow standard facilities by master meter method

以低温液化气体（如液氮或 LNG）为试验介质，在相同的时间间隔内连续通过标准流量计和被检流量计，用比较的方法确定被检流量计的流量标准装置。装置一般由流体源、试验管路系统、标准流量计、流量调节阀以及辅助设备等组成。

3.2　计量单位

3.2.1　质量：千克，符号 kg。

3.2.2　流量：千克每分钟，符号 kg/min。

3.2.3　密度：千克每立方米，符号 kg/m³。

3.2.4　压力：兆帕，符号 MPa。

3.2.5　温度：摄氏度，符号 ℃。

4　概述

4.1　构造

加气机提供 LNG 加注服务，一般由低温流量计、调节阀、加气枪、回气枪、加气软管、回气软管以及电子计控器、辅助装置等组成。

4.2 原理

加气机工作原理如图 1 所示。LNG 在加气机内根据工作状态确定 LNG 流向：当流程需要进行内部预冷循环时，LNG 通过控制阀回流到 LNG 储罐，加气机不计量；当加气机不预冷直接加气时，LNG 通过控制阀及加气软管、加气枪给储气容器加气。

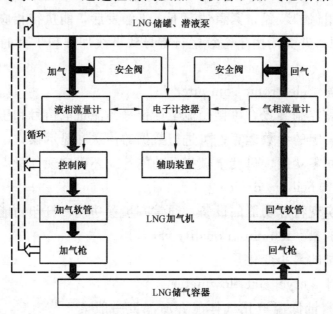

图 1　加气机工作原理图

加气前根据需要，可将加气机的回气枪插到储气容器的回气口上，储气容器中的余气通过气相流量计回流到 LNG 储罐，降低储气容器内部压力，保证 LNG 能够顺利加注。加气时加气机可只连接加气管路直接加气，也可同时连接加气管路和回气管路加气。加气机的电子计控器自动控制加气过程，并根据流量计输出的流量信号进行运算，加注到储气容器中的 LNG 质量为液相流量计的计量值和气相流量计的计量值之差（加气机不连接回气管路时，气相流量计的计量值为零），加气机面板显示最终的计量值。

用于贸易结算的加气机，回气管路必须安装气相流量计用于计量回收的储气容器余气。

5　计量性能要求

5.1　最大允许误差

加气机的最大允许误差为 ±1.5%。

5.2　重复性

加气机的测量重复性不超过 0.5%。

5.3　流量范围

加气机的质量流量 ≤80 kg/min，量程比不小于 4∶1。

5.4　最小质量变量

加气机的最小质量变量应不大于 0.01 kg。

5.5　付费金额误差

加气机面板显示的付费金额不大于计算的付费金额（单价和示值的乘积）。

6 通用技术要求

6.1 外观及随机文件

6.1.1 外观

6.1.1.1 加气机铭牌及标识应清晰可靠。

6.1.1.2 加气机的各接插件必须牢固可靠，不得因振动而松动或脱落。

6.1.2 随机文件

加气机应有出厂检验合格证、使用说明书，说明书中应给出技术要求、安装条件、使用方法、安全防护措施等内容。

6.1.3 标识和铭牌

6.1.3.1 加气机上应有明显的安全、操作标识。

6.1.3.2 加气机铭牌一般注明以下内容：

1）制造商名称（商标）、产品名称及型号规格；

2）制造日期、出厂编号；

3）制造计量器具许可证的标志及编号；

4）适用介质、流量范围、准确度等级或最大允许误差；

5）适用环境温度范围、最大工作压力、电源电压；

6）防爆等级、防爆标识和防爆合格证书编号等。

6.1.3.3 对于两枪及以上的加气机，应标注加气枪的编号。

6.1.4 低温流量计

加气机所用的低温流量计应铭牌清晰、标识齐全，计量准确度等级不低于 0.5 级，流量范围、温度范围、压力范围、使用介质等应符合加气机使用要求。

6.2 误差调整

加气机应具备计量误差调整功能。对能改变计量性能的重要参数，应采用机械或电子封印以确保加气机的参数不能随意被更改。

6.3 封印设置

6.3.1 误差调整装置或关键部件应配备带机械封印的防护装置，如低温流量计、电子计控器、流量系数调整设备接口处、预冷旁通管路上的控制阀等。

6.3.2 当机械封印不能阻止对测量结果有影响的重要参数被更改时，应施加电子封印。参数的更改记录应包含的信息有：所更改的参数名称及参数值、更改人、更改时间等。更改记录至少保存 7 年，且无法删除。电子封印只允许被授权人员通过密码进行访问，密码应可以更改。

6.4 安全功能

6.4.1 密封性

加气机在最大工作压力下保持 5 min，加气机及附属装置各部件连接处，不允许泄漏现象发生。

6.4.2 紧急停机装置

6.4.2.1 加气机应具备紧急停机功能。加气机可提供紧急信号切断低温泵电源，完成相应阀门的开关操作。

6.4.2.2 紧急停机装置设在加气机明显位置并标示其功能，同时具有保护措施，防止误动作。

6.4.2.3 紧急信号触发后，应经人工确认后才能复位。

6.4.3 拉断阀

加气机的加气软管和回气软管上均应配备拉断阀。

7 计量器具控制

7.1 检定条件

7.1.1 检定装置

7.1.1.1 加气机的现场检定推荐采用标准表法低温液体流量标准装置[液化天然气(LNG)加气机检定装置，以下简称检定装置]，也可采用质量法低温液体流量标准装置（附录A）。

7.1.1.2 检定装置的扩展不确定度（包含因子$k=2$）应不大于被检加气机最大允许误差绝对值的1/3。

7.1.1.3 检定装置应配备有效的检定或校准证书，并满足防爆要求，具备有效期内的防爆合格证；主标准器为低温流量计，其准确度等级不低于0.15级，压力范围和流量范围应与被检加气机相适应；检定装置的辅助装置（压力表、安全阀等）应具备有效期内的检定证书或检测报告。

7.1.1.4 储存和流经LNG的管路、阀门等应符合低温管道设计要求。

7.1.2 检定介质

检定介质为LNG，并充满管道及流量计，气质应按GB/T 19204的规定。

7.1.3 气体泄放

检定完毕后的气体泄放应符合GB/T 20368和GB 50156中天然气放散的规定。

7.1.4 检定环境

7.1.4.1 环境温度：－25 ℃～55 ℃。

7.1.4.2 相对湿度：35％～95％。

7.1.4.3 大气压力：86 kPa～106 kPa。

7.1.4.4 电源电压：电压（220±22）V，频率：（50±1）Hz。

7.2 检定项目和方法

7.2.1 检定项目

首次检定、后续检定、使用中检查的项目见表1。

表 1 首次检定、后续检定、使用中检查的项目

检定项目	首次检定	后续检定	使用中检查
外观及随机文件	＋	＋	＋
误差调整	＋	＋	＋
封印设置	＋	＋	＋

表 1（续）

检定项目		首次检定	后续检定	使用中检查
安全功能	密封性试验	+	+	+
	紧急停机装置试验	+	+	+
	拉断阀检查	+	+	+
计量性能	最大允许误差	+	+	−
	重复性	+	+	−
	流量范围	+	−	−
	最小质量变量	+	−	−
	付费金额误差	+	−	−
注："＋"表示需检定或检查；"－"表示不必检定或检查。				

7.2.2 外观及随机文件

检查加气机的外观及随机文件，应符合6.1要求。

7.2.3 误差调整

检查加气机的误差调整设置，应符合6.2要求。

7.2.4 封印设置

检查加气机的封印设置，应符合6.3要求。

7.2.5 安全功能

1）密封性试验：将加气机与检定装置连接，关闭加气机与检定装置的各排放口阀门，在加气机最大工作压力下保持 5 min，观察加气机与检定装置的各部件连接处，应符合6.4.1要求。

2）紧急停机装置试验：触发紧急停机装置后可以紧急停机，经人工确认后才能复位，应符合6.4.2要求。

3）拉断阀检查，应符合6.4.3要求。

7.2.6 计量性能

7.2.6.1 检定流量

1）检查加气机铭牌标注的流量范围，应符合5.3要求。

2）检定流量点 q_1 和 q_2、实际流量范围及最大允许误差见表2。现场可通过调整加气站低温泵输出压力或降低 LNG 储罐内压力、检定装置加气管路末端处安装调节阀等方式实现对加气机加注流量 q_r 的调节。

表 2　检定流量点、实际流量范围及最大允许误差

检定流量点	实际流量范围	最大允许误差
q_1	32 kg/min$< q_r \leqslant$80 kg/min	±1.5%
q_2	20 kg/min$< q_r \leqslant$32 kg/min	

7.2.6.2 过程控制

1）在每个流量点的检定过程中，环境温度变化应不超过 5 ℃。

2）加气机单次连续加注时间不应少于 3 min。

7.2.6.3 安全防护

1）检定人员应遵守被检单位安全管理制度（如消除火种火源并准备灭火器具等）。

2）检定时应使用防冲击面罩或安全护目镜以保护面部，佩戴具有低温防护功能的皮手套或胶手套。

3）每次加气前，应使用压缩空气或氮气吹扫加气枪、加气口、回气枪和回气口等易结霜部件表面。

7.2.6.4 检定步骤

1）检定条件应符合 7.1 要求。

2）检定装置应可靠接地，通电预热时间不少于 30 min。

3）加气机和检定装置进行循环流程：将加气机与检定装置采用快装方式相串接，加气机的加气枪插到检定装置的加气口上，检定装置的加气枪插到加气机的循环口上（见图 2），开启加气机加气，期间观察检定装置显示的 LNG 流体状态参数（流量、温度、密度等），同时调整加气站低温泵输出压力或降低 LNG 储罐内压力、加气机加气管路末端处安装调节阀等方式调整流量。当观察到循环流程的流量值满足某流量点对应的实际流量范围，且满足温度、密度等检定条件时，停止循环流程。

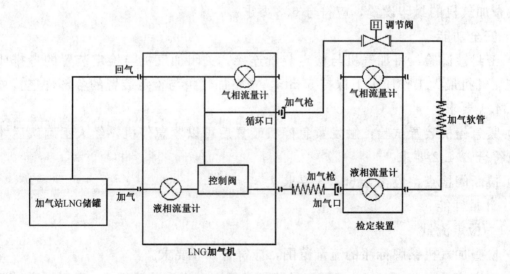

图 2 循环流程（液相流量计单独检定）原理图

4）完成循环流程后，用检定装置分别在流量点 q_1 和 q_2 至少完成三次加气机液相流量计单独检定，即加气机不连接回气管路，直接循环加气完成液相流量计单独检定（见图 2）。

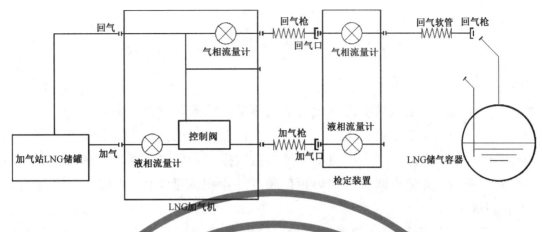

图 3　回收余气原理图

5）完成循环流程后，再用检定装置在流量点 q_1 至少完成三次加气机整机检定。检定前根据现场需要可按图 3 的方式将检定装置与储气容器采用快装方式相串接，检定装置的回气枪插到储气容器的回气口上，加气机的回气枪插到检定装置的回气口上，回收储气容器的余气。回收余气结束后，按图 4 的方式将加气机的加气枪插到检定装置的加气口上，检定装置的加气枪插到储气容器的加气口上，其余连接不变。用检定装置完成加气机整机检定（见图 4）。LNG 依次流经加气机和检定装置，最后加注入储气容器。加注过程中，少量回气从储气容器经回气管路的气相流量计计量后返回加气站 LNG 储罐。

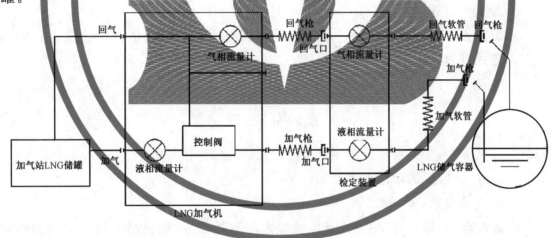

图 4　整机检定原理图

6）加气机停止加气后应立即取下检定装置的加气枪和回气枪，断开检定装置和储气容器的连接。

7）检定装置的数据采集

用检定装置对加气机检定时，检定装置的数据采集优先选用动态法。

① 动态法

在 q_i 流量点开启加气机加气，当检定装置显示的 LNG 流体状态参数（流量、温度、密度等）满足检定条件时，对某时刻加气机面板显示的累积流量示值进行数据采集，至少间隔 1 min 后，再次数据采集，将前后两次数据采集的累积流量示值之差与同步时间内检定装置的累积流量示值进行比较，用式（1）计算加气机的单次测量示值相

对误差 E_{ij}：

$$E_{ij} = \frac{[(m_{J2})_{ij} - (m_{J1})_{ij}] - (m_B)_{ij}}{(m_B)_{ij}} \times 100\%$$ （1）

式中：

E_{ij} —— q_i 流量点第 j 次测量的单次测量示值相对误差，%；

$(m_{J1})_{ij}$ —— q_i 流量点第 j 次测量时第一次数据采集的加气机累积流量示值，kg；

$(m_{J2})_{ij}$ —— q_i 流量点第 j 次测量时第二次数据采集的加气机累积流量示值，kg；

$(m_B)_{ij}$ —— q_i 流量点同步时间内检定装置的累积流量示值，kg。

② 静态法

静态法记录加气全过程，加气机和检定装置示值均回零。在 q_i 流量点开启加气机进行一次完整的加气，加气结束后，记录加气机累积流量示值，同时记录检定装置累积流量示值，用式（2）计算加气机的单次测量示值相对误差 E_{ij}：

$$E_{ij} = \frac{(m_J)_{ij} - (m_B)_{ij}}{(m_B)_{ij}} \times 100\%$$ （2）

式中：

E_{ij} —— q_i 流量点第 j 次测量的单次测量示值相对误差，%；

$(m_J)_{ij}$ —— q_i 流量点第 j 次测量时加气机面板显示的累积流量示值，kg；

$(m_B)_{ij}$ —— q_i 流量点第 j 次测量时检定装置的累积流量示值，kg。

7.2.6.5　最大允许误差

1）q_i 流量点 3 次测量完成后，取 3 次示值相对误差的平均值作为该流量点的示值误差 E_i，见式（3）。

$$E_i = \frac{\sum_{j=1}^{n} E_{ij}}{n}$$ （3）

式中：

E_i —— q_i 流量点的示值误差，%；

n —— 测量次数，$n = 3$。

2）取流量点 q_1 和 q_2 液相流量计单独检定和流量点 q_1 整机检定时示值误差绝对值最大的值作为加气机的示值误差。

3）加气机的最大允许误差应符合 5.1 要求。

7.2.6.6　重复性

1）重复性 E_r 用式（4）计算：

$$(E_r)_i = \frac{E_{i\max} - E_{i\min}}{d_n}$$ （4）

式中：

$(E_r)_i$ —— q_i 流量点的测量重复性，%；

$E_{i\max}$ —— q_i 流量点中单次测量示值相对误差的最大值，%；

$E_{i\min}$ —— q_i 流量点中单次测量示值相对误差的最小值，%；

d_n ——极差系数（当测量次数为 3 时，$d_n = 1.69$）。

2）取流量点 q_1 和 q_2 液相流量计单独检定和流量点 q_1 整机检定时重复性最大的值作为加气机的重复性。

3）加气机的重复性应符合 5.2 要求。

7.2.6.7 最小质量变量

检查加气机的最小质量变量，应符合 5.4 要求。

7.2.6.8 付费金额误差

1）付费金额误差可与最大允许误差检定同时进行。

2）单次加气完成后，记录加气机面板显示的加气量 Q_j 和付费金额 P_j，用式（5）计算单次付费金额误差 E_j。

$$E_j = |P_j - Q_j \times P| \qquad （5）$$

式中：

E_j ——第 j 次加气机付费金额误差，元；

P_j ——第 j 次加气后加气机面板显示的付费金额，元；

Q_j ——第 j 次加气后加气机面板显示的加气量，kg；

P ——加气机面板显示的 LNG 单价，元/kg。

3）重复进行 3 次，付费金额误差应符合 5.5 要求。

7.3 检定结果处理

7.3.1 检定合格

检定合格的加气机，出具检定证书，并在加气机的显著位置粘贴检定合格的标志。

7.3.2 检定不合格

检定不合格的加气机，发给检定结果通知书，注明不合格项目，并在加气机的显著位置粘贴暂停使用的标志。

7.3.3 施加封印

检定合格的加气机必须在能改变计量性能的部位施加封印（低温流量计、电子计控器、流量系数调整设备接口处、预冷旁通管路上的控制阀等），应符合 6.3 要求。

7.4 检定周期

加气机的检定周期一般不超过 6 个月。

附录 A

质量法低温液体流量标准装置

A.1 检定设备

A.1.1 主标准器

主标准器为电子天平，其准确度等级不低于⑪级，应配备有效的检定或校准证书，不同检定流量点对应的电子天平技术参数见表 A.1。

表 A.1 电子天平技术参数表

检定流量点	准确度等级	加气净称量值	最大实际分度值（d）	最大检定分度值（e）
q_1	⑪	≥80 kg	20 g	100 g
q_2	⑪	≥32 kg	10 g	50 g

A.1.2 辅助设备

A.1.2.1 储气容器：技术指标满足 GB/T 18442.1 要求，具备有效期内的设备检测证书，且容积大小满足表 A.2 要求。

表 A.2 储气容器的容积要求

检定流量点	容积要求
q_1	≥350 L
q_2	≥200 L

A.1.2.2 标准砝码：不低于 F2 等级，质量在 80%～100% 最大秤量之间。

A.1.2.3 主标准器及辅助设备须满足防爆要求。储存和流经 LNG 的管路、阀门等应符合低温管道设计要求。

A.1.3 检定介质

检定介质为 LNG，并充满管道及流量计。检定完毕后的气体泄放应符合 GB/T 20368 和 GB 50156 中天然气放散的规定。

A.2 检定步骤

A.2.1 检定条件应符合 7.1 要求。

A.2.2 检查加气机铭牌标注的流量范围，应符合 5.3 要求。

A.2.3 检定流量点及实际流量范围应符合表 2 的要求。

A.2.4 检定中严格遵循 7.2.6.3 的安全防护要求。

A.2.5 电子天平放置在坚硬的平地上，并使电子天平接地，四周放置电子天平防风装置，将电子天平调整至水平位置，天平通电预热至规定时间。按照现场使用的称量范围，使用标准砝码将天平校准，检验其是否在最大允许误差范围内。

A.2.6 每次加气前，应用压缩空气或氮气吹扫加气枪、加气口、回气枪和回气口等易结霜部件表面。

A.2.7　将排空后的储气容器平稳放置在电子天平上，然后将电子天平示值归零（去皮）。

A.2.8　加气机进行循环流程：将加气机的加气枪与循环口相连接（见图 A.1），开启加气机加气，期间观察加气机面板显示的瞬时流量值，同时调整加气站低温泵输出压力或降低 LNG 储罐内压力、加气机加气管路末端处安装调节阀等方式调整流量。当观察到循环流程的流量值满足某流量点对应的实际流量范围，且满足温度、密度等检定条件时，停止循环流程。

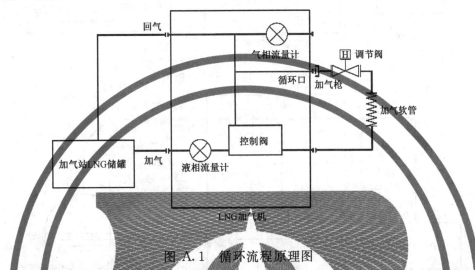

图 A.1　循环流程原理图

A.2.9　完成循环流程后，分别在流量点 q_1 和 q_2 至少完成三次加气机液相流量计单独检定，即加气机不连接回气管路，加气机示值回零后开启加气机直接给储气容器加气完成液相流量计单独检定（见图 A.2）。

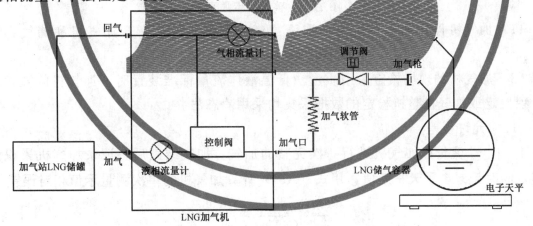

图 A.2　液相流量计单独检定原理图

A.2.10　完成循环流程后，在流量点 q_1 至少完成三次加气机整机检定。检定前根据现场需要可按图 A.3 的方式将加气机与储气容器采用快装方式相串接，加气机的回气枪插到储气容器的回气口上，回收储气容器的余气。回收余气结束后，按图 A.4 的方式将加气机的加气枪插到储气容器的加气口上，其余连接不变。开启加气机加气，完成加气机整机检定（见图 A.4）。LNG 通过加气机加注入储气容器，加注过程中，少量回气从储气容器经回气管路的气相流量计计量后返回加气站 LNG 储罐。

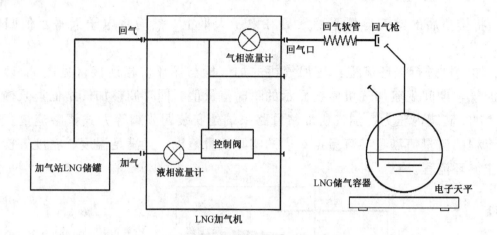

图 A.3　回收余气原理图

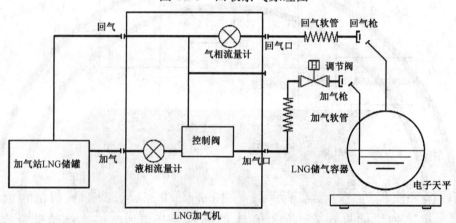

图 A.4　整机检定原理图

A.2.11　加气机停止加气后应立即取下加气枪和回气枪,断开加气机和储气容器的连接。

A.2.12　加气机的现场检定采用质量法低温液体流量标准装置时,加气机的液相流量计单独检定或加气机整机检定的数据采集均采用静态法。

A.3　最大允许误差

A.3.1　在 q_i 流量点加气机进行一次完整的加气,加气结束后,记录加气机累积流量示值,同时记录电子天平示值,用式（A.1）计算加气机的单次测量示值相对误差 E_{ij}：

$$E_{ij} = \frac{(m_J)_{ij} - (m_B)_{ij}}{(m_B)_{ij}} \times 100\% \qquad (A.1)$$

式中：

E_{ij} —— q_i 流量点第 j 次测量的单次测量示值相对误差,%；

$(m_J)_{ij}$ —— q_i 流量点第 j 次测量时加气机面板显示的累积流量示值,kg；

$(m_B)_{ij}$ —— q_i 流量点第 j 次测量时电子天平示值,kg。

A.3.2　q_i 流量点 3 次测量完成后,取 3 次示值相对误差的平均值作为该流量点的示值误差 E_i,见式（A.2）。

$$E_i = \frac{\sum\limits_{j=1}^{n} E_{ij}}{n} \qquad (A.2)$$

式中：

E_i —— q_i 流量点的示值误差，%；

n —— 测量次数，$n = 3$。

A.3.3 取流量点 q_1 和 q_2 液相流量计单独检定和流量点 q_1 整机检定时示值误差绝对值最大的值作为加气机的示值误差。

A.3.4 加气机的最大允许误差应符合 5.1 要求。

A.4 重复性

A.4.1 重复性 E_r 用式（A.3）计算：

$$(E_r)_i = \frac{E_{i\max} - E_{i\min}}{d_n} \qquad (A.3)$$

式中：

$(E_r)_i$ —— q_i 流量点的测量重复性，%；

$E_{i\max}$ —— q_i 流量点中单次测量示值相对误差的最大值，%；

$E_{i\min}$ —— q_i 流量点中单次测量示值相对误差的最小值，%；

d_n —— 极差系数（当测量次数为 3 时，$d_n = 1.69$）。

A.4.2 取流量点 q_1 和 q_2 液相流量计单独检定和流量点 q_1 整机检定时重复性最大的值作为加气机的重复性。

A.4.3 加气机的重复性应符合 5.2 要求。

A.5 最小质量变量

检查加气机的最小质量变量，应符合 5.4 要求。

A.6 付费金额误差

A.6.1 付费金额误差可与最大允许误差检定同时进行。

A.6.2 单次加气完成后，记录加气机面板显示的加气量 Q_j 和付费金额 P_j，用式（A.4）计算单次付费金额误差 E_j。

$$E_j = |P_j - Q_j \times P| \qquad (A.4)$$

式中：

E_j —— 第 j 次加气机付费金额误差，元；

P_j —— 第 j 次加气后加气机面板显示的付费金额，元；

Q_j —— 第 j 次加气后加气机面板显示的加气量，kg；

P —— 加气机面板显示的 LNG 单价，元/kg。

A.6.3 重复进行 3 次，付费金额误差应符合 5.5 要求。

附录 B

检定证书/检定结果通知书、原始记录的信息格式

B.1 检定证书内页信息格式

B.1.1 检定证书/检定结果通知书内页格式式样

证书编号：×××××××					
检定机构授权说明					
检定环境条件及地点					
环境温度		℃	检定地点		
相对湿度		%	大气压力	kPa	检定介质	
检定使用的计量标准装置					
名称	测量范围	不确定度/准确度 等级/最大允许误差	计量标准装置 证书编号		有效期至
检定使用的标准器					
名称	测量范围	不确定度/准确度 等级/最大允许误差	标准器检定/ 校准证书编号		有效期至
检定技术依据		JJG 1114—2015《液化天然气加气机》			
第×页 共×页					

B.1.2 检定项目及结果

序号	检定项目	检定结果
1	外观及随机文件	
2	误差调整	
3	封印设置	
4	安全功能	
5	最大允许误差	
6	重复性	
7	流量范围	
8	最小质量变量	
9	付费金额误差	
检定结论：		

B.2 检定结果通知书内页信息格式

检定结果通知书内页信息格式参照以上内容，需指明不合格项目，检定结论为不合格。

B.3 检定结果原始记录信息格式

液化天然气（LNG）加气机检定记录

第 ___ 页/共 ___ 页

记录编号：　　　　　　　　　　　　　　　　　　　
送检单位：
出厂编号：　　　　　　　　　制造厂家：
标准器名称：　　　　　　　　型号规格：　　　　　　流量范围：___kg/min
标准器证书编号：　　　　　　标准器型号规格：　　　标准器编号：
标准器测量范围：___kg/min　标准器有效期至：　　　标准器准确度等级：___级
检定环境参数：温度：___℃　相对湿度：___%　大气压力：___kPa　检定依据的文件：　　　检定介质：　　　准确度等级：___级　单价：___元/kg

检定项目		检定次数	加注流量 kg/min	加气机示值 初始示值 加气量/kg	加气机示值 终止示值 加气量	检定装置 加气量/kg	相对误差 E_ij/%	平均误差 |E_i|/%	重复性 E_ri/%	加气机示值/kg	加气机显示金额/元	应付费金额/元	付费金额误差 E_j/元
液相流量计单独检定	q_1	1											
		2											
		3											
	q_2	1											
		2											
		3											
整机检定	q_1	1											
		2											
		3											
检定结果													

检定结果

外观及随机文件：□合格　□不合格　　　　封印设置：□合格　□不合格
最小质量变量（%）：　　误差调整：□合格　□不合格　　安全功能：□合格　□不合格
基本误差　流量范围（%）：□合格　□不合格　付费金额误差：___元
　　　　　重复性　□合格　□不合格　　有效期至：
检定结论：　　　　　　　　　　　　检定日期：

检定员：　　　　　核验员：　　　　　检定地点：

中华人民共和国国家计量检定规程

JJG 1121—2015

旋 进 旋 涡 流 量 计

Vortex Precession Flowmeters

2015-12-07 发布

2016-03-07 实施

国家质量监督检验检疫总局 发布

旋进旋涡流量计检定规程

Verification Regulation of

Vortex Precession Flowmeters

JJG 1121—2015
代替 JJG 198—1994
中旋进旋涡流量计部分

归 口 单 位：全国流量容量计量技术委员会

主要起草单位：中国计量科学研究院

北京市计量检测科学研究院

参加起草单位：新疆计量测试研究院

天信仪表集团有限公司

浙江苍南仪表厂

浙江富马仪表有限公司

北京菲舍波特仪器仪表有限公司

本规程委托全国流量容量计量技术委员会负责解释

本规程主要起草人：

段慧明（中国计量科学研究院）

杨有涛（北京市计量检测科学研究院）

参加起草人：

李　浩（新疆计量测试研究院）

叶　朋（天信仪表集团有限公司）

殷兴景（浙江苍南仪表厂）

郑英明（浙江富马仪表有限公司）

王月声（北京菲舍波特仪器仪表有限公司）

引　言

本规程代替 JJG 198—1994 中旋进旋涡流量计部分。

本规程按照 JJF 1002—2010《国家计量检定规程编写规则》，依据 JJF 1004《流量计量名词术语及定义》、GB 3836.1—2010《爆炸性环境　第 1 部分：设备　通用要求》、GB 3836.2—2010《爆炸性环境　第 2 部分：由隔爆外壳"d"保护的设备》、GB 3836.3—2010《爆炸性环境　第 3 部分：由增安型"e"保护的设备》、GB 4208—2008《外壳防护等级（IP 代码）》、GB 50251《输气管道工程设计规范》、GB/T 13609《天然气取样导则》、GB/T 13610《天然气的组成分析　气相色谱法》、GB/T 17747.2—2011《天然气压缩因子的计算　第 2 部分：用摩尔组成进行计算》、国际法制计量组织（OIML）的国际建议 R137-1&2：2012《气体流量计》（Gas meters），结合我国旋进旋涡流量计的技术水平及行业现状进行修订。与 JJG 198—1994《速度式流量计》中的"旋进旋涡流量计"部分相比，主要变化如下：

——增加了"引言、引用文件、术语和计量单位"；

——取消了"0.1 级、0.2 级、0.5 级和 4.0 级的准确度等级"；

——引入了"分界流量 q_t"概念，在同一准确度等级中分别按 $q_t \leqslant q \leqslant q_{max}$ 和 $q_{min} \leqslant q < q_t$ 流量范围给出最大允许误差；

——取消 $0.7q_{max}$ 检定流量点；

——修改了"检定证书/检定结果通知书内页格式"附录。

本规程的历次版本发布情况：

——JJG 198—1994《速度式流量计》中的"旋进旋涡流量计"部分；

——JJG 464—1986《旋进旋涡流量变送器》（试行）。

旋进旋涡流量计检定规程

1 范围

本规程适用于旋进旋涡流量计（以下简称流量计）的首次检定、后续检定和使用中检查。

2 引用文件

下列文件所包含的条文通过引用构成本规程的条文。

JJF 1004　流量计量名词术语及定义

GB 3836　爆炸性环境用电气设备

GB 4208　外壳防护等级（IP 代码）

GB 50251　输气管道工程设计规范

GB/T 13609　天然气取样导则

GB/T 13610　天然气组分分析——气相色谱法

GB/T 17747.2—2011　天然气压缩因子的计算　第 2 部分：用摩尔组成进行计算

GB 17820—2012　天然气

OIML R137-1&2：2012　气体流量计（Gas Meters）

凡是注日期的引用文件，仅注日期的版本适用本规程；凡是不注日期的引用文件，其最新版本（包括所有的修改单）适用于本规程。

3 术语和计量单位

3.1 术语

本规程除引用 JJF 1004 的术语及定义外，还使用下列术语。

3.1.1 压电传感器　piezoelectric sensor

检测旋涡进动频率的敏感元件。

3.1.2 表体　body of meter

安装旋涡发生体、压电传感器和整流器等部件，并带收缩段和扩散段的管段。

3.1.3 K 系数　K-Coefficient

单位体积的流体流过流量计时，流量计发出的脉冲数。

3.1.4 标况体积流量　normalized volumetric flowrate

温度为 20 ℃、压力为 101.325 kPa 标准状态下的体积流量。

3.2 计量单位

流量计显示累积流量单位：立方米，符号 m^3；升，符号 L（dm^3）。

流量计显示瞬时流量单位：立方米每小时，符号 m^3/h。

4 概述

4.1 用途和工作原理

流量计适用于气体、液体流量测量。

流量计采用了旋涡进动频率与流量相关的工作原理（见图1）。流体通过旋涡发生体时被强制围绕表体的中心线旋转，产生的旋涡流经过收缩段的节流作用后得以加速，当旋涡流到达扩散段时，因突然减速导致压力上升，从而产生回流，促使旋涡中心沿一锥形螺旋线形成陀螺式的旋涡进动现象，流体到达下游整流器阻止流体旋转。旋涡进动频率与流量大小成正比。旋涡进动频率由压电传感器检测，压电传感器的检测信号经放大器放大整形后输入到流量积算仪，经流量积算仪计算得到流体流量。

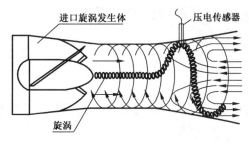

图 1　流量计原理示意图

4.2　结构

4.2.1　气体流量计

气体流量计一般由流量传感器、温度传感器、压力传感器和流量积算仪组成。流量传感器由壳体、旋涡发生体、压电传感器、整流器、放大器和支架构成，输出流量信号。流量积算仪接受流量传感器、温度传感器、压力传感器信号，计算并显示工况流量和标况流量。

4.2.2　液体流量计

液体流量计一般由流量传感器和流量积算仪组成。流量传感器由壳体、旋涡发生体、压电传感器、整流器、放大器和支架构成，输出流量信号。流量积算仪接受流量传感器信号，计算并显示工况流量。

5　计量性能要求

5.1　准确度等级和最大允许误差

5.1.1　气体流量计

在规定的流量范围内，气体流量计准确度等级及对应工况累积体积流量最大允许误差的具体要求见表1。

表 1　气体流量计准确度等级及对应的工况累积体积流量最大允许误差

气体流量计准确度等级		1.0 级	1.5 级	2.0 级	2.5 级
工况累积体积流量最大允许误差	$q_t \leqslant q \leqslant q_{max}$	±1.0%	±1.5%	±2.0%	±2.5%
	$q_{min} \leqslant q < q_t$	±2.0%	±3.0%	±4.0%	±5.0%
注：分界流量 q_t 对应的流量 ≤0.2 q_{max}。					

5.1.2　液体流量计

在规定的流量范围内，液体流量计准确度等级及对应工况累积体积流量最大允许误差的具体要求见表2。

表 2 　液体流量计准确度等级及对应的工况累积体积流量最大允许误差

液体流量计准确度等级	1.0 级	1.5 级	2.0 级
工况累积体积流量 最大允许误差	±1%	±1.5%	±2.0%

5.2　重复性

流量计重复性不得超过最大允许误差绝对值的 1/3。

6　通用技术要求

6.1　外观

6.1.1　在流量计的铭牌或面板、表头等明显部位应留出相应位置来标注制造计量器具许可证和型式批准证书的标志、编号。

6.1.2　流量计的铭牌或面板、表头等明显部位应有最大工作压力。

6.1.3　流量计表体应有永久性、明显的流向标识。

6.1.4　对不允许使用者自行调整的流量计，应采用封闭式结构设计或者留有加盖封印的位置。凡能影响准确度的任何人为机械干扰，都应在流量计或防护标记上产生永久性的有形损坏痕迹。

6.2　密封性

流量计应在最大工作压力下无泄漏。

7　计量器具控制

本规程适用的计量器具控制包括首次检定、后续检定和使用中检查。

7.1　检定条件

7.1.1　检定用流量标准装置（以下简称装置）

装置应有有效的检定或校准证书。装置不确定度应不大于流量计工况累积体积流量最大允许误差绝对值的 1/3。在每个检定流量点的检定过程中，装置压力波动应不超过 ±0.5%。

7.1.2　气体流量计工况压力和温度测量

如果气体流量计在示值误差检定时，流量计工况压力和温度测量采用流量计本身配备的传感器，则应事先对其测量误差（或不确定度）进行确认。

7.1.3　检定介质

7.1.3.1　通用条件

检定介质应为单相、稳定、充满装置检定管道、无可见颗粒、纤维等清洁的流体，流体应与实际使用介质的密度、黏度等物理参数相接近。

7.1.3.2　检定用液体

在每个检定流量点的每次检定过程中，液体温度变化应不超过 ±0.5 ℃。

7.1.3.3　检定用气体

检定用气体应无游离水或油等杂质存在。准确度等级不低于 1.0 级的流量计，在每个检定流量点的每次检定过程中，气体温度的变化应不超过±0.5 ℃。准确度等级不高于1.5级的流量计，在每个检定流量点的每次检定过程中，气体温度的变化应不超过±1 ℃。气体为天然气时，天然气气质至少应符合 GB 17820 的要求，天然气相对密度为 0.55～0.80，在检定过程中，天然气组分应相对稳定，天然气取样应按 GB/T 13609 执行，天然气组成分析应按 GB/T 13610 执行。

7.1.4 检定环境

7.1.4.1 温度一般为 5 ℃～40 ℃；相对湿度一般不超过 93％；大气压力一般为 86 kPa～106 kPa。

7.1.4.2 交流电源电压应为（220±22）V，电源频率应为（50±2.5）Hz。也可根据流量计的要求，使用合适的交流或直流电源。

7.1.4.3 如果以天然气等可燃性或爆炸性气体为介质进行检定时，装置、配套仪表和检定现场都应满足 GB 3836 和 GB 50251 的要求。

7.1.5 流量计安装

7.1.5.1 流量计安装时，流量计标识的流向应与流体流向一致。流量计与装置检定管道轴线方向应一致。流量计安装位置应满足说明书前后直管段要求。

7.1.5.2 流量计与装置检定管道连接部分应没有泄漏，连接处的密封垫应不突入检定管道内。

7.1.6 每次试验时间

每次检定时间应不少于装置和流量计允许的最短测量时间。

7.1.7 累积脉冲数

一次检定中累积流量计输出的脉冲数不得少于流量计工况累积体积流量最大允许误差绝对值倒数的 10 倍。

7.2 检定项目和检定方法

7.2.1 首次检定、后续检定和使用中检查项目列于表 3 中。

表 3 检定项目

序号	检定项目	首次检定	后续检定	使用中检查
1	外观	＋	＋	＋
2	密封性	＋	＋	＋
3	示值误差	＋	＋	＋
4	重复性	＋	＋	＋
注："＋"表示需检定或检查。				

7.2.2 外观检查

用目测方法检查流量计外观，应符合 6.1 的要求。

7.2.3 流量计工况累积体积流量示值误差、重复性的检定

7.2.3.1 检定流量点和检定次数

检定流量点至少应包含 q_{max}、$0.5q_{max}$、$0.2q_{max}$ 和 q_{min}。每个流量点的每次检定流量与设定流量的偏差应不超过设定流量的±5％。每个检定流量点的检定次数应不少于

3 次。

7.2.3.2 检定方法

a）安装时，流量计标识的流向应与流体流向一致，流量计应与装置检定管道轴线方向一致，安装位置应满足说明书前后直管段的要求。流量计与装置检定管道连接部分应没有泄漏，连接处的密封垫应不突入管道内。

b）接通流量计、计时器和计数器的电源，按流量计使用说明书中的方法检查流量计参数设置。

c）将装置流量调到 $0.7q_{max} \sim q_{max}$，至少流通 5 min，直至流体温度、压力和流量稳定。

d）示值误差检定，检定流量点至少选择 q_{min}、q_t、$0.5q_{max}$ 和 q_{max}，除 q_{min}、q_t 和 q_{max} 应分别控制在 $(1\sim1.1)\,q_{min}$、$(1\sim1.1)\,q_t$ 和 $(0.9\sim1)\,q_{max}$ 外，其他检定流量点均应在设定流量点的 $\pm5\%$ 内。每个检定流量点至少检定 3 次。

e）将装置流量设置或调整至检定流量点，控制装置和流量计同时开始测量，经一段时间后，控制装置和流量计同时停止测量，记录装置给出流量 $(Q_s)_{ij}$、流量计测量值 Q_{ij}。对于气体流量计，还应测量装置处和流量计处的介质温度 T_s、T_m 和介质压力 p_s、p_m。

f）计算第 i 检定流量点第 j 次检定的流量计示值误差，至少重复检定 2 次，计算得到第 i 检定流量点的示值误差和重复性。转入下一个检定流量点，直至完成所有检定流量点的检定。

g）对于气体流量计所配用的压力传感器、温度传感器和流量积算仪，检查相应的证书是否符合其产品说明书或明示的技术要求，也可按相应的规程进行试验验证。

7.2.4 数据处理

7.2.4.1 第 i 检定流量点第 j 次检定的流量计示值误差

第 i 检定流量点第 j 次检定的流量计示值误差按式（1）～式（3）计算。

$$E_{ij} = \frac{Q_{ij} - (Q_s)_{ij}}{(Q_s)_{ij}} \times 100\% \tag{1}$$

式中：

E_{ij}——第 i 检定流量点第 j 次检定的流量计测量工况累积体积流量相对示值误差，%；

Q_{ij}——第 i 检定流量点第 j 次检定的流量计测量工况累积体积流量，m³；

$(Q_s)_{ij}$——第 i 检定流量点第 j 次检定的装置给出工况累积体积流量换算到流量计工况累积体积流量，m³。

对于气体流量计，$(Q_s)_{ij}$ 按式（2）计算。

$$(Q_s)_{ij} = (V_s)_{ij} \frac{T_m}{T_s} \cdot \frac{p_s}{p_m} \cdot \frac{z_m}{z_s} \tag{2}$$

式中：

T_s，T_m——第 i 检定流量点第 j 次检定的装置工况和流量计工况气体温度，K；

p_s，p_m——第 i 检定流量点第 j 次检定的装置工况和流量计工况绝对压力，Pa；

$(V_s)_{ij}$ ——第 i 检定流量点第 j 次检定的装置工况累积流量，m^3；

z_s，z_m ——第 i 检定流量点第 j 次检定的装置工况和流量计工况气体压缩因子。

注：装置与流量计间的压差小于 1 个大气压力时，可认为 $z_s = z_m$。

Q_{ij} 按式（3）计算。

$$Q_{ij} = N_{ij}/K \tag{3}$$

式中：

K——流量计的 K 系数；

N_{ij}——第 i 检定流量点第 j 次检定的流量计输出脉冲数。

7.2.4.2 第 i 检定流量点的流量计示值误差

第 i 检定流量点的流量计示值误差按式（4）计算。

$$E_i = \frac{1}{n} \sum_{j=1}^{n} E_{ij} \tag{4}$$

式中：

E_i——第 i 检定流量点的流量计工况累积体积流量相对示值误差，%；

n——第 i 检定流量点的检定次数。

7.2.4.3 流量计示值误差 E

对于液体流量计，取所有检定流量点的示值误差绝对值最大值作为流量计示值误差。

对于气体流量计，分别取高区 $q_t \leqslant q \leqslant q_{max}$ 和低区 $q_{min} \leqslant q < q_t$ 流量范围内各检定流量点的流量计示值误差绝对值最大值，分别作为高区和低区的流量计示值误差。

7.2.4.4 第 i 检定流量点的流量计重复性

第 i 检定流量点的流量计重复性按式（5）计算。

$$(E_r)_i = \left[\frac{1}{(n-1)} \sum_{j=1}^{n} (E_{ij} - E_i)^2 \right]^{\frac{1}{2}} \tag{5}$$

式中：

$(E_r)_i$——第 i 检定流量点 j 次检定流量点的流量计重复性，%。

7.2.4.5 流量计重复性 E_r

对于液体流量计，取所有检定流量点的重复性最大值作为流量计的重复性。

对于气体流量计，取高区 $q_t \leqslant q \leqslant q_{max}$ 和低区 $q_{min} \leqslant q < q_t$ 流量范围内各检定流量点的流量计重复性最大值，分别作为高区和低区的流量计重复性。

7.3 检定结果处理

经检定合格的流量计发给检定证书。经检定不合格的流量计发给检定结果通知书，并注明不合格项目。检定证书及检定结果通知书内容要求见附录 A。

7.4 检定周期

流量计的检定周期一般不超过 2 年。

附录 A

检定证书/检定结果通知书内页格式

A.1　检定证书内页格式

A.1.1　检定证书内页格式

<table>
<tr><td colspan="6" align="center">证书编号　××××—××××</td></tr>
<tr><td colspan="6">检定机构授权说明</td></tr>
<tr><td colspan="6">检定环境条件及地点：</td></tr>
<tr><td align="center">温度</td><td align="center">℃</td><td align="center">地点</td><td colspan="3"></td></tr>
<tr><td align="center">相对湿度</td><td align="center">%</td><td align="center">大气压力</td><td align="center">kPa</td><td align="center">检定介质</td><td></td></tr>
<tr><td align="center">介质温度</td><td align="center">℃</td><td></td><td></td><td align="center">介质压力</td><td align="center">kPa</td></tr>
<tr><td colspan="6">检定使用的流量标准装置</td></tr>
<tr><td align="center">名称</td><td align="center">测量范围</td><td align="center">不确定度/准确度等级/最大允许误差</td><td colspan="2" align="center">计量标准证书编号</td><td align="center">有效期至</td></tr>
<tr><td></td><td></td><td></td><td colspan="2"></td><td></td></tr>
<tr><td colspan="6">检定使用的标准器</td></tr>
<tr><td align="center">名称</td><td align="center">测量范围</td><td align="center">不确定度/准确度等级/最大允许误差</td><td colspan="2" align="center">计量标准证书编号</td><td align="center">有效期至</td></tr>
<tr><td></td><td></td><td></td><td colspan="2"></td><td></td></tr>
<tr><td colspan="2" align="center">检定依据：</td><td colspan="4" align="center">JJG 1121—2015《旋进旋涡流量计》</td></tr>
</table>

A.1.2　检定项目及检定结果

序号	检定项目	检定结果
1	外观	
2	密封性	
3	示值误差	
4	重复性	
检定结论（准确度等级）：		

A.2　检定结果通知书（内页）格式参照以上内容，并给出不合格项，检定结论为不合格。

附录 B

使用气体流量计 K 系数计算工况累积量示值误差

B.1　流量计 K 系数的计算

每个检定流量点每次检定气体流量计 K 系数按式（B.1）计算。

$$K_{ij} = \frac{N_{ij}}{V_{ij}} \frac{[(p_a)_{ij} + (p_m)_{ij}][273.15 + (\theta_s)_{ij}](z_s)_{ij}}{[(p_a)_{ij} + (p_s)_{ij}][273.15 + (\theta_m)_{ij}](z_m)_{ij}} \tag{B.1}$$

式中：

K_{ij}——第 i 检定流量点第 j 次检定的流量计 K 系数，$(m^3)^{-1}$ 或 L^{-1}；

N_{ij}——第 i 检定流量点第 j 次检定的流量计显示脉冲数；

V_{ij}——第 i 检定流量点第 j 次检定的装置给出介质工况体积，m^3 或 L；

i——1、2、…m，m 为检定流量点数，$m \geqslant 3$；

j——1、2、…n，n 为检定流量点的检定次数，$n \geqslant 3$。

$(p_a)_{ij}$，$(p_m)_{ij}$，$(p_s)_{ij}$——分别为第 i 检定流量点第 j 次检定大气压力、流量计处和装置处介质表压力，Pa。

$(\theta_s)_{ij}$，$(\theta_m)_{ij}$——分别为第 i 检定流量点第 j 次检定的装置处和流量计处介质温度，℃；

$(z_m)_{ij}$，$(z_s)_{ij}$——分别为第 i 检定流量点第 j 次检定的流量计处和装置处介质压缩系数；

每个检定流量点每次检定液体流量计 K 系数按式（B.2）计算。

$$K_{ij} = \frac{N_{ij}}{V_{ij}} \{1 + \beta[(\theta_s)_{ij} - (\theta_m)_{ij}]\} \{1 - \kappa[(p_s)_{ij} - (p_m)_{ij}]\} \tag{B.2}$$

式中：

β——检定液体在检定状态下的体膨胀系数；

$(\theta_s)_{ij}$，$(\theta_m)_{ij}$——第 i 检定流量点第 j 次检定的装置处和流量计处的介质温度，℃；

κ——检定液体在检定状态下的压缩系数；

$(p_s)_{ij}$，$(p_m)_{ij}$——第 i 检定流量点第 j 次检定的装置处和流量计处的介质表压力，Pa。

注：当装置与流量计间温度、压力的差，引起流体体积的相对变化量小于流量计工况累积体积流量相对误差的 1/10 时，计算流量计 K 系数时，可不做温度、压力的修正，此时上式变为式（B.3）。

$$K_{ij} = \frac{N_{ij}}{V_{ij}} \tag{B.3}$$

每个检定流量点的流量计 K 系数按式（B.4）计算。

$$K_i = \frac{1}{n} \sum_{j=1}^{n} K_{ij} \tag{B.4}$$

式中：

K_i——检定流量点 K 系数，$(m^3)^{-1}$ 或 L^{-1}；

n——检定流量点的检定次数。

流量计的 K 系数按式（B.5）计算。

$$K = \frac{(K_i)_{max} + (K_i)_{min}}{2}$$ (B.5)

式中：

K——流量计的 K 系数，$(m^3)^{-1}$或 L^{-1}；

$(K_i)_{max}$——流量计在 $q_t \leqslant q \leqslant q_{max}$ 流量范围各检定流量点得到的 K_i 中的最大值，$(m^3)^{-1}$或 L^{-1}；

$(K_i)_{min}$——流量计在 $q_t \leqslant q \leqslant q_{max}$ 流量范围各检定流量点得到的 K_i 中的最小值，$(m^3)^{-1}$或 L^{-1}。

B.2 流量计工况累积体积流量相对示值误差的计算

在 $q_t \leqslant q \leqslant q_{max}$ 流量范围内的流量计工况累积体积流量相对示值误差按式（B.6）计算。

$$E = \frac{(K_i)_{max} - (K_i)_{min}}{(K_i)_{max} + (K_i)_{min}}$$ (B.6)

式中：

E——流量计工况累积体积流量相对示值误差。

在 $q_t \leqslant q \leqslant q_{max}$ 流量范围内的流量计工况累积体积流量相对示值误差按式（B.7）计算。

$$E = \frac{K_i - K}{K}$$ (B.7)

流量型式评价大纲

中华人民共和国国家计量技术规范

JJF 1354—2012

膜式燃气表型式评价大纲

Test Program for Pattern Evaluation of Diaphragm Gas Meters

2012-09-03 发布　　　　　　　　　　2013-03-03 实施

国家质量监督检验检疫总局 发布

膜式燃气表型式评价大纲

Test Program for Pattern Evaluation
of Diaphragm Gas Meters

JJF 1354—2012
代替 JJG 577—2005
附录 A 型式评价大纲

归 口 单 位：全国流量容量计量技术委员会

主要起草单位：北京市计量检测科学研究院

重庆市计量质量检测研究院

浙江省计量科学研究院

参加起草单位：重庆前卫克罗姆表业有限责任公司

杭州先锋电子技术股份有限公司

浙江金卡高科技股份有限公司

本规范委托全国流量容量计量技术委员会负责解释

本规范主要起草人：

    杨有涛（北京市计量检测科学研究院）

    廖   新（重庆市计量质量检测研究院）

    金   岚（浙江省计量科学研究院）

参加起草人：

    何艺超（北京市计量检测科学研究院）

    陈海林（重庆前卫克罗姆表业有限责任公司）

    谢   骏（杭州先锋电子技术股份有限公司）

    郭   刚（浙江金卡高科技股份有限公司）

引　言

　　本规范是以国家标准 GB/T 6968—2011《膜式燃气表》、国际法制计量组织（OIML）的国际建议 R137-1&2：2012《气体流量计》（Gas Meters）为技术依据，结合我国膜式燃气表的行业现状，对 JJG 577—2005 版本附录 A"型式评价试验大纲"进行修订的。主要的技术指标与国家标准、国际建议等效。

　　本规范与 JJG 577—2005 版本附录 A"型式评价试验大纲"相比，主要技术变化如下：

　　——取消了计量等级，采用准确度等级的表示方式；

　　——修改了计数器技术要求；

　　——修改了燃气表的流量范围参数；

　　——修改了试验环境要求；

　　——取消了扭矩对性能影响要求；

　　——取消了标准偏差试验；

　　——以机电转换代替转换误差；

　　——修改了示值误差试验时最少通气量要求；

　　——增加了防逆功能试验；

　　——增加了温度适应性试验；

　　——增加了控制阀密封性试验；

　　——增加了过载流量试验。

　　JJG 577—2005 附录 A 的历次版本发布情况为：

　　——JJG 577—1994《膜式煤气表》附录 2"煤气表的全性能试验项目、设备和方法"；

　　——JJF 1086—2002《膜式煤气表定型鉴定大纲》。

膜式燃气表型式评价大纲

1 范围

本规范适用于膜式燃气表（以下简称为燃气表）的型式评价。

2 引用文件

本规范引用了下列文件：

JJG 577 膜式燃气表

JJF 1001—2011 通用计量术语及定义

JJF 1004 流量计量名词术语及定义

GB/T 2423.1 电工电子产品环境试验 第2部分：试验方法 试验A：低温

GB/T 2423.2 电工电子产品环境试验 第2部分：试验方法 试验B：高温

GB/T 2423.3 电工电子产品环境试验 第2部分：试验方法 试验Cab：恒定湿热试验

GB/T 6968—2011 膜式燃气表

GB/T 17626.2 电磁兼容 试验和测量技术 静电放电抗扰度试验

GB/T 17626.3 电磁兼容 试验和测量技术 射频电磁场辐射抗扰度试验

GB/T 17626.4 电磁兼容 试验和测量技术 电快速瞬变脉冲群抗扰度试验

GB/T 17626.5 电磁兼容 试验和测量技术 浪涌（冲击）抗扰度试验

OIML R137-1&2：2012 气体流量计（Gas Meters）

OIML D11：2004 电子测量仪器通用要求（General requirements for electronic measuring instrument）

EN 1359：1998＋A1：2006 膜式燃气表（Diaphragm Gas Meters）

上述文件中的条款通过本规范的引用而成为本规范的条款。凡是注日期的引用文件，其随后所有的修改单（不包括勘误的内容）或修改版均不适用本规范，然而，鼓励根据本规范达成协议的各方研究是否可使用这些文件的最新版本。凡是不注日期的引用文件，其最新版本（包括所有的修改单）适用于本规范。

3 术语

3.1 最大流量 q_{max} maximum flow-rate q_{max}

燃气表符合计量性能要求的上限流量。

3.2 最小流量 q_{min} minimum flow-rate q_{min}

燃气表符合计量性能要求的下限流量。

3.3 分界流量 q_t transitional flow-rate q_t

介于最大流量和最小流量之间、把燃气表流量范围分为"高区"和"低区"的流量。燃气表在高区和低区各有相应的最大允许误差。q_t 为 $0.1 q_{max}$。

3.4 流量范围 flow-rate range

能符合燃气表计量性能要求的最大流量和最小流量所限定的范围。

3.5 过载流量 q_r overload flow-rate q_r

燃气表在短时间内超流量范围工作而不致于损坏的最高流量。q_r 为 $1.2\,q_{max}$。

3.6 最大工作压力 p_{max} maximum operating pressure

燃气表工作压力的上限值。

3.7 压力损失 Δp pressure loss Δp

在最大流量的条件下，燃气表进气口与出气口之间的平均压力降。

3.8 累积流量 Q integrating value Q

燃气表在一段时间内指示装置所累积的体积流量。

3.9 回转体积 V_c cyclic volume V_c

燃气表计量室完成一个工作循环所排出的气体体积。

3.10 带附加装置的燃气表 gas meters equipped with ancillary devices

装备了附加装置以实现预定功能的燃气表。附加装置一般包括读取基表的数据、流量信号转换和控制单元等。

注：带附加装置燃气表所用的机械表一般称为基表。

3.11 误差曲线 error curve

平均示值误差与对应的实际流量的曲线图。

3.12 初始示值误差 initial errors

燃气表在进行其他试验之前的示值误差。

3.13 耐久性试验 endurance test

燃气表在特定寿命试验后能否保持其计量性能的试验。

3.14 温度适应性 temperature adaptability

燃气表在工作温度范围内能保持的计量性能。

4 概述

4.1 原理和用途

4.1.1 原理

燃气表属于容积式气体流量计，它采用柔性膜片计量室方式来测量气体体积流量。在压力差的作用下，燃气经分配阀交替进入计量室，充满后排向出气口，同时推动计量室内的柔性膜片作往复式运动，通过转换机构将这一充气、排气的循环过程转换成相应的气体体积流量，再通过传动机构传递到计数器，完成燃气累积计量功能。

4.1.2 用途

燃气表主要用于计量燃气的累积体积流量，大量应用在民用及工商业的燃气计量场合。

4.2 结构

4.2.1 基表

基表主要由外壳、膜片计量室、分配阀、连杆机构、防止逆转装置、传动机构和计数器等部件组成。

4.2.2 防止逆转装置

燃气表应装有防止逆转的装置，当气体流入方向与规定流向相反时，燃气表应能停止计量或者不能逆向计数。燃气表应能承受意外反向流而不致造成正向流计量性能发生改变。

4.2.3 附加装置

附加装置是在基表上附加的可以实现相应功能的装置。允许在基表上装有预付费装置、脉冲发生器、工商业表二次装置等实现某些功能的附加装置，但是不能影响燃气表的计量性能。

5 法制管理要求

5.1 计量单位

体积单位：立方米，符号 m^3；升，符号 L；立方分米，符号 dm^3。

流量单位：立方米每小时，符号 m^3/h

压力单位：帕［斯卡］，符号 Pa；千帕，符号 kPa

温度单位：摄氏度，符号℃。

5.2 标志和标识

燃气表的铭牌明显部位应标注计量法制标志和计量器具标识，标志和标识必须清晰可辨、牢固可靠。

5.2.1 计量法制标志的内容

a）制造计量器具许可证的标志和编号；

b）计量器具型式批准标志和编号（本项不是强制性规定）。

注：新产品申请单位应在样机机壳或铭牌设计上留出相应内容的位置。

5.2.2 计量器具标识的内容

燃气表铭牌和标记应包括：

a）制造商名称（商标）；

b）产品名称；

c）型号规格；

d）准确度等级；

e）出厂编号；

f）流量范围；

g）最大工作压力；

h）回转体积；

i）制造年月；

j）适用环境温度范围（如果是－10 ℃～40 ℃可不标注）；

k）表体上应有清晰、永久性的标明气体流向的箭头或文字。

其他有关技术指标（如适用），如机电信号转换值（仅对附加装置带机电信号转换的燃气表）。

5.2.3 防爆标志

带附加装置的防爆型燃气表应有防爆等级和防爆合格证编号。

5.3 外部结构要求

燃气表应具有防护装置及不经破坏不能打开的封印。凡能影响计量准确度的任何人为机械干扰，都将在燃气表或试验保护标记或封印标记上产生永久性的有形损坏痕迹。

6 计量要求

燃气表的计量性能指标包括：示值误差、误差曲线和压力损失等。

6.1 准确度等级和最大允许误差

燃气表的准确度等级为 1.5 级，其示值误差应符合表 1 的规定。

表 1 最大允许误差

流量 q	最大允许误差（MPE）	
	初始	耐久性试验后
$q_{min} \leqslant q < q_t$	±3%	±6%
$q_t \leqslant q \leqslant q_{max}$	±1.5%	±3%

6.2 误差曲线

燃气表的误差曲线应符合表 2 的规定。

表 2 误差曲线

流量 q	误差曲线		
	初始	耐久性试验后	
$q_t \leqslant q \leqslant q_{max}$	最大值和最小值之差	最大值和最小值之差	与初始试验的示值误差偏离量
	≤2%	≤3%	≤2%

6.2.1 在 $q_t \leqslant q \leqslant q_{max}$ 流量范围内，当各流量点的示值误差值的符号全部为同号时，初始示值误差值绝对值不允许超过 1%。

6.2.2 在 $q_t \leqslant q \leqslant q_{max}$ 流量范围内，每一个流量点示值误差最大值与最小值之差的绝对值应不大于 0.6%。

6.2.3 耐久性试验前，在 $q_t \leqslant q \leqslant q_{max}$ 流量范围内，作为流量函数的误差曲线最小值与最大值之差应不超过 2%。

6.2.4 耐久性试验后，误差曲线的变化应符合下列要求：

a）在 $q_t \leqslant q \leqslant q_{max}$ 流量范围内，示值误差曲线的最大值和最小值之差应不超过 3%。

b）在 $q_t \leqslant q \leqslant q_{max}$ 流量范围内，各流量点的示值误差值与初始试验各相应点的示值误差值偏离不超过 2%。

6.3 压力损失

燃气表的压力损失应符合表 3 的规定。

表 3 压力损失

最大流量 q_{max} m³/h	压力损失最大允许值 Pa			
	初始		耐久性试验后	
	不带控制阀	带控制阀	不带控制阀	带控制阀
$q_{max} \leqslant 10$	200	250	220	275
$16 \leqslant q_{max} \leqslant 65$	300	375	330	415
$q_{max} \geqslant 100$	400	500	440	550

6.4 最小分度值

燃气表的最小分度值和末位数码所表明的最大体积值应符合表4的规定。

表 4 最小分度值上限

最大流量 q_{max} m³/h	最小分度值上限值 dm³	末位数码代表的最大体积值 dm³
$q_{max} \leqslant 10$	0.2	1
$16 \leqslant q_{max} \leqslant 100$	2	10
$q_{max} = 160$	20	100

6.5 流量范围

燃气表的流量范围值应符合表5的规定。

表 5 流量范围
m³/h

序号	最大流量 q_{max}	最小流量 q_{min}	分界流量 q_t	过载流量 q_r
1	2.5	0.016	0.25	3.0
2	4	0.025	0.4	4.8
3	6	0.04	0.6	7.2
4	10	0.06	1.0	12.0
5	16	0.10	1.6	19.2
6	25	0.16	2.5	30
7	40	0.25	4.0	48
8	65	0.40	6.5	78
9	100	0.65	10.0	120
10	160	1.0	16.0	192

注：最小流量值可以比表中所列的最小流量上限值小，但是该值应是表中的某个值，或者是某个值的十进位约数值。

7 通用技术要求

7.1 外观与标记

7.1.1 外观

燃气表外壳涂层应均匀,不得有气泡、脱落、划痕等现象。计数器及标记应清晰易读,机械封印应完好可靠。燃气表运行应该平稳,不允许有异常的噪声及明显的间歇性停顿现象。

带附加装置显示部分的数字应醒目、整齐,表示功能的文字符号和标志应完整、清晰、端正。

7.1.2 铭牌和标记

铭牌和标记应满足 5.2 的要求。

7.1.3 指示装置

7.1.3.1 机械计数器

机械计数器应满足燃气表累积流量在最大流量下工作 6 000 h 而不回零的要求。

7.1.3.2 电子显示器

电子显示器数字显示应清晰,无缺段、缺码等现象,并能提供可靠、清晰、明确的被测体积读数。显示数字的防护材料应有良好的透明度,没有使显示畸变等妨碍读数的缺陷。

7.2 功能性要求

7.2.1 密封性

7.2.1.1 燃气表密封性

燃气表应能承受 1.5 倍最大工作压力,持续时间不少于 3 min,不得漏气。

7.2.1.2 控制阀密封性

控制阀处于关闭状态,正向加压(4.5~5)kPa,控制阀泄漏量应不大于 0.55 dm³/h。

7.2.2 防逆功能

7.2.2.1 防止逆转功能

燃气表应安装防止逆转的装置,当气体流入方向与规定流向相反时,燃气表应能停止计量或者不能逆向计数。所记录的逆向通气量不应大于 50 倍回转体积。

7.2.2.2 防气流逆向流动功能

燃气表可安装防气流逆向流动装置。装有防气流逆向流动装置的燃气表在遭遇燃气逆向流动时,流经燃气表的逆向流量不应大于 $0.025\ q_{max}$。

7.2.3 控制功能

7.2.3.1 预付费及用气控制

当燃气表剩余气量降至设定值时,燃气表应能自动关闭控制阀。再次输入气量后,燃气表应能打开控制阀。

7.2.3.2 电源欠压保护

燃气表的电源电压降至产品设计欠压值时,应能在设定的时间内关闭控制阀。

7.2.3.3 断电保护

a）当燃气表断电时，应能自动关闭控制阀，剩余气量及其他需要保存的信息不应丢失；

b）在预付费控制装置与读写器通讯过程中突然断电，恢复通电后，数据传递应正常进行。

注：读写器包括 IC 卡、感应卡（器）、红外遥控器和各类手持器等。

7.2.3.4 数据防护

燃气表能够更新预付气量值，该气量值应能长期保持（不用气时），并不受低电压、更换电池或通信失败等因素的影响。

7.2.3.5 气量累积

输入新购气量，燃气表应能正确显示输入气量和剩余气量累加的总气量。

7.2.4 提示功能

7.2.4.1 电量不足

采用电池供电的燃气表，当工作电源降至低电压设定值时，应有明确的文字、符号、发声、发光或关闭控制阀等一种或几种方式提示。

7.2.4.2 气量不足

采用预付费控制的燃气表，当剩余气量降至报警气量设定值时，应有明确文字、符号、发声、发光等一种或几种方式提示。

7.2.4.3 误操作

出现下列情况时，预付费控制装置应有明确的误操作提示或报警：

a）使用非本表读写器向预付费控制装置中输入时；

b）读写器与预付费控制装置之间数据传递尚未完成，意外中断数据传递时。

7.2.4.4 读写卡提示

IC 卡与 IC 卡预付费控制装置读写卡完毕，应有明确文字、符号、发声、发光等一种或几种方式提示。

7.2.5 抗干扰性防护功能

燃气表受到非正常操作（如外磁场攻击、非本表卡插入等）时，应能保持数据不变，并能关闭控制阀或能正常工作。

7.3 环境适应性

7.3.1 温度适应性

燃气表应能在（$-10\ ℃\sim+40\ ℃$）环境中正常工作，对于 $q_{max} \leqslant 16\ m^3/h$ 的燃气表在工作温度范围进行温度适应性试验，应符合计量性能要求。也可根据燃气表更宽的工作温度范围进行温度适应性试验。

7.3.2 贮存环境

燃气表分别在低温（$-20\ ℃$）、高温（$55\ ℃$）、恒定湿热（$40\ ℃$，$93\%RH$）的环境下贮存后，外观应无损坏，密封性仍应符合要求。

7.3.3 电磁兼容环境

带电气附加装置的燃气表，在下列强度的电磁干扰试验中，燃气表可出现功能或者性能暂时丧失或者降低，但是在试验停止后，附加装置的工作应正常，不应出现程序紊乱和功能故障，存贮的数据保持不变。

7.3.3.1 射频电磁场辐射抗扰度

按 GB/T 17626.3 的试验等级 3 级、10 V/m 试验场强的要求，进行射频电磁场辐射抗扰度试验。

7.3.3.2 静电放电抗扰度

按 GB/T 17626.2 的试验等级 3 级的要求，进行静电放电抗扰度试验。

7.3.3.3 脉冲群抗扰度（适用于交流供电的燃气表）

按 GB/T 17626.4 的试验等级 3 级的要求，进行抗脉冲群抗扰度试验。

7.3.3.4 浪涌（冲击）抗扰度（适用于交流供电的燃气表）

按 GB/T 17626.5 的试验等级 2 级的要求，进行浪涌（冲击）抗扰度试验。

所有环境适应性项目试验完成后，复测 q_{max}、$0.2\,q_{max}$、q_{min} 流量点的示值误差，应符合表 1 的初始最大允许误差要求；带附加装置的燃气表应工作可靠，不出现程序紊乱和功能故障，存贮数据不应丢失或变化。

7.4 耐用性

7.4.1 IC 卡卡座耐用性

IC 卡卡座承受反复插拔累计 5 000 次后仍能正常工作。

7.4.2 控制阀耐用性

控制阀在开关 2 000 次后，密封性应符合 7.2.1.2 的要求。

7.5 远程控制

远程控制应实现读取燃气表用气量，写入气表数据、操作的时间信息等内容，带阀门的附加装置应具备远程控制阀门状态的功能。

注：包括有线和无线远程控制。

7.6 机电转换

燃气表的机电转换应符合表 6 的规定。

表 6　燃气表附加装置机电转换

机电转换方式	机电转换最大允许误差
实时转换	1 个机电转换信号当量
直读转换	1 个最小转换读数值

7.7 防爆性能

带附加装置的防爆型燃气表，应符合相应防爆性能要求，并取得具有国家资质的防爆检验机构颁发的防爆合格证书。

7.8 过载流量

燃气表承受过载流量 q_r 后，示值误差应符合表 1 初始最大允许误差的要求。

7.9 耐久性

燃气表应能承受表 7 所规定的耐久性试验。耐久性试验的样机数量按表 8 的规定执行。对于带附加装置的燃气表，若配套用的基表已经型式评价合格或已取得制造计量器具许可证的，可免做该项试验。

表 7 耐久性试验

最大流量 q_{max} m³/h	试验流量	运行时间	运行方法
2.5～16	q_{max}	2 000 h	连续或断续运行 120 天内完成
25～160	不应低于 0.5 q_{max}， 推荐采用 q_{max}	q_{max} 时 2 000 h；小于 q_{max} 时相当于在 q_{max} 下运 行 2 000 h 通过的体积量 所对应的时间	连续或断续运行 180 天内完成

表 8 耐久性试验样机数量

最大流量 q_{max} m³/h	样机最少数量 台	
	方案 1	方案 2
$q_{max} < 40$	3	6
$q_{max} \geq 40$	2	4

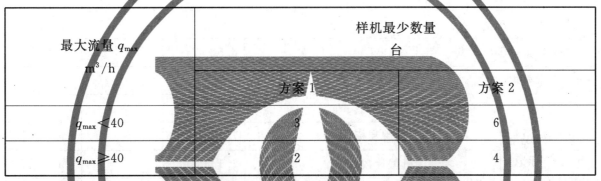

耐久性试验完成后，如果燃气表试验样机数量为表 8 的方案 1，所有样机都应符合要求；如果试验样机为表 8 的方案 2，所有样机的密封性都应符合要求，除一台样机外，其余样机都应符合下列 a)、b) 和 c) 的要求。

燃气表的初始和耐久性试验后的误差测量要采用同一套标准装置。耐久性试验一般用空气介质进行试验。

耐久性试验完成后，燃气表应符合下列要求：

a) 示值误差

燃气表示值误差应符合表 1 的耐久性试验后最大允许误差的要求。

b) 误差曲线

燃气表误差曲线应符合表 2 的耐久性试验后误差曲线的要求。

c) 压力损失

燃气表压力损失应符合表 3 的耐久性试验后压力损失的要求。

d) 密封性

燃气表密封性仍应符合 7.2.1 的要求。

8 型式评价项目一览表

燃气表型式评价项目见表 9，除所列试验项目外，可根据样机的产品标准和提供的技术要求，增加试验项目。

表 9 型式评价项目一览表

序号	试验项目名称			技术要求	试验方法	备注	
法制管理							
1	计量单位			5.1		a	I
2	标志和标识			5.2		a	I
3	外部结构要求			5.3		a	I
计量性能							
4	准确度等级和最大允许误差			6.1	9.2.1	a	II
5	误差曲线			6.2	9.2.2	a	II
6	压力损失			6.3	9.3	a	II
7	最小分度值			6.4		a	I
8	流量范围			6.5		a	I
通用技术要求							
9	外观与标记		外观	7.1.1		a	I
10			铭牌和标记	7.1.2		a	I
11		指示装置	机械计数器	7.1.3.1		a	I
12			电子显示器	7.1.3.2		b	I
13	功能性要求	密封性	燃气表密封性	7.2.1.1	9.4.1	a	II
14			控制阀密封性	7.2.1.2	9.4.2	b	II
15		防逆功能	防止逆转功能	7.2.2.1	9.5.1	a	II
16			防气流逆向流动功能	7.2.2.2	9.5.2	a	II
17		控制功能	预付费及用气控制	7.2.3.1	9.6.1	b	II
18			电源欠压保护	7.2.3.2	9.6.2	b	II
19			断电保护	7.2.3.3	9.6.3	b	II
20			数据防护	7.2.3.4	9.6.4	b	II
21			气量累积	7.2.3.5	9.6.5	b	II
22		提示功能	电量不足	7.2.4.1	9.7.1	b	II
23			气量不足	7.2.4.2	9.7.2	b	II
24			误操作	7.2.4.3	9.7.3	b	II
25			读写卡提示	7.2.4.4	9.7.4	b	II
26		抗干扰性防护功能		7.2.5	9.8	b	II

表 9（续）

序号	试验项目名称			技术要求	试验方法	备注	
27	环境适应性	温度适应性		7.3.1	9.9	a	Ⅱ
28		贮存环境	低温	7.3.2	9.10.1	a	Ⅱ
29			高温		9.10.2	a	Ⅱ
30			恒定湿热		9.10.3	a	Ⅱ
31		电磁兼容环境	射频电磁场辐射抗扰度	7.3.3.1	9.11.1	b	Ⅱ
32			静电放电抗扰度	7.3.3.2	9.11.2	b	Ⅱ
33			脉冲群抗扰度	7.3.3.3	9.11.3	c	Ⅱ
34			浪涌（冲击）抗扰度	7.3.3.4	9.11.4	c	Ⅱ
35	耐用性	IC 卡卡座耐用性		7.4.1	9.12.1	b	Ⅱ
36		控制阀耐用性		7.4.2	9.12.2	b	Ⅱ
37	远程控制			7.5	9.13	b	Ⅱ
38	机电转换			7.6	9.14	b	Ⅱ
39	防爆性能			7.7	9.15	b	Ⅰ
40	过载流量			7.8	9.16	a	Ⅱ
41	耐久性			7.9	9.17	a	Ⅱ

注：

1　基表选择 a 的评价项目。

2　带附加装置的燃气表选择 a 和 b 的评价项目。

3　交流供电的燃气表选择 a、b 和 c 的评价项目。

4　观察项目为Ⅰ，试验项目为Ⅱ。

5　试验顺序一般按以上序号进行。

9　试验项目的试验方法和条件

9.1　试验条件

9.1.1　试验设备

9.1.1.1　标准装置

型式评价试验所用的流量标准装置一般为：燃气表试验装置（如：钟罩式气体流量标准装置、标准表法气体流量标准装置和活塞式气体流量标准装置等）。示值误差的测量结果扩展不确定度应等于或优于燃气表最大允许误差的五分之一。

9.1.1.2　配套设备

配套设备见表 10。

表 10　配套设备

序号	设备名称	技术要求	用途
1	微压计	1 级或者准确度等级相当的其他压力计	测量压力损失
2	温度计	分度值≤0.2 ℃	测量表前温度和标准装置液体和气体温度、环境温度等
3	压力计	分辨力≤10 Pa	测量表前压和标准装置处的压力
4	精密压力表	分辨力≤200 Pa	密封性试验
5	气压表（计）	MPE：±2.5 hPa	测量大气压力
6	湿度计	MPE：±10％RH	测量环境湿度
7	秒表	分度值：0.01 s	测量时间

带附加装置燃气表的试验设备见表 11。

带附加装置燃气表的功能检查，可根据需要要求制造商提供与燃气表试验相配套的检测设备、仪表和软件。

表 11　带附加装置燃气表的试验设备

序号	设备名称	技术要求	用途
1	可调稳压电源	电压（0～36）V 连续可调	控制功能、提示功能试验
2	数字万用表	3 位半以上	控制功能、提示功能试验
3	插拔卡试验装置	插拔卡时间间隔可调	IC 卡卡座耐用性试验
4	磁铁	（400～500）mT	抗干扰性防护功能试验
5	高低温湿热试验设备	满足 GB 2423.1、GB 2423.2、GB 2423.3 的技术要求	贮存环境试验
6	电磁兼容试验设备	满足 GB/T 17626.3 的试验设备要求	射频电磁场辐射抗扰度试验
		满足 GB/T 17626.2 的试验设备要求	静电放电抗扰度试验
		满足 GB/T 17626.4 的试验设备要求	脉冲群抗扰度试验
		满足 GB/T 17626.5 的试验设备要求	浪涌（冲击）抗扰度试验
7	控制阀门试验装置	能显示或记录控制阀门开/关次数	控制阀耐用性试验

9.1.2　参比条件

环境温度：（20±2）℃；

大气压力一般为：（86～106）kPa；

相对湿度：45％～75％。

注：在试验过程中，标准装置处的温度和燃气表处的温度之差（包括室温、标准装置液温、试验介质温度）不应超过 1 ℃。

9.2 计量性能

9.2.1 准确度等级和最大允许误差

9.2.1.1 试验目的

检验燃气表的示值误差是否符合 6.1 规定的初始最大允许误差要求。

9.2.1.2 试验条件

在参比条件下试验。

9.2.1.3 试验设备

流量标准装置、压力计、温度计、调压和开关阀门。

9.2.1.4 试验程序

a）燃气表一般在试验环境条件下放置 4 h 以上，稳定到实验室的环境温度再进行示值误差试验。

b）燃气表以 q_{max} 预运行不少于 50 倍回转体积的试验空气。

c）每次试验的最小体积量推荐不小于燃气表最小分度值的 200 倍，且一般不小于试验流量 1 min 所对应的体积量。试验流量一般不超过规定流量的 ±5%，且试验流量不超出其流量范围。

d）q_{min}、$3 q_{min}$ 流量点至少各测量 2 次，一次用较大流量减小到被检流量点的方法（降流量）试验，另一次用较小流量增大到被检流量点（升流量）试验。

e）q_t、$0.2 q_{max}$、$0.4 q_{max}$、$0.7 q_{max}$ 和 q_{max} 流量点至少各测量 6 次，三次采用降流量的试验方法，三次采用升流量的试验方法，并确保每次试验流量不同（即不允许在相同流量点进行连续试验）。

9.2.1.5 数据处理

单次测量示值误差按公式（1）计算：

$$E = \frac{V_m - V_{ref}}{V_{ref}} \times 100\% \tag{1}$$

式中：

E ——单次测量的示值误差，%；

V_m ——燃气表的示值，dm^3；

V_{ref} ——通过燃气表的气体实际值，dm^3。

试验时应测量燃气表的入口和标准装置处的温度、压力，按公式（2）进行温度、压力修正：

$$V_{ref} = V_s \frac{p_{sa} T_{ma}}{p_{ma} T_{sa}} \tag{2}$$

式中：

V_s ——标准装置的示值，dm^3；

p_{sa} ——标准装置处的绝对压力，Pa；

T_{sa} ——标准装置处的热力学温度，K；

p_{ma} ——燃气表进口端的绝对压力，Pa；

T_{ma} ——燃气表进口端的热力学温度，K。

每个流量点的示值误差取多次独立测量的误差的算术平均值。

9.2.1.6 合格判据

燃气表示值误差应符合 6.1 的初始最大允许误差要求。

9.2.2 误差曲线

9.2.2.1 试验目的

检验燃气表的误差曲线是否符合 6.2 的要求。

9.2.2.2 试验条件

在参比条件下试验。

9.2.2.3 试验设备

按 9.2.1.3 的要求。

9.2.2.4 试验程序

在 q_{min}、$3 q_{min}$、q_t、$0.2 q_{max}$、$0.4 q_{max}$、$0.7 q_{max}$ 和 q_{max} 流量点试验，可与示值误差试验同时进行。并绘制燃气表误差曲线。

9.2.2.5 合格判据

燃气表误差曲线应符合 6.2 的要求。

9.3 压力损失

9.3.1 试验目的

检验燃气表的压力损失是否符合 6.3 的要求。

9.3.2 试验条件

在参比条件下试验，试验介质为空气。

9.3.3 试验设备

微压计（或者准确度等级相当的其他压力计）、流量标准装置、调压和开关阀门。

9.3.4 试验程序

a）燃气表压力损失可以单独试验，也可以与示值误差试验同时进行。

b）在燃气表最大流量下，使用微压计或者准确度等级相当的其他型号压力计测量燃气表的进气口和出气口之间的压力降，按图 1 所示安装。

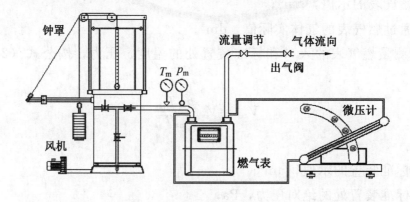

图 1 压力损失试验示意图

9.3.5　数据处理

取压力降的最大值和最小值的算术平均值，按公式（3）计算：

$$\Delta p = \frac{\Delta p_{\max} + \Delta p_{\min}}{2} \tag{3}$$

式中：

Δp　——压力损失值，Pa；

$\Delta p_{\max}$　——压力降的最大值，Pa；

$\Delta p_{\min}$　——压力降的最小值，Pa。

9.3.6　合格判据

燃气表压力损失应符合6.3的要求。

注：

1　一般情况下测量压力损失的取压口应分别位于燃气表入口上游一倍管道直径处和燃气表出口下游一倍管道直径处。取压口垂直于管道轴线，其直径至少为3 mm，取压孔的任何部位均不允许突入管道中，取压口附近的管道内壁应光滑无毛刺。

2　连接管的标称通径不小于燃气表管接头的通径。

9.4　密封性

9.4.1　燃气表密封性

9.4.1.1　试验目的

检验燃气表在承受1.5倍最大工作压力试验中是否符合7.2.1.1的要求。

9.4.1.2　试验条件

可在非参比条件下试验，试验介质为空气。

9.4.1.3　试验设备

密封性试验台、精密压力表、调压阀门和开关阀门。

9.4.1.4　试验程序

燃气表密封性试验可以采用如图2所示或其他有效的气体检漏试验方法。试验时用空气对试验燃气表加压，使燃气表达到1.5倍最大工作压力，持续时间不少于3 min。

9.4.1.5　合格判据

燃气表的密封性应符合7.2.1.1的要求。

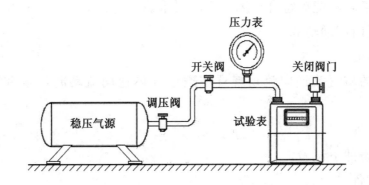

图2　燃气表密封性试验示意图

9.4.2 控制阀密封性

9.4.2.1 试验目的

检验燃气表在控制阀处于关闭状态下，控制阀的漏气量是否符合 7.2.1.2 的要求。

9.4.2.2 试验条件

可在非参比条件下试验，试验介质为空气。

9.4.2.3 试验设备

流量标准装置、压力计、秒表、调压阀门和开关阀门。

9.4.2.4 试验程序

控制阀处于关闭状态，在进气口正向加压为（4.5～5）kPa，用流量试验仪表和秒表或其他有效试验方法读取流量值。

9.4.2.5 合格判据

燃气表控制阀密封性的漏气量应符合 7.2.1.2 的要求。

9.5 防逆功能

9.5.1 防止逆转功能

9.5.1.1 试验目的

检验燃气表的防逆转装置在遭遇气体逆向流动时，是否符合 7.2.2.1 的要求。

9.5.1.2 试验条件

可在非参比条件下试验。

9.5.1.3 试验设备

流量标准装置、压力计、稳定的气源、调压阀门和开关阀门。

9.5.1.4 试验程序

a）记录试验前燃气表的计数器读数；

b）在燃气表出口通入 2 kPa 压力的空气，燃气表入口与大气相通；

c）观察计数器直到它停止运转，再次记录计数器的读数；

d）从记录的计数器最后读数中减去记录的计数器初始读数，算出记录的逆向通气量。

9.5.1.5 合格判据

燃气表的防逆转功能应符合 7.2.2.1 的要求。

9.5.2 防气流逆向流动功能

9.5.2.1 试验目的

检验燃气表的防气流逆向流动装置在遭遇气体逆向流动时，是否符合 7.2.2.2 的要求。

9.5.2.2 试验条件

可在非参比条件下试验。

9.5.2.3 试验设备

流量标准装置、压力计、稳定的气源、调压阀门和开关阀门。

9.5.2.4 试验程序

将稳定压力的气源经流量测量装置接至燃气表的出口，使燃气表出口处的压力为 2 kPa，燃气表入口与大气相通，用流量测量装置测量流经燃气表的平均逆向流量。

9.5.2.5　合格判据

燃气表防逆流功能应符合第 7.2.2.2 的要求。

9.6　控制功能

9.6.1　预付费及用气控制

9.6.1.1　试验目的

检验燃气表的预付费及用气控制是否符合 7.2.3.1 的要求。

9.6.1.2　试验条件

可在非参比条件下试验。

9.6.1.3　试验设备

用户卡和写卡器、稳定的气源、调压阀门和开关阀门。

注：申请单位需提供用户卡和写卡器。

9.6.1.4　试验程序

按图 3 连接运行燃气表，当气量减至供气设定值时，检查控制阀能否关闭。重新输入一定气量值后，检查输入气量是否正确，控制阀是否打开。正常用气时，检查表内气量是否准确核减。

9.6.1.5　合格判据

燃气表预付费及用气控制应符合 7.2.3.1 的要求。

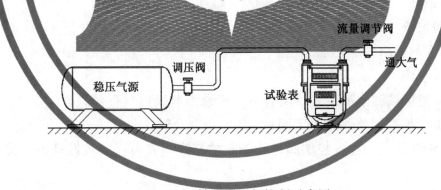

图 3　预付费及用气控制示意图

9.6.2　电源欠压保护

9.6.2.1　试验目的

检验燃气表的电源欠压保护是否符合 7.2.3.2 的要求。

9.6.2.2　试验条件

在非参比条件下试验。

9.6.2.3　试验设备

稳压电源、电压表、用户卡和写卡器、稳定的气源、调压阀门和开关阀门。

9.6.2.4　试验程序

a) 按图 4 连接被测附加装置，输入任意气量后，记录当前表内气存量；

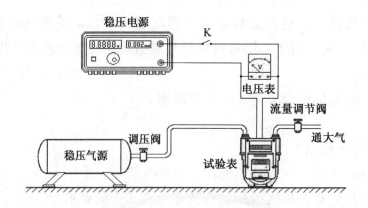

图 4　电源欠压保护示意图

b）将直流稳压电源调整至附加装置的正常工作电压，闭合 K，使附加装置正常工作，然后缓慢下调稳压电源的电压至低电压设计值，检查燃气表是否关闭控制阀；

c）当恢复至正常电源电压，检查控制阀能否正常打开，表内气存量是否与关阀前完全一致。

9.6.2.5　合格判据

燃气表电源欠压保护应符合 7.2.3.2 的要求。

9.6.3　断电保护

9.6.3.1　试验目的

检验燃气表的断电保护是否符合 7.2.3.3 的要求。

9.6.3.2　试验条件

在非参比条件下试验。

9.6.3.3　试验设备

按 9.6.2.3 的要求。

9.6.3.4　试验程序

a）按图 4 连接被测附加装置。闭合 K，记录当前表内气存量；

b）断开 K，检查控制阀是否关闭；

c）1 h 后恢复供电，检查控制阀是否能正常打开，表内存贮数据是否与关阀前完全一致。

9.6.3.5　合格判据

燃气表断电保护应符合 7.2.3.3 的要求。

9.6.4　数据防护

9.6.4.1　试验目的

检验燃气表的数据防护是否符合 7.2.3.4 的要求。

9.6.4.2　试验条件

在非参比条件下试验。

9.6.4.3　试验设备

按 9.6.2.3 的要求。

9.6.4.4　试验程序

按 9.6.2.4 和 9.6.3.4 的试验程序。

9.6.4.5　合格判据

燃气表数据防护应符合 7.2.3.4 的要求。

9.6.5　气量累积

9.6.5.1　试验目的

检验燃气表的气量累积是否符合 7.2.3.5 的要求。

9.6.5.2　试验条件

在非参比条件下试验。

9.6.5.3　试验设备

用户卡和写卡器。

9.6.5.4　试验程序

a）向燃气表输入气量（累计次数不少于 2 次）；

b）检查燃气表是否显示输入气量和剩余气量累加的总气量。

9.6.5.5　合格判据

燃气表气量累积应符合 7.2.3.5 的要求。

9.7　提示功能

9.7.1　电量不足

9.7.1.1　试验目的

检验燃气表的电量不足提示是否符合 7.2.4.1 的要求。

9.7.1.2　试验条件

在非参比条件下试验。

9.7.1.3　试验设备

稳压电源：电压（0～36）V 连续可调，输出电流 1 A；电压表准确度等级 1 级。

9.7.1.4　试验程序

按图 4 连接被测附加装置，将稳压电源调整至附加装置的正常工作电压，闭合 K，使附加装置正常工作，然后缓慢下调稳压电源的电压至产品设计电压下限值时，检查是否予以提示。

9.7.1.5　合格判据

燃气表的电量不足提示应符合 7.2.4.1 的要求。

9.7.2　气量不足

9.7.2.1　试验目的

检验燃气表的气量不足提示是否符合 7.2.4.2 的要求。

9.7.2.2　试验条件

在非参比条件下试验。

9.7.2.3　试验设备

流量标准装置、稳定的气源、调压和开关阀门。

9.7.2.4　试验程序

按图 3 连接好附加装置后，向燃气表输入高于报警气量，使其正常工作，当燃气表剩余气量减少至报警气量时，检查是否予以提示。

9.7.2.5　合格判据

燃气表气量不足提示应符合7.2.4.2的要求。

9.7.3　误操作

9.7.3.1　试验目的

检验燃气表的误操作提示是否符合7.2.4.3的要求。

9.7.3.2　试验条件

在非参比条件下试验。

9.7.3.3　试验设备

非本表卡、用户卡。

9.7.3.4　试验程序

a）将非本表卡插入燃气表，检查是否有相应的错误提示，并保持原有工作状态；

b）用户卡与燃气表之间数据传送未完成时，将用户卡快速拔出（适用于接触式）或离开（适用于非接触式），检查是否予以提示。

9.7.3.5　合格判据

燃气表误操作提示应符合7.2.4.3的要求。

9.7.4　读写卡提示

9.7.4.1　试验目的

检验燃气表的读写卡提示是否符合7.2.4.4的要求。

9.7.4.2　试验条件

在非参比条件下试验。

9.7.4.3　试验设备

用户卡和写卡器。

9.7.4.4　试验程序

观察用户卡与燃气表读写卡完成时，检查是否能予以提示。

9.7.4.5　合格判据

燃气表读写卡提示应符合7.2.4.4的要求。

9.8　抗干扰性防护功能

9.8.1　试验目的

检验燃气表的抗干扰性防护功能是否符合7.2.5的要求。

9.8.2　试验条件

在非参比条件下试验。

9.8.3　试验设备

磁感应强度为（400～500）mT的磁铁、非本表卡、流量标准装置、稳定的气源、调压和开关阀门。

9.8.4　试验程序

a）燃气表在正常流量范围内工作，用一块磁铁贴近燃气表的任何部位；

b）用非本表卡插入燃气表；

c）燃气表在 a）或 b）外界干扰时，观察燃气表能关闭控制阀或能正常工作，并且无损坏、存贮信息不丢失、不改变。

9.8.5 合格判据

燃气表抗干扰性防护应符合 7.2.5 的要求。

9.9 温度适应性试验

9.9.1 试验目的

检验燃气表在工作温度范围内的示值误差和误差曲线，是否符合表 1 耐久性试验后的最大允许误差要求。

9.9.2 试验条件

在非参比条件下试验。

9.9.3 试验设备

示值误差的试验设备：要求测量结果扩展不确定度应等于或优于燃气表最大允许误差的三分之一。辅助设备：高低温箱、热交换器、压力计、温度计、调压和开关阀门。

9.9.4 试验程序

a）应在下述两个温度下分别进行试验：

1）离燃气表最低工作温度 5 ℃之内的温度；

2）离燃气表最高工作温度 5 ℃之内的温度。

b）试验时燃气表处的环境温度和燃气表入口处试验空气的温度应一致，彼此间相差不超过 2 ℃。同时，在被检燃气表处的实测温度应保持在设定温度值的 1 ℃变化范围之内。

c）在试验前检查温度是否充分稳定，并实测该温度。

d）试验可采用图 5 所示的试验方法或者其他等效试验方法。

e）试验流量点为 q_{max}、$0.7\,q_{max}$ 和 $0.2\,q_{max}$，每个流量点至少试验 2 次。

f）试验空气湿度应不造成冷凝。

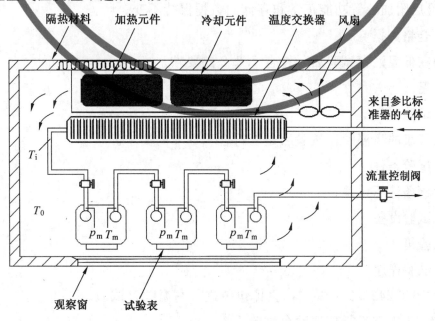

图 5 温度适应性试验示意图

9.9.5 数据处理

按公式（2）计算各流量点单次测量误差，取其平均值作为该流量点的示值误差。

9.9.6 合格判据

燃气表温度适应性试验中，符合表1耐久性试验后的最大允许误差要求。

9.10 贮存性能

9.10.1 低温

9.10.1.1 试验目的

检验燃气表的低温贮存试验后是否符合7.3.2的要求。

9.10.1.2 试验条件

在非参比条件下试验。

9.10.1.3 试验设备

温度试验箱。

9.10.1.4 试验程序

a）按 GB/T 2423.1 的要求，去掉包装进行低温贮存试验。

b）按表12规定进行低温贮存试验。

表 12 低温贮存试验

试验温度	−20 ℃
持续时间	2 h
恢复时间	2 h

注：温度变化率不应超过1 ℃/min，对空气湿度要求在整个试验期间应避免凝结水。

c）试验后附加装置功能正常和存储的数据保持不变。

9.10.1.5 合格判据

燃气表在低温贮存试验后，符合7.3.2的要求。

9.10.2 高温

9.10.2.1 试验目的

检验燃气表的高温贮存试验后是否符合7.3.2的要求。

9.10.2.2 试验条件

在非参比条件下试验。

9.10.2.3 试验设备

温度试验箱。

9.10.2.4 试验程序

a）按 GB/T 2423.2 的要求，去掉包装进行高温贮存试验。

b）按表13规定进行高温贮存试验。

表 13　高温贮存试验

试验温度	55 ℃
持续时间	2 h
恢复时间	2 h

注：温度变化率不应超过 1 ℃/min，对空气湿度要求在整个试验期间应避免凝结水。

   c)　试验后附加装置功能正常和存储的数据保持不变。

9.10.2.5　合格判据

燃气表在高温贮存试验后，符合 7.3.2 的要求。

9.10.3　恒定湿热

9.10.3.1　试验目的

检验燃气表的恒定湿热试验后是否符合 7.3.2 的要求。

9.10.3.2　试验条件

在非参比条件下试验。

9.10.3.3　试验设备

恒定湿热试验箱。

9.10.3.4　试验程序

a) 按 GB/T 2423.3 的要求，去掉包装进行恒定湿热试验。

b) 按表 14 规定进行恒定湿热试验。

表 14　恒定湿热贮存试验

试验温度	(40±2) ℃
相对湿度	(93±3)%
持续时间	48 h
恢复时间	2 h

c) 试验后附加装置功能正常和存储的数据保持不变。

9.10.3.5　合格判据

燃气表在恒定湿热贮存试验后，符合 7.3.2 的要求。

9.11　电磁兼容

9.11.1　射频电磁场辐射抗扰度

9.11.1.1　试验目的

检验燃气表在射频电磁场辐射抗扰度试验后是否符合 7.3.3.1 的要求。

9.11.1.2　试验条件

在非参比条件下试验。

9.11.1.3　试验设备

射频电磁场辐射抗扰度试验设备。

9.11.1.4　试验程序

a) 按 GB/T 17626.3 的要求，带附加装置的燃气表在模拟工作状态下进行射频电磁场辐射抗扰度试验。

b）按表 15 规定的参数施加射频电磁场辐射抗扰度试验。

表 15　射频电磁场辐射抗扰度试验

频率范围	80 MHz～1 000 MHz
试验等级	3 级
试验场强	10 V/m
调制正弦波	80％AM、1 kHz 正弦波
极化方向	水平，垂直

注：AM（Amplitude modulation）幅度调制。

9.11.1.5　合格判据

在射频电磁场辐射抗扰度试验中，燃气表可出现功能或者性能暂时丧失或者降低，但是在试验停止后，附加装置的工作应正常，存储的数据保持不变。

9.11.2　静电放电抗扰度

9.11.2.1　试验目的

检验燃气表在静电放电抗扰度试验后是否符合 7.3.3.2 的要求。

9.11.2.2　试验条件

在非参比条件下试验。

9.11.2.3　试验设备

静电放电抗扰度试验设备。

9.11.2.4　试验程序

a）按 GB/T 17626.2 的要求，燃气表附加装置在模拟工作状态下进行静电放电抗扰度试验。

b）按表 16 规定的参数施加静电放电抗扰度试验。

表 16　静电放电抗扰度试验

放电方式	接触放电	空气放电
试验等级	3 级	3 级
试验电压	6 kV	8 kV
试验次数	10 次	10 次

9.11.2.5　合格判据

在静电放电抗扰度试验中，燃气表可出现功能或者性能暂时丧失或者降低，但是在试验停止后，附加装置的工作应正常，存储的数据保持不变。

9.11.3　脉冲群抗扰度

具有直流电源输入端口与 AC-DC 电源转换器配合使用的装置应按制造商的规定对 AC-DC 电源转换器的交流电源输入进行试验，若制造商未作规定，应使用一个典型 AC-DC 电源转换器进行试验。此试验适用于准备永久连接长度超过 10 m 的电缆的直流电源输入端口。

9.11.3.1 试验目的

检验燃气表在主电源电压上叠加电脉冲群试验后是否符合 7.3.3.3 的要求。

9.11.3.2 试验条件

在非参比条件下试验。

9.11.3.3 试验设备

脉冲群信号发生器。

9.11.3.4 试验程序

a）按 GB/T 17626.4 的要求，燃气表附加装置在模拟工作状态下进行抗脉冲群干扰试验。

b）按表 17 规定的参数施加脉冲群抗扰度试验。

表 17 脉冲群抗扰度试验

试验方式	供电电源端口，保护接地（PE）	在 I/O（输入/输出）信号、数据和控制端口
试验等级	3 级	3 级
电压峰值/kV	2	1
试验时间/s	60	60
重复频率/kHz	5	5

注：若传感器与附加装置为一体，则只在供电电源与保护地之间进行试验。

9.11.3.5 合格判据

在脉冲群抗扰度试验中，燃气表可出现功能或者性能暂时丧失或者降低，但是在试验停止后，附加装置的工作应正常，存储的数据保持不变。

9.11.4 浪涌（冲击）抗扰度

具有直流电源输入端口与 AC-DC 电源转换器配合使用的装置应按制造商的规定对 AC-DC 电源转换器的交流电源输入进行试验，若制造商未作规定，应使用一个典型 AC-DC 电源转换器进行试验。此试验适用于准备永久连接长度超过 10 m 的电缆的直流电源输入端口。

9.11.4.1 试验目的

检验燃气表的浪涌（冲击）抗扰度试验后是否符合 7.3.3.4 的要求。

9.11.4.2 试验条件

在非参比条件下试验。

9.11.4.3 试验设备

雷击浪涌发生器。

9.11.4.4 试验程序

a）按 GB/T 17626.5 的要求，燃气表附加装置在模拟工作状态下进行浪涌（冲击）抗扰度试验。

b）按表 18 规定的参数施加浪涌（冲击）抗扰度试验。

表 18　浪涌（冲击）抗扰度试验

试验等级	2 级
开路试验电压/kV	1.0
浪涌波形/μs	1.2/50 μs～8/20 μs
试验方式	线-地，线-线
极性	正极，负极
试验次数	各 5 次
重复率	1 次/min

9.11.4.5　合格判据

在浪涌（冲击）抗扰度试验中，燃气表可出现功能或者性能暂时丧失或者降低，但是在试验停止后，附加装置的工作应正常，存储的数据保持不变。

9.12　耐用性

9.12.1　IC 卡卡座耐用性

9.12.1.1　试验目的

检验燃气表的 IC 卡卡座耐用性试验后是否符合 7.4.1 的要求。

9.12.1.2　试验条件

在非参比条件下试验。

9.12.1.3　试验设备

IC 卡插拔试验机。

9.12.1.4　试验程序

将 IC 卡反复插拔累计 5 000 次，IC 卡的插拔速率小于 20 次/min，试验后目测卡座有无破损等异常，检查附加装置能否正常工作。

9.12.1.5　合格判据

燃气表 IC 卡卡座耐用性试验应符合 7.4.1 的要求。

9.12.2　控制阀耐用性

9.12.2.1　试验目的

检验燃气表的控制阀耐用性试验后是否符合 7.4.2 的要求。

9.12.2.2　试验条件

在非参比条件下试验。

9.12.2.3　试验设备

控制阀试验器、流量试验仪表、压力计、秒表、稳定的气源、调压和开关阀门。

9.12.2.4　试验程序

a）使燃气表控制阀开、关动作 2 000 次，开关速率小于 10 次/min；

b）试验方法如图 2 所示，将控制阀处于关闭状态，压力为（4.5～5）kPa 时，控制阀出口泄漏量不得大于 0.55 dm³/h。

9.12.2.5　合格判据

燃气表控制阀耐用性应符合 7.4.2 的要求。

9.13 远程控制

9.13.1 试验目的

检验带远程控制的燃气表试验后是否符合 7.5 的要求。

9.13.2 试验条件

在非参比条件下试验。

9.13.3 试验设备

固定式或移动式的抄表系统。

9.13.4 试验程序

a）带远程附加装置的功能试验前，应配备与远程附加装置数据传输相匹配的固定式或移动式的抄表系统，并核查其功能，确认正常后投入试验。

b）使用配套的系统，如移动式抄表系统，在产品技术要求的最大距离抄取燃气表的数据，包含读历史数据、读表时间、累积气量、附加装置的状态（如电池电量、控制阀状态）。

c）带控制阀的燃气表，产品技术要求的最大距离，使用抄表系统能实现远程打开或关闭控制阀的功能。

9.13.5 合格判据

燃气表远程控制应符合 7.5 的要求。

9.14 机电转换

9.14.1 实时转换

9.14.1.1 试验目的

检验燃气表的实时转换试验后是否符合 7.6 的要求。

9.14.1.2 试验条件

在非参比条件下试验。

9.14.1.3 试验设备

流量标准装置、稳定的气源、调压和开关阀门。

9.14.1.4 试验程序

a）在试验开始之前，记录附加装置的电子显示和机械计数器的初始读数。在 q_{max} 下运行燃气表。

b）试验不少于 10 min 并且不少于 2 个机电转换当量的通气量，试验结束后，检查附加装置的电子显示与机械计数器的运行读数是否一致。

9.14.1.5 合格判据

燃气表实时转换应符合 7.6 的要求。

9.14.2 直读转换

9.14.2.1 试验目的

检验燃气表的直读转换试验后是否符合 7.6 的要求。

9.14.2.2 试验条件

在非参比条件下试验。

9.14.2.3 试验设备

流量标准装置、稳定的气源、调压阀门和开关阀门。

9.14.2.4 试验程序

a) 在试验开始之前，记录附加装置的电子显示和机械计数器的初始读数。

b) 燃气表运行不少于 2 个最小转换读数值，以机械计数器示值作为标准示值，检查通过工装设备读取直读式传感器转换后的电子读数并显示是否一致。

9.14.2.5 合格判据

燃气表直读转换试验应符合 7.6 的要求。

9.15 防爆性能

检查防爆证书应符合 7.7 的要求。

9.16 过载流量

9.16.1 试验目的

检验燃气表承受过载流量 q_r 后，示值误差是否符合表 1 初始最大允许误差的要求。

9.16.2 试验条件

在参比条件下试验。

9.16.3 试验设备

燃气表试验装置技术要求符合 9.1.1 的要求。

9.16.4 试验程序

a) 将燃气表在 q_r 流量下通气运行 1 h；

b) 在 q_t、$0.4 q_{max}$ 和 q_{max} 流量点下各进行 3 次示值误差试验。并确保每次试验流量不同（即不允许在相同流量点进行连续试验）；

c) 计算每个流量点示值误差的算术平均值。

9.16.5 数据处理

按公式（2）计算。

9.16.6 合格判据

燃气表承受过载流量 q_r 试验后，示值误差符合初始最大允许误差要求。

9.17 耐久性

9.17.1 试验目的

检验进行耐久性试验后燃气表的示值误差、误差曲线、压力损失和密封性是否分别符合表 1、表 2 和表 3 耐久性试验后的要求及 6.2.4 和 7.2.1 的要求。

9.17.2 试验条件

耐久性试验压力不超过最大工作压力。耐久性试验完成后计量性能试验在参比条件下进行复测。

9.17.3 试验设备

a) 耐久性试验装置；

b) 示值误差、误差曲线、压力损失和密封性分别按 9.2.1.3、9.4.1.3 和 9.5.1.3 的要求的设备。

9.17.4 试验程序

a）耐久性试验如图 6 所示。

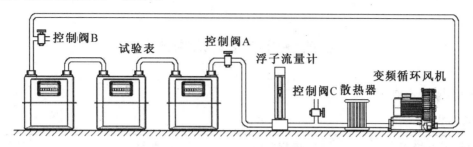

图 6　耐久性试验示意图

注：

1　试验燃气表的流量通过控制阀 A 来调节。

2　气体经控制阀 B 进入试验台，通过循环泵或风机在试验燃气表中循环。

3　为了维持整个回路的新鲜气体供应，可调节控制阀 C，排出约为 $0.001 q_{max}$ 的气体。

b）可用空气作为试验介质，试验应按表 7 中的要求进行。

c）在试验期间，燃气表周围的环境条件应在燃气表正常工作条件范围内。

d）记录耐久性试验开始及终止时燃气表的读数。在耐久性试验期间，燃气表所累积的气体体积量与耐久性试验的实际流量和耐久性试验时间乘积基本一致。

e）耐久性运行完成后复测示值误差、误差曲线、压力损失和密封性。

在耐久性试验结束 48 h 内，进行示值误差试验。q_{min}、$3 q_{min}$ 流量点至少各测量 2 次；q_t、$0.2 q_{max}$、$0.4 q_{max}$、$0.7 q_{max}$ 和 q_{max} 流量点至少各测量 3 次。

9.17.5　数据处理

示值误差、误差曲线、压力损失分别按 9.2.1.5 和 9.3.5 要求数据处理。

9.17.6　合格判据

燃气表在耐久性试验后符合下列要求：

a）示值误差符合表 1 耐久性试验后最大允许误差的要求；

b）误差曲线符合表 2 耐久性试验后误差曲线的要求；

c）压力损失符合表 3 耐久性试验后压力损失的要求；

d）密封性符合 7.2.1 的要求。

10　型式评价结果的判定原则

对每一规格产品的判定，分为单项判定和综合判定。

10.1　单项判定原则

单项判定根据每个项目的技术要求、实测数据给出是否合格的结论，其中一台样机不合格时，单项结论判定为不合格。

10.2　综合判定原则

所有试验项目均合格，综合判定为合格。

有一项以上（含一项）项目不合格的，综合判定为不合格。

10.3　系列产品的判定

所有规格样机均合格的则判定为系列产品合格。其中有一个规格不合格，则判定为系列产品不合格。

附录 A

型式评价原始记录格式

A.1 基本情况

主要检测仪器

主要计量标准器	准确度等级	型号	编号

试验环境条件

试验环境条件	温度 ℃	相对湿度 %	大气压 Pa
	～	～	～

样机基本情况

申请单位		制造商	
产品名称		准确度等级	
样机数量		型号、规格	
注册商标		样机编号	
试验地点		型式评价时间	
型式评价依据			
型式评价结论			

评价人员：   复核：

A.2 试验记录

A.2.1 观察项目

表格填写要求：

+	−	
○		通过
	×	不通过
N/A	N/A	不适用

填写要求：

1. 通过"○"；2. 不通过"×"；3. 有数值要求的填写数值；4. 不适用"N/A"。

A.2.1.1 法制管理

项目		记录	+	−
标志和标识、铭牌标记	制造计量器具许可证的标志和编号			
	制造商名称			
	产品名称			
	型号、规格			
	准确度等级			
	流量范围			
	最大工作压力			
	回转体积			
	样机编号			
	制造年月			
	表体上气体流向标志			
	其他指标（如适用）			
计量单位				
外部结构要求				

A.2.1.2 外观、最小分度值、流量范围

项目	记录	+	−	备注
1 外观				
2 最小分度值				
3 流量范围				

A.2.1.3 指示装置

项目	记录	+	−	备注
1 机械计数器				
2 电子显示器				

A.2.1.4 防爆性能证明

项目	记录	+	−	发证机构
防爆合格证书				

A.2.2 检测记录

A.2.2.1 计量性能

　　a）示值误差、误差曲线

温度　　　　℃　　　　　　大气压力　　　　kPa

检测日期：　　　年　　月　　日

样机编号 No：

试验流量 m³/h		样机示值 L	标准装置示值 L	示值误差 %	平均示值误差 %	误差曲线	
						同号时误差绝对值≤1%	最大值和最小值之差≤2%
q_{max}	升流量						
	降流量						
$0.7q_{max}$	升流量						
	降流量						
$0.4q_{max}$	升流量						
	降流量						
$0.2q_{max}$	升流量						
	降流量						
q_t	升流量						
	降流量						
$3q_{min}$						N/A	
q_{min}						N/A	
注：$q_t \leqslant q \leqslant q_{max}$ 范围内的每一个流量点示值误差最大值与最小值之差的绝对值应不大于 0.6%。							

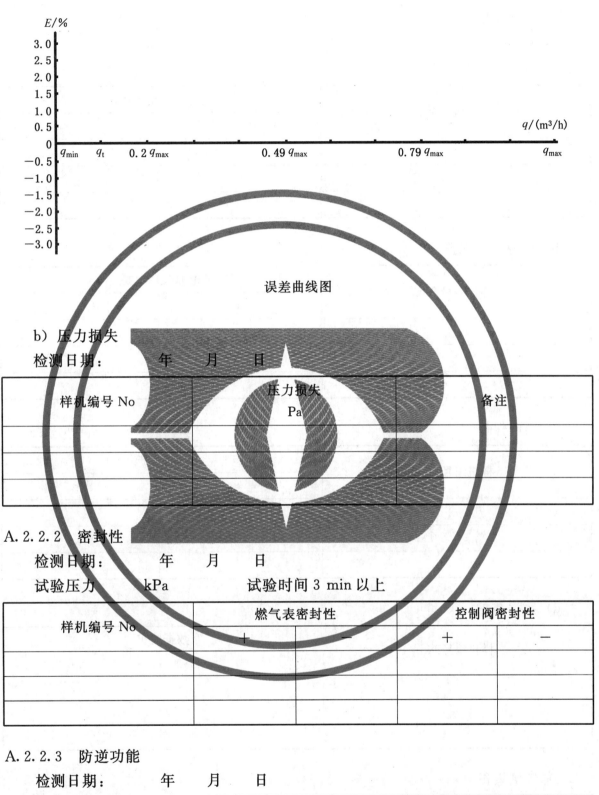

误差曲线图

b）压力损失

检测日期：　　　年　　月　　日

样机编号 No	压力损失 Pa		备注

A.2.2.2　密封性

检测日期：　　　年　　月　　日

试验压力　　　kPa　　　试验时间 3 min 以上

样机编号 No	燃气表密封性		控制阀密封性	
	+	−	+	−

A.2.2.3　防逆功能

检测日期：　　　年　　月　　日

样机编号 No	防止逆转装置		防气流逆向流动装置	
	+	−	+	−

A.2.2.4 控制功能

检测日期： 年 月 日

a) 预付费及用气控制

样机编号 No	预付费及用气控制	
	+	−

b) 电源欠压保护

样机编号 No	电源欠压保护	
	+	−

c) 断电保护

样机编号 No	断电保护	
	+	−

d) 数据防护

样机编号 No	数据防护	
	+	−

e) 气量累积

样机编号 No	气量累积	
	+	−

A.2.2.5 提示功能（电量不足、气量不足、误操作、读写卡提示）

样机编号 No	电量不足		气量不足		误操作		读写卡提示	
	+	—	+	—	+	—	+	—

A.2.2.6 抗干扰性防护功能

样机编号 No	抗干扰性防护功能	
	+	—

A.2.2.7 温度适应性

　　a）最低工作温度试验

　　检测日期：　　　年　　月　　日

　　样机编号 No：

试验流量 m³/h	样机示值 L	标准装置示值 L	示值误差 %	平均示值误差 %
q_{max}				
0.7 q_{max}				
0.2 q_{max}				

　　b）最高工作温度试验

　　检测日期：　　　年　　月　　日

　　样机编号 No：

试验流量 m³/h	样机示值 L	标准装置示值 L	示值误差 %	平均示值误差 %
q_{max}				
0.7 q_{max}				
0.2 q_{max}				

A.2.2.8 贮存性能

样机编号 No	低温		高温		恒定湿热	
	+	−	+	−	+	−

判断试验后样机是否工作正常、对数据是否影响。

A.2.2.9 电磁兼容

a) 射频电磁场辐射抗扰度和静电放电抗扰度

样机编号 No	射频电磁场辐射抗扰度		静电放电抗扰度	
	+	−	+	−

b) 脉冲群抗扰度和浪涌（冲击）抗扰度（适用于交流供电）

样机编号 No	脉冲群抗扰度		浪涌（冲击）抗扰度	
	+	−	+	−

环境适应性试验（贮存性能和电磁兼容试验）后的示值误差复测：

样机编号 No：

试验流量 m^3/h	样机示值 L	标准装置示值 L	示值误差 %	平均示值误差 %
q_{max}				
$0.2\,q_{max}$				
q_{min}				

A.2.2.10 耐用性

控制阀耐用性、IC 卡卡座耐用性。

样机编号 No	控制阀耐用性		IC 卡卡座耐用性	
	+	−	+	−

A.2.2.11 远程控制

样机编号 No	远程控制	
	+	−

A.2.2.12 机电转换

实时转换、直读转换。

样机编号 No	实时转换		直读转换	
	+	−	+	−

A.2.2.13 过载流量

过载流量后示值误差。

检测日期：　　　年　　月　　日

样机编号 No：

试验流量 m³/h	样机示值 L	标准装置示值 L	示值误差 %	平均示值误差 %
q_{max}				
0.4 q_{max}				
q_t				

A.2.2.14 耐久性试验

a) 耐久性运行参数

样机编号 No	试验日期	运行流量 m³/h	运行时间 h	计数器初始值 m³	计数器终止值 m³
	年　月　日至 年　月　日				
	年　月　日至 年　月　日				
	年　月　日至 年　月　日				

b) 耐久性试验后示值误差、误差曲线

检测日期：　　　年　　月　　日

样机编号 No：

试验流量 m³/h	样机示值 L	标准装置示值 L	示值误差 %	平均示值误差 %	误差曲线	
					最大值和最小值之差≤3%	与初始试验各相应点的示值误差值偏离≤2%
q_{max}						
$0.7\ q_{max}$						
$0.4\ q_{max}$						
$0.2\ q_{max}$						
q_t						
$3\ q_{min}$					N/A	
q_{min}					N/A	

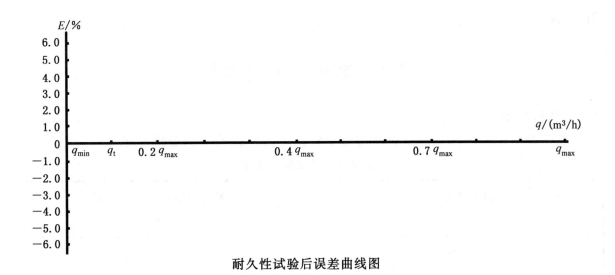

耐久性试验后误差曲线图

c）耐久性试验后压力损失

检测日期：　　　年　　　月　　　日

样机编号 No	压力损失 Pa	备注

d）耐久性试验后密封性

检测日期：　　　年　　　月　　　日

样机编号 No	密封性	
	＋	－

附录 B

样机数量和系列产品选择

B.1 样机数量

燃气表型式评价时，每种规格的最少样机数量按表 B.1 的要求确定。

表 B.1 样机选择数量

最大流量 q_{max} m^3/h	每种规格样机最少数量 台
$q_{max} < 40$	3
$q_{max} \geqslant 40$	2

注：

1 负责型式评价的技术机构根据试验需要，可要求申请单位提供更多的样机和主要部件进行试验。

2 耐久性试验样机按表 8 要求另行选取。

3 样机外观、内部结构、重要部件进行照相存档。

B.2 系列燃气表

本附录描述进行型式评价时，用于判定一组燃气表是否为同一系列的评判标准，这种情况下可对所选规格的燃气表进行型式评价试验。

B.2.1 系列产品定义

所谓的系列燃气表是指一组基本参数系列化的同系列但是不同规格、不同流量范围的燃气表，必须具有下列特征：

a）制造商相同；

b）安装口径相同；

c）测量原理相同；

d）机芯相同；

e）准确度等级相同；

f）工作温度相同；

g）带附加装置的燃气表系列产品的附加装置相同；

h）相似的设计标准和零部件装配；

i）燃气表重要部件的明细表相同，关键零件采用的材质相同；

j）与燃气表规格有关的安装要求相同。

B.2.2 燃气表选择

在系列产品中选择应进行试验的燃气表规格时，应遵守下列原则：

a）批准机构应声明选择或省略特殊规格燃气表进行试验的理由；

b）系列燃气表中的最小流量燃气表应进行试验；

c）系列燃气表中具有极端工作参数的燃气表应考虑进行试验；

d) 如果可行，系列燃气表中的最大流量燃气表应进行试验；

e) 耐久性试验应对预计磨损最严重的燃气表进行试验；

f) 与影响因子和干扰相关的所有性能试验应对系列燃气表中的一种规格进行；

g) 一般情况下，型式评价样机规格的最少选择示意图中（图 B.1）可把带下划线的规格作为系列产品的代表样机进行试验。（注：每行代表一个系列产品，图中"1"代表为最小规格燃气表。负责型式评价的技术机构根据试验需要。可要求申请单位提供更多规格的样机进行试验。）

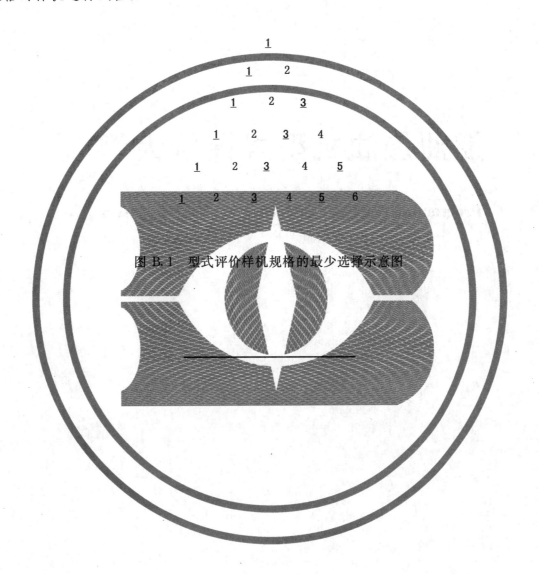

图 B.1　型式评价样机规格的最少选择示意图

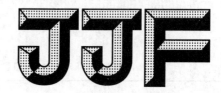

中华人民共和国国家计量技术规范

JJF 1521—2015

燃油加油机型式评价大纲

Program of Pattern Evaluation of Fuel Dispensers

2015-04-10 发布

2015-10-10 实施

国家质量监督检验检疫总局 发布

燃油加油机型式评价大纲

Program of Pattern Evaluation of Fuel Dispensers

JJF 1521—2015
代替 JJG 443—2006
的附录 A

归　口　单　位：全国流量容量计量技术委员会

主要起草单位：北京市计量检测科学研究院

广东省计量科学研究院

上海市计量测试技术研究院

参加起草单位：浙江省计量科学研究院

江阴市富仁高科股份有限公司

本规范委托全国流量容量计量技术委员会负责解释

本规范主要起草人：

  杨　静（北京市计量检测科学研究院）

  吴伟龙（广东省计量科学研究院）

  张进明（上海市计量测试技术研究院）

参加起草人：

  詹志杰（浙江省计量科学研究院）

  王子钢（北京市计量检测科学研究院）

  张　辉（江阴市富仁高科股份有限公司）

  何　岩（北京市计量检测科学研究院）

引　言

本规范是以国家标准 GB/T 9081—2008《机动车燃油加油机》、国际法制计量组织（OIML）的国际建议 R117-1 e2007《非水液体动态测量系统　第 1 部分：计量和技术要求》（Dynamic measuring systems for liquids other than water. Part 1：Metrological and technical requirements）、R118 e1995《机动车燃油加油机型式评价试验过程和试验报告格式》（Testing procedures and test report format for pattern evaluation of fuel dispensers for motor vehicles）为技术依据，结合了我国燃油加油机的行业现状，对 JJG 443—2006 版本附录 A 的"型式评价试验方法"进行修订的。主要的技术指标与国家标准等效，与国际建议部分等效。本规范与 JJG 443—2006 版本附录 A 的"型式评价试验方法"相比，除编辑性修改外主要技术变化如下：

——在定义中增加了自锁功能；

——在通用技术要求中增加了指示装置的要求；

——在通用技术要求中增加了设置专用接口的要求；

——增加了指示装置的显示控制板不得有微处理器的要求；

——删除了与税控功能相关的章节和附录；

——调整了加油机和最小被测量的重复性计算方法和技术要求；

——调整了稳定性试验的评价要求；

——删除了运输适应性试验；

——删除了软管导静电性试验；

——增加了第 9 章"提供样机的数量和样机的使用方式"的内容；

——增加了第 10 章"试验项目的试验方法、试验条件以及数据处理和合格判据"的内容；

——增加了第 11 章"试验项目所用计量器具表"的内容；

——增加了附录 A"型式评价记录格式"的内容。

本型式评价大纲实施后，原批准的型式无需进行全部或部分评价。

本规范的历次版本发布情况为：

——JJF 1060—1999《税控燃油加油机定型鉴定大纲》；

——JJG 443—2006《燃油加油机》附录 A。

燃油加油机型式评价大纲

1 范围

本型式评价大纲适用于燃油加油机(以下简称加油机)的型式评价。

2 引用文件

GB/T 2423.1—2008 电工电子产品环境试验 第2部分：试验方法 试验A：低温

GB/T 2423.2—2008 电工电子产品环境试验 第2部分：试验方法 试验B：高温

GB/T 2423.4—2008 电工电子产品环境试验 第2部分：试验方法 试验Db：交变湿热试验方法

GB/T 9081—2008 机动车燃油加油机

GB/T 17626.2—2006 电磁兼容 试验和测量技术 静电放电抗扰度试验

GB/T 17626.3—2006 电磁兼容 试验和测量技术 射频电磁场辐射抗扰度试验

GB/T 17626.4—2008 电磁兼容 试验和测量技术 电快速瞬变脉冲群抗扰度试验

GB/T 17626.5—2008 电磁兼容 试验和测量技术 浪涌(冲击)抗扰度试验

GB/T 17626.11—2008 电磁兼容 试验和测量技术 电压暂降、短时中断和电压变化的抗扰度试验

凡是注日期的引用文件，仅注日期的版本适用于本规范；凡是不注日期的引用文件，其最新版本(包括所有的修改单)适用于本规范。

3 术语

本规范除引用 GB/T 9081—2008 中 3.5～3.20 的术语外，还采用下列术语。

3.1 加油机 fuel dispensers

用来给车辆添加液体燃料的一种液体体积测量系统。当用户有 IC 卡支付、油气回收、税控功能等其他要求时，可以具备这些功能。用于国内油品贸易结算的加油机应具有自锁功能。

3.2 自锁功能 self-locking function

当加油机内涉及到计量的应用程序或参数被非法变更时，或当加油机的脉冲当量异常时，加油机应被锁机。

3.3 流量测量变换器 flow measurement transducer

将油品的流动量转换为机械转动信号送给编码器的部件。

3.4 编码器 encoder

将流量测量变换器的机械转动信号转换为脉冲信号送给计控主板的部件。

3.5 计控主板 measurement controlling board

主要由计量微处理器、监控微处理器、存储器等组成，其功能是接收编码器送来的脉冲信号生成加油数据并具有其他控制功能，加油数据经监控微处理器处理后送指示装置显示。

3.6 最小付费变量 minimum specified price deviation

加油机的最小付费变量为单价与最小体积变量的乘积。

4 概述

加油机一般是由油泵、油气分离器、流量测量变换器、控制阀、编码器、计控主板、指示装置、油枪等主要部件组成的液体体积测量系统。主要用于为车辆添加液体燃料，计量各种液体燃料的累计体积流量。

加油机工作原理：自带泵型加油机由电动机驱动油泵，油泵将储油罐中的燃油经油管及过滤器泵入油气分离器进行油气分离；潜油泵型加油机由计控主板发出控制信号送到潜油泵控制盒，启动潜油泵。在泵压作用下燃油经流量测量变换器、输油管、油枪输至受油容器。工作原理见图1。

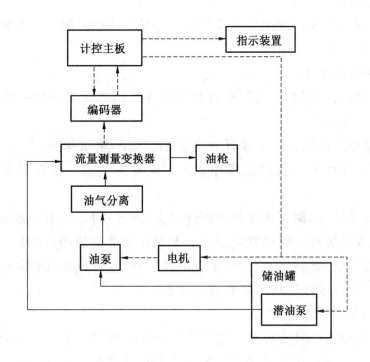

图1 工作原理图

流量测量变换器、油泵(含油气分离器)、计控主板、显示控制板为加油机的关键零部件。对于潜泵式加油机，潜泵不列入关键零部件。

5 法制管理要求

5.1 计量单位

加油机进行贸易结算的计量单位为升(L)，交易金额单位为人民币(元)。

5.2 结构

5.2.1 流量测量变换器可配备机械调整装置，以使流经流量测量变换器的实际体积值与显示的体积值相符，其调整装置应有可靠的封印机构，以防止部件被随意调整。

5.2.2 编码器与流量测量变换器间应有可靠的封印机构，编码器应是不可打开的，如被打开应失效且不可恢复。

5.2.3 计控主板应设计有可靠的封印机构，以防止随意更换计控主板。

5.3 标志

5.3.1 加油机应有铭牌，铭牌上应标明：制造厂名；产品名称及型号；制造年、月；出厂编号；流量范围；最大允许误差；最小被测量；电源电压；Ex 标志和防爆合格证编号；CMC 标志及编号。

> 注：申请的样机应预留出 CMC 标志及编号的位置。

5.3.2 多于一条油枪的加油机应标注油枪编号。

5.4 自锁功能

自锁功能由监控微处理器、编码器、POS 机和相应的程序来实现。当加油机内涉及到计量的应用程序或参数被非法变更时，加油机应被锁机。

5.4.1 监控微处理器

当计量微处理器或编码器中微处理器的程序被非法变更时，监控微处理器应对加油机进行锁机，即不能进行加油操作。

5.4.2 编码器和计控主板

5.4.2.1 编码器应与监控微处理器进行相互验证，当编码器与监控微处理器相互验证失败时，加油机应不工作。

5.4.2.2 初始化后的加油机，更换计控主板后，如不重新初始化，在进行 3 次加油操作后编码器应停止向计控主板发送脉冲数，编码器应记录、保存更换计控主板的相关信息。

5.4.2.3 当加油量异常（偏离正常脉冲当量的±0.6％）时，在累计加油 5 次后编码器应停止向计控主板发送脉冲，编码器应记录、保存异常情况的相关信息。

5.4.3 计控主板与指示装置的信号传输应可靠，其连接电缆中间不得有接插头。

5.4.4 指示装置的显示控制板不得有微处理器。

5.5 掉电保护和复显

加油过程因故中断（如停电）时，应完整保留所有数据。发生故障时，当次加油量的显示时间不少于 15 min，或在故障后 1 h 内，手动控制单次或多次复显的时间之和不少于 5 min。

6 计量要求

6.1 加油机的最大允许误差和重复性

加油机最大允许误差为±0.30％，其重复性不超过 0.10％。

6.2 加油机的流量范围

加油机的最大流量与最小流量之比不小于 10：1。

6.3　加油机的付费金额误差

加油机显示的付费金额不大于单价和体积示值计算的付费金额，且二者之差的绝对值不超过最小付费变量。

6.4　加油机的最小被测量及其最大允许误差和重复性

最大流量不大于 60 L/min 的加油机，最小被测量不超过 5 L。最大流量大于 60 L/min 的加油机，最小被测量由其使用说明书给出。

加油机最小被测量的最大允许误差为 ±0.50%，其重复性不超过 0.17%。

6.5　加油机流量中断状态的最大允许误差和重复性

加油机在流量中断条件下的最大允许误差和重复性应符合 6.1 的要求。

6.6　加油机的最小体积变量

最大流量不大于 60 L/min 的加油机，其最小体积变量不大于 0.01 L。最大流量大于 60 L/min 的加油机，其最小体积变量不大于 0.1 L。

7　通用技术要求

7.1　外观及结构

7.1.1　指示装置

7.1.1.1　指示装置应显示单价、付费金额、交易的体积量，显示的体积量应是工况条件下的体积量。

7.1.1.2　单价显示的每个数字的高度应不小于 4 mm；付费金额、交易的体积量显示的每个数字的高度应不小于 10 mm。

7.1.1.3　单价显示应不少于 4 位，小数点后 2 位，小数点前不少于 2 位。

7.1.1.4　付费金额显示应不少于 6 位，小数点后 2 位，小数点前不少于 4 位。

7.1.1.5　交易的体积量显示应不少于 6 位，小数点后 2 位，小数点前不少于 4 位。

7.1.2　控制阀

7.1.2.1　在流量测量变换器的进口或出口处必须安装控制阀。

7.1.2.2　当多条油枪共用一个流量测量变换器时，其中一条油枪加油时，其他油枪应由控制阀锁定不能加油。

7.2　功能要求

7.2.1　油气分离

7.2.1.1　加油机在最大流量和最低压力下工作时，油气分离器应能排除混在油液中的气体，并使加油机的最大允许误差和重复性符合 6.1 的要求。

7.2.1.2　油气分离器排除油液中气体的能力应满足下列要求：

对粘度低于或等于 1 mPa·s 的油液，气体相对于油液的体积比不超过 20%。

对粘度高于 1 mPa·s 的油液，气体相对于油液的体积比不超过 10%。

7.2.2　软管内容积变化

7.2.2.1　最大流量大于 60 L/min 且无软管卷轮的加油机，软管内容积变化不超过 40 mL。

7.2.2.2　最大流量大于 60 L/min 并配有软管卷轮的加油机，从不带压的卷曲状态到没有任何流动的带压的非卷曲状态所引起的软管内容积变化不超过 80 mL。

7.2.2.3 最大流量不大于 60 L/min 且无软管卷轮的加油机，软管内容积变化不超过 20 mL。

7.2.2.4 最大流量不大于 60 L/min 并配有软管卷轮的加油机，从不带压的卷曲状态到没有任何流动的带压的非卷曲状态所引起的软管内容积变化不超过 40 mL。

7.2.3 防爆性能

加油机应具有符合 GB/T 9081—2008 中 4.1.8 要求的防爆合格证。

7.2.4 加油机应设置专用接口，以方便通过该接口对加油机进行检查。

7.3 环境适应性

7.3.1 气候环境适应性

加油机在下列气候环境中其功能应正常，在 −25 ℃～+55 ℃ 环境下其示值误差和重复性满足 6.1 的要求。

温度：−25 ℃～+55 ℃；相对湿度：≤95%；大气压力：86 kPa～106 kPa。

7.3.2 电源适应性

加油机在下列电源环境中其功能应正常。

供电电源电压：单相 187 V～242 V 或三相 323 V～418 V；

供电电源频率：50 Hz±1 Hz。

7.3.3 电磁环境适应性

电磁环境试验包括静电放电抗扰度、射频电磁场辐射抗扰度、电快速瞬变脉冲群抗扰度、浪涌（冲击）抗扰度、电压暂降、短时中断和电压变化抗扰度试验。

在上述试验过程中和试验完成后，加油机的功能应正常，不允许下列与正常工作有关的功能降低：

——器件故障或非预期的动作；

——已存储数据的改变或丢失；

——工厂默认值的复位；

——运行模式的改变；

——数据显示的混乱或错误；

——键盘操作失效。

注：在本规范中功能应正常是指加油机的启停、单价设置、回零等功能正常。

7.3.3.1 静电放电抗扰度

按 GB/T 17626.2—2006 中的相关要求进行，试验等级为 3 级（空气放电：试验电压±8 kV；接触放电：试验电压±6 kV）。

7.3.3.2 射频电磁场辐射抗扰度

按 GB/T 17626.3—2006 中的相关要求进行，试验等级为 3 级，频率范围为 80 MHz～1 000 MHz，试验场强为 10 V/m。

7.3.3.3 电快速瞬变脉冲群抗扰度

按 GB/T 17626.4—2008 中的相关要求进行，试验等级为 3 级，在供电电源端口，开路输出试验电压峰值为 2 kV、脉冲的重复频率为 5 kHz，在 I/O 信号、数据和控制端口，开路输出试验电压峰值为 1 kV、脉冲的重复频率为 5 kHz。

7.3.3.4 电压暂降和短时中断

按 GB/T 17626.11—2008 中的相关要求进行，电压暂降：电压幅度减少 60%，持续时间为 25 个周期；电压短时中断：电压幅度减少 100%，持续时间为 10 个周期。

7.3.3.5 浪涌（冲击）

按 GB/T 17626.5—2008 中的相关要求进行，试验等级为 3 级，开路试验电压为 ±2 kV。

7.4 稳定性

加油机在额定流量下运行 100 h 后，其各点检定示值误差和重复性应符合 6.1 的要求；并且其示值误差与运行 100 h 前相比，在同一流量点变化的绝对值不得大于 0.30%，在运行期间不得对样机进行任何调整或改动。

8 型式评价项目表

加油机型式评价项目见表 1。

表 1 加油机整机型式评价项目一览表

序号	型式评价项目		技术要求	评价方式	评价方法
1	法制管理要求	计量单位	5.1	观察	
2		测量变换器的调整机构及封印机构	5.2.1	观察	
3		编码器与测量变换器的封印机构	5.2.2	观察	
4		计控主板的封印机构	5.2.3	观察	
5		铭牌	5.3.1	观察	
6		油枪编号	5.3.2	观察	
7		自锁功能	5.4.1 至 5.4.2	试验	10.1
			5.4.3	观察	
			5.4.4	观察	
8		掉电保护和复显	5.5	观察	
9	计量要求	加油机的示值误差和重复性	6.1	试验	10.2
10		加油机的流量范围	6.2	试验	
11		加油机的付费金额误差	6.3	试验	
12		加油机的最小被测量	6.4	观察	
13		加油机的最小被测量示值误差和重复性		试验	10.3
14		加油机流量中断状态的示值误差和重复性	6.5	试验	10.4
15		加油机的最小体积变量	6.6	观察	

表 1（续）

序号	型式评价项目			技术要求	评价方式	评价方法
16	通用技术要求		加油机的指示装置	7.1.1	观察	
17			当多条油枪共用一个流量测量变换器	7.1.2	观察	
18			油气分离	7.2.1	试验	10.5
19			软管内容积	7.2.2	试验	10.6
20			防爆性能	7.2.3	观察	
21		环境适应性	气候环境适应性	7.3.1	试验	10.7
22			电源适应性	7.3.2	试验	10.8
23			电磁环境适应性	7.3.3	试验	10.9
24			稳定性	7.4	试验	10.10

注：油气分离试验项目对潜油泵的加油机不适用。

9 提供样机的数量及样机的使用方式

9.1 提供样机的数量

9.1.1 对于单一产品的，提供一台样机。

9.1.2 系列产品

对于关键零部件规格一致且外形相似的一组产品，可以认为是系列产品。对多于 10 个型号的系列产品应提供不少于两个型号的样机，对不超过 10 个型号的系列产品提供一个型号的样机。

9.2 样机的使用

所提供的样机应进行所有项目的型式评价。

10 试验项目的试验方法、试验条件以及数据处理和合格判据

10.1 自锁功能试验

10.1.1 试验目的

检验加油机是否具备自锁功能。

10.1.2 试验条件

温度：-25 ℃～+55 ℃；相对湿度：≤95%；大气压力：86 kPa～106 kPa。

10.1.3 试验程序和合格判据

a）分别变更计量微处理器中的应用程序和参数，验证加油机是否锁机，其结果符合 5.4.1 要求的为合格，否则判为不合格。

b）更换不能与编码器进行相互验证的计控主板进行加油，其结果符合 5.4.2.1 要求的为合格，否则判为不合格。

c）更换不能与计控主板进行相互验证的编码器进行加油，其结果符合 5.4.2.1 要求的为合格，否则判为不合格。

d) 更换未初始化的计控主板进行加油，其结果符合 5.4.2.2 要求的为合格，否则判为不合格。

e) 更换偏离正常脉冲当量±0.6% 的计量微处理器，其结果符合 5.4.2.3 要求的为合格，否则判为不合格。

f) 检查编码器是否可以打开，其结果符合 5.2.2 要求的为合格，否则判为不合格。

10.2 加油机的示值误差、重复性、付费金额误差、流量范围试验

10.2.1 试验目的

确定加油机的流量性能曲线，验证加油机在最大流量和最小流量范围内其示值误差和重复性、加油机的流量范围、付费金额误差是否符合 6.1、6.2、6.3 的要求。

10.2.2 试验条件

温度：−25 ℃～+55 ℃；相对湿度：≤95%；大气压力：86 kPa～106 kPa。

试验应在包括最大单价的不少于 2 个单价下进行。

流量试验点的确定：

包括最大流量 Q_{max} 和最小流量 Q_{min} 在内的 6 个流量点的计算见式(1)和式(2)：

$$Q = K^{i-1} \cdot Q_{max} \qquad (1)$$

$$K = \left[\frac{Q_{min}}{Q_{max}} \right]^{\frac{1}{n-1}} \qquad (2)$$

式中：

i——流量试验序数；

n——流量试验数。

对于 $Q_{max} : Q_{min} = 10 : 1$ 的情况，根据式(1)和式(2)有：

$Q(1) = 1.00 \times Q_{max}$ $0.90\, Q_{max} \leqslant Q(1) \leqslant 1.0\, Q_{max}$

$Q(2) = 0.63 \times Q_{max}$ $0.56\, Q_{max} \leqslant Q(2) \leqslant 0.70\, Q_{max}$

$Q(3) = 0.40 \times Q_{max}$ $0.36\, Q_{max} \leqslant Q(3) \leqslant 0.44\, Q_{max}$

$Q(4) = 0.25 \times Q_{max}$ $0.22\, Q_{max} \leqslant Q(4) \leqslant 0.28\, Q_{max}$

$Q(5) = 0.16 \times Q_{max}$ $0.14\, Q_{max} \leqslant Q(5) \leqslant 0.18\, Q_{max}$

$Q(6) = 0.10 \times Q_{max}$ $0.10\, Q_{max} \leqslant Q(6) \leqslant 0.11\, Q_{max}$

10.2.3 试验设备

二等标准金属量器（以下简称量器）一组：其容积不小于加油机最小体积变量的 1 000 倍且不小于试验流量点 1 min 的排放量，并带有调节水平装置。

温度计：测量范围满足 −25 ℃～+55 ℃，最小分度值不大于 0.2 ℃。

秒表：分度值不大于 0.1 s。

10.2.4 试验程序

a) 设定最大单价；

b) 将流量调至确定的一个流量试验点；

c) 湿润量器，并按规定排空量器；

d) 使加油机显示值回零；

e) 开启油枪，在规定的流量下使油液充满量器；

f) 读取 P_U，V_J，P_J，V_B，t_J，t_B；

g) 按式(3)、式(4)、式(7)、式(8)计算 V_{Bt}，E_V，P_C，E_P；

h) 按规定排空量器；

i) 重复步骤 d)～h) 至少 2 次，并计算出 $\overline{E}_V$ 和 E_n；

j) 改变单价 P_U（如果需要）；

k) 在其他 5 个流量下重复步骤 b)～j)；

l) 作出 $\overline{E}_V$～Q 的性能曲线。

10.2.5 数据处理

量器测得的在试验温度 t_J 下的实际体积值 V_{Bt} 的计算见式(3)：

$$V_{Bt}=V_B[1+\beta_Y(t_J-t_B)+\beta_B(t_B-20)]\tag{3}$$

式中：

V_{Bt}——量器在 t_J 下给出的实际体积值，L；

V_B——量器在 20 ℃下标准容积，L；

β_Y、β_B——分别为检定介质和量器材质的体膨涨系数，℃$^{-1}$；

（汽油：12×10^{-4}/℃；煤油：9×10^{-4}/℃；轻柴油：9×10^{-4}/℃

不锈钢：50×10^{-6}/℃；碳钢：33×10^{-6}/℃；黄铜、青铜：53×10^{-6}/℃）

t_J、t_B——分别为加油机内流量测量变换器输出的油温（由油枪口处油温代替）和量器内的油温，℃。

体积量示值误差计算见式(4)：

$$E_V=\frac{V_J-V_{Bt}}{V_{Bt}}\times100\%\tag{4}$$

式中：

E_V——加油机的体积量相对误差，%；

V_J——加油机在 t_J 下指示的体积值，L。

重复性计算见式(5)：

$$E_n=\frac{E_{V_{max}}-E_{V_{min}}}{d_n}\tag{5}$$

式中：

E_n——重复性，%；

$E_{V_{max}}$、$E_{V_{min}}$——分别为规定流量下的测量示值相对误差最大值和最小值，%；

d_n——极差系数；3 次测量 d_n 取 1.69。

流量计算见式(6)：

$$Q_V=\frac{60V_t}{t}\tag{6}$$

式中：

Q_V——流经加油机的体积流量，L/min；

t——测量时间，s；

V_t——在测量时间 t 内加油机显示的体积值，L。

付费金额计算见式(7)：

$$P_C = P_U \times V_J \tag{7}$$

式中：

P_C——付费金额，元；

P_U——油品的单价，元/升。

付费金额误差计算见式(8)：

$$E_P = | P_C - P_J | \tag{8}$$

式中：

E_P——付费金额误差，元；

P_J——加油机显示的付费金额，元。

按式(4)计算各检定点各次检定的示值误差，取平均值作为该点的示值误差，在各点的示值误差中取绝对值最大者作为加油机的示值误差。按式(5)计算各检定点的重复性，在各点的重复性中取最大值作为加油机的重复性。按式(8)计算加油机的付费金额误差。计算加油机的流量范围，即加油机的最大流量与最小流量的比值。

10.2.6　合格判据

加油机的示值误差和重复性、流量范围、付费金额误差符合6.1、6.2、6.3要求的为合格，否则判为不合格。

10.3　加油机的最小被测量示值误差、重复性试验

10.3.1　试验目的

确定加油机最小被测量及示值误差和重复性是否符合6.4的要求。

10.3.2　试验条件

温度：−25 ℃～+55 ℃；相对湿度：≤95%；大气压力：86 kPa～106 kPa。

试验应在最小流量和尽可能达到的最大流量下进行，在每个流量点下各进行3次独立的试验。

10.3.3　试验设备

二等标准金属量器，其容积等于加油机铭牌上标注的最小被测量体积，其他设备同10.2.3。

10.3.4　试验程序

a) 将流量调至确定的最小流量试验点；

b) 湿润量器，并按规定排空量器；

c) 使加油机显示值回零；

d) 在规定的流量下充满量器(如可能应不间断)；

e) 读取 V_J，V_B，t_J 和 t_B；

f) 按式(3)、式(4)计算 V_{Bt} 和 E_V；

g) 按规定排空量器；

h) 重复步骤 d)～g) 至少2次，并计算平均值 $\bar{E}_V$ 和 E_n；

i) 在尽可能大的流量点下重复步骤 b)～g)。

10.3.5　数据处理

按式(4)计算各检定点各次检定的示值误差，取平均值作为该点的示值误差，在各点的示值误差中取绝对值最大者作为加油机最小被测量的示值误差。按式(5)计算各检定点的重复性，在各点的重复性中取最大值作为加油机最小被测量的重复性。

10.3.6　合格判据

加油机的最小被测量的示值误差和重复性满足6.4要求的为合格，否则判为不合格。

10.4　流量中断状态的示值误差、重复性试验

10.4.1　试验目的

确定当液体压力突然变化时，加油机的示值误差和重复性是否符合6.5要求。

10.4.2　试验条件

温度：−25 ℃～+55 ℃；相对湿度：≤95%；大气压力：86 kPa～106 kPa。

10.4.3　试验设备

同10.2.3。

10.4.4　试验程序

a) 设定最大单价；

b) 将流量调至最大流量试验点 Q_{max}；

c) 湿润量器，并按规定排空量器；

d) 使加油机显示值回零；

e) 在最大流量 Q_{max} 下开、关油枪各5次，并使油液充满量器；

f) 读取 V_J，V_B，t_J 和 t_B；

g) 按式(3)、式(4)计算 V_{Bt}，E_V；

h) 按规定排空量器；

i) 重复步骤 d)～h)至少2次，并计算平均值 $\overline{E}_V$ 和 E_n。

10.4.5　数据处理

按式(4)计算最大流量试验点下的示值误差，取平均值作为流量中断试验的示值误差。按式(5)计算重复性，作为流量中断试验的重复性。

10.4.6　合格判据

加油机流量中断状态的示值误差和重复性满足6.5要求的为合格，否则判为不合格。

10.5　油气分离试验

10.5.1　试验目的

在加油机的示值误差和重复性满足6.1的要求下，确定油气分离器分离气体的能力。加油机油气分离试验原理见图2。

10.5.2　试验条件

温度：−25 ℃～+55 ℃；相对湿度：≤95%；大气压力：86 kPa～106 kPa。

安装时，气体流量计与加油机空气入口间应配有流量调节阀、截止阀和止逆阀。为避免液体回流，建议流量调节阀和气体流量计的安装位置高于加油机的最高液位。空气

吸入量以相对于被测油液体积的百分比 V_a/V_{Bt} 表示(见表2)。

表 2　空气吸入量

试验液体粘度	进气量 V_a/V_{Bt}
≤1 mPa·s	(0~20)%
>1 mPa·s	(0~10)%

10.5.3　试验设备

气体流量计：气体流量计可以为显示累计体积量(如涡轮气体流量计等)，也可以为显示瞬时体积量(如转子气体流量计等)的流量计。气体流量计的流量范围应符合本试验的用气量要求，气体流量计优于 2.5 级。气体流量计的计量性能应符合有关规程的要求。其他试验设备同 10.2.3。

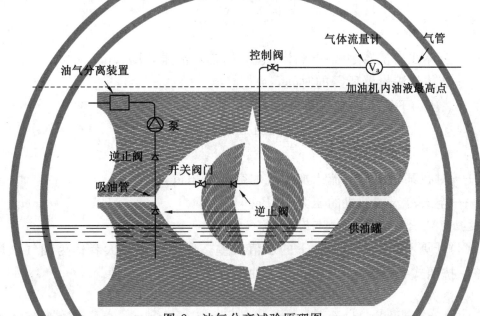

图 2　油气分离试验原理图

10.5.4　试验程序

a) 将试验设备按图2的要求连接，并接至加油机泵的入口；

b) 将空气的进气量调至零；

c) 湿润量器，并按规定排空量器：

d) 启动加油机，在最大流量下至少运行 1 min，然后向量器注油；

e) 读取 V_J，V_B，V_a 和 t_B；

f) 按式(3)、式(4)计算 V_{Bt}，E_V 并计算 V_a/V_{Bt}；

g) 在最大流量下调节空气的进气量 V_a；

h) 重复 c)~f)5 次，对于粘度小于 1 mPa·s 的油液，每重复一次，增加 4% 的进气量；对于粘度大于 1 mPa·s 的油液，每重复一次，增加 2% 的进气量；注意有无出现气泡；

i) 作出进气量与误差的曲线。

10.5.5　数据处理

空气流量计算：

对于直接从大气压下吸入的空气量计算见式(9)和式(10)。

(1) 对体积量显示的流量计

$$V_a = V_{a1} - V_{a0} \tag{9}$$

式中：

V_a——液体注满量器过程中，从泵上游吸入的空气量，L；

V_{a0}——液体开始注入量器时气体流量计的体积示值，L；

V_{a1}——液体注满量器时气体流量计的体积示值，L。

(2) 对显示瞬时流量的流量计

$$V_a = \frac{Q_a \times t}{60} \tag{10}$$

式中：

Q_a——液体注满量器过程中气体流量计的指示流量，L/min；

t ——液体注满量器所需的时间，s。

对在某一压力下流入的空气量计算：

$$V_a = V_{aP} \cdot [101\,325 + P]/101\,325$$

式中：

V_{aP}——对在某一压力下流入加油机的空气体积量，L；

P——空气流入加油机的压力，kPa。

注：这里的 V_a 是转换到标准大气压下的空气体积。

按式(4)计算不同进气量条件下的示值误差，取绝对值最大者作为油气分离试验的示值误差。按照式(5)计算重复性，作为油气分离试验的重复性。

10.5.6　合格判据

加油机的示值误差和重复性在不同的进气量条件下满足 7.2.1 要求的为合格，否则判为不合格。

10.6　软管内容积试验

10.6.1　试验目的

确定在最大工作压力下软管的内容积变化是否满足 7.2.2 的要求。

10.6.2　试验条件

温度：−25 ℃～+55 ℃；相对湿度：≤95%；大气压力：86 kPa～106 kPa。

10.6.3　试验设备

专用软管内容积试验装置，主要由储液箱、加压泵、压力表、适当容量带刻度的玻璃管、阀和管等组成(见图3)。

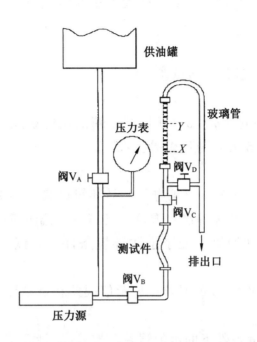

图 3　软管内容积变化试验原理图

10.6.4　试验程序

　　a）试验前关闭所有阀门；

　　b）在贮液容器中注入一定量的油液；

　　c）按要求连接好被试软管；

　　d）打开阀 A，B，C，油液便注入压力源及管道、软管、玻璃管；

　　e）部分打开阀 D，直至玻璃管中的油液无气泡时，关闭全部阀门；

　　f）部分打开阀 D，将液压调至适当位置，关闭阀 D，读出液位 X；

　　g）打开阀 B，启动加压泵，直到压力表稳定地指示在加油机的最高工作压力；

　　h）关闭阀 B；

　　i）打开阀 C；这时软管中的液压恢复到大气压，玻璃管内的液位升高，读出液位 Y；

　　j）计算 Y-X 求得软管的内容积变化量；

　　k）关闭阀 C；

　　l）重复 f）～k）至少 2 次，并计算内容积变化量的平均值，作为软管内容积在加油机最高工作压力下的变化量。

10.6.5　数据处理

　　计算 Y-X 求得软管的内容积变化量，取平均值作为软管内容积变化值。

10.6.6　合格判据

　　加油机的软管内容积变化试验满足 7.2.2 要求的为合格，否则判为不合格。

10.7　气候环境适应性试验

10.7.1　低温环境

10.7.1.1 试验目的

确定加油机在低温—25 ℃环境下其最大流量的示值误差和重复性是否符合6.1的要求。

10.7.1.2 试验条件

加油机在—25 ℃下，进行实流试验。

10.7.1.3 试验设备

计量性能的试验设备同10.2.3，环境试验箱的内容积应满足加油机进行整机试验的要求，温度波动度±0.5 ℃，温度偏差±2 ℃。

10.7.1.4 试验程序

a) 按 GB/T 2423.1—2008 电工电子产品环境试验 第2部分：试验方法 试验A：低温试验的规定进行。严酷等级：温度—25 ℃；保温时间2 h。

b) 本试验过程中，加油机应处于上述环境条件下，试验液体可以处于环境试验箱外。

c) 在最大流量下按照10.2的要求进行示值误差和重复性试验。

10.7.1.5 数据处理

按式(4)计算试验温度条件下的示值误差，按式(5)计算试验温度下的重复性。

10.7.1.6 合格判据

加油机在低温环境下其最大流量的示值误差和重复性符合6.1要求的为合格，否则判为不合格。

10.7.2 高温环境试验

10.7.2.1 试验目的

确定加油机在高温55 ℃环境下其最大流量的示值误差和重复性是否符合6.1的要求。

10.7.2.2 试验条件

加油机在55 ℃下，进行实流试验。

10.7.2.3 试验设备

计量性能的试验设备同10.2.3，环境试验箱的内容积应满足加油机进行整机试验的要求，温度波动度±0.5 ℃，温度偏差±2 ℃。

10.7.2.4 试验程序

a) 按 GB/T 2423.2—2008 电工电子产品环境试验 第2部分：试验方法 试验B：高温试验的规定进行。严酷等级：温度55 ℃；保温时间2 h。

b) 本试验过程中，加油机应处于上述环境条件下，试验液体可以处于环境试验箱外。

c) 在最大流量下按照10.2的要求进行示值误差和重复性试验。

10.7.2.5 数据处理

按式(4)计算试验温度条件下的示值误差，按式(5)计算重复性。

10.7.2.6 合格判据

加油机在高温环境下其最大流量的示值误差和重复性符合6.1要求的为合格，否则判为不合格。

10.7.3 交变湿热试验

10.7.3.1 试验目的

确定加油机或加油机的计控主板和指示装置在湿热变化环境下其功能是否正常。

10.7.3.2 试验条件

按照 GB/T 2423.4—2008 中 7 的要求。

10.7.3.3 试验设备

满足 GB/T 2423.4—2008 中 4 的试验箱。

10.7.3.4 试验程序

a) 按 GB/T 2423.4—2008 中 5.2 b)的严酷等级：温度上限 55 ℃，温度下限 25 ℃。

b) 按 GB/T 2423.4—2008 中 b)使样品达到稳定。进行 24 h 循环试验。

c) 按照 GB/T 2423.4—2008 中 7.3 进行循环试验，试验中的降温按照 GB/T 2423.4—2008 中 7.3.3 中的方法 2 进行。

d) 循环试验结束后检验加油机或加油机的计控主板和指示装置的功能是否正常。

10.7.3.5 合格判据

各项功能正常的为合格，否则判为不合格。

10.8 电源适应性试验

10.8.1 试验目的

确定加油机在电源电压、电源频率变化条件下功能是否正常。

10.8.2 试验条件

温度：－25 ℃～＋55 ℃；相对湿度：≤95%；大气压力：86 kPa～106 kPa。

10.8.3 试验设备

可以调整输出电压和频率的电源。

10.8.4 试验程序

按表 3 的 5 种组合对加油机进行电源适应能力试验。

表 3 电源适应能力试验组合表

组合	AC 电压 V	频率 Hz
1	标称电压	50
2	标称电压＋10%	49
3	标称电压＋10%	51
4	标称电压－15%	49
5	标称电压－15%	51

10.8.5 合格判据

在各种组合中功能均正常的为合格，否则判为不合格。

10.9 电磁环境适应性试验

10.9.1 静电放电抗扰度试验

10.9.1.1 试验目的

确定加油机在静电放电干扰环境下是否符合7.3.3的要求。

10.9.1.2 试验条件

温度：15 ℃～35 ℃；相对湿度：30%～60%；大气压力：86 kPa～106 kPa。需整机进行该项试验。

实验室应该按照GB/T 17626.2—2006第7章试验配置中第7.1.2落地式设备的要求配置试验。

10.9.1.3 试验设备

符合GB/T 176262.2—2006第6章要求的静电放电试验发生器。

10.9.1.4 试验程序

a) 按照10.9.1.2的要求进行试验配置，将加油机放置在接地参考平面上，并用约为0.1 m的绝缘支架与接地参考平面隔开。

b) 按照GB/T 17626.2—2006第8章8.3的要求进行试验。

c) 建立加油机的典型工作条件：连接加油机的电源线、地线。拆下固定在流量测量变换器上方的编码器，通过转动编码器的机械转动部分模拟加油，确认加油机功能正常。

d) 确定施加放电点：静电放电只施加在正常使用时人员可接触到的点和面上，比如加油机的操作面板、按键、锁孔、IC卡部分、打印机等。

e) 对加油机直接放电：导电表面采用接触放电，绝缘表面采用空气放电；对加油机间接放电：耦合板采用接触放电，垂直耦合板应放置在加油机操作面板和显示屏四周。

f) 确定试验等级：接触放电试验电压应从±2 kV、±4 kV、±6 kV逐级增加，空气放电试验电压应从±2 kV，±4 kV，±8 kV逐级增加。试验应以单次放电的方式进行，在预选点上，至少施加10次单次放电。放电间隔时间起始值应为1 s，为了能够区分单次放电响应和多次放电响应，可要求更长的放电间隔时间。

g) 在试验中加油机应工作在10.9.1.4c)规定的典型条件下。在试验中和试验后依据加油机在每个试验等级每次放电时的响应情况判定是否符合7.3.3的要求。如果出现不符合的情况，应详细记录施加放电点的位置，试验等级和功能降低的现象。

10.9.1.5 合格判据

加油机在试验过程中和试验完成后，符合7.3.3要求的为合格，否则判为不合格。

10.9.2 射频电磁场辐射抗扰度试验

10.9.2.1 试验目的

确定加油机在射频辐射电磁场干扰环境下是否符合7.3.3的要求。

10.9.2.2 试验条件

温度：−25 ℃～+55 ℃；相对湿度：≤95%；大气压力：86 kPa～106 kPa。需整机进行该项试验。

实验室应该按照 GB/T 17626.3—2006 第 7 章试验配置中第 7.2 落地式设备的布置和第 7.3 布线的要求配置试验。

10.9.2.3 试验设备

符合 GB/T 176262.3—2006 第 6 章要求的电波暗室、射频信号发生器、功率放大器、功率计和发射天线。

10.9.2.4 试验程序

a) 按照 10.9.2.2 的要求进行试验配置,加油机应置于高出地面 0.1 m 的非导体支撑物上,其某个面与校准的平面相重合。

b) 按照 GB/T 17626.3—2006 第 8 章试验程序的要求进行试验。

c) 建立加油机的典型工作条件:连接受试加油机的电源线、地线。拆下固定在流量测量变换器上方的编码器,通过转动编码器的机械转动部分模拟加油,确认加油机功能正常。

d) 运用校准中获得的数据产生试验场,试验等级 3 级,未调制试验场强为 10 V/m。用 1 kHz 的正弦波对信号进行 80% 的幅度调制后,在 80 MHz 至 1 000 MHz 的频率范围内进行扫描试验,步长应为基础频率的 1%(下一个试验频率等于前一个频率的 1.01 倍),每一个频率点的驻留时间为 1 s。

e) 需要对加油机的四个侧面逐一进行试验,每一侧面需在发射天线的两种极化状态下进行试验,一次天线在垂直极化位置,另一次在水平极化位置。

f) 在试验中加油机应该尽可能工作在 10.9.2.4c)规定的典型条件下。在试验中和试验后依据加油机在 80 MHz 至 1 000 MHz 的整个频率范围内,10 V/m 的场强下的响应情况判定是否符合 7.3.3 的要求。如果出现不符合的情况,应该详细记录加油机的位置、天线的极化方式、频率点和功能降低的现象。

10.9.2.5 合格判据

加油机在试验过程中和试验完成后,符合 7.3.3 要求的为合格,否则判为不合格。

10.9.3 电快速瞬变脉冲群抗扰度试验

10.9.3.1 试验目的

确定加油机在电快速瞬变脉冲群干扰环境下是否符合 7.3.3 的要求。

10.9.3.2 试验条件

温度:−25 ℃～+55 ℃;相对湿度:≤95%;大气压力:86 kPa～106 kPa。需整机进行该项试验。

实验室应该按照 GB/T 17626.4—2008 第 7 章试验配置中的 7.2 实验室进行型式试验的试验配置的要求配置试验。

10.9.3.3 试验设备

符合 GB/T 176262.4—2008 第 6 章要求的电快速瞬变脉冲群发生器。

10.9.3.4 试验程序

a) 按照 10.9.3.2 的要求进行试验配置,将受试加油机放置在接地参考平面上,并用长度为 0.1 m±0.01 m 的绝缘支座与接地参考平面隔开。

b) 按照 GB/T 17626.4—2008 第 8 章试验程序中 8.2 的要求试验。

c) 建立加油机的典型工作条件：连接受试加油机的电源线、地线。拆下固定在流量测量变换器上方的编码器，通过转动编码器的机械转动部分模拟加油，确认加油机功能正常。

d) 试验施加在加油机的供电电源端口，试验等级 3 级，电压峰值 ±2 kV，重复频率 5 kHz，每一耦合方式试验的持续时间为 1 min。试验施加在加油机的 I/O 信号、数据和控制端口，试验等级 3 级，电压峰值 ±1 kV，重复频率 5 kHz，每一电压极性试验的持续时间为 1 min(对 I/O 信号、数据和控制端口的试验只在数据线、信号线或控制线长度超过 1 m 时进行)。

e) 在试验中受试加油机应该工作在 10.9.3.4d)规定的典型条件下。在试验中和试验后依据加油机的响应情况判定是否符合 7.3.3 的要求。如果出现不符合的情况，应该详细记录试验的耦合方式，试验电压的极性和功能降低的现象。

10.9.3.5　合格判据

加油机在试验过程中和试验完成后，符合 7.3.3 要求的为合格，否则判为不合格。

10.9.4　电压暂降、短时中断和电压变化抗扰度试验

10.9.4.1　试验目的

确定加油机在电压暂降、短时中断和电压变化干扰环境下是否符合 7.3.3 要求。

10.9.4.2　试验条件

温度：−25 ℃～+55 ℃；相对湿度：≤95%；大气压力：86 kPa～106 kPa。需整机进行该项试验。

实验室应该按照 GB/T 17626.11—2008 第 7 章试验配置的要求配置试验。

10.9.4.3　试验设备

符合 GB/T 176262.11—2008 第 6 章要求的电压暂降、短时中断发生器。

10.9.4.4　试验程序

a) 按照 10.9.4.2 的要求进行试验配置。

b) 按照 GB/T 17626.11—2008 第 8 章试验程序中 8.2 的要求进行试验。

c) 建立加油机的典型工作条件：连接受试加油机的电源线、地线。拆下固定在流量测量变换器上方的编码器，通过转动编码器的机械转动部分模拟加油，确认加油机功能正常。

d) 试验应按照表 4 规定的抗扰度试验电平进行三次电压暂降试验，两次试验之间的间隔为 10 s。

表 4　抗扰度试验电平

电压试验电平 U_T %	电压暂降 U_T %	持续时间周期 s
40	60	25
0	100	10

e) 在试验中加油机应该工作在 10.9.4.4c)规定的典型条件下。在试验中和试验后依据加油机的响应情况判定是否符合 7.3.3 的要求。如果出现不符合的情况，应该详细记录抗扰度试验电平和功能降低的现象。

10.9.4.5　合格判据

加油机在试验过程中和试验完成后，符合 7.3.3 要求的为合格，否则判为不合格。

10.9.5　浪涌（冲击）抗扰度试验

10.9.5.1　试验目的

确定加油机在浪涌干扰环境下是否符合 7.3.3 的要求。

10.9.5.2　试验条件

温度：－25 ℃～＋55 ℃；相对湿度：≤95％；大气压力：86 kPa～106 kPa。需整机进行该项试验。

实验室应该按照 GB/T 17626.5—2008 第 7 章试验配置中的 7.1 试验设备和 7.2 EUT 电源端的试验配置的要求配置试验。

10.9.5.3　试验设备

符合 GB/T 176262.5—2008 第 6 章 6.1 中 1.2/50 μs 的组合波发生器和 GB/T 176262.5—2008 第 6 章中 6.3 耦合/去耦网络的要求。

10.9.5.4　试验程序

a) 按照 10.9.5.2 的要求进行试验配置。

b) 按照 GB/T 17626.5—2008 第 8 章试验程序中 8.2 在实验室内施加浪涌的要求进行试验。

c) 建立加油机的典型工作条件：连接加油机的电源线、地线。拆下固定在流量测量变换器上方的编码器，通过转动编码器的机械转动部分模拟加油，确认加油机功能正常。

d) 试验应以线-线和（或）线-地的方式施加在受试加油机的供电电源端口，试验等级 3 级，电压峰值±2 kV。每一方式浪涌脉冲次数为正、负极性各 5 次，连续脉冲间的时间间隔为 1 min。

e) 对于交流电源端口，应分别在 0°、90°、180°、270°相位施加。

f) 试验电压需从试验等级 1 级逐步增加到试验等级 3 级。在试验中加油机应该工作在 10.9.5.4c)规定的典型条件下。在试验中和试验后依据加油机在每一试验等级的每一次浪涌时的响应情况判定是否符合 7.3.3 的要求。如果出现不符合的情况，应该详细记录试验的施加方式、相位、试验等级和功能降低的现象。

10.9.5.5　合格判据

加油机在试验过程中和试验完成后，符合 7.3.3 要求的为合格，否则判为不合格。

10.10　稳定性试验

10.10.1　试验目的

确定加油机经 100 h 运行后其稳定性是否符合 7.4 的要求。

10.10.2　试验条件

温度：－25 ℃～＋55 ℃；相对湿度：≤95％；大气压力：86 kPa～106 kPa。

稳定性试验应在完成加油机示值误差试验后进行。

10.10.3　试验设备

同 10.2.3。

10.10.4 试验程序

a）将流量调至 $0.8Q_{max}$ 和 Q_{max} 之间，运行 100 h，也可以按每分钟加油量折算到相应的体积量。

b）完成运行后，在 $Q(1)$、$Q(4)$ 和 $Q(6)$ 三个流量点下按 10.2 的方法进行示值误差和重复性试验。

10.10.5 数据处理

按式(4)计算三个流量试验点下的示值误差，取绝对值最大者作为加油机稳定性试验的示值误差，按式(5)计算三个流量试验点下的重复性，取绝对值最大者作为加油机稳定性试验的重复性；计算 $Q(1)$、$Q(4)$ 和 $Q(6)$ 三个流量点的示值误差与运行 100 h 前对应流量点的示值误差之差的绝对值。

10.10.6 合格判据

加油机稳定性满足 7.4 要求的为合格，否则判为不合格。

11 试验项目所用计量器具表

表 5 计量器具表

序号	名称	技术要求	备注
1	二等标准金属量器	其容积不小于加油机最小体积变量的 1 000 倍并不小于试验流量点 1 min 的排放量	带有水平调节装置
2	温度计	测量范围满足 −25 ℃～+55 ℃；最小分度值不大于 0.2 ℃	
3	秒表	分度值不大于 0.1 s	
4	气体流量计	优于 2.5 级	
5	软管内容积专用试验装置	满足 10.6 软管内容积试验要求	
6	环境试验箱	满足 10.7 气候环境适应性试验要求	
7	静电放电发生器	满足 10.9.1 静电放电抗扰度试验要求	
8	电波暗室	满足 10.9.2 射频电磁场辐射抗扰度试验要求	
9	射频信号发生器	满足 10.9.2 射频电磁场辐射抗扰度试验要求	
10	功率放大器	满足 10.9.2 射频电磁场辐射抗扰度试验要求	
11	功率计	满足 10.9.2 射频电磁场辐射抗扰度试验要求	
12	发射天线	满足 10.9.2 射频电磁场辐射抗扰度试验要求	
13	电快速瞬变脉冲群发生器	满足 10.9.3 电快速瞬变脉冲群抗扰度试验要求	
14	电压暂降、短时中断发生器	满足 10.9.4 电压暂降、短时中断和电压变化抗扰度试验要求	

附录 A

型式评价记录格式

A.1 观察项目记录格式

观察项目记录表

型式评价大纲章节号	要　求	＋	－	备注
5.1	加油机的计量单位为升(L)，交易金额为人民币(元)			
5.2.1	流量测量变换器可配备机械调整装置，以使流经流量测量变换器的实际体积值与显示的体积值相符			
	流量测量变换器调整装置应有可靠的封印机构，以防止部件被随意调整或更换			
5.2.2	编码器与流量测量变换器间应有可靠的封印机构			
	编码器应是不可打开的，如被打开应失效且不可恢复			
5.2.3	计控主板应设计有可靠的封印机构，以防止随意更换计控主板			
5.3.1	试验样机应预留出位置以标出制造计量器具许可证的标志和编号以及计量器具型式批准标志和编号			
	加油机应有铭牌，铭牌上应标明：制造厂名；产品名称及型号；制造年、月；出厂编号；流量范围；最大允许误差；最小被测量；电源电压；Ex标志和防爆合格证编号；CMC标志及编号			
5.3.2	多于1条油枪的加油机应标注油枪编号			
5.4.3	计控主板与指示装置的信号传输应可靠，其连接电缆中间不得有接插头			
5.4.4	指示装置的显示控制板不得有微处理器			
5.5	加油过程因故中断时(如停电)，应完整保留所有数据。发生故障时，当次加油量的显示时间不少于 15 min，或在故障后 1 h 内，手动控制单次或多次复显的时间之和不少于 5 min			
6.4	最大流量不大于 60 L/min 的加油机，最小被测量不超过 5 L。最大流量大于 60 L/min 的加油机，最小被测量由其使用说明书给出			
6.6	最大流量不大于 60 L/min 的加油机，其最小体积变量应不大于 0.01 L。最大流量大于 60 L/min 的加油机，其最小体积变量应不大于 0.1 L			

表（续）

型式评价大纲章节号	要 求	+	—	备注
7.1.1	指示装置应显示单价、付费金额、交易的体积量			
	单价、付费金额、交易的体积量显示的每个数字的几何尺寸应不小于要求			
	单价显示应不少于 4 位，小数点后两位，小数点前不少于 2 位			
	付费金额显示应不少于 6 位，小数点后 2 位，小数点前不少于 4 位			
	交易的体积量显示应不少于 6 位，小数点后 2 位，小数点前不少于 4 位			
7.1.2.1	在流量测量变换器的进口或出口处必须安装控制阀			
7.1.2.2	当多条油枪共用一个流量测量变换器时，其中 1 条油枪加油时，其他油枪应由控制阀锁定不能加油			
7.2.3	加油机应具有符合 GB/T 9081—2008 中 4.1.8 要求的防爆合格证			

注：通过在"＋"栏内画"×"；不通过在"一"栏内画"×"。

A.2 试验项目记录格式

A.2.1 自锁功能试验记录格式

自锁功能试验记录

试验的开始时间　　　年　月　日　时　分

试验的结束时间　　　年　月　日　时　分

序号	要　求	＋	－	备注
1	分别变更计量微处理器中的应用程序和参数，验证加油机是否锁机			
2	更换不能与编码器进行相互验证的计控主板进行加油，加油机应不能工作			
3	更换不能与计控主板进行相互验证的编码器进行加油，加油机应不能工作			
4	更换未初始化的计控主板进行加油，加油机应不能工作			
5	更换偏离正常脉冲当量±0.6％的计量微处理器，在累计加油5次后编码器应停止向计控主板发送脉冲；编码器应记录、保存异常情况的相关信息			
6	检查编码器是否可以打开，强行打开后检查其是否无法恢复正常			

注：通过在"＋"栏内画"×"；不通过在"－"栏内画"×"。

本试验项目的结论：

所用试验设备的名称　　　型号　　　编号

环境温度　　　℃　　　相对湿度　　　％

评价人员　　　　　　复核人员

A.2.2 加油机的示值误差、重复性、付费金额误差、流量范围试验记录格式

加油机的示值误差、重复性、付费金额误差、流量范围试验记录

试验的开始时间　　　年　月　日　时　分
试验的结束时间　　　年　月　日　时　分

a) $0.90Q_{max} \leqslant Q(1) \leqslant 1.0\ Q_{max}$

流量 L/min	P_U 元/升	V_J L	P_J 元	H mm	V_B L	t_J ℃	t_B ℃	P_C 元	V_{Bt} L	E_V %	E_P 元

$\overline{E}_V=$　　%　　　　$E_n=$　　%　　　MPE$=\pm0.30$%　　$E_P=$　　元　　MSPD$=$　　元

b) $0.56Q_{max} \leqslant Q(2) \leqslant 0.70Q_{max}$

流量 L/min	P_U 元/升	V_J L	P_J 元	H mm	V_B L	t_J ℃	t_B ℃	P_C 元	V_{Bt} L	E_V %	E_P 元

$\overline{E}_V=$　　%　　　　$E_n=$　　%　　　MPE$=\pm0.30$%　　$E_P=$　　元　　MSPD$=$　　元

c) $0.36Q_{max} \leqslant Q(3) \leqslant 0.44Q_{max}$

流量 L/min	P_U 元/升	V_J L	P_J 元	H mm	V_B L	t_J ℃	t_B ℃	P_C 元	V_{Bt} L	E_V %	E_P 元

$\overline{E}_V=$　　%　　　　$E_n=$　　%　　　MPE$=\pm0.30$%　　$E_P=$　　元　　MSPD$=$　　元

d) $0.22Q_{max} \leqslant Q(4) \leqslant 0.28Q_{max}$

流量 L/min	P_U 元/升	V_J L	P_J 元	H mm	V_B L	t_J ℃	t_B ℃	P_C 元	V_{Bt} L	E_V %	E_P 元
$\overline{E}_V =$ %		$E_n =$ %			MPE$=\pm 0.30\%$			$E_P =$ 元		MSPD$=$ 元	

e) $0.14Q_{max} \leqslant Q(5) \leqslant 0.18Q_{max}$

流量 L/min	P_U 元/升	V_J L	P_J 元	H mm	V_B L	t_J ℃	t_B ℃	P_C 元	V_{Bt} L	E_V %	E_P 元
$\overline{E}_V =$ %		$E_n =$ %			MPE$=\pm 0.30\%$			$E_P =$ 元		MSPD$=$ 元	

f) $0.10Q_{max} \leqslant Q(6) \leqslant 0.11Q_{max}$

流量 L/min	P_U 元/升	V_J L	P_J 元	H mm	V_B L	t_J ℃	t_B ℃	P_C 元	V_{Bt} L	E_V %	E_P 元
$\overline{E}_V =$ %		$E_n =$ %			MPE$=\pm 0.30\%$			$E_P =$ 元		MSPD$=$ 元	

$\overline{E}_V$	Q					
	$Q(1)$	$Q(2)$	$Q(3)$	$Q(4)$	$Q(5)$	$Q(6)$
$\overline{E}_V$ %						

绘制 $\bar{E}_V$-Q 性能曲线

$\bar{E}_{V\,max} =$ $E_{n\,max} =$ $E_{P\,max} =$ 流量范围：

合格判定要求：符合 6.1、6.2、6.3 的要求   本试验项目的结论：

试验过程中的异常情况记录

所用计量器具的测量范围   测量不确定度/准确度等级/最大允许误差

所用试验设备的名称   型号   编号

环境温度   ℃   相对湿度   ％   大气压力   kPa

评价人员   复核人员

A.2.3 最小被测量示值误差和重复性记录格式

最小被测量示值误差和重复性记录

试验的开始时间　　　　年　月　日　时　分
试验的结束时间　　　　年　月　日　时　分

a) Q_{min}

流量 L/min	V_J L	H mm	V_B L	t_J ℃	t_B ℃	V_{Bt} L	E_V %	$\bar{E}_V$ %	E_n %

b) 尽可能达到的 Q_{max}

流量 L/min	V_J L	H mm	V_B L	t_J ℃	t_B ℃	V_{Bt} L	E_V %	$\bar{E}_V$ %	E_n %

最小被测量　　　　L　　　$\bar{E}_{V\,max}=$　　　　　　$E_{n\,max}=$

合格判定要求：符合 6.4 的要求　　　　　　本试验项目的结论：

试验过程中的异常情况记录

所用计量器具的测量范围　测量不确定度/准确度等级/最大允许误差

所用试验设备的名称　　型号　　编号

环境温度　　℃　　相对湿度　　%　　大气压力　　　kPa

评价人员　　　　　复核人员

A.2.4 流量中断试验记录格式

流量中断试验记录

试验的开始时间　　年　月　日　时　分
试验的结束时间　　年　月　日　时　分

流量 L/min	V_J L	H mm	V_B L	t_J ℃	t_B ℃	V_{Bt} L	E_V %	$\bar{E}_V$ %	E_n %

合格判定要求：符合 6.5 的要求　　　　　本试验项目的结论：

试验过程中的异常情况记录

所用计量器具的测量范围　　测量不确定度/准确度等级/最大允许误差

所用试验设备的名称　　型号　　编号

环境温度　　℃　　相对湿度　　%　　大气压力　　kPa

评价人员　　　　复核人员

A.2.5 油气分离试验记录格式

油气分离试验记录

试验的开始时间　　年　月　日　时　分
试验的结束时间　　年　月　日　时　分

$V_a/V_B(\%)$ 试验介质粘度 $>1\ mPa\cdot s$ $(\leqslant 1\ mPa\cdot s)$	进气量 V_a L	加油机示值 V_J L	标准器高度 H mm	标准器示值 V_B L	加油机油温 t_J ℃	标准器油温 t_B ℃	实际体积值 V_{Bt} L	相对误差 E_V %	最大允许误差 MPE %	气泡 有	气泡 无
0									±0.30		
2%(4%)Q_{max}									±0.30		
4%(8%)Q_{max}									±0.30		
6%(12%)Q_{max}									±0.30		
8%(16%)Q_{max}									±0.30		
10%(20%)Q_{max}									±0.30		

$\overline{E}_{V\,max}=$　　　　　$E_{n\,max}=$

合格判定要求：符合7.2.1的要求　　　　　本试验项目的结论：

试验过程中的异常情况记录

所用计量器具的测量范围　测量不确定度/准确度等级/最大允许误差

所用试验设备的名称　　型号　　编号

环境温度　　℃　　相对湿度　　%　　大气压力　　kPa
评价人员　　　　复核人员

A.2.6 软管内容积变化试验记录格式

软管内容积变化试验记录

试验的开始时间 　　年　月　日　时　分
试验的结束时间 　　年　月　日　时　分

软管制造单位：＿＿＿＿＿＿＿＿＿＿

软管型号：＿＿＿＿＿＿ 　软管长度：＿＿＿m 　软管内径：＿＿＿mm

最大工作压力：＿＿＿MPa 　加油机最小体积变量：＿＿mL

试验次数	压力 MPa	液位 X	液位 Y	Y-X	内容积 变化量 mL	变化 平均值 mL	允许变化量 mL	
							（ ） 有软管架	（ ） 无软管架
1								
2								
3								

合格判定要求：符合7.2.2的要求 　　　本试验项目的结论：

试验过程中的异常情况记录

所用计量器具的测量范围　测量不确定度/准确度等级/最大允许误差

所用试验设备的名称　　型号　　编号

环境温度　　℃　　相对湿度　　％　　大气压力　　kPa

评价人员　　　　　复核人员

A.2.7 低温环境试验记录格式

低温环境试验记录

试验的开始时间 　　年　月　日　时　分
试验的结束时间 　　年　月　日　时　分

将加油机置于气候环境试验箱中，以不超过 1 ℃/min 的速率降温，达到－25 ℃±2 ℃稳定后至少维持 2 h，在最大流量下进行下面的试验：

流量 L/min	V_J L	H mm	V_B L	t_J ℃	t_B ℃	V_{Bt} L	E_V %	$\bar{E}_V$ %	E_n %

合格判定要求：符合 7.3.1 的要求　　　　　　　本试验项目的结论：

试验过程中的异常情况记录

所用计量器具的测量范围　　测量不确定度/准确度等级/最大允许误差

所用试验设备的名称　　　型号　　　编号

环境温度　　　℃　　　相对湿度　　　%

评价人员　　　　　　复核人员

A.2.8 高温环境试验记录格式

高温环境试验记录

试验的开始时间　　　年　月　日　时　分
试验的结束时间　　　年　月　日　时　分

将加油机置于气候环境试验箱中，以不超过 1 ℃/min 的速率升温，达到 55 ℃±2 ℃稳定后至少维持 2 h，在最大流量下进行下面的试验：

流量 L/min	V_J L	H mm	V_B L	t_J ℃	t_B ℃	V_{Bt} L	E_V %	$\bar{E}_V$ %	E_n %

合格判定要求：符合 7.3.1 的要求　　　　本试验项目的结论：

试验过程中的异常情况记录

所用计量器具的测量范围　　测量不确定度/准确度等级/最大允许误差

所用试验设备的名称　　　型号　　　编号

环境温度　　　℃　　　相对湿度　　　%

评价人员　　　　　　复核人员

A.2.9 交变湿热环境试验记录格式

交变湿热环境试验记录

试验的开始时间　　　年　月　日　时　分
试验的结束时间　　　年　月　日　时　分
按 GB/T 2423.4—2008 中 7.3 进行一个循环后，检查下面的项目

序号	项　　目	＋	－	备注
1	加油机的启停			
2	单价设置			
3	回零			

注：

＋	－	
×		通过
	×	不通过

合格判定要求：符合 7.3.1 的要求　　本试验项目的结论：

本试验项目的结论：

所用试验设备的名称　　型号　　编号

环境温度　　℃　　相对湿度　　％

评价人员　　　　复核人员

A.2.10　电源适应性试验记录格式

电源适应性试验记录

试验的开始时间　　年　月　日　时　分
试验的结束时间　　年　月　日　时　分
在下列的组合中，加油机的启停、单价设置、回零等功能应正常

组合	AC 电压 V	频率 Hz	＋	－	备注
1	标称电压	50			
2	标称电压＋10％	49			
3	标称电压＋10％	51			
4	标称电压－15％	49			
5	标称电压－15％	51			

注：

＋	－	
×		通过
	×	不通过

合格判定要求：符合 7.3.2 的要求　　本试验项目的结论：

所用试验设备的名称　　型号　　编号

环境温度　　℃　　相对湿度　　％

评价人员　　　　复核人员

A.2.11 静电放电抗扰度试验记录格式

静电放电抗扰度试验记录

试验的开始时间　　　年　月　日　时　分

试验的结束时间　　　年　月　日　时　分

供电方式		□ AC220 V		□ AC380 V		□ 其他		
接地方式		□ 通过电源线接地		□ 机壳接地	□ 不接地	□ 其他		
试验等级	试验电压（kV）	试验方法		试验结果 在选"□"中打"√"				缺陷摘要
		直接放电		□ A	□ B	□ C	□ D	
	CON	间接放电	H	□ A	□ B	□ C	□ D	
			V	□ A	□ B	□ C	□ D	
		直接放电		□ A	□ B	□ C	□ D	
	CON	间接放电	H	□ A	□ B	□ C	□ D	
			V	□ A	□ B	□ C	□ D	
		直接放电		□ A	□ B	□ C	□ D	
	CON	间接放电	H	□ A	□ B	□ C	□ D	
			V	□ A	□ B	□ C	□ D	
	AIR	直接放电		□ A	□ B	□ C	□ D	
	AIR	直接放电		□ A	□ B	□ C	□ D	
	AIR	直接放电		□ A	□ B	□ C	□ D	
试验过程中的异常情况记录								

注：CON：接触放电；AIR：空气放电；H：水平耦合板；V：垂直耦合板接触放电，每个试
　　验点放电 10 次，间隔 1 s。

合格判定要求：符合 7.3.3 的要求　　本试验项目的结论：

所用试验设备的名称　　型号　　编号

环境温度　　℃　　相对湿度　　％

评价人员　　　　复核人员

A.2.12 射频电磁场辐射抗扰度试验记录格式

射频电磁场辐射抗扰度试验记录

试验的开始时间 　　年　月　日　时　分
试验的结束时间 　　年　月　日　时　分

供电方式	□ AC220 V　　□ AC380 V　　□ 其他		
接地方式	□ 通过电源线接地　　□ 机壳接地　　□ 不接地　　□ 其他		
试验等级	试验方法	试验结果 在选"□"中打"√"	缺陷摘要
	天线水平极化 　调制方式： 　驻留时间： 　频率步长： 　频率(MHz)： 　试验场强(V/m)：	□ A　　□ B　　□ C　　□ D	
	天线垂直极化 　调制方式： 　驻留时间： 　频率步长： 　频率(MHz)： 　试验场强(V/m)：	□ A　　□ B　　□ C　　□ D	
试验过程中的异常情况记录			

合格判定要求：符合 7.3.3 的要求　　本试验项目的结论：

所用试验设备的名称　　型号　　编号

环境温度　　℃　　相对湿度　　%

评价人员　　　　复核人员

A.2.13 电快速瞬变脉冲群抗扰度试验记录格式

电快速瞬变脉冲群抗扰度试验记录

试验的开始时间　　　年　月　日　时　分
试验的结束时间　　　年　月　日　时　分

供电方式		□ AC220 V　　□ AC380 V　　□ 其他		
接地方式		□ 通过电源线接地　　□ 机壳接地　　□ 不接地　　□ 其他		
试验 等级	试验电压 重复频率	耦合方式	试验结果 在选"□"中打"√"	缺陷摘要及备注
负 极 性	——kV ——Hz		□ A　　□ B　　□ C　　□ D	
正 极 性	——kV ——Hz		□ A　　□ B　　□ C　　□ D	
负 极 性	——kV ——Hz	I/O 和通信端口	□ A　　□ B　　□ C　　□ D	
正 极 性	——kV ——Hz	I/O 和通信端口	□ A　　□ B　　□ C　　□ D	
试验过程中的异常情况记录				

合格判定要求：符合 7.3.3 的要求　　本试验项目的结论：

所用试验设备的名称　　型号　　编号

环境温度　　℃　　相对湿度　　%

评价人员　　　　复核人员

A.2.14 电压暂降、短时中断和电压变化抗扰度试验记录格式

电压暂降、短时中断和电压变化抗扰度试验记录

试验的开始时间　　　年　月　日　时　分

试验的结束时间　　　年　月　日　时　分

供电方式		□ AC220 V　　□ AC380 V　　□ 其他				
接地方式		□ 通过电源线接地　　□ 机壳接地　　□ 不接地　　□ 其他				
电压试验电平 U_T(%)	试验电压暂降 U_T(%)	持续时间 (P)	耦合方式	试验结果 在选"□"中打"√"		缺陷摘要
0	100			□ A　　□ B　　□ C　　□ D		
40	60			□ A　　□ B　　□ C　　□ D		
0	100			□ A　　□ B　　□ C　　□ D		
40	60			□ A　　□ B　　□ C　　□ D		
0	100			□ A　　□ B　　□ C　　□ D		
40	60			□ A　　□ B　　□ C　　□ D		
试验过程中的异常情况记录						

注：U_T 为受试设备额定电压，P 为周期。

合格判定要求：符合 7.3.3 的要求　　本试验项目的结论：

所用试验设备的名称　　型号　　编号

环境温度　　℃　　相对湿度　　%

评价人员　　　　复核人员

A.2.15 浪涌(冲击)抗扰度试验记录格式

浪涌(冲击)抗扰度试验记录

试验的开始时间　　　年　月　日　时　分
试验的结束时间　　　年　月　日　时　分

供电方式		□ AC220 V　　□ AC380 V　　□ 其他			
接地方式		□ 通过电源线接地　　□ 机壳接地　　□ 不接地　　□ 其他			
试验等级	试验电压 (kV)	耦合方式	试验结果 在选"□"中打"√"		缺陷摘要
			□ A　□ B　□ C　□ D		
			□ A　□ B　□ C　□ D		
			□ A　□ B　□ C　□ D		
			□ A　□ B　□ C　□ D		
			□ A　□ B　□ C　□ D		
			□ A　□ B　□ C　□ D		
试验过程中的异常情况记录					

合格判定要求：符合 7.3.3 的要求　　本试验项目的结论：

所用试验设备的名称　　型号　　编号

环境温度　　℃　　相对湿度　　%

评价人员　　　　复核人员

A.2.16 稳定性试验记录格式

稳定性试验记录

试验的开始时间 　　　年 月 日 时 分

试验的结束时间 　　　年 月 日 时 分

将流量调至 $0.8Q_{max}$ 和 Q_{max} 之间，运行 100 h 后，或按每分钟流量折算到相应的体积量进行下面的试验。

运行开始前的累积量 　　　　　L，运行结束后的累积量 　　　　　L。

a) $0.90Q_{max} \leqslant Q(1) \leqslant 1.0Q_{max}$

流量 L/min	V_J L	H mm	V_B L	t_J ℃	t_B ℃	V_{Bt} L	E_V %	$\bar{E}_{VA}$ %	E_n %	$\bar{E}_{VB}$ %	Δ %

b) $0.22Q_{max} \leqslant Q(4) \leqslant 0.28Q_{max}$

流量 L/min	V_J L	H mm	V_B L	t_J ℃	t_B ℃	V_{Bt} L	E_V %	$\bar{E}_{VA}$ %	E_n %	$\bar{E}_{VB}$ %	Δ %

c) $0.10Q_{max} \leqslant Q(6) \leqslant 0.11Q_{max}$

流量 L/min	V_J L	H mm	V_B L	t_J ℃	t_B ℃	V_{Bt} L	E_V %	$\bar{E}_{VA}$ %	E_n %	$\bar{E}_{VB}$ %	Δ %

注：$\bar{E}_{VA}$ 表示运行 100 h 之后的示值误差；$\bar{E}_{VB}$ 表示运行 100 h 之前的示值误差；Δ 表示示值误差变化量。

$\bar{E}_{VA\,max} =$ $E_{n\,max} =$ $|\Delta| =$

合格判定要求：应符合 7.4 的要求   本试验项目的结论：

试验过程中的异常情况记录

所用计量器具的测量范围   测量不确定度/准确度等级/最大允许误差

所用试验设备的名称   型号   编号

环境温度   ℃   相对湿度   ％   大气压力   kPa

评价人员   复核人员

中华人民共和国国家计量技术规范

JJF 1522—2015

热水水表型式评价大纲

Program of Pattern Evaluation of Hot Water Meters

2015-04-10 发布　　　　　　　　　　　　2015-10-10 实施

国家质量监督检验检疫总局 发布

热水水表型式评价大纲

Program of Pattern Evaluation
of Hot Water Meters

JJF 1522—2015
代替 JJG 686—2006
型式评价大纲部分

归 口 单 位：全国流量容量计量技术委员会

主要起草单位：浙江省计量科学研究院

北京市计量检测科学研究院

山东省计量科学研究院

参加起草单位：宁波水表股份有限公司

新天科技股份有限公司

温岭甬岭水表有限公司

本规范委托全国流量容量计量技术委员会负责解释

本规范主要起草人：

詹志杰（浙江省计量科学研究院）

张立谦（北京市计量检测科学研究院）

纪建英（山东省计量科学研究院）

参加起草人：

陆佳颖（浙江省计量科学研究院）

赵绍满（宁波水表股份有限公司）

费战波（新天科技股份有限公司）

范永廉（温岭甬岭水表有限公司）

引　言

本规范是以 GB/T 778.1～3—2007《封闭满管道中水流量的测量　饮用冷水水表和热水水表》、国际法制计量组织（OIML）的国际建议 OIML R49-1：2013（E）《测量可饮用冷水和热水的水表　第 1 部分：计量和技术要求》和 OIML R49-2：2013（E）《测量可饮用冷水和热水的水表　第 2 部分：试验方法》为编制依据，结合了我国热水表制造和使用行业现状，对 JJG 686—2006 附录 A 的"热水表型式评价大纲"进行修订的。主要的技术指标与国家标准等效。

本规范按 JJF 1016—2014《计量器具型式评价大纲编写导则》编写。

本规范与 JJG 686—2006 附录 A 的型式评价大纲相比，主要技术变化如下：

——在大纲适用范围重新进行了规定：除机械式热水表外，增加了基于电磁或电子原理工作的热水表；热水表最高工作温度由 180 ℃改为 130 ℃，并用温度等级表示；

——按 JJF 1016，试验样机在标志方面增加型式批准标志和编号的要求；

——热水表的流量特性由 Q_1、Q_2、Q_3、Q_4 确定，替代原特性流量符号；所有与热水表性能表达和误差试验有关的参数选择均按新的特性流量；

——热水表按 Q_3（以 m^3/h 为单位）和 Q_3/Q_1、Q_2/Q_1 的比值标志，并规定了系列数，替代原水表代号和计量等级 A、B、C、D 的表达方式；

——型式试验项目增加了水温影响试验、水温过载试验、反向流试验、流动干扰试验、静磁场试验；对带电子装置热水表增加了功能试验、气候环境试验、电源变化试验和电磁环境试验；对计量单元可更换式热水表，增加计量单元更换试验项目；

——对 $Q_3>16\ m^3/h$ 热水表，减少耐久性试验时间；

——增加了第 10 章"试验项目的试验方法和条件以及数据处理和合格判据"的内容；

——增加了系列产品的判定选择方法，补充了各项目试验样机数量的规定；

——增加了附录 A"型式评价记录格式"的内容；

本规范的历次版本发布情况为：

——JJG 686—2006《热水表》附录 A。

热水水表型式评价大纲

1 范围

本型式评价大纲适用于分类编码为 12201000 的热水水表（以下简称热水表）的型式评价，适用范围的热水表标称口径不大于 300 mm、最高工作温度不超过 130 ℃。

2 引用文件

JJG 162—2009　冷水水表

JJF 1001　通用计量术语及定义

JJF 1004　流量计量名词术语及定义

GB/T 778.1—2007　封闭满管道中水流量的测量　饮用冷水水表和热水水表　第 1 部分：规范（idt ISO 4064-1：2005）

GB/T 778.3—2007　封闭满管道中水流量的测量　饮用冷水水表和热水水表　第 3 部分：试验方法和试验设备（idt ISO 4064-3：2005）

GB/T 2421　电工电子产品环境试验　第 1 部分：总则

GB/T 2422　电工电子产品环境试验　术语

GB/T 2423.1　电工电子产品环境试验　第 2 部分：试验方法　试验 A：低温

GB/T 2423.2　电工电子产品环境试验　第 2 部分：试验方法　试验 B：高温

GB/T 2423.4　电工电子产品环境试验　第 2 部分：试验方法　试验 Db 交变湿热（12 h＋12 h 循环）

GB/T 2423.43　电工电子产品环境试验　第 2 部分：试验方法　振动、冲击和类似动力学试验样品的安装

GB/T 2423.56　电工电子产品环境试验　第 2 部分：试验方法　试验 Fh：宽带随机振动（数字控制）和导则

GB/T 2424.1　电工电子产品环境试验　高温低温试验导则

GB/T 17626.2　电磁兼容　试验和测量技术　静电放电抗扰度试验

GB/T 17626.3　电磁兼容　试验和测量技术　射频电磁场辐射抗扰度试验

GB/T 17626.4　电磁兼容　试验和测量技术　电快速瞬变脉冲群抗扰度试验

GB/T 17626.5　电磁兼容　试验和测量技术　浪涌（冲击）抗扰度试验

GB/T 17626.11　电磁兼容　试验和测量技术　电压暂降、短时中断和电压变化的抗扰度试验

OIML R49-1：2013（E）　测量可饮用冷水和热水的水表　第 1 部分：计量和技术要求（Water meters intended for the metering of cold potable water and hot water-Part 1：Metrological and technical requirements）

OIML R49-2：2013（E）　测量可饮用冷水和热水的水表　第 2 部分：试验方法（Water meters intended for the metering of cold potable water and hot water-Part 2：

Test methods)

凡是注日期的引用文件，仅注日期的版本适用于本规范；凡是不注日期的引用文件，其最新版本（包括所有的修改单）适用于本规范。

3 术语

除了引用 JJF 1001、JJF 1004、JJG 162 所规定的术语外，本规范还采用下列术语。

3.1 流量时间法 flowrate，time method

在检定过程中流经水表的水量通过流量和时间的测量结果来确定，可以通过在规定的时间内进行一次或多次流量的重复测量来实现。但要避免在试验开始和结束时的非恒定流量区进行瞬时流量测量。

3.2 水表温度等级 meter temperature class

水表根据所适用的工作水温最低值和最高值所制定的等级，以字母 T 和水温特性值的数字表示。如：T90 代表最低工作温度为 0.1 ℃、最高为 90 ℃的热水水表工作范围；T30/130 代表最低工作温度为 30 ℃、最高为 130 ℃的热水水表工作范围。

3.3 辅助装置 ancillary device

用于执行某一特定功能，直接参与产生、传输或显示测量结果的装置。主要有以下几种：

    a) 调零装置；

    b) 价格指示装置；

    c) 重复指示装置；

    d) 打印装置；

    e) 存储装置；

    f) 税控装置；

    g) 预调装置；

    h) 自助装置；

    i) 流动传感器运动检测器（可从指示装置中清晰看出）；

    j) 远传读数装置（永久或临时）；

    k) 温度测量显示装置（电子式）。

3.4 计量元件可更换式水表 meter with exchangeable metrological unit

包含了经过相同型式批准的连接接口和可更换测量元件的常用流量 $Q_3 \geqslant 16$ m³/h 的水表。

4 概述

4.1 原理和结构组成

典型的热水表工作原理是采用叶轮式或螺翼式机械传感器，测量水流速，将流速信号转换成转速信号输入计算器，积算出流过的热水体积并在指示装置上显示。热水表的测量传感器一般采用机械原理，也可采用电子或电磁原理测量。采用电子或电磁原理测量时，可能采用转换器对信号进行转换。热水表可以安装辅助装置以检测、显示和传输水温等信号。

热水表应至少包括测量传感器、计算器（可包括调节或修正装置）、指示装置三个部分，各部分可组为一体，也可以安装在不同位置。

热水表可以配备完成特定功能的辅助设备，如远传装置、自助装置等。

采用电子或电磁原理测量的热水表（如电磁水表、超声水表等）的工作原理和结构组成参见相同工作原理的流量计规程。

4.2 分类

4.2.1 按热水表的工作原理和组成结构，热水表一般可分机械式热水表和带电子装置热水表。

4.2.2 带电子装置热水表是装备了电子装置以实现预定功能的热水表。带电子装置热水表包括配备了电子装置的机械式热水表、基于电磁或电子原理工作的电子式热水表。电子装置包括流量信号转换和处理单元，并可附加贮存记忆装置、预置装置、价格显示装置等。

注：带电子装置水表所用的机械式水表一般称为基表。

4.2.3 热水表按温度等级分类及对应的工作水温范围见表1。

表 1 热水表的温度等级

等级	最低允许工作水温 ℃	最高允许工作水温 ℃
T70	0.1	70
T90	0.1	90
T130	0.1	130
T30/70	30	70
T30/90	30	90
T30/130	30	130

4.2.4 按环境严酷度等级分类

1）气候和机械环境等级

带电子装置热水表根据气候和机械环境条件分成3个等级：

- B 级：安装在建筑物内的固定式热水表
- O 级：安装在户外的固定式热水表
- M 级：移动式热水表

注：GB/T 778—2007 和 JJG 162—2009 中用"C 级"和"I 级"，分别对应以上的"O 级"和"M 级"。

2）电磁环境等级

带电子装置热水表按电磁环境条件分成2个等级：

- E1 级：住宅、商业和轻工业
- E2 级：工业

5 法制管理要求

5.1 计量单位

（1）体积：立方米，符号 m^3。

（2）流量：立方米每小时或升每小时，符号 m^3/h、L/h。

5.2 标志

申请单位应规范设计和使用制造计量器具许可证和型式批准的标志和编号，在样机度盘或铭牌等明显部位应留出相应位置。

5.3 外部结构设计要求

凡可能影响热水表计量特性的部位应采用封闭式结构设计并留有加封印的位置。

凡可能影响热水表计量特性参数的接触应有可靠的电子封印或其他可靠的封印措施，避免这些参数被任意修改。

6 计量要求

6.1 计量特性

6.1.1 流量特性

热水表的流量特性由 Q_1、Q_2、Q_3、Q_4 确定。

> 注：按 JJG 162 定义和符号，Q_1、Q_2、Q_3、Q_4 分别表示水表的最小流量、分界流量、常用流量和过载流量。

标称口径小于或等于 50 mm、且常用流量 Q_3 不超过 16 m^3/h 的热水表应按 Q_3（以 m^3/h 为单位）和 Q_3/Q_1 的比值标志；

标称口径大于 50 mm 或常用流量 Q_3 超过 16 m^3/h 的热水表应按 Q_3（以 m^3/h 为单位）和 Q_3/Q_1、Q_2/Q_1 的比值标志，其数值应符合本规范第 6.1.2～6.1.5 的要求。

6.1.2 常用流量 Q_3 值从下列值中选用：

1	1.6	2.5	4	6.3
10	16	25	40	63
100	160	250	400	630
1 000	1 600	2 500	4 000	6 300

以上值的单位为 m^3/h，并可以按系列向更高或更低值方向扩展。

6.1.3 量程比 Q_3/Q_1 的比值从以下值中选择：

40	50	63	80	100
125	160	200	250	315
400	500	630	800	1 000

以上值可以按系列向更高值方向扩展。

Q_3/Q_1 可以用符号 R 表示，如 R100 表示 $Q_3/Q_1=100$。

6.1.4 Q_2/Q_1 的比值一般应为 1.6。

> 注：对 Q_3 超过 16 m^3/h 的热水表，Q_2/Q_1 也可为 2.5、4、6.3。这种情况下，应核对制造商提供的产品标准。

6.1.5 Q_4/Q_3的比值应为 1.25。

6.2 准确度等级和最大允许误差

热水表的准确度等级应选用 1 级、2 级。

6.2.1 1 级热水表（准确度等级为 1 级）

热水表的最大允许误差在高区（$Q_2 \leqslant Q \leqslant Q_4$）为 ±2%，低区（$Q_1 \leqslant Q < Q_2$）为 ±3%。

6.2.2 2 级热水表（准确度等级为 2 级）

热水表的最大允许误差在高区（$Q_2 \leqslant Q \leqslant Q_4$）为 ±3%，低区（$Q_1 \leqslant Q < Q_2$）为 ±5%。

6.2.3 组合式热水表和计量元件可更换的热水表的最大允许误差根据其准确度等级不应超过 6.2.1 或 6.2.2 的规定值。

6.2.4 热水表的相对示值误差 E 用百分数表示，并按式（1）计算：

$$E = \frac{V_i - V_a}{V_a} \times 100\%$$ (1)

式中：

V_i——指示体积，m^3；

V_a——实际体积，m^3。

6.2.5 反向流

制造商应指明热水表是否可以计量反向流。

如果热水表可以计量反向流，则反向流期间的实际体积应从显示体积中减去反向流体积，或者单独记录。正向流和反向流都应符合最大允许误差的要求。不同流向下的常用流量和流量范围可以不同。

如果热水表不能计量反向流，则应能防止反向流，或者能承受意外反向流而不致造成正向流计量性能发生任何下降或变化。

6.2.6 在热水表额定工作条件范围内温度和压力变化时，热水表应符合最大允许误差的要求。

6.2.7 热水表应能承受短时超过最高工作温度的水温，恢复后至额定工作条件后应符合最大允许误差的要求。

6.2.8 当无流动或无水时，热水表的积算读数应无变化。

6.2.9 热水表应在其标明的安装方式下进行示值误差试验。如果热水表没有这些标志，则至少应在水平、垂直和倾斜三种安装方式下进行试验。

注：容积式结构的热水表可只在一种方式下进行试验，通常是水平安装方向。

7 通用技术要求

7.1 材料和结构

7.1.1 热水表的制造材料应有足够的强度和耐用度，以满足热水表的使用要求。

7.1.2 热水表的制造材料应不受工作温度范围内水温变化的不利影响（见 7.4）。

7.1.3 热水表内所有接触水的零部件应采用通常认为是无毒、无污染、无生物活性的材料制造。

7.1.4 整体热水表的制造材料应能抗内、外部腐蚀，或进行适当的表面防护处理。

7.1.5 热水表的指示装置应采用透明窗保护，还可配备一个合适的表盖作为辅助保护。

7.1.6 如果热水表指示装置透明窗内侧有可能形成冷凝，热水表应安装消除冷凝的装置。

7.2 调整和修正

7.2.1 热水表可以安装调整装置和（或）修正装置，以调整其实际误差接近零值。

7.2.2 如果这些装置安装在热水表外，应采取封印措施（见7.7）。

7.3 安装条件

7.3.1 热水表的安装应使其在正常条件下完全充满水。

7.3.2 如果热水表的准确度可能受到水中存在固体颗粒的影响，应配备过滤器，安装在其进口或在上游管线。

7.3.3 如果热水表的准确度容易受到上游或下游管段的漩涡的影响（如由于弯头、阀门或泵引起的），应按制造商的规定安装足够长的直管段，安装（或不安装）整直器，以满足热水表的最大允许误差要求。制造商可按表2和表3选择热水表的流动剖面敏感度等级。

7.3.4 流动剖面敏感度等级

制造商应依据GB/T 778.3规定的相关试验的结果，按照表2和表3的等级规定流动剖面敏感度等级。

制造商应详细说明需要使用的流动调整段，包括整直器和（或）直管段，并将其作为被检测的这一类热水表的辅助装置。

表 2　对上游流速场不规则变化的敏感度等级（U）

等级	必需的直管段 （×DN）	需要整直器
U0	0	否
U3	3	否
U5	5	否
U10	10	否
U15	15	否
U0S	0	是
U3S	3	是
U5S	5	是
U10S	10	是

注：表中DN为热水表的标称口径，下同。

表 3　对下游流速场不规则变化的敏感度等级（D）

等级	必需的直管段（×DN）	需要整直器
D0	0	否
D3	3	否
D5	5	否
D0S	0	是
D3S	3	是

7.4　额定工作条件

　　a）流量范围：$Q_1 \sim Q_3$；

　　b）环境温度：5 ℃～55 ℃；

　　c）水温：根据表 1 选择对应热水表温度等级的水温范围；

　　d）环境相对湿度：0～100％，除了远传指示装置为 0～93％外；

　　e）水压：0.03 MPa～最大允许压力 MAP，MAP 至少为 1 MPa；

　　f）工作电源：外部供电的，交流电或外部直流电的工作电压变化范围应为标称电压的－15％～＋10％，交流电频率变化范围应为标称频率的±2％；电池供电的，工作电压范围为制造商说明的最低电压 U_{bmin}～全新电池的电压 U_{bmax}。

7.5　标记和铭牌

　　应清楚、永久地在热水表外壳、指示装置的度盘或铭牌、不可分离的热水表表盖上，集中或分散标明以下信息。

　　a）计量单位：立方米或 m^3；

　　b）准确度等级：如果不是 2 级，应标明；

　　c）Q_3 值，Q_3/Q_1 的比值，Q_2/Q_1 的比值（当不为 1.6 时应注明）；

　　d）制造计量器具许可证和型式批准的标志和编号（或预留相应的设计位置）；

　　注：进口计量器具应标明型式批准标志和编号。

　　e）制造商名称或商标；

　　f）制造年月和编号（尽可能靠近指示装置）；

　　g）流向（在热水表壳体二侧标志，或者如果在任何情况下都能很容易看到流动方向指示箭头，也可只标志在一侧）；

　　h）最大允许压力：如果不为 1 MPa，应标明；

　　i）安装方式：如果只能水平或垂直安装，应标明（H 代表水平安装，V 代表垂直安装）；

　　j）温度等级；

　　k）最大压力损失：如果不为 0.063 MPa，应注明；

　　注：可按表 5、标注压力损失等级。

　　对于带电子装置热水表，附加的标识应标明：

　　l）外电源：电压和频率；

m）可换电池：最迟的电池更换时间；

n）不可换电池：最迟的热水表更换时间；

o）气候与机械环境等级；

p）电磁环境等级。

注：热水表可用相应符号标注来反映对流动剖面敏感度等级、气候和机械环境等级、电磁兼容
等级，以及提供给辅助装置的信号类型等要求。此类信息可在热水表上标注，也可在说明
书或相关数据单注明。

7.6 指示装置

7.6.1 一般要求

7.6.1.1 功能

指示装置应提供易读、清晰、可靠的体积示值的直观显示。

指示装置应包括用于试验和校验的可视装置。

指示装置可以包括采用其他方法（如用于自动试验和校验）进行试验和校验的附加元件。

7.6.1.2 测量单位、符号和位置

指示体积用立方米表示，符号 m^3 应出现在表盘上或紧邻显示数字。

7.6.1.3 指示范围

指示范围应符合表4规定。

表 4 热水表的指示范围

$Q_3/$（m^3/h）	指示范围（最小值）/m^3
$Q_3 \leqslant 6.3$	9 999
$6.3 < Q_3 \leqslant 63$	99 999
$63 < Q_3 \leqslant 630$	999 999
$630 < Q_3 \leqslant 6\ 300$	9 999 999

7.6.1.4 颜色标志

黑色用于表示立方米及其倍数，红色用于立方米的分数。

这两种颜色应使用于指针、指示标记、数字、字轮、字盘、度盘，或用于开孔框。

对带电子装置热水表，只要保证在区别主示值与其他显示（如检定和试验用的小数）时没有疑义，可以采用其他形式表示立方米及其倍数和分数。

7.6.2 指示装置的类型

水表的指示装置应采用以下所述的任何一种型式。

7.6.2.1 1型-模拟式装置

水体积由下述部件的连续运动给出：

a）相对于分度标尺移动的一个或多个指针；

b）一个或多个圆形标尺或鼓轮，各自通过一个指示标志。

每一个标尺分度以立方米的示值应为 10^n 的形式，其中 n 为正整数、负整数或零，由此建立一个连续十进制。

每种标尺应按立方米值分度，或者是附带有一个乘数（×0.001；×0.01；×0.1；×1；×10；×100；×1 000等）。

指针、圆形标尺的旋转运动应为顺时针方向。指针或标尺的直线运动应是从左到右的。数字鼓轮指示器的运动应向上。

7.6.2.2　2型-数字式装置

指示体积由一排相邻的、显示在一个或多个开孔中的数字给出。上一位数字的进位应在相邻低位数值的变化从9至0时完成。数字鼓轮指示器的运动应向上。

最低值十个数可以连续运动，开孔足够大，以便明确读取数字。

数字的可见高度至少应为4 mm。

7.6.2.3　3型-模拟式与数字式的组合装置

水的体积由1型和2型装置组合的形式给出，并且应分别符合各自的要求。

数字指示器的最低值十个数可以连续运动。

7.6.3　检定显示装置

7.6.3.1　总体要求

每一种指示装置都应有满足检定和校验的装置。

直观检定显示可以是连续的或断续的运动。

除了用直观检定显示以外，指示装置可包含快速试验的辅助元件（如星轮或圆盘等），通过附加装置读取信号。这类附加装置一般是临时安装的，不属于水表的一部分。

7.6.3.2　检定分格值

以立方米表示的检定分格值应表达成 $1×10^n$、$2×10^n$ 或 $5×10^n$ 的形式，其中 n 为正整数、负整数或零。

对于首位元件连续运动的模拟式或数字式指示装置，可以在首位元件两个相邻数字之间以2、5或10等分作为检定分格值。这些值不应标以数字。

对于首位元件断续运动的数字式指示装置，检定分格值是首位元件两个相邻数字之间的间隔或是增值。

7.6.3.3　检定标尺形式

对于首位元件连续运动的指示装置，其检定标尺分格的间距应不小于1 mm和不大于5 mm。标尺应由下列组成：

a）一组宽度不超过标尺间距的四分之一、仅长度不同的等宽线；

b）或者是恒定宽度的对比带，宽度为标尺间距。

指针指示端的宽度应不超过检定标尺间距的四分之一，且在任何情况下应不大于0.5 mm。

7.6.3.4　分辨力

检定标尺的分格值应足够小，以保证水表的分辨力：对于1级热水表，不超过最小流量 Q_1 下流过1.5 h的实际体积值的0.25%；对于2级热水表，不超过实际体积值的0.5%。

注：当首位元件连续显示时，每次读数最大误差不超过最小标尺分格间距的一半。当首位元件断续显示时，每次读数最大误差为一个数字。

附加装置用于检定时，其读数的最大误差不大于试验体积的 0.25%（对 1 级表）或 0.5%（对 2 级表），并且不影响指示装置工作正常。

7.7 防护装置

7.7.1 机械封印

热水表应配置可以封印的防护装置，以保证在正确安装热水表前和安装后，在不损坏防护装置的情况下无法拆卸或者改动热水表和（或）调整装置或修正装置。

对计量单元可更换热水表，这一要求适用外部防护装置和内部调节板防护装置。

7.7.2 电子封印

7.7.2.1 当机械封印装置不能阻止对确定测量结果有影响的参数被接触时，保护措施应符合以下规定：

a) 参数接触只允许被授权的人进行，如采用密码（关键词）或特殊设备（如钥匙）的方法。密码应可更改。

b) 至少最后一次存取干预行为应被记录。记录中应包含日期和能够识别实施干预的授权人员的特征要素［见上一条 a) 规定］。如果最后一次干预的记录未被下一次干预所覆盖，至少应保证两年的追溯期。如果能记忆二次以上的干预，但必须删除先前的记录才能记录新的干预，应删除最老的记录。

7.7.2.2 热水表有可以被用户分开的可互换部件时，应满足以下规定：

a) 除非符合 7.7.2.1 的规定，否则不能通过断开点访问参与确定测量结果的参数；

b) 应采用电子和数据处理保密装置，或在电子方法不可能时采用机械装置，以防止插入任何可能影响测量结果的部件。

7.7.2.3 对于装有可被用户分开但不可互换的部件的热水表，应符合 7.7.2.2 的规定。另外，这类热水表应配备一种装置，使得当各种部件不按制造商的配置联接时热水表不能工作。

> 注：用户擅自分离部件是不允许的，应防止这种行为，如利用一个装置，在部件被分开和重新连接后阻止所有测量。

7.8 压力损失

在额定流量范围 Q_1 和 Q_3 之间，通过热水表（包括其组成部分的过滤器、整直器等）的压力损失应不大于 0.063 MPa。

制造商可从表 5 中选取压力损失等级，并在铭牌或度盘上标明。这种情况下，热水表的压力损失应不超过对应的规定值。

同轴热水表应与对应的集合管一同进行压力损失试验。

表 5　压力损失等级

等级	最大压力损失/MPa
$\Delta p 63$	0.063
$\Delta p 40$	0.040
$\Delta p 25$	0.025
$\Delta p 16$	0.016
$\Delta p 10$	0.010

7.9 耐压强度

热水表应能在参比条件下承受下列压力试验而无渗漏或损坏:

a) 承受 1.6 倍最大允许压力的试验压力,持续时间 15 min;

b) 承受 2 倍最大允许压力的试验压力,持续时间 1 min。

7.10 耐久性

7.10.1 热水表应根据水温等级、常用流量 Q_3 和过载流量 Q_4,按表 6 要求进行模拟使用条件的耐久性试验。

表 6 热水表耐久性试验要求

常用流量 Q_3	试验型式	水温±5 ℃	试验流量	中断次数	停止工作时间	试验流量下的工作时间	启动和止动的持续时间
$Q_3 \leqslant 16$ m³/h	断续	50	Q_3	100 000	15 s	15 s	0.15 (Q_3) s,最小值 1 s
	连续	0.9×MAT	Q_4	——	——	100 h	——
$Q_3 > 16$ m³/h	连续	0.9×MAT	Q_4	——	——	200 h	——

注:表中 (Q_3) 是一个以 m³/h 为单位的数值等于 Q_3 的值,起动或停止持续时间最短不应少于 1 s。

7.10.2 在进行了表 4 所列的每一项试验后,应复测热水表的示值误差,计算误差曲线的变化,并按 7.10.2.1 和 7.10.2.2 的要求判断是否合格。

注:误差曲线的变化量也称误差偏移量,指相同流量点的试验前后热水表的两次示值误差之差的绝对值。

7.10.2.1 1 级热水表:

a) 误差曲线的变化在低区 $(Q_1 \leqslant Q < Q_2)$ 应不超过 2%,在高区 $(Q_2 \leqslant Q \leqslant Q_4)$ 应不超过 1%。

b) 误差曲线的最大允许误差在低区 $(Q_1 \leqslant Q < Q_2)$ 为 ±4%,在高区 $(Q_2 \leqslant Q \leqslant Q_4)$ 为 ±2.5%。

这两项要求采用平均示值误差。

7.10.2.2 2 级热水表:

a) 误差曲线的变化在低区 $(Q_1 \leqslant Q < Q_2)$ 应不超过 3%,在高区 $(Q_2 \leqslant Q \leqslant Q_4)$ 应不超过 1.5%。

b) 误差曲线的最大允许误差在低区 $(Q_1 \leqslant Q < Q_2)$ 为 ±6%,在高区 $(Q_2 \leqslant Q \leqslant Q_4)$ 为 ±3.5%。

这两项要求采用平均示值误差。

7.11 带电子装置热水表的功能

7.11.1 总体要求

电子指示装置应提供可靠、清晰、明确的被测水体积读数。

电子指示装置应能随时按要求显示体积，但不要求永久显示，即使是在计量测试期间。每次体积显示时间至少应达到 10 s。

如果电子指示装置能够显示附加信息，则显示的信息应无歧义。

电子指示装置应具有一种特性，以便能通过例如连续显示各种字符等方式检查显示是否正常。整个过程的每一步应至少持续 1 s。

以立方米表示的读数，其小数部分不必在同一个指示装置上显示。在这种情况下，读数应清楚、明确（指示器上应指示流动的另外显示）。

可采用以下方式读取数值：

- 电子指示装置上使用两个分列的显示装置；
- 在同一个显示装置上分成连续的两个步骤读取数值，或设计有检测数据通讯协议；
- 使用一个可拆卸指示装置使小数部分能被读取。在这种情况下，固定装置应显示热水表正在以适当的分辨力计数。制造商应在热水表上提供此固定指示装置的近似分辨力的信息。

7.11.2 基本功能

带电子装置热水表所具备的功能应符合产品标准或使用说明书的相关要求，这类功能通常有显示功能、查询功能、提示功能、控制功能、保护功能等。

有水价计算显示的热水表还应有价格设置、分段（或分时）水价计算显示功能，单价的数字位数、用水段的划分应能满足用水管理的需要。

如有按键开关、接触式或非接触式控制器（如 IC 卡、磁棒等），操作应灵活可靠。

配备电子装置的机械测量原理的热水表（包括电子远传热水表和 IC 卡热水表等），其信号转换应准确可靠。

7.11.3 辅助装置

热水表辅助装置功能应符合产品标准或使用说明书的要求。

辅助装置的永久性安装不应影响热水表的计量性能和主示值的读数。

7.11.4 电源

7.11.4.1 总则

带电子装置热水表的三种不同类型的基本电源：

- 外部电源；
- 不可更换电池；
- 可更换电池。

这三种电源可以独立使用，也可以组合使用。7.11.4.2～7.11.4.4 描述了每一种电源的要求。

7.11.4.2 外部电源

带电子装置热水表的设计应保证：一旦外部（交流或直流）电源发生故障，故障前的热水表体积示值不会丢失，至少在一年之内仍能读取。

相应的数据记存至少应每天进行一次，或者每流过相当于 Q_3 流量下 10 min 的体积记存一次。

电源中断应不影响热水表的其他性能或参数。

注：符合此项规定并不一定保证热水表能继续记录在电源中断期间消费的热水体积。

应能有效防止电源被擅自改动。

7.11.4.3 不可更换电池

制造商应确保电池的额定寿命，保证热水表功能正常的时间至少比热水表的工作寿命长一年。

7.11.4.4 可更换电池

当电源为可更换电池时，制造商应对电池的更换做出明确规定。

热水表上应标明更换电池的日期。

更换电池时，电源中断应不影响热水表的性能或参数。

注：可以预料，在确定电池和进行型式批准时会考虑最大允许体积、显示体积、远传读数和极端温度等综合因素。如果必要，还会考虑水电导率。

更换电池的操作应不必损坏法定计量封印。如果更换电池必须损坏法定计量封印，应规定由国家法定计量机构或其他授权机构来更换封铅。

可利用电池盒来保护电池，以免擅自改动。

7.12 静磁场影响

机械部件易受静磁场影响的机械式热水表和所有带电子元件的热水表应进行施加规定磁场的试验。

试验时的静磁场由环形磁铁产生。环形磁铁外径 70 mm±2 mm、内径 32 mm±2 mm、厚度 15 mm，距表面 1 mm 以内的磁场强度为 90 kA/m～100 kA/m，距表面 20 mm 处的磁场强度为 20 kA/m。

试验应在常用流量 Q_3 下进行，试验结果应表明有以上静磁场情况下热水表的示值误差不超过高区最大允许误差。

7.13 环境适应性

7.13.1 总体要求

带电子装置热水表在表 7 规定的气候、机械、电源和电磁环境条件下应能正常工作。表 7 所列影响量根据其性质分为影响因子和扰动，对受试设备（EUT，即热水表或其部件）相应的试验是对热水表基本项目试验的补充。在评定一个影响量的影响时，其他影响量应相对稳定在参比条件范围内。

a）在影响因子作用下的性能：

当受到影响因子作用时，受试设备（EUT）应能正常工作，示值误差应不超过适用的最大允许误差。

b）在扰动影响下的性能：

当受到扰动时，受试设备（EUT）应能正常工作，不发生明显偏差。

注："明显误差"的定义见 JJG 162 中 3.2.10，即幅度超过高区最大允许误差的一半的偏差。

表 7　与热水表的电子部件或装置有关的试验

序号	试验项目		影响量性质	适用规定
1	气候环境	干热	影响因子	最大允许误差 MPE
2		低温	影响因子	最大允许误差 MPE
3		交变湿热	扰动	明显偏差
4	电源环境	电源变化	影响因子	最大允许误差 MPE
5	机械环境	振动（随机）	扰动	明显偏差
6		机械冲击	扰动	明显偏差
7	电磁环境	短时功率降低	扰动	明显偏差
8		脉冲群	扰动	明显偏差
9		浪涌抗扰度	扰动	明显偏差
10		静电放电	扰动	明显偏差
11		电磁敏感性	扰动	明显偏差

7.13.2　气候环境

7.13.2.1　干热

受试设备（EUT）在表 8 规定条件下，功能应正常，计量性能应符合 6.2 要求。

表 8　影响因子——干热（无冷凝）

环境等级	B；O；M
室温	55 ℃±2 ℃
持续时间	2 h
试验循环数	1

7.13.2.2　低温

受试设备（EUT）在表 9 规定条件下，功能应正常，计量性能应符合 6.2 要求。

表 9　影响因子——低温

环境等级	B	O；M
室温	+5 ℃±3 ℃	−25 ℃±3 ℃
持续时间	2 h	
试验循环数	1	

7.13.2.3　交变湿热（凝结）

受试设备（EUT）在表 10 规定下，功能应正常，计量性能不出现明显偏差。

表 10 扰动——湿热，循环（冷凝）

环境等级	B	O；M
气温上限	40 ℃±2 ℃	55 ℃±2 ℃
气温下限	25 ℃±3 ℃	25 ℃±3 ℃
相对湿度	>95%	
相对湿度	93%±3%	
持续时间	24 h	
试验循环数	2	

7.13.3 电源环境

7.13.3.1 电源变化

对供电电源在表11规定的变化情况下，受试设备（EUT）功能应正常，计量性能应符合6.2要求。

表 11 影响因子——交流主电源电压的静态偏差

环境等级	E1；E2
主电源电压	上限值：单一电压时 U_{nom} （1+10%），或电压范围时 U_U （1+10%） 下限值：单一电压时 U_{nom} （1−15%），或电压范围时 U_L （1−15%）
电池电压	全新电池的电压 U_{max}； 制造商指明的参比条件下的电压 U_{min}，低于此电压时电子指示装置停止工作

7.13.3.2 电池断电

对可更换电池供电的热水表，受试设备（EUT）在更换电池后，功能应正常，计量性能应符合6.2要求。

7.13.4 机械环境

机械环境只针对移动式热水表（环境等级 M 级）。

7.13.4.1 振动（随机）

受试设备在表12规定的扰动下，功能应正常，计量性能不出现明显偏差。

表 12 扰动：振动（随机）

环境等级	I
频率范围	10 Hz～150 Hz
总均方根加速度（RMS）等级	7 ms^{-2}
加速度谱密度（ASD）等级（10～20）Hz	1 m^{2}s^{-3}
加速度谱密度（ASD）等级（20～150）Hz	−3 dB/oct
试验轴向数量	3
每个轴向的持续时间	2 min

7.13.4.2 机械冲击

受试设备在表13规定的扰动下，功能应正常，计量性能不出现明显偏差。

表 13 扰动：机械冲击

环境等级	I
跌落高度/mm	50
跌落次数（每个底边）	1

7.13.5 电磁环境

7.13.5.1 短时电源中断

受试设备（EUT）在施加表14规定的主电源电压短时中断和下降的扰动时，功能应正常，计量性能不出现明显偏差。

表 14 扰动：主电源电压短时中断和下降

环境等级	E1；E2
试验严酷度	电压100%中断：100 ms 电压下降50%：200 ms
中断	电压100%中断：相当于半个周期的时间
下降	电压下降50%：相当于一个周期的时间
试验循环数	至少10次中断和10次下降，间隔时间最少10 s。 在测量受试设备（EUT）示值误差所需的时间段内应反复中断，中断次数可能需要10次以上

7.13.5.2 脉冲群

受试设备（EUT）在施加表15规定的主电源电压短时中断和下降的扰动时，功能应正常，计量性能不出现明显偏差。

表 15 扰动：脉冲群

环境等级	E1	E2
不参与过程控制的信号线和数据总线的端口	±500 V[1]	±1 000 V
直接参与过程和过程测量、信号传输和控制的端口	±500 V[1]	±2 000 V
I/O DC 电源端口	±500 V[2]	±2 000 V
I/O AC 电源端口	±1 000 V	±2 000 V
功能接地端口	±500 V[1]	±1 000 V

注：
1 仅适用于连接根据制造商的功能规范总长度超过10 m的电缆的端口。
2 不适用于连接电池或再充电时必须从装置上拆下的可充电电池的输入端口。

7.13.5.3 浪涌抗扰度

受试设备（EUT）在施加表16规定的主电源电压短时中断和下降的扰动时，功能应正常，计量性能不出现明显偏差。

表 16 扰动：浪涌瞬变

环境等级	E1	E2
不参与过程控制的信号线和数据总线的端口	——	1.2 Tr/50 Th μs[1] 线对地±2 kV 线对线±1 kV
直接参与过程和过程测量、信号传输和控制的端口	——	1.2 Tr/50 Th μs 线对地±2 kV 线对线±1 kV
直流输入端口	1.2 Tr/50 Th μs[2] 线对地±0.5 kV 线对线±0.5 kV	1.2 Tr/50 Th μs[2] 线对地±0.5 kV 线对线±0.5 kV
交流输入端口	1.2 Tr/50 Th μs 线对地±2 kV 线对线±1 kV	1.2 Tr/50 Th μs 线对地±4 kV 线对线±2 kV

注：Tr 为波前时间，Th 为半峰值时间。

1　仅适用于根据制造商的功能规范连接电缆的总长度超过 3 m 的端口。

2　不适用于连接电池或再充电时必须从装置上拆下的可充电电池的输入端口。

具有直流电源输入端口与 AC-DC 电源转换器配合使用的装置应按制造商的规定对 AC-DC 电源转换器的交流电源输入进行试验，若制造商未作规定，应使用一个典型 AC-DC 电源转换器进行试验。此试验适用于准备永久连接长度超过 10 m 的电缆的直流电源输入端口。

7.13.5.4　静电放电抗扰度

受试设备（EUT）在施加表 17 规定的主电源电压短时中断和下降的扰动时，功能应正常，计量性能不出现明显偏差。

表 17 扰动：静电放电

环境等级	E1；E2
试验电压（接触方式）	6 kV
试验电压（空气方式）	8 kV
试验周期数	在同一次测量或模拟测量期间，每一试验点至少施加 10 次直接放电，放电间隔时间至少 1 s。 对于间接放电，在水平耦合平面上总计应施加 10 次放电。在垂直耦合平面上，每一位置总计施加 10 次放电

7.13.5.5　电磁敏感性

受试设备（EUT）在施加表 18 规定的主电源电压短时中断和下降的扰动时，功能应正常，计量性能不出现明显偏差。

表 18　扰动：电磁辐射

环境等级	E1	E2
频率范围	26 MHz～1 000 MHz	
场强	3 V/m	10 V/m
调制	80％AM，1 kHz，正弦波	

8　型式评价项目表

8.1　所有热水表应进行的型式评价项目

所有热水表应进行表 19 所列试验项目。

序号 2～10 试验可按任意顺序进行。静磁场试验 11 应在耐久性试验之前进行。

表 19　适用所有热水表型式评价试验项目一览表

序号	试验项目		技术要求	评价方式	评价方法	试验样机数
1	计量法制要求		5	观察	10.2	≥1
2	静压力试验		7.9	试验	10.3	全部
3	固有误差试验		6.2.1或6.2.2	试验	10.4	全部
4	无流动试验[1]		6.2.9	试验	10.5	≥1
5	水温影响试验[2]		6.2.7	试验	10.6	≥1
6	水温过载试验[a]		6.2.8	试验	10.7	≥1
7	水压影响试验[2]		6.2.7	试验	10.8	≥1
8	反向流试验		6.2.5	试验	10.9	≥1
9	压力损失试验		7.8	试验	10.10	≥1
10	流动干扰试验[2,3]		7.3.3	试验	10.11	≥1
11	静磁场试验[4]		7.12	试验	10.12	≥1
12	耐久性试验	断续流量试验	7.11	试验	10.13.1	对每一种适用的安装方式，≥1
		连续流量试验	7.11	试验	10.13.2	对每一种适用的安装方式，≥1

注：

1　适用于电子热水表或带电子装置的机械式热水表；

2　适用于标称口径小于或等于 50 mm、且常用流量 Q_3 不超过 16 m^3/h 的热水表；

3　适用于除容积式热水表外的热水表；

4　适用于有电子元件和磁耦合或其他易受外磁场影响的机械部件的热水表。

8.2　带电子装置热水表的性能试验项目

除进行表 19 所列试验项目外，带电子装置水表或其部件应进行表 20 所列的性能试验。

表 20　带电子装置热水表或其部件的试验项目

序号	试验项目		技术要求	评价方式	评价方法	试验样机数
13	功能试验		7.11.2	试验	10.14	≥1
14	气候环境试验	干热	7.13.2.1	试验	10.15	≥1
15		低温	7.13.2.2	试验	10.16	≥1
16		交变湿热	7.13.2.3	试验	10.17	≥1
17	电源变化试验	电源变化	7.13.3.1	试验	10.18	≥1
18		电池断电[2]	7.13.3.2	试验	10.19	≥1
19	机械环境试验	振动（随机）	7.13.4.1	试验	10.20	≥1
20		机械冲击	7.13.4.2	试验	10.21	≥1
21	电磁环境试验	短时电源中断[3]	7.13.5.1	试验	10.22	≥1
22		脉冲群	7.13.5.2	试验	10.23	≥1
23		浪涌抗扰度	7.13.5.3	试验	10.24	≥1
24		静电放电	7.13.5.4	试验	10.25	≥1
25		电磁敏感性	7.13.5.5	试验	10.26	≥1

注：

1　试验可按任意顺序进行。如果表20所列项目中试验时需对样机进行拆卸或有其他形式的损坏，则这类试验程序应放在最后或另选样机进行；

2　仅适用于电池供电的热水表；

3　仅适用于直接交流供电的热水表。

9　提供样机的数量及样机的使用方式

9.1　提供试验样机的数量

9.1.1　单一规格的热水表

9.1.1.1　所有型式的热水表

型式评价时，每种规格的最少样机数量按表21确定。

表 21　热水表样机数量

常用流量 Q_3/（m^3/h）	样机数量（最少）
$Q_3 \leqslant 160$	3
$160 < Q_3 \leqslant 1\ 600$	2
$1\ 600 < Q_3$	1

注：负责型式评价的技术机构可要求提供更多的热水表进行试验。

9.1.1.2　计量单元可更换式热水表

计量单元可更换式热水表，应另提供5个相同的热水表表壳和2个计量单元部件进行型式批准。

9.1.1.3 带电子装置热水表

带电子装置热水表，如果配置了不带核查装置的电子装置，则除了表 21 规定的样机外，需提交 5 个相同的整体热水表或其可分离部件进行型式批准。

带电子装置热水表型式批准时的性能试验，可能需要提交更多的资料和样机或样机部件。

9.1.2 热水表系列产品

9.1.2.1 定义

系列热水表产品是一组不同规格和（或）不同流量的热水表，所有热水表具有下列特征：

　　a）制造商相同；

　　b）接触水部件几何相似；

　　c）测量原理相同；

　　d）准确度等级相同，Q_3/Q_1 和 Q_2/Q_1 比值不同；或者，Q_3/Q_1 和 Q_2/Q_1 比值相同，而准确度等级不同；

　　注：这种情况下，参照 9.1.2.2b）的要求，选择具有极限工作参数的试验样机。

　　e）水温等级相同；

　　f）每种热水表规格的电子装置相同；

　　g）设计和部件组装标准相似；

　　h）对热水表性能至关重要的部件的材料相同；

　　i）与热水表规格有关的安装要求相同，例如热水表的 10DN（管径）的上游直管段和下游的 5DN 的直管段。

9.1.2.2 样机规格选择

在系列产品中选择应有三分之一代表性的规格进行试验，遵守下列原则：

　　a）系列产品中的最小热水表一律应进行试验；

　　b）系列产品中具有极限工作参数的热水表应考虑进行试验；

　　c）耐久性试验应对预计磨损最严重的热水表进行试验；对测量传感器中无运动部件的水表，应选择最小规格的热水表进行试验；具有多个安装方式（如正向、反向，水平、垂直、倾斜）的热水表每种方式都应至少有 1 块表进行试验。

　　d）与影响因子和干扰相关的所有性能试验应对系列水表中的一种规格进行。

9.2 样机的使用

各检查项目或试验项目所使用的样机数量参照表 19 和表 20 的规定。

当电子装置成为热水表的不可分离的一部分时，应采用整体热水表进行试验。

如果热水表的电子装置与测量传感器分开安装，则可单独试验。

辅助装置可以单独试验。

9.3 有关样机的文件

除申请单位按 JJF 1015 规定提交的申请材料外，负责型式评价的技术机构可要求申请单位提供更多的有关样机的文件，包括：

　　1）样机技术特征和工作原理的描述；

2）影响计量性能、安全性和稳定性等主要性能的关键部件清单及组成说明；

3）显示封印和检定标志位置的图；

4）规范性标志的图案。

对带电子装置热水表，应包括：

1）各类电子装置的功能描述；

2）说明电子装置的逻辑流程图；

3）对有修正装置的热水表，修正参数如何确定的说明；

4）与热水表的预定用途相符的环境条件的严酷等级。

10 试验项目的试验方法和条件以及数据处理和合格判据

本章内容中，10.2～10.13 为表 19 所列项目（适用于所有热水表）的试验方法，10.14～10.24 为表 20 所列项目（适用于带电子装置热水表）的试验方法。

10.1 试验通用条件

10.1.1 试验环境和场所

试验环境和场所应符合热水表的额定工作条件（见 7.4）。

试验场所应排除其他外界干扰影响（如振动、外磁场等）。

10.1.2 参比条件

对热水表进行型式评价试验时，除了要进行试验的影响参数外，所有影响参数都应控制在以下值：

流量：	$0.7 \times (Q_2 + Q_3) \pm 0.03 \times (Q_2 + Q_3)$
工作温度：	T70～T130 为（20±5）℃和（50±5）℃
	T30/70～T30/130 为（50±5）℃
环境温度：	（20±5）℃
工作压力：	符合额定工作条件
环境相对湿度：	60％±15％
环境大气压力：	86 kPa～106 kPa
电源电压（交流主电源）：	标称电压 U_{nom}（1±5％）
电源频率：	标称频率 f_{nom}（1±2％）
电源电压（电池）：	$U_{bmin} \leqslant U \leqslant U_{bmax}$

每次试验期间，参比条件范围内温度和相对湿度的变化应分别不大于 5 ℃和 10％。

注：当环境温度和（或）环境相对湿度超出上述范围时，应考虑其对示值误差的影响。

10.1.3 环境试验的试验体积和水温影响

进行性能试验时应考虑下列规定：

a）试验体积

某些影响量对测量结果的影响是不变的，与被测体积没有比例关系。明显偏差的数值与被测体积有关。为了能将各实验室取得的结果进行比对，热水表示值误差试验时的试验体积应相当于过载流量 Q_4 条件下排放 1 min 的体积。某些试验可能需要多于 1 min 的体积，在这种情况下，考虑到测量的不确定度，试验的时间应尽可能短。

b）水温影响

温度试验所关注的是环境温度而不是水温。因此可以采用一种模拟试验方法，使水温不影响试验结果。

10.2 法制计量检查

目测检查热水表样机，其计量单位、法制计量标志和外部结构设计应符合本规范5.1～5.3的要求。

10.3 静压力试验

10.3.1 试验目的

检验热水表能否在规定的时间内承受规定的静压力而无渗漏和损坏。

10.3.2 试验条件

在参比条件下进行试验。

10.3.3 试验设备

试验设备为耐压试验台，主要由夹紧装置、增压机构、压力表（或压力传感器）、控制阀等组成。试验装置本身应无泄漏。

耐压试验台管路系统试压范围和配备压力表的量程应不小于被试热水表最大允许工作压力的2倍。压力表（或压力传感器）准确度等级应不低于2.5级。

10.3.4 试验程序

a）把热水表以单台或成组形式安装在试验装置上，通水把试验系统和热水表内的空气排除干净。

b）增加水压至1.6倍热水表最大允许压力，保持15 min。

c）检查热水表有无损坏、外漏和内漏现象。

d）增加水压至2倍最大允许压力，保持1 min。

e）检查热水表有无损坏、外部泄漏和漏进指示装置内现象。

注：同轴热水表试验时热水表与连接头应同时试验，试验时应确保进管与出管之间无内渗漏。

其他要求：

i）每次试验过程中，逐渐增大和降低压力，避免产生压力波动，保证试验无压力脉动。

ii）本试验只在参比温度下进行。

iii）试验期间流量应为零。

10.3.5 合格判据

在规定的静压力试验中，被试热水表没有外表渗漏、渗漏至指示装置或损坏的现象。

10.4 固有误差试验

10.4.1 试验目的

确定热水表的固有误差和热水表安装方向对误差的影响。

10.4.2 试验条件

除所试参数外均应符合参比条件。

10.4.3 试验设备

10.4.3.1　热水表的示值误差试验主要采用收集法，即流经热水表的水量收集在一个或多个收集容器内，并采用称重法等方法确定水的容积量，其扩展不确定度（包含因子 $k=2$）应不大于热水表最大允许误差的五分之一。

10.4.3.2　试验设备的水温控制要求

　　a）温度能覆盖热水表的最高工作温度。

　　b）对最小工作温度为 30 ℃ 的热水表，试验设备的水温可控制到 50 ℃±5 ℃。对最小工作温度为 0.1 ℃ 的热水表，试验装置的水温除能调控到 50 ℃±5 ℃，还应能调控到 20 ℃±5 ℃。

10.4.3.3　试验装置的流量范围、通径范围、试验段安装条件应能满足被试热水表的要求。试验装置应有必要的安全装置，以防热水介质意外泄漏伤及操作人员。试验段除热水表外，还包括：

　　a）一个或数个测量压力用的取压口，其中一个取压口位于（第 1 台）热水表的上游紧邻热水表处；

　　b）测量热水表入口处水温的装置，串联台至少有测量第 1 台的入口处以及最末端水表的出口处水温的装置。

10.4.3.4　热水表可单台试验，也可成组试验。成组试验时，各热水表出口压力应不低于 0.03 MPa。热水表间应无明显相互影响。安装在测量段中的任何管件或装置都不应引起可能导致热水表性能变化或造成测量误差的空化或流体扰动现象。对有些类型的速度式热水表，其准确度易受到如弯头、阀或泵等引起的上游扰动的影响，所以应将被试热水表设置在上、下游能有最大长度直管段的位置上，并且尽可能地避免有弯头、泵、锥管和上游管段系统直径变化等，必要时应加装流体整直器。

10.4.3.5　试验期间流量应保持选定的值不变。每次试验期间流量的相对变化（不包括启动和停止）在低区应不超过±2.5%，在高区应不超过±5.0%。试验期间水温的变化应不大于 5 ℃。

10.4.3.6　热水表应按其安装符号标记或制造商声明的方式进行安装；如果无安装符号或有多种安装方式的，可只选择制造商声明的最典型的安装方式进行试验。

10.4.4　试验程序

　　a）试验水温控制到 50 ℃±5 ℃ 内，并使其稳定。

　　b）热水表的固有误差至少在以下流量点下确定：

　　1）$Q_1 \sim 1.1Q_1$ 之间；

　　2）$0.5(Q_1+Q_2) \sim 0.55(Q_1+Q_2)$ 之间（仅对 $Q_2/Q_1 > 1.6$）；

　　3）$Q_2 \sim 1.1Q_2$ 之间；

　　4）$0.33(Q_2+Q_3) \sim 0.37(Q_2+Q_3)$ 之间；

　　5）$0.67(Q_2+Q_3) \sim 0.73(Q_2+Q_3)$ 之间；

　　6）$0.9Q_3 \sim Q_3$ 之间；

　　7）$0.95Q_4 \sim Q_4$ 之间。

如果有必要，根据热水表的计量性能特点和制造商的说明，可能增加其他流量试验点。

c）试验时热水表应不带附加装置（如果有的话）。

d）试验期间，其他影响量保持在参比条件范围内。

e）误差试验时读取并计算试验时间内热水表的示值 V_i 和秤量器的示值 M_a，按公式（1）规定计算热水表的示值误差 E。每点测量二次。

f）取二次误差的算术平均值作为该流量点下的误差测量结果。

g）当完成所有流量点的误差试验后，作出流量—误差特性曲线。

h）对 T70～T130 等级的最小工作水温为 0.1 ℃的热水表，将试验水温调控至 20 ℃±5 ℃，重复 b）～g）。

10.4.5　计算公式：以称量法装置为例

$$V_a = c \times \frac{M_a}{\rho} \tag{2}$$

$$E = \frac{V_i - V_a}{V_a} \times 100\% \tag{3}$$

式中：

M_a——秤重读数；

ρ——热水密度；

c——浮力修正系数，用式（4）计算

$$c = \frac{1 - \dfrac{\rho_a}{\rho_w}}{1 - \dfrac{\rho_a}{\rho}} \tag{4}$$

式中：

ρ_a——空气密度，一般取 1.2 kg/m^3；

ρ_w——砝码密度，取 7 800 kg/m^3。

10.4.6　合格判据

a）每个流量点的示值误差均不超过最大允许误差。如果样机中有一台或一台以上的热水表仅在一个流量点下超过最大允许误差，应对超差的热水表在该流量点下再重复一次试验。如果三次中有二次的结果及三次试验的算术平均值处于最大允许误差范围内，则表明试验符合要求。

b）如果热水表所有误差的符号都相同，至少其中一个误差应不超过最大允许误差的二分之一。

10.4.7　计量单元更换试验

10.4.7.1　试验目的

确认可更换式热水表的计量单元对成批生产的连接件不敏感。

该试验仅适用于计量单元可更换的热水表。

10.4.7.2　部件准备

选择 2 块计量单元和 5 块连接件。

试验前先校验好 2 块表。

不允许用转换器。

10.4.7.3 试验设备

同 10.4.3。

10.4.7.4 试验程序

a）用 2 块计量单元对所适配的 5 块连接件按 10.4.4 进行试验，得到 10 条误差曲线。

b）每一试验时，其他影响因子应保持在参比条件范围内。

10.4.7.5 合格判据

所有示值误差曲线均不超过适用的最大允许误差。

每 1 块计量单元对 5 块标准连接件的曲线偏差应不超过 0.5 倍最大允许误差；如果连接面尺寸相同而外壳形状不同和流形不同，则曲线偏差应不超过 1 倍最大允许误差。

10.5 无流动试验

10.5.1 试验目的

按本规范 6.2.8 条规定，检验热水表的无流动或无水条件下示值应无变化。

该试验仅针对电子水表和带电子流速传感器或体积传感器的热水表。

至少对 1 块样机进行试验。

10.5.2 试验设备

同 10.4.3，安装要求相同。

10.5.3 试验程序

a）将热水表充满水，排出表中空气；

b）确保无水流通过流量传感器；

c）观察热水表示值 15 min；

d）放空热水表中的水；

e）观察热水表示值 15 min；

f）试验时除流量外的所有影响因子保持不变。

10.5.4 合格判据

热水表的累积值在每一试验时的变化应不超过热水表检定分格值。

10.6 水温影响试验

10.6.1 试验目的

测量水温对热水表示值误差的影响。

至少对 1 块样机进行试验。

10.6.2 试验设备

同 10.4.3，安装要求相同。

10.6.3 试验程序

a）在参比条件下，设定水表入口水温为 mAT（±5 ℃），对样机测量在 Q_2 流量下的示值误差。

b）在参比条件下，设定水表入口水温为最高允许温度 MAT（＋0 ℃，－5 ℃），至少对一台热水表测量在 Q_2 流量下的示值误差。

注：对超过 T90 的热水表，如果热水表试验设备的水温不能达到 MAT（+0 ℃，−5 ℃），可在水温过载试验通过后，用 90 ℃（±5 ℃）的水温，至少对一台热水表测量在 Q_2 流量下的示值误差。

10.6.4　合格判据

热水表的示值误差均不超过适用的最大允许误差。

10.7　水温过载试验

10.7.1　试验目的

检验热水表性能否受本规范 6.2.7 条规定的过载水温的影响。至少对 1 块样机进行试验。

10.7.2　试验条件

除规定试验参数外，其他符合参比条件。

10.7.3　试验设备

试验采用水温过载试验设备或系统的水温应能达到（MAT+10）℃，试验流量达到参比流量。示值误差复测设备同 10.4.3 规定的设备。

10.7.4　试验程序

a）当试验系统达到温度平衡后，使样机在水温（MAT+10）℃热水下以参比流量流通热水，水温变化控制在±2.5 ℃内，运行 1 h。

b）恢复后，对热水表按 10.4.4 测量其示值误差。

c）试验时，影响因子应保持在参比条件范围内。

10.7.5　合格判据

经水温过载试验并恢复后，热水表的示值误差均不超过适用的最大允许误差。

10.8　水压影响试验

10.8.1　试验目的

测量内部水压对热水表示值误差的影响。

至少对 1 块样机进行试验。

10.8.2　试验设备

试验设备同 10.4.3。可以借助其他动力设备使其试验压力达到最小工作压力和最大工作压力。最大工作压力下试验系统应无渗漏。

10.8.3　试验程序

a）对样机先在水表入口压力为 0.03 MPa（±5%）下，然后在最大允许压力（0%，−10%）下，测量在 Q_2 流量下的示值误差。

b）每一试验时，其他影响因子应保持在参比条件范围内。

10.8.4　合格判据

热水表的示值误差均不超过适用的最大允许误差。

10.9　反向流试验

10.9.1　试验目的

检验当发生反向流时，热水表能否满足 6.2.6 的要求。

至少对 1 块样机进行试验。

10.9.2 试验条件

除规定试验流量外，其他按参比条件。

10.9.3 试验设备

同10.4.3。被试热水表的安装按试验要求进行。

10.9.4 试验程序

10.9.4.1 可用于测量反向流的热水表

对样机在以下反向流量下测量示值误差：

a）$Q_1 \sim 1.1 Q_1$ 之间；

b）$Q_2 \sim 1.1 Q_2$ 之间；

c）$0.9 Q_3 \sim Q_3$ 之间。

10.9.4.2 不可用于测量反向流的热水表

a）热水表应承受 $0.9 Q_3$ 到 Q_3 的反向流 1 min。

b）然后在下列正向流量下测量热水表的示值误差：

1）$Q_1 \sim 1.1 Q_1$ 之间；

2）$Q_2 \sim 1.1 Q_2$ 之间；

3）$0.9 Q_3 \sim Q_3$ 之间。

10.9.4.3 防反向流热水表

a）热水表应承受反向流方向最大允许工作压力至少 1 min。

b）然后在下列正向流量下测量热水表的示值误差：

1）$Q_1 \sim 1.1 Q_1$ 之间；

2）$Q_2 \sim 1.1 Q_2$ 之间；

3）$0.9 Q_3 \sim Q_3$ 之间。

10.9.5 合格判据

热水表的示值误差均不超过适用的最大允许误差。

10.10 压力损失试验

10.10.1 试验目的

检查热水表的压力损失在 $Q_1 \sim Q_3$ 范围内的任何流量下都不超过 0.063 MPa。

如果制造商提交的申请材料和样机所标明的压力损失小于 0.063 MPa，则热水表的压力损失应不超过其明示值。

至少对 1 块样机进行试验。

10.10.2 试验条件

试验条件应符合热水表额定工作条件。

热水表的压力损失通过以下方式确定：在 Q_3（或者为 $Q_1 \sim Q_3$ 范围内产生最大压力损失的预定流量）下，测量装有水表时测量段的取压口之间的静压差 Δp_2，然后从中减去相同流量下不装水表时测得的上、下游管段的压力损失 Δp_1。

10.10.3 试验设备

压力损失试验设备包括一个装有被试热水表的管道系统测量段和产生规定的恒定流量流经热水表的设备。

在测量段的进水管和出水管应设置结构和尺寸相同的取压孔。

测量段由上、下游管段及其连接端、取压口和被试热水表组成。有关直管段长度和取压孔位置的测量段示意图见图 1，其中 D 是测量段管道系统的内径。

试验时，用一根无泄漏的管子将同一平面上的每一组取压口接到差压测量装置（如差压计或差压变送器）的接口上，并应设法清除测量装置和连接管内的空气。

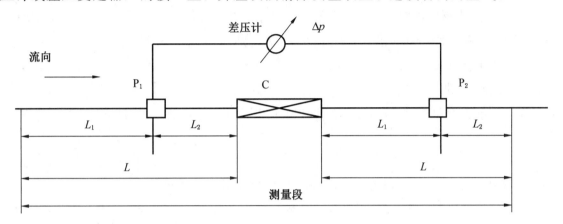

注：P_1 和 P_2 表示取压口平面；

C 表示热水表（如果是同轴热水表，C 是热水表加集合管）

$L \geqslant 15D$，$L_1 \geqslant 10D$，$L_2 \geqslant 5D$。

图 1 压力损失试验测量段示意图

10.10.4 试验程序

a）将水表安装在压力损失试验设备上，通水排除管道中的空气。试验段下游测压孔处在流量 Q_3 下应保持足够的背压，流量应稳定并处于要求的水温范围中。差压测量装置和连接管内的空气应设法清除。

b）使流量在 $Q_1 \sim Q_3$ 内变化，观察差压测量装置的值，预定产生最大压力损失的流量。通常情况下这一预定流量为常用流量 Q_3。

c）在试验段安装热水表时，在 Q_3（或其他预定流量）下测量由于热水表加管段引起的压力损失 Δp_2。

d）在试验段未安装热水表时，在 Q_3（或其他预定流量）下再次测量由于管段的压力损失 Δp_1。

注：不装热水表时测量段的长度会缩短。如果试验装置上没有伸缩段，可以在测量段的下游端插入一段长度和内径与管段相同的临时管道，或者插入被试热水表填满空当。

e）计算热水表的压力损失 Δp 为：

$$\Delta p = \Delta p_2 - \Delta p_1 \tag{5}$$

f）如果试验流量和 Q_3（或其他预定流量）有偏差时，可采用平方律公式将该流量下的实测压力损失按公式（6）换算到流量 Q_3 下的压力损失：

$$Q_3 \text{ 下的压力损失} = \frac{Q_3^2}{\text{试验流量}^2} \times \text{实测压力损失} \tag{6}$$

如果最大压力损失产生在 Q_3 以外的预定流量时，式（6）中的 Q_3 应以预定流量代替。

注意在按公式（5）计算热水表压力损失前，管段压力损失和热水表加管段的压力损失应换算到同一流量下。

10.10.5 最大测量不确定度

压力损失测量结果的扩展不确定度（包含因子 $k=2$）应不超过 5%。

10.10.6 合格判据

在 $Q_1 \sim Q_3$ 范围内的任何一个流量下，热水表的压力损失应不大于 0.063 MPa；如果制造商申请资料中声明的最大压力损失更小，则应不大于该值。

10.11 流动干扰试验

10.11.1 试验目的

试验目的是检验热水表在正向流和在可以反向流的情况下是否符合 7.3.3 条的要求。

注：

1 测量热水表上、下游出现规定的常见扰动流对水表示值误差的影响。

2 试验采用第 1 类和第 2 类扰动装置，分别产生向左（左旋）和向右（右旋）旋转流速场（漩涡）。这种类型的扰动流是直接连接成直角的两个 90°弯管下游常见的。第 3 类扰动装置可产生不对称速度剖面，通常出现在突出的管道接头或未全开闸阀的下游。

10.11.2 试验条件

除规定试验参数外，其他符合参比条件。

10.11.3 试验设备

同 10.4.3，其中试验段安装与热水表流动剖面敏感度等级对应的扰流器。1、2 和 3 类流动扰动器采用 GB/T 778.3—2007 附录 B 的规定。

10.11.4 试验程序

a）参照本规范附录 B，将热水表分别安装在规定的每一种安装配置条件下，确定样机在 $0.9Q_3 \sim Q_3$ 之间流量下的示值误差。

b）每次试验期间，其他影响因子都应控制在参比条件范围内。

附加要求：

1）在制造商规定热水表上游安装长度至少为 15DN 的直管段、下游安装长度至少为 5DN 的直管段的场合，不允许使用外部流动整直器。DN 为水表的标称口径。

2）制造商规定水表下游的直管段长度最小 5DN 时，应只进行附录 B 中的第 1、3 和 5 项试验。

3）对安装有外部流动整直器的热水表，制造商应规定整直器的型号、技术特性及其安装相对于热水表的位置。

4）根据这些试验的具体情况，不应将热水表中具有流动整直功能的装置看成是整直器。

5）某些类型的热水表已被证明不受水表上、下游流体扰动的影响，可免除对这类水表进行该项试验。

6）热水表的上下游直管段长度取决于热水表的流动剖面敏感度等级，见表 2 和表 3。

10.11.5　合格判据

在任何一种流动干扰试验中，热水表的示值误差应不超过适用的最大允许误差。

10.12　静磁场试验

10.12.1　试验目的

检验热水表在静磁场影响下是否符合 7.12 的要求。

至少对 1 块样机进行试验。

如果受试设备（EUT）为带电子装置水表，检验在静磁场影响下，所有功能是否正常。

10.12.2　试验条件

除规定试验参数外，其他符合参比条件。

10.12.3　试验设备

试验时的静磁场由环形磁铁产生。环形磁铁外形尺寸和磁场强度参数应符合 7.12 的规定。

10.12.4　试验程序

a）用规定的环形磁铁接触确定受试设备（EUT）的易受静磁场影响、可能导致热水表示值误差超过最大允许误差的部位。该部位的位置通过反复试验，根据误差以及对热水表类型和结构的了解和（或）以往的经验加以确定。磁铁的不同位置可以试验一下。

b）试验部位确定后，将磁铁固定在该部位，然后在 Q_3 流量下测量被试热水表的示值误差。

c）除另有规定外，测量示值误差时的试验装置和工作条件应符合 10.4.3 所述的规定，并采用参比条件。未标"H"或"V"的热水表，仅在水平轴向上进行试验。

d）测量并记录每个试验位置上磁铁相对于被试热水表的位置及其定向。

10.12.5　合格判据

施加试验条件后：

a）热水表的相对示值误差应不超过高区的最大允许误差。

b）受试设备（EUT）的所有功能应符合设计要求。

10.13　耐久性试验

在做耐久性试验时应符合热水表的额定工作条件。

耐久性试验包括连续流量试验和断续流量试验。

耐久性试验适用于正向流和可测量反向流的热水表，试验时热水表的定向参照制造商的声明或申请资料。对每一种适用的安装方式至少试验 1 块样机，断续流量试验和连续流量试验的样机相同。

耐久性试验参数见表 6。

10.13.1　断续流量试验

10.13.1.1　试验目的

检验热水表在周期性流动条件下的耐用性。

该项试验仅适用于标称口径小于或等于 50 mm、且常用流量 Q_3 小于或等于 16 m^3/h

的热水表。

该项试验可分段进行，但每段至少持续 6 h。

10.13.1.2 试验条件

除规定试验参数外，其他符合热水表额定工作条件。

10.13.1.3 试验设备

试验设备由供水系统（不加压容器、加压容器、水泵等）和管道系统组成。

热水表可串联或并联或二种方式组合进行试验。

除了热水表外，管道系统由下列组成：

1) 流量调节装置（如果必要，成组试验中热水表的每条线都应有）；

2) 一个或多个隔断阀；

3) 测量热水表上游水温的装置；

4) 检查流量、循环持续时间和循环数量的装置；

5) 成组试验时每条热水表串联线的流量中断装置；

6) 在入口和出口测量压力的装置。

各种装置不应导致空穴现象或热水表其他额外磨损。

热水表及连接管道应便于排出空气。

反复开启和关闭的动作时流量变化应渐变，以防止产生水锤。

一个完整的循环由下列四个阶段组成：

a) 从零到试验流量 Q_3 阶段；

b) 恒定试验流量 Q_3 阶段；

c) 从试验流量 Q_3 到零阶段；

d) 零流量阶段。

试验设备使热水表承受规定次数的短时启动、停止流量循环。在整个试验期间，每个循环的恒定试验流量阶段都保持规定的流量 Q_3。

10.13.1.4 试验程序

a) 按 10.4.4 规定的方法确定热水表试验前较高参比工作水温下的示值误差，并作出流量-误差曲线。

b) 将热水表单独或成组安装于试验设备上，成组安装时排列方向与确定固有误差时一致。

c) 试验期间，保持水表在其额定工作条件内，下游的压力足够高以防止在热水表内产生空穴。

d) 调节流量至规定的允差内。

e) 按表 6 规定的参数条件运行热水表。

f) 断续流量试验后，在相同的流量点下按 10.4.4 测量并计算热水表的相对示值误差，将试验后的误差减去试验前的误差，得出误差偏移量。

断续试验时，还要求：

i) 试验期间，除了开启、关闭、停止阶段外，流量相对变化应不超过 ±10%。试验中的水表可用来核查流量。

ii）流量循环的每个阶段的时间允差应不超过±10％，总试验持续时间允差应不超过±5％。

iii）循环数应不低于规定值，但不应超过1％。

iv）试验期间排出体积应等于规定试验流量与整个试验理论时间（运行阶段加上转换和停止阶段）乘积的一半，允差为±5％。

v）试验期间至少每天一次应记录下列参数：

① 热水表上游的压力；

② 热水表下游的压力；

③ 热水表上游的温度；

④ 断续试验中循环的四个阶段的持续时间；

⑤ 流过热水表的流量；

⑥ 循环数量（周期数）；

⑦ 试验热水表的读数。

10.13.1.5　合格判据

（1）1级热水表：

a）误差曲线的变化在低区（$Q_1 \leqslant Q < Q_2$）应不超过2％，在高区（$Q_2 \leqslant Q \leqslant Q_4$）应不超过1％。

b）误差曲线的最大允许误差在低区（$Q_1 \leqslant Q < Q_2$）为±4％，在高区（$Q_2 \leqslant Q \leqslant Q_4$）为±2.5％。

这两项要求采用平均示值误差。

（2）2级热水表：

a）误差曲线的变化在低区（$Q_1 \leqslant Q < Q_2$）应不超过3％，在高区（$Q_2 \leqslant Q \leqslant Q_4$）应不超过1.5％。

b）误差曲线的最大允许误差在低区（$Q_1 \leqslant Q < Q_2$）为±6％，在高区（$Q_2 \leqslant Q \leqslant Q_4$）为±3.5％。

这两项要求采用平均示值误差。

10.13.2　连续流量试验

10.13.2.1　试验目的

检验热水表在经受连续、过载流量条件下的耐久性能。

该项试验是使热水表在规定的持续时间内承受恒定的Q_4流量。

该项试验可分段进行，但每段至少持续6 h。

10.13.2.2　试验条件

除规定试验参数外，其他符合热水表额定工作条件。

10.13.2.3　试验设备

试验设备由供水系统（不加压容器、加压容器、水泵等）和管道系统组成。

热水表可串联或并联或以二种方式组合进行试验。

除了被试热水表外，管道系统由下列组成：

a）流量调节装置；

b）一个或多个隔断阀；

c）测量热水表上游水温的装置；

d）检查流量和持续时间的装置；

e）在入口和出口测量压力的装置。

各种装置不应导致空穴现象或热水表其他额外磨损。

热水表及连接管道应便于排出空气。

10.13.2.4 试验程序

a）按10.4.4规定的方法确定热水表试验前较高参比工作水温下的示值误差，并作出流量-误差曲线。

b）将热水表单独或成组安装于试验设备上，成组安装时排列方向与确定固有误差时一致。

c）完成下列试验：

1）对 Q_3 小于或等于 16 m^3/h 的热水表，在 Q_4 下运行 100 h；

2）对 Q_3 大于 16 m^3/h 的热水表，在 Q_4 下运行 200 h。

d）在试验期间应保持额定工作条件，每台热水表出口处的压力应足够高，以防止空穴现象发生。

e）连续流量试验后，按10.4.4的方法在相同的流量点下测量热水表的示值误差。

f）对每个流量点，将试验后的误差减去试验前的示值误差，取其绝对值，得出误差偏移量。

连续试验时，还要求：

i）试验时流量应在预设值处保持恒定，流量的相对变化不超过±10%（除了开启和停止时）。

ii）规定的试验时间是最小值。

iii）试验期间排出体积不应小于规定试验流量与规定时间的乘积。为满足这一条件，需经常校正流量。用于试验的热水表可用来核查流量。

iv）试验期间至少每天一次应记录下列参数：

① 热水表上游的压力；

② 热水表下游的压力；

③ 热水表上游的水温；

④ 流过热水表的流量；

⑤ 试验热水表的读数。

10.13.2.5 合格判据

（1）1级热水表：

a）误差曲线的变化在低区（$Q_1 \leqslant Q < Q_2$）应不超过 2%，在高区（$Q_2 \leqslant Q \leqslant Q_4$）应不超过 1%。

b）误差曲线的最大允许误差在低区（$Q_1 \leqslant Q < Q_2$）为±4%，在高区（$Q_2 \leqslant Q \leqslant Q_4$）为±2.5%。

这两项要求采用平均示值误差。

（2）2 级热水表：

a）误差曲线的变化在低区（$Q_1 \leqslant Q < Q_2$）应不超过 3%，在高区（$Q_2 \leqslant Q \leqslant Q_4$）应不超过 1.5%。

b）误差曲线的最大允许误差在低区（$Q_1 \leqslant Q < Q_2$）为 $\pm 6\%$，在高区（$Q_2 \leqslant Q \leqslant Q_4$）为 $\pm 3.5\%$。

这两项要求采用平均示值误差。

10.14 功能试验

10.14.1 试验目的

检查受试设备（EUT）是否具备并符合产品标准所述的功能。

常见的功能有显示、控制、提示、价格等。如带电子装置的机械式热水表有主示值信号转换功能；IC 卡热水表中的阀门控制功能；带阶梯水价的热水表的价格和金额显示等。

10.14.2 试验条件

在热水表额定工作条件下进行。

10.14.3 试验设备

功能检查一般可利用样机或受试设备（EUT）本身和常规的水表流量试验装置进行，部分功能可能需要制造商提供与其热水表产品相配的部件、检测设备、仪表或软件。

10.14.4 试验方法

按产品标准规定的方法进行检查。

10.14.5 合格判据

功能试验结果应符合产品标准的规定。

10.15 气候环境试验 干热（无冷凝）

10.15.1 试验目的

检验受试设备（EUT）在施加规定的环境高温条件下，计量性能是否符合 6.2 要求。

10.15.2 试验设备

试验设备配置应符合 GB/T 2423.2。

试验设备配置的指南见 GB/T 2424.1 和 GB/T 2421。

10.15.3 试验程序

a）受试设备（EUT）不作预调。

b）下列试验条件下对受试设备（EUT）测量参比流量下的示值误差。

1）受试设备（EUT）加温前，在 20 ℃±5 ℃的参比气温下；

2）受试设备（EUT）在 55 ℃±2 ℃稳定 2 h 后，在此气温下；

3）受试设备（EUT）恢复后，在 20 ℃±5 ℃的参比气温下。

c）计算每种试验条件下的相对示值误差。

d）施加试验条件期间，检查受试设备（EUT）功能是否正常。

附加程序要求：

i）如果测量传感器包含在受试设备（EUT）内的话，有必要让流速传感器处于水中，水温应控制在参比条件内。

ii）除另有规定外，测量示值误差时的试验装置、安装和运行条件应符合本规范规定，并采用参比条件。除标注"V"以外安装方式的热水表均应安装成水平流向，有两个参比温度的热水表仅在较低温度下进行试验。

10.15.4　合格判据

施加试验条件期间：

a）受试设备（EUT）的所有功能应符合设计要求；

b）试验条件下，受试设备（EUT）的相对示值误差应不超过高区的最大允许误差。

10.16　气候环境试验-低温

10.16.1　试验目的

检验受试设备（EUT）在施加规定的环境低温条件下，计量性能是否符合 6.2 要求。

10.16.2　试验设备

试验设备配置应符合 GB/T 2423.1。

试验设备配置的指南见 GB/T 2424.1 和 GB/T 2421。

10.16.3　试验程序

a）受试设备（EUT）不作预调。

b）在参比流量和参比气温下测量受试设备（EUT）的示值误差。

c）将环境温度稳定在−25 ℃（环境等级 O 级或 M 级的热水表）或＋5 ℃（环境等级 B 级的热水表）2 h。

d）在−25 ℃（环境等级 O 级或 M 级的热水表）或＋5 ℃（环境等级 B 级的热水表）的气温下，测量受试设备（EUT）在参比流量下的示值误差。

e）受试设备（EUT）恢复后，在参比气温和参比流量下测量受试设备（EUT）的示值误差。

f）计算每种试验条件下的相对示值误差。

g）施加试验条件期间，检查受试设备（EUT）功能是否正常。

附加程序要求：

i）如果流量检测元件内需要有水，则水温应保持参比温度；

ii）除另有规定外，测量示值误差时的试验装置、安装和运行条件应符合本规范规定，并采用参比条件。除标注"V"以外安装方式的热水表均应安装成水平流向，有两个参比温度的热水表仅在较低温度下进行试验。

10.16.4　合格判据

施加稳定后的试验条件期间：

a）受试设备（EUT）的所有功能应符合设计要求；

b）试验条件下，受试设备（EUT）的相对示值误差应不超过高区的最大允许误差。

10.17 气候环境试验-交变湿热（凝结）

10.17.1 试验目的

检验受试设备（EUT）在施加规定的高湿度结合温度循环变化条件下，计量性能是否符合 6.2 的要求。

10.17.2 试验设备

试验设备配置应符合 GB/T 2423.4。

试验设备配置的指南见 GB/T 2424.2。

10.17.3 试验程序

试验装置的性能、受试设备（EUT）的调整与恢复及其受湿热条件下循环温度变化的影响应符合 GB/T 2423.4 的相关要求。

试验程序包括下列 a）到 f）步骤。

a）对受试设备（EUT）进行预调。

b）将受试设备（EUT）暴露于温度下限 25 ℃、上限 55 ℃（环境等级 O 和 M）或 40 ℃（环境等级 B）之间的温度循环变化中（2 个 24 h 循环）。在温度变化期间和低温阶段，将相对湿度保持在 95% 以上；在高温阶段将相对湿度保持在 93%。温度上升时受试设备（EUT）上一般应有水凝结现象。24 h 循环包括：

1）升温 3 h；

2）从循环开始温度在上限值至少保持 12 h；

3）在（3～6）h 内温度下降至下限值，开始 1 h 30 min 的下降速度应可保证在 3 h 内能降至温度下限值。

4）温度下限值保持至完成 24 h 循环。

c）让受试设备（EUT）恢复。

d）恢复后，检查受试设备（EUT）是否功能正常。

e）在参比流量下测量受试设备（EUT）的示值误差。

f）计算相对示值误差。

附加程序要求：

i）在 1）到 3）步骤期间切断受试设备（EUT）的电源。

ii）循环试验前后的稳定时间应保证受试设备（EUT）各部件的最终温度相差不超过 3 ℃。

iii）除另有规定外，测量示值误差时的试验装置、安装和运行条件应符合本规范规定，并采用参比条件。除标注"V"以外安装方式的热水表均应安装成水平流向，有两个参比温度的热水表仅在较低温度下进行试验。

10.17.4 合格判据

施加影响因子并恢复后：

a）受试设备（EUT）的所有功能应符合设计要求；

b）试验条件下，受试设备（EUT）的相对示值误差在试验前后的变化应不超过高区的最大允许误差的一半。

10.18 电源变化试验-电压变化

10.18.1 直接交流或用交直流转换器供电的热水表

10.18.1.1 试验目的

检验电子装置在交流（单相）主电源静态偏差影响期间，是否符合6.2的要求。电源电压为主电压的额定范围，上限为 U_U、下限为 U_L，电源标称频率为 f_{nom}。

10.18.1.2 试验设备

试验设备配置应符合 GB/T 17626.11。

10.18.1.3 试验程序

a) 受试设备（EUT）在参比条件下工作时，将其置于电源电压变化状态下。

b) 在施加主电源电压上限值 $1.1U_{nom}$（$1+10\%$）或 $1.1U_U$ 时，测量受试设备（EUT）的示值误差。

c) 在施加主电源电压下限值 $0.85U_{nom}$ 或 $0.85U_L$ 时，测量受试设备（EUT）的示值误差。

d) 计算每种试验条件下的相对示值误差。

e) 检查受试设备（EUT）在施加每种电源变化期间是否正常工作。

附加程序要求：

i) 测量示值误差时，受试设备（EUT）应处于参比流量条件下。

ii) 除另有规定外，测量示值误差时的试验装置、安装和运行条件应符合本规范规定，并采用参比条件。除标注"V"以外安装方式的热水表均应安装成水平流向，有两个参比温度的热水表仅在较低温度下进行试验。

10.18.1.4 合格判据

施加试验条件后：

a) 受试设备（EUT）的所有功能应符合设计要求。

b) 热水表的相对示值误差应不超过高区的最大允许误差。

10.18.2 电池供电的热水表

10.18.2.1 试验目的

试验的目的是检验电池供电的电子装置在电池供电电压静偏差期间，是否符合6.2的要求。

10.18.2.2 试验程序

a) 受试设备（EUT）在参比条件下工作时，将其接受电源电压变化影响。

b) 施加电压上限值 U_{max} 时，测量受试设备（EUT）的示值误差。

c) 施加电压下限值 U_{min} 时，测量受试设备（EUT）的示值误差。

d) 计算每种试验条件下的相对示值误差。

e) 施加每种电源变化时，检查受试设备（EUT）是否正常工作。

附加程序要求：

i) 测量示值误差期间，受试设备（EUT）应处于参比流量条件下。

ii) 除另有规定外，测量示值误差时的试验装置、安装和运行条件应符合本规范规定，并采用参比条件。除标注"V"以外安装方式的热水表均应安装成水平流向，有两个参比温度的热水表仅在较低温度下进行试验。

10.18.2.3　合格判据

施加电源变化期间：

a）受试设备（EUT）的所有功能应符合设计要求；

b）在试验条件下，受试设备（EUT）的相对示值误差应不超过高区的最大允许误差。

10.19　电源变化试验-电池断电

10.19.1　试验目的

检验热水表在更换供电电池时是否符合6.2的要求。

该项试验仅适用于采用可更换电池供电的热水表。

10.19.2　试验程序

a）确认热水表可以工作。

b）卸下电池，1 h后再装上。

c）检查热水表的功能。

10.19.3　合格判据

施加试验条件后：

a）受试设备（EUT）的所有功能应符合设计要求；

b）积算值或储存的值应保持不变。

10.20　机械环境试验-振动（随机）

10.20.1　试验目的

检验受试设备（EUT）在施加规定的施加随机振动条件下，计量性能是否符合6.2要求。

本条款仅适用于移动式安装的热水表（环境等级M级）。

10.20.2　试验设备

试验设备配置应符合GB/T 2423.43和GB/T 2423.56。

10.20.3　试验程序

a）用受试设备（EUT）通常的安装方式将其安装在刚性夹具上，使重力作用于受试设备（EUT）正常使用时的相同方向上。如果重力影响不明显，且热水表上没有标明H或V，则受试设备（EUT）可以安装成任何一种姿态。

b）依次在三个互相垂直的轴向上向受试设备（EUT）施加10 Hz～150 Hz频率范围内的随机振动，每个轴向至少2 min。

c）让受试设备（EUT）恢复一段时间。

d）检查受试设备（EUT）能否正常工作。

e）在参比流量下测量受试设备（EUT）的示值误差。

f）计算相对示值误差。

附加程序要求：

i）若受试设备（EUT）包含流量检测元件，施加扰动期间应不充水。

ii）在a）、b）、c）步骤期间应切断受试设备（EUT）的电源。

iii）施加振动期间应满足下列条件：

① 总的 RMS 等级：7 ms^{-2}

② ASD 等级 10 Hz～20 Hz：1 m^{2}s^{-3}

③ ASD 等级 20 Hz～150 Hz：－3 dB/octave

iv）除另有规定外，测量示值误差时的试验装置、安装和运行条件应符合本规范规定，并采用参比条件。除标注"V"以外安装方式的热水表均应安装成水平流向，有两个参比温度的热水表仅在较低温度下进行试验。

10.20.4 合格判据

施加干扰并恢复后：

a）受试设备（EUT）的所有功能应符合设计要求；

b）试验条件下，受试设备（EUT）的相对示值误差在试验前后的变化应不超过高区的最大允许误差的一半。

10.21 机械环境试验-机械冲击

10.21.1 试验目的

检验受试设备（EUT）在施加规定的机械冲击后，计量性能是否符合 6.2 要求。

本条款仅适用于移动式安装的热水表（环境等级 M 级）。

10.21.2 试验设备

试验设备配置应符合 GB/T 2423.7 和 GB/T 2423.43。

10.21.3 试验程序

a）将受试设备（EUT）以正常使用姿态安放在一个刚性平面上，朝一个底边翘起受试设备（EUT），使其对边高于刚性平面 50 mm，但受试设备（EUT）的底面与试验平面形成的夹角应不超过 30°；

b）让受试设备（EUT）自由下落在试验平面上；

c）每个底边重复以上 2 步骤；

d）让受试设备（EUT）恢复一段时间；

e）检查受试设备（EUT）能否正常工作；

f）在参比流量下测量受试设备（EUT）的示值误差；

g）计算相对示值误差。

附加程序要求：

i）若受试设备（EUT）包含流量检测元件，施加扰动期间应不充水。

ii）在 a）、b）、c）步骤期间应切断受试设备（EUT）的电源。

iii）除另有规定外，测量示值误差时的试验装置、安装和运行条件应符合本规范规定，并采用参比条件。除标注"V"以外安装方式的热水表均应安装成水平流向，有两个参比温度的热水表仅在较低温度下进行试验。

10.21.4 合格判据

施加扰动且恢复后：

a）受试设备（EUT）的所有功能应符合设计要求；

b）试验条件下，受试设备（EUT）的相对示值误差在试验前后的变化应不超过高区的最大允许误差的一半。

10.22　电磁环境试验-短时电源中断

10.22.1　试验目的

检验由主电源供电的受试设备（EUT）在施加主电源电压短时中断和下降时，是否符合 6.2 要求。

10.22.2　试验设备

试验设备配置应符合 GB/T 17626.11。

10.22.3　试验程序

a）实施功率下降试验前测量受试设备（EUT）的示值误差。

b）在实施至少 10 次电压中断和 10 次电压下降期间测量受试设备（EUT）的示值误差。

c）计算每一种试验条件下的相对示值误差。

d）从施加电压下降后测得的热水表的示值误差中减去下降前测得的示值误差。

e）检查受试设备（EUT）功能是否正常。

附加程序要求：

i）采用一个测试信号发生器，适合在规定的时间里减少交流主电压的幅值。

ii）在与受试设备（EUT）连接前，测试信号发生器应得到检验。

iii）在测量受试设备（EUT）的示值误差所需的整个时间段内施加电压中断和电压下降。

iv）电压中断：交流电源电压从标称值（U_{nom}）下降到零电压，持续 250 周期（50 Hz）。

v）施加电压中断以 10 次为一组。

vi）电压下降：电源电压从标称电压下降到标称电压的 0%，持续 0.5 个周期；下降到标称电压的 50%，持续 1 个周期；下降到标称电压的 70%，持续 25 个周期（50 Hz）。

vii）施加电压下降以 10 次为一组；

viii）每一次电压中断或下降都在电源电压的零相交点上开始、终止和重复；

ix）主电源电压中断和下降至少重复 10 次，每组中断和下降至少间隔 10 s。在测量受试设备（EUT）的示值误差期间重复这个顺序。

x）测量示值误差期间，受试设备（EUT）应处于参比流量条件下。

xi）除另有规定外，测量示值误差时的试验装置、安装和运行条件应符合本规范规定，并采用参比条件。除标注"V"以外安装方式的热水表均应安装成水平流向，有两个参比温度的热水表仅在较低温度下进行试验。

xii）如果受试设备（EUT）的工作电源电压设计成一个范围，电压下降和中断试验应从该电压范围的平均电压开始。

10.22.4　合格判据

a）施加短时功率下降后，受试设备（EUT）的所有功能应符合设计要求。

b）施加短时功率下降期间得到的相对示值误差与试验前在参比条件下以相同流量下取得的相对示值误差的差值，应不超过高区最大允许误差的二分之一。

10.23　电磁环境试验-脉冲群

10.23.1 试验目的

检验受试设备（EUT，包括其外部电缆）在主电源电压上叠加电脉冲群的条件下，是否符合 6.2 的要求。

10.23.2 试验设备

试验设备配置应符合 GB/T 17626.4。

具有直流电源输入端口与 AC-DC 电源转换器配合使用的装置应按制造商的规定对 AC-DC 电源转换器的交流电源输入进行试验，若制造商未作规定，应使用一个典型 AC-DC 电源转换器进行试验。此试验适用于准备永久连接长度超过 10 m 的电缆的直流电源输入端口。

10.23.3 试验程序

a) 施加电脉冲群之前，测量受试设备（EUT）的示值误差；

b) 施加双指数波形的瞬变电压尖峰电脉冲群期间，测量受试设备（EUT）的示值误差；

c) 计算每种条件下的相对示值误差；

d) 从施加脉冲群后测得的热水表示值误差中减去施加前测得的示值误差；

e) 检查受试设备（EUT）功能是否正常。

附加程序要求：

i) 采用的脉冲群发生器的性能参数符合引用标准的规定。

ii) 在与受试设备（EUT）连接前，发生器特征参数应得到检验。

iii) 每一尖峰的（正或负）幅值应为 1 kV，随机相位，上升时间 5 ns，二分之一幅值持续时间 50 ns。

iv) 脉冲群长度应为 15 ms，脉冲群周期（重复时间间隔）应为 300 ms。

v) 电源上的射状网络应有闭塞滤波器，以防止脉冲群能量在主电源上消散。

vi) 测量受试设备（EUT）的示值误差时，所有脉冲群不应以不同步模式（非对称电压）施加。

vii) 测量示值误差时，受试设备（EUT）应处于参比流量状态下。

viii) 除另有规定外，测量示值误差时的试验装置、安装和运行条件应符合本规范规定，并采用参比条件。除标注"V"以外安装方式的热水表均应安装成水平流向，有两个参比温度的热水表仅在较低温度下进行试验。

10.23.4 合格判据

a) 施加干扰后，受试设备（EUT）的所有功能应按设计正常运行。

b) 施加脉冲群期间取得的相对示值误差与试验前在参比条件下以相同流量取得的相对示值误差的差值，应不超过高区最大允许误差的二分之一。

10.24 电磁环境试验-浪涌抗扰性

10.24.1 试验目的

检验在水表连接的若干条长度超过 10 m 的线路上叠加浪涌瞬变时，受试设备（EUT）是否符合 6.2 的要求。

10.24.2 试验设备

试验配置应符合 GB/T 17626.5。

具有直流电源输入端口与 AC-DC 电源转换器配合使用的装置应按制造商的规定对 AC-DC 电源转换器的交流电源输入进行试验，若制造商未作规定，应使用一个典型 AC-DC 电源转换器进行试验。此试验适用于准备永久连接长度超过 10 m 的电缆的直流电源输入端口。

10.24.3 试验程序

在施加浪涌瞬变电压期间，在（实际或模拟）参比流量下测量受试设备（EUT）的示值误差。

10.24.4 合格判据

施加浪涌瞬变电压后：

a）受试设备（EUT）的所有功能应符合设计要求。

b）施加浪涌瞬变电压期间取得的相对示值误差与试验前取得的相对示值误差的差值应不超过"高区"最大允许误差的二分之一。

10.25 电磁环境试验-静电放电

10.25.1 试验目的

检验受试设备（EUT）在施加直接和间接静电放电时是否符合 6.2 的要求。

10.25.2 试验设备

试验设备配置应符合 GB/T 17626.2。

10.25.3 试验程序

a）实施静电放电之前，测量受试设备（EUT）的示值误差。

b）用一个合适的直流电压源给一个 150 pF 容量的电容器充电，然后将支架的一端接地，另一端通过一个 330 Ω 的电阻接到受试设备上操作人员通常可接近的表面，使电容器通过受试设备（EUT）放电。应实施下列条件：

1）如果合适，本试验包括漆层穿透法；

2）每一次接触放电，施加 6 kV 电压；

3）每一次空气放电，施加 8 kV 电压；

4）对接触放电的，当制造商声明有绝缘外层时应用空气放电方法；

5）在每个试验点，在相同测量或模拟测量时，至少施加 10 次直接放电，放电间隔至少 10 s。

6）对间接放电，在水平相对平面中应施加总数为 10 次放电，对垂直相对平面的各种位置施加的放电总次数为 10 次。

c）施加静电放电时测量受试设备（EUT）的示值误差。

d）计算每一种试验条件下受试设备（EUT）的相对示值误差。

e）从施加静电放电后测得的热水表示值误差中减去施加静电放电之前测得的示值误差，确定是否超过了明显偏差。

附加程序要求：

i）测量示值误差时，受试设备（EUT）应处于参比流量条件下。

ii）除另有规定外，测量示值误差时的试验装置、安装和运行条件应符合本规范规定，并采用参比条件。除标注"V"以外安装方式的热水表均应安装成水平流向，有两个参比温度的热水表仅在较低温度下进行试验。

iii）如果某种特定结构的水表已被证实在额定工作流量条件下不受静电放电影响，负责型式评价的技术机构应可选择零流量进行静电放电试验。

iv）对没有接地装置的受试设备（EUT），放电试验之间受试设备（EUT）应充分放电。

v）接触放电是优先的试验方法，只有当接触放电不能进行时才进行空气放电。

10.25.4 合格判据

a）施加扰动后，受试设备（EUT）的所有功能应符合设计要求。

b）施加静电放电期间取得的相对示值误差与试验前在参比条件下取得的相对示值误差之差应不超过高区最大允许误差的二分之一。

c）对于在零流量条件下进行的试验，水表积算值的变化应不大于检定分格值。

10.26 电磁环境试验-电磁敏感性

10.26.1 试验目的

检验受试设备（EUT）在施加辐射电磁场下时是否符合6.2的要求。

10.26.2 试验设备

试验设备配置应符合 GB/T 17626.3。

10.26.3 试验程序

确定参比条件下的固有误差从起始频率开始，达到表22中下一个频率时终止。

a）施加电磁场前，在参比条件下测量受试设备（EUT）的固有误差。

b）根据附加要求 i）～v）施加电磁场。

c）开始再次测量受试设备（EUT）的示值误差。

d）逐步增大载波频率，直至达到表22中的下一频率。

e）停止测量受试设备（EUT）的示值误差。

f）计算受试设备（EUT）的相对示值误差。

g）计算明显偏差，即a)测得的固有误差与f)测得的示值误差的差值。

h）改变天线的极化。

i）重复b）～h）。

j）检查受试设备（EUT）功能是否正常。

附加要求：

i）受试设备（EUT）及其至少1.2 m长的外接电缆应置于辐射射频场下。

ii）26 MHz～200 MHz 频率范围的首选发射天线是双锥形天线，200 MHz～1 000 MHz频率范围的首选发射天线是对数周期形天线。

iii）试验是用垂直天线和水平天线分别进行20次局部扫描。每次扫描的起始频率和终止频率见表22。

iv）在频率开始和到达表22中下一个最高频率终止时，测量每次的固有误差。

v）每次扫描时，频率应以实际频率1％的增幅逐步增加，直至达到表中列出的下一频率。每个1％增幅的驻留时间必须相同。驻留时间取决于 RVM 测量的分辨力，但对于扫描中的载波频率驻留时间应相等。)

表 22　起始和终止载波频率

频率/MHz	频率/MHz	频率/MHz
26	150	435
40	160	500
60	180	600
80	200	700
100	250	800
120	350	934
144	400	1 000
注：断点是近似值。		

vi) 在表 22 所列所有的扫描情况，都应进行示值误差测量。

vii) 测量示值误差时，受试设备（EUT）应处于参比流量条件下。

viii) 除另有规定外，测量示值误差时的试验装置和工作条件应符合 10.4.3 所述的规定，并采用参比条件。

ix) 如果某种特定结构的水表已被证实在额定流量工作条件下不受辐射电磁场的影响，负责型式评价的技术机构可自由选择零流量进行电磁敏感性试验。

10.26.4　合格判据

a) 施加扰动后，受试设备（EUT）的所有功能应符合设计要求。

b) 施加每个载波频率期间测得的相对示值误差与试验前在参比条件下测得的相同流量下的相对示值误差之差，应不超过高区最大允许误差的二分之一。

c) 在零流量条件下进行试验时，水表积算值的变化应不大于检定分格值。

11　试验项目所用计量器具表

表 23　试验用计量器具表

序号	名称	测量范围	主要性能指标	备注
1	热水流量标准装置	流量范围、试验水温、口径范围及上下游直管段要求应覆盖被试热水表的参数	扩展不确定度应不大于热水表最大允许误差绝对值的 5 分之一	
2	耐压试验装置	试验压力至少 2 MPa，试验水温应覆盖被试热水表的参数	压力表 2.5 级	
3	水温影响试验装置	试验水温应覆盖被试热水表的最高和最低水温参数		
4	水温过载试验装置	试验水温至少达到热水表最大工作温度以上 10 ℃		

表 23（续）

序号	名称	测量范围	主要性能指标	备注
5	水压影响试验	试验水压满足热水表最高和最低水压参数		
6	流动干扰试验用扰流器	包括 1 类扰动器（左旋涡发生器）、2 类扰动器（右旋旋涡发生器）和 3 类扰动器（速度剖面流动扰动器）	1 类、2 类、3 类扰动器的结构尺寸参见 GB/T 778.3—2007 附录 B	扰流器可在热水流量标准装置试验段上安装
7	差压计或差压变送器	量程 0.1 MPa	准确度等级不低于 1.6 级	
8	热水表耐久性试验装置	流量范围、试验水温、口径范围、启停控制应符合表 6 要求		
9	环形磁铁	符合 GB/T 778.3—2007 表 10 要求		
10	环境试验箱	满足表 8、表 9、表 10 对低温、干热、交变湿热试验严酷等级的要求		试验段可与热水流量标准装置相联
11	调频调压电源		满足试验要求	
12	静电放电发生器		满足试验要求	
13	射频信号发生器		满足试验要求	
14	电快速瞬变脉冲群发生器		满足试验要求	
15	电压暂降、短时中断发生器		满足试验要求	

附录 A

型式评价记录格式

一、检查记录格式

对每个已进行和完成试验报告的检查或试验在"＋"或"－"号栏打符号"×"，如不适用写符号"n/a"。

每项检查应用下列格式填写：

＋	－	
×		通过
	×	不通过
n/a	n/a	不适用

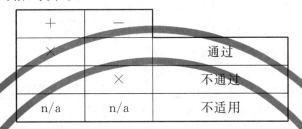

规程条款	技术要求	＋	－	备注
计量法制要求				
5.1	计量单位应采用： 体积：立方米，符号 m^3； 流量：立方米每小时或升每小时，符号 m^3/h、L/h			
5.2	规范设计和使用制造计量器具许可证和型式批准的标志和编号			
5.3	凡可能影响热水表计量特性的部位应采用封闭式结构设计并留有加封印的位置 凡可能影响热水表计量特性参数的接触应有可靠的电子封印或其他可靠的封印措施，避免这些参数被任意修改			
标记和铭牌				
7.5	在热水表表壳、指示装置度盘或铭牌、不可分离的表盖上，或集中或分散标明有下列信息			
7.5（a）	计量单位：立方米或 m^3			
7.5（b）	准确度等级：如果不是 2 级，应标明			
7.5（c）	Q_3 值，Q_3/Q_1 的比值，Q_2/Q_1 的比值（当不为 1.6 时应注明）			
7.5（d）	制造计量器具许可证和型式批准的标志和编号（进口计量器具应标明型式批准标志和编号）。（或是否预留相应的设计位置）			
7.5（e）	制造商名称或商标			

表（续）

规程条款	技术要求	+	−	备注
7.5（f）	制造年月和编号（尽可能靠近指示装置）			
7.5（g）	流向（在热水表壳体二侧标志，或者如果在任何情况下都能很容易看到流动方向指示箭头，也可只标志在一侧）			
7.5（h）	最大允许压力：如果不为 1 MPa（对口径 DN ≥ 500 mm 热水表，如果超过 0.6 MPa），应标明			
7.5（i）	如果只能水平或垂直安装，应标明安装方式（H 代表水平安装，V 代表垂直安装）			
7.5（j）	温度等级			
7.5（k）	最大压力损失：如果不为 0.063 MPa，应注明			
带电子装置热水表的附加标志				
7.5（l）	外电源：电压和频率			
7.5（m）	可换电池：最迟的电池更换时间			
7.5（n）	不可换电池：最迟的热水表更换时间			
7.5（o）	气候与机械环境等级			
7.5（p）	电磁环境等级			
指示装置的功能				
7.6.1.1	指示装置应提供易读、清楚、可靠的体积示值的直观显示			
7.6.1.1	指示装置应包括用于试验和校验的可视装置			
7.6.1.1	指示装置可以包括采用其他方法（如用于自动试验和校验）进行试验和校验的附加元件			
测量单位和位置				
7.6.1.2	指示体积用立方米表示			
7.6.1.2	符号 m^3 应出现在表盘上或紧邻显示数字			
指示范围				
7.6.1.3	指示装置应以立方米为单位，示值范围列表如下：	—	—	按 Q_3 在以下栏目中对应选择
7.6.1.3	对 $Q_3 \leqslant 6.3$，最小指示范围为 9 999 m^3			
7.6.1.3	对 $6.3 < Q_3 \leqslant 63$，最小指示范围为 99 999 m^3			
7.6.1.3	对 $63 < Q_3 \leqslant 630$，最小指示范围为 999 999 m^3			
7.6.1.3	对 $630 < Q_3 \leqslant 6 300$，最小指示范围为 9 999 999 m^3			

表（续）

规程条款	技术要求	+	−	备注
指示装置颜色码				
7.6.1.4	立方米及其倍数用黑色			
7.6.1.4	立方米的小数位用红色			
7.6.1.4	这两种颜色应使用于指针、指示标记、数字、字轮、字盘、度盘，或用于开孔框			
7.6.1.4	对电子热水表，只要保证在区别主示值与其他显示（如检定和试验用的小数）时没有疑义，可以采用其他形式表示立方米及其倍数和分数			
指示装置的型式：1 型-模拟式装置				
7.6.2.1	水体积由以下部件的连续转动来显示： 相对于分度标尺移动的一个或多个指针；或者 各自通过一个指示标志的一个或多个圆盘或鼓轮			
7.6.2.1	每一个标尺分度以立方米的示值应为 10^n 的形式，其中 n 为正整数、负整数或零，由此建立一个连续十进制			
7.6.2.1	每种标尺应按立方米值分度，或者是附带有一个乘数（× 0.001；× 0.01；× 0.1；× 1；× 10；× 100；× 1 000等）			
7.6.2.1	指针、圆形标尺的旋转运动应为顺时针方向			
7.6.2.1	指针或标尺的直线运动应是从左到右的			
7.6.2.1	数字鼓轮指示器的运动应向上			
指示装置的型式：2 型-数字式装置				
7.6.2.2	指示体积由一排相邻的、显示在一个或多个开孔中的数字给出			
7.6.2.2	上一位数字的进位应在相邻低位数值的变化从 9 至 0 时完成			
7.6.2.2	数字鼓轮指示器的运动应向上			
7.6.2.2	最低值十个数可以连续运动，开孔足够大，以便明确读取数字			
7.6.2.2	数字的可见高度至少 4 mm			
指示装置的型式：3 型-模拟式和数字式的组合装置				
7.6.2.3	体积由 1 型和 2 型的组合来显示，应符合各自的要求			

表（续）

规程条款	技术要求	+	-	备注
检定显示装置-总体要求				
7.6.3.1	每一种指示装置都应有满足检定和校验的装置			
7.6.3.1	直观检定显示可以是连续的或断续的运动			
7.6.3.1	除了用直观检定显示以外，指示装置可包含快速试验的辅助元件（如星轮或圆盘等），通过附加装置向外部提供信号。这类附加装置一般是临时安装的，不属于热水表的一部分			
检定显示装置-直观检定显示				
7.6.3.2	以立方米表示的检定分格值应表达成 1×10^n、2×10^n 或 5×10^n 的形式，其中 n 为正整数、负整数或零			
7.6.3.2	对于首位元件连续运动的模拟式或数字式指示装置，可以在首位元件两个相邻数字之间以2、5或10等分作为检定分格值。这些值不应标以数字			
7.6.3.2	对于首位元件断续运动的数字式指示装置，检定分格值是首位元件两个相邻数字之间的间隔或是增值			
7.6.3.3	对于首位元件连续运动的指示装置，其检定标尺分格的间距应不小于 1 mm 和不大于 5 mm			
7.6.3.3	标尺应由下列组成： a) 一组宽度不超过标尺间距的四分之一、仅长度不同的等宽线； b) 或者是恒定宽度的对比带，宽度为标尺间距			
7.6.3.3	指针指示端的宽度应不超过检定标尺间距的四分之一，且在任何情况下应不大于 0.5 mm			
指示装置的分辨力				
7.6.3.4	检定标尺的分格值应足够小，以保证热水表的分辨力：对于1级热水表，不超过最小流量 Q_1 下流过 1.5 h 的实际体积值的 0.25%；对于2级热水表，不超过该体积值的 0.5%。 注：当首位元件连续显示时，允许每次读数误差不超过最小标尺分格间距的一半。当首位元件断续显示时，允许每次读数误差为一个数字			

表（续）

规程条款	技术要求	＋	－	备注
防护装置-机械封印				
7.7.1	热水表应配置可以封印的防护装置，以保证在正确安装热水表前和安装后，在不损坏防护装置的情况下无法拆卸或者改动热水表和（或）调整装置或修正装置			
7.7.1	对计量单元可更换热水表，这一要求适用于外部防护装置和内部调节板防护装置			
保护装置-电子封印				
7.7.2.1	当机械封印装置不能阻止对确定测量结果有影响的参数被接触时，保护措施应符合以下规定： 参数接触只允许被授权的人进行，如采用密码（关键词）或特殊设备（如钥匙）的方法。密码应可更改。至少最后一次存取干预行为应被记录。记录中应包含日期和能够识别实施干预的授权人员的特征要素（见上一条a规定）。如果最后一次干预的记录未被下一次干预所覆盖，至少应保证两年的追溯期。如果能记忆二次以上的干预，但必须删除先前的记录才能记录新的干预，应删除最老的记录			
7.7.2.2	热水表有可以被用户分开的可互换部件时，应满足以下规定： a）除非符合7.7.2.1的规定，否则不能在断开点接触参与确定测量结果的参数； b）应采用电子和数据处理保密装置，或在电子方法不可能时采用机械装置，防止插入任何可能影响测量结果的部件			
7.7.2.3	对于装有可被用户分开但不可互换的部件的热水表，应符合7.7.2.2的规定。另外，这类热水表应配备一种装置，使得当各种部件不按制造商的配置联接时热水表不能工作。 注：用户擅自分离部件是不允许的，应防止这种行为，如利用一个装置，在部件被分开和重新连接后阻止所有测量			

二、试验记录格式

本附录试验记录格式未包括功能试验和环境试验。功能试验记录内容参照产品标准，环境试验记录为环境施加记录和对应的功能检查记录和/或误差试验记录。

（一）静压力试验

试验的开始时间　　年　月　日　时　分
试验的结束时间　　年　月　日　时　分

样机编号	1.6倍最大工作压力 MPa	开始 时间	初始压力 MPa	结束 时间	最后压力 MPa	备注

样机编号	2倍最大工作压力 MPa	开始 时间	初始压力 MPa	结束 时间	最后压力 MPa	备注

本试验项目合格判定要求：　　　　　　　　　本试验项目的结论：

试验过程中的异常情况记录

所用计量器具的测量范围　　　　　　　　测量不确定度/准确度等级/最大允许误差

所用试验设备的名称　　　　型号　　　编号

环境温度　　　　相对湿度　　　　大气压力

评价人员　　　　　　　　　　复核人员

（二）固有误差试验

试验的开始时间　　年　月　日　时　分
试验的结束时间　　年　月　日　时　分

试验方法：	
水导电率（仅对电磁感应热水表）/（μS/cm）：	
热水表（或集合管）前的直管段长度/mm：	
热水表（或集合管）后的直管段长度/mm：	
热水表（或集合管）前后的标称直径/mm：	
描述整流器安装情况（如果用了的话）	

样机号：_____安装方式（V，H 或其他）：_____
流向：_____指示装置方位：_____

实际流量 $Q_{(\ )}$ m³/h	供水压力 MPa	水温 T_w ℃	初始读数 $V_{i(i)}$ m³	终止读数 $V_{i(f)}$ m³	指示体积 V_i m³	实际体积 V_a m³	单次误差 E_m %	MPE[a] %
b)								
							E_{m2}	
							E_{m3}	

（以上表格按样机数和流量试验点数量复制）

注：

a）对整体热水表来说，根据热水表的准确度等级为 6.2 中规定的最大允许误差。如果受试设备
　　EUT 是一个可分离的组合，最大允许误差（MPE）应由制造商定义。合格判据为 10.4.6。

b）如果第 1 次或第 2 次试验结果大于最大允许误差，则进行第 3 次试验。

E_m ＝在实际流量 $Q_{(\ )}$ 下取得的误差值；

E_{m2} ＝在相同名义流量 $Q_{(\ )}$ 下取得的二次测量（指示）误差的平均值；

E_{m3} ＝在相同名义流量 $Q_{(\ )}$ 下取得的三次测量（指示）误差的平均值。

本试验项目合格判定要求：　　　　　　　　　本试验项目的结论：

试验过程中的异常情况记录

所用计量器具的测量范围　　　　　　　　测量不确定度/准确度等级/最大允许误差

所用试验设备的名称　　　　　型号　　　编号

环境温度　　　　相对湿度　　　　大气压力

评价人员　　　　　　　　　　复核人员

（三）水温影响和水温过载试验

试验的开始时间 年 月 日 时 分

试验的结束时间 年 月 日 时 分

试验方法：	
水导电率（仅对电磁感应热水表）/（μS/cm）：	
热水表（或集合管）前的直管段长度/mm：	
热水表（或集合管）后的直管段长度/mm：	
热水表（或集合管）前后的标称直径/mm：	
描述整流器安装情况（如果用了的话）	

样机号：＿＿＿＿＿＿＿＿ 安装方式（V，H 或其他）：＿＿＿＿＿＿＿

流向：＿＿＿＿＿＿＿＿ 指示装置方位：＿＿＿＿＿＿＿

施加条件	名义流量 m³/h	实际流量 $Q_{(\ )}$ m³/h	供水压力 MPa	初始进口水温 ℃	初始读数 $V_{i(i)}$ m³	终止读数 $V_{i(f)}$ m³	指示体积 V_i m³	实际体积 V_a m³	示值误差 E_m %	MPE[a] %
10 ℃[b]	Q_2									
30 ℃[c]	Q_2									
MAT	Q_2									
参比水温[d]	Q_2									
过载试验描述：										

注：

a）对整体热水表来说，根据热水表的准确度等级为 6.2 中规定的最大允许误差。如果受试设备 EUT 是一个可分离的组合，最大允许误差（MPE）应由制造商定义。合格判据为 10.4.6。

b）适用于 T70～T130 热水表。

c）适用于 T30/70～T30/130 热水表。

d）实施水温过载试验并恢复后，在参比条件下进行示值误差试验。

本试验项目合格判定要求： 本试验项目的结论：

试验过程中的异常情况记录

所用计量器具的测量范围 测量不确定度/准确度等级/最大允许误差

所用试验设备的名称 型号 编号

环境温度 湿度 大气压力

评价人员 复核人员

（四）水压过载试验

试验的开始时间　　年　月　日　时　分
试验的结束时间　　年　月　日　时　分

试验方法：	
水导电率（仅对电磁感应热水表）/（μS/cm）：	
热水表（或集合管）前的直管段长度/mm：	
热水表（或集合管）后的直管段长度/mm：	
热水表（或集合管）前后的标称直径/mm：	
描述整流器安装情况（如果用了的话）	

样机号：＿＿＿＿＿　　　安装方式（V，H 或其他）：＿＿＿＿＿
流向：＿＿＿＿＿　　　指示装置方位：＿＿＿＿＿

施加条件	名义流量 $Q_{(n)}$ m³/h	实际流量 $Q_{(a)}$ m³/h	供水压力 MPa	进口水温 ℃	初始读数 $V_{i(i)}$ m³	终止读数 $V_{i(f)}$ m³	指示体积 V_i m³	实际体积 V_a m³	示值误差 E_m %	MPE[a] %
0.03 MPa	Q_2									
MAP	Q_2									
备注：										

注：

[a] 对整体热水表来说，根据热水表的准确度等级为 6.2 中规定的最大允许误差。如果受试设备 EUT 是一个可分离的组合，最大允许误差（MPE）应由制造商定义。合格判据为 10.4.6。

本试验项目合格判定要求：　　　　　　　　本试验项目的结论：

试验过程中的异常情况记录

所用计量器具的测量范围　　　　　　　　测量不确定度/准确度等级/最大允许误差

所用试验设备的名称　　　　型号　　　　编号

环境温度　　　　湿度　　　　大气压力

评价人员　　　　　　　　　　　　复核人员

（五）反向流试验

第　页共　页

试验的开始时间　　年　月　日　时　分
试验的结束时间　　年　月　日　时　分

试验方法：	
水导电率（仅对电磁感应热水表）/（μS/cm）：	
热水表（或集合管）前的直管段长度/mm：	
热水表（或集合管）后的直管段长度/mm：	
热水表（或集合管）前后的标称直径/mm：	
描述整流器安装情况（如果用了的话）	

（1）对可用于测量反向流的热水表
样机号：_____　方位（V，H 或其他）：_____

施加条件	名义流量 m³/h	实际流量 Q（ ） m³/h	供水压力 MPa	进口水温 ℃	初始读数 $V_{i(i)}$ m³	终止读数 $V_{i(f)}$ m³	指示体积 V_i m³	实际体积 V_a m³	示值误差 E_m %	MPE[a] %
反向流	Q_1									
反向流	Q_2									
反向流	Q_3									
备注：										

（2）对不可用于测量反向流的热水表
样机号：_____　方位（V，H 或其他）：_____

施加条件	名义流量 m³/h	实际流量 Q（ ） m³/h	供水压力 MPa	进口水温 ℃	初始读数 $V_{i(i)}$ m³	终止读数 $V_{i(f)}$ m³	指示体积 V_i m³	实际体积 V_a m³	示值误差 E_m %	MPE[a] %
反向流	$0.9Q_3$									
正向流	Q_1									
正向流	Q_2									
正向流	Q_3									
备注：										

对防反向流的热水表

样机号：_____方位（V，H 或其他）：_____

施加条件	名义流量 m³/h	实际流量 $Q_{()}$ m³/h	供水压力 MPa	进口水温 ℃	初始读数 $V_{i(i)}$ m³	终止读数 $V_{i(f)}$ m³	指示体积 V_i m³	实际体积 V_a m³	示值误差 E_m ％	MPE[a] ％
反向流下 MAP	0	——			——	——	——	——	——	——
正向流	Q_1									
正向流	Q_2									
正向流	Q_3									
备注：										

注：

a) 对整体热水表来说，根据热水表的准确度等级为 6.2 中规定的最大允许误差。如果受试设备 EUT 是一个可分离的组合，最大允许误差（MPE）应由制造商定义。合格判据为 10.4.6。

本试验项目合格判定要求：　　　　　　　　　　本试验项目的结论：

试验过程中的异常情况记录

所用计量器具的测量范围　　　　　　　测量不确定度/准确度等级/最大允许误差

所用试验设备的名称　　　　型号　　　编号

环境温度　　　湿度　　　大气压力

评价人员　　　　　　　　复核人员

（六）压力损失试验

试验的开始时间　年　月　日　时　分
试验的结束时间　年　月　日　时　分

试验方法：	
水导电率（仅对电磁感应热水表）/（μS/cm）：	
热水表（或集合管）前的直管段长度/mm：	
热水表（或集合管）后的直管段长度/mm：	
热水表（或集合管）前后的标称直径/mm：	
描述整流器安装情况（如果用了的话）	

样机号：＿＿＿＿＿＿＿＿　安装方式（V，H 或其他）：＿＿＿＿＿＿＿＿

流向：＿＿＿＿＿＿＿＿＿　指示装置方位：＿＿＿＿＿＿＿＿

测量 1

流量 $Q_{(\ )}$ m³/h	L mm	L_1 mm	L_2 mm	p_1 MPa	p_2 MPa	测量段 mm	压力损失 Δp_1 MPa

测量 2

流量 $Q_{(\ )}$ m³/h	L mm	L_1 mm	L_2 mm	P_1 MPa	P_2 MPa	测量段 mm	压力损失 ΔP_2 MPa	压力损失 ΔP MPa
备注：								

本试验项目合格判定要求：　　　　　　　　本试验项目的结论：

试验过程中的异常情况记录

所用计量器具的测量范围　　　　　　　测量不确定度/准确度等级/最大允许误差

所用试验设备的名称　　　型号　　　编号

环境温度　　　湿度　　　大气压力

评价人员　　　　　　　　复核人员

（七）流动干扰试验

试验的开始时间　　年　月　日　时　分

试验的结束时间　　年　月　日　时　分

试验方法：	
水导电率（仅对电磁感应热水表）/（μS/cm）：	
热水表（或集合管）前的直管段长度/mm：	
热水表（或集合管）后的直管段长度/mm：	
热水表（或集合管）前后的标称直径/mm：	
描述整流器安装情况（如果用了的话）	

样机号：_____　安装方式（Ⅴ，Ⅱ或其他）：_____

流向：_____　指示装置方位：_____

试验号	流动干扰器类型（本地）	安装流动整直器	安装直径（见图 A.1）/mm						
			L_1	L_2	L_3	L_4	L_5	L_6	L_7
1	1（上游）	否							
1A	1（上游）	是							
2	1（下游）	否							
2A	1（下游）	是							
3	2（上游）	否							
3A	2（上游）	是							
4	2（下游）	否							
4A	2（下游）	是							
5	3（上游）	否							
5A	3（上游）	是							
6	3（下游）	否							
6A	3（下游）	是							

（1）进行各个试验时，插入所用的实际管径（按水表制造商所声明）

样机号：_____安装方式（V，H 或其他）：_____

流向：_____指示装置方位：_____

试验号 (1)(2)	实际流量 $Q_{(\ )}$ m^3/h	供水压力 MPa	进口水温 ℃	初始读数 $V_{i(i)}$ m^3	终止读数 $V_{i(f)}$ m^3	指示体积 V_i m^3	实际体积 V_a m^3	示值误差 E_m %	MPE[a] %
1									
1A									
2									
2A									
3									
3A									
4									
4A									
5									
5A									
6									
6A									

注：

[a] 对整体热水表来说，根据热水表的准确度等级为 6.2 中规定的最大允许误差，如果受试设备 EUT 是一个可分离的组合，最大允许误差（MPE）应由制造商定义。合格判据为 10.4.6。

（1）对制造商规定了上游长度至少 15DN 和下游 5DN 的安装要求的热水表，不允许安装外部的整直器。

（2）对制造商规定了最小的直管长度（L_2），表下游 5DN，仅要求进行试验号 1、3、5 的试验。

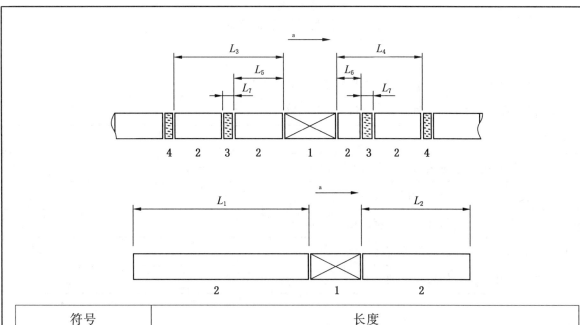

符号	长度
L_1	进口直管，无流动干扰器或流动整直器
L_2	出口直管，无流动干扰器或流动整直器
L_3	流动干扰器上游出口至表（或单接口）的进口
L_4	表（或单接口）的出口至流动干扰器到此为下游入口
L_5	流动整直器上游出口至表（或单接口）的进口
L_6	表（或单接口）的出口至流动整直器到此为下游入口
L_7	流动干扰器

图 A.1　相对位置示意

1—水表；2—直管段；3—流动整直器；4—流动干扰器

（八）耐久性-断续流量试验

试验的开始时间　　年　月　日　时　分

试验的结束时间　　年　月　日　时　分

试验方法：	
水导电率（仅对电磁感应热水表）/（μS/cm）：	
热水表（或集合管）前的直管段长度/mm：	
热水表（或集合管）后的直管段长度/mm：	
热水表（或集合管）前后的标称直径/mm：	
描述整流器安装情况（如果用了的话）	

试验期间读数

样机号：＿＿＿＿＿＿＿＿　安装方式（V，H 或其他）：＿＿＿＿＿＿＿＿

流向：＿＿＿＿＿＿＿＿　指示装置方位：＿＿＿＿＿＿＿＿

试验开始时环境条件

环境温度/℃	环境相对湿度/％	大气压力/MPa	时间

日期	时间	观察员	上游压力 MPa	下游压力 MPa	上游温度 ℃	流量 m³/h	断续次数	流出体积 m³	运行时间 h
						试验结束时的总体积＝			
						理论总量[a]＝			
备注：									

注：

a）试验体积最小流过的理论体积为 $0.5 \times Q_3 \times 100\,000 \times 32 / 3\,600$，单位为 m^3，最小试验循环数为 $100\,000$ 次。

试验结束时环境条件

环境温度/℃	环境相对湿度/%	大气压力/MPa	时间

断续流量试验后测得的（指示）误差

样机号：_____

实际流量 $Q_{(\ )}$ m^3/h	工作压力 p_w MPa	工作温度 T_w ℃	初始读数 $V_{i(i)}$ m^3	终止读数 $V_{i(f)}$ m^3	指示体积 V_i m^3	实际体积 V_a m^3	示值误差 E_m %	MPE[a] %	曲线变化误差 $E_m(B) - E_m(A)$ %	MPE [曲线变化误差(2)] %
							E_{m2}			
							E_{m3}			
							$E_m(B)$			

备注：

E_m ＝在实际流量 $Q_{(\ )}$ 下得到的（指示）误差值；

E_{m2} ＝在相同名义流量下取得的二次测量误差的平均值；

E_{m3} ＝在相同名义流量下取得的三次测量误差的平均值。

$E_m(A)$ ＝平均固有（指示）误差

$E_m(B)$ ＝连续流量试验后测量的平均（指示）误差（＝或 E_{m2} 或 E_{m3}）。

（九）耐久性-连续流量试验

试验的开始时间　　年　月　日　时　分
试验的结束时间　　年　月　日　时　分

试验方法：	
水导电率（仅对电磁感应热水表）/（μS/cm）：	
热水表（或集合管）前的直管段长度/mm：	
热水表（或集合管）后的直管段长度/mm：	
热水表（或集合管）前后的标称直径/mm：	
描述整流器安装情况（如果用了的话）	

试验期间读数

样机号：_____安装方式（V，H 或其他）：_____

流向：_____指示装置方位：_____

试验初始时环境条件

环境温度/℃	环境相对湿度/%	大气压力/MPa	时间

日期	时间	观察员	上游压力 bar*	下游压力 bar	上游温度 ℃	实际流量 m³/h	表读数 m³	流出体积 m³	运行时间 h
						试验结束时的总体积＝			
						理论总量[a]＝			
备注：									

注：

a) 对 $Q_3 \leq 16$ m³/h 的热水表，试验体积最小流过的理论体积为 $Q_4 \times 100$，单位为 m³，这里 Q_4 值用 m³/h 表达；对 $Q_3 > 16$ m³/h 的热水表，试验体积最小流过的理论体积为 $Q_4 \times 200$，单位为 m³，这里 Q_4 值用 m³/h 表达。

* 1 bar＝10^5 Pa。

试验结束时环境条件

环境温度/℃	环境相对湿度/％	大气压力/MPa	时间

连续流量试验后测得的（指示）误差

样机号：＿＿＿＿＿＿＿＿

实际流量 $Q_{(\ )}$ m³/h	工作压力 p_w MPa	工作温度 T_w ℃	初始读数 $V_{i(i)}$ m³	终止读数 $V_{i(f)}$ m³	指示体积 V_i m³	实际体积 V_a m³	示值误差 E_m ％	MPE[a] ％	曲线变化误差 $E_m(B) - E_m(A)$ ％	MPE（曲线变化误差） ％
						E_{m_2}				
						E_{m_3}				
						$E_m(B)$				
备注：										

E_m ＝在实际流量 $Q_{(\ )}$ 下得到的（指示）误差值；

E_{m_2} ＝在相同名义流量下取得的二次测量误差的平均值；

E_{m_3} ＝在相同名义流量下取得的三次测量误差的平均值。

$E_m(A)$ ＝平均固有（指示）误差

$E_m(B)$ ＝连续流量试验后测量的平均（指示）误差（＝或 E_{m_2} 或 E_{m_3}）。

附录 B

流动干扰试验的安装要求

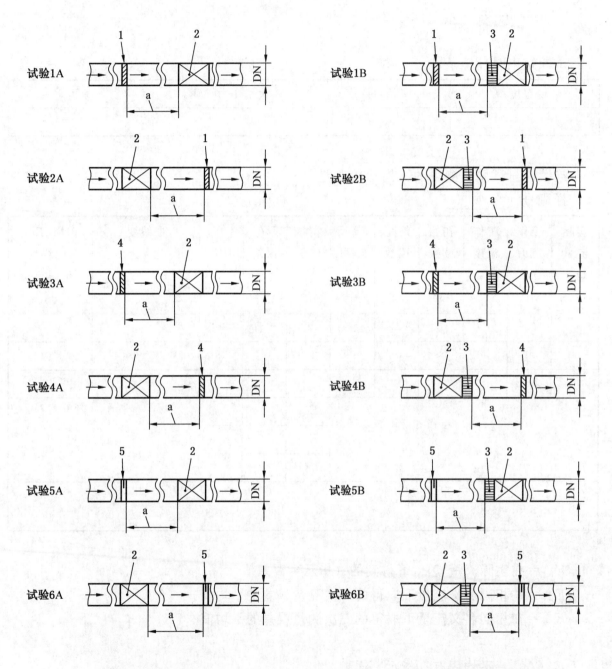

上述试验不采用整直器　　　　　　　　上述试验采用整直器

1—1 类扰动器（左旋涡发生器）；2—水表；3—整直器；4—2 类扰动器（右旋旋涡发生器）；

5—3 类扰动器（速度剖面流动扰动器）；a—直管段。

1 类、2 类、3 类扰动器的结构尺寸参见 GB/T 778.3—2007 附录 B。

中华人民共和国国家计量技术规范

JJF 1524—2015

液化天然气加气机型式评价大纲

Program of Pattern Evaluation of Liquefied Natural Gas Dispensers

2015-06-15 发布

2015-09-15 实施

国家质量监督检验检疫总局 发布

液化天然气加气机型式评价大纲

Program of Pattern Evaluation
of Liquefied Natural Gas Dispensers

JJF 1524—2015

归 口 单 位：全国流量容量计量技术委员会

主要起草单位：中国测试技术研究院

重庆市计量质量检测研究院

参加起草单位：内蒙古自治区计量测试研究院

四川中测流量科技有限公司

中测测试科技有限公司

本规范委托全国流量容量计量技术委员会负责解释

本规范主要起草人：

熊茂涛（中国测试技术研究院）

雷　励（中国测试技术研究院）

王　硕（重庆市计量质量检测研究院）

参加起草人：

赵普俊（中国测试技术研究院）

杨焕诚（内蒙古自治区计量测试研究院）

刘缙林（四川中测流量科技有限公司）

尹保来（中测测试科技有限公司）

引　言

　　本规范参照 GB 50156《汽车加油站加气站设计与施工规范》、GB/T 20368《液化天然气（LNG）生产、储存和装运》、GB/T 25986《汽车用液化天然气加注装置》以及国际法制计量组织（OIML）的国际建议 R81：2006（E)《低温液体的动态测量设备及系统》（Dynamic measuring devices and systems for cryogenic liquids）为技术依据，结合我国 LNG 加气机的行业现状和技术水平制定。本规范在主要的技术指标上与国际建议、国家标准等效。

　　本规范为首次制定。

液化天然气加气机型式评价大纲

1 范围

本规范适用于液化天然气（LNG）加气机（以下简称加气机）的型式评价。

2 引用文件

本规范引用下列文件：

GB/T 2423.1 电工电子产品环境试验 第2部分：试验方法 试验A：低温

GB/T 2423.2 电工电子产品环境试验 第2部分：试验方法 试验B：高温

GB/T 2423.4 电工电子产品环境试验 第2部分：试验方法 试验Db：交变湿热（12 h+12 h循环）

GB 4943.1 信息技术设备 安全 第1部分：通用要求

GB/T 17626.2 电磁兼容 试验与测试技术 静电放电抗扰度试验

GB/T 17626.3 电磁兼容 试验与测试技术 射频电磁场辐射抗扰度试验

GB/T 17626.4 电磁兼容 试验与测试技术 电快速瞬变脉冲群抗扰度试验

GB/T 17626.5 电磁兼容 试验与测试技术 浪涌（冲击）抗扰度试验

GB/T 17626.11 电磁兼容 试验与测试技术 电压暂降、短时中断和电压变化的抗扰度试验

GB/T 18442.1 固定式真空绝热深冷压力容器 第一部分：总则

GB/T 20368 液化天然气（LNG）生产、储存和装运

GB/T 25986 汽车用液化天然气加注装置

GB 50156 汽车加油站加气站设计与施工规范

GJB 2253A 氮气和液氮安全应用准则

OIML R81：2006（E） 低温液体的动态测量设备及系统（Dynamic measuring devices and systems for cryogenic liquids）

凡是注日期的引用文件，仅注日期的版本适用于本规范；凡是不注日期的引用文件，其最新版本（包括所有的修改单）适用于本规范。

3 术语

3.1 液化天然气（LNG）加气机 liquefied natural gas（LNG）dispensers

提供LNG加注服务，一般由低温流量计、调节阀、加气枪、回气枪、加气软管、回气软管以及电子计控器、辅助装置等组成的一个完整的液化天然气累积量测量系统。

3.2 LNG 储气容器 LNG gas vessel

用于储存和供应LNG燃料的真空绝热深冷压力容器，其技术指标应符合GB/T 18442.1的要求。

3.3 加气口 filling receptacle

与加气枪连接后给 LNG 储气容器加注 LNG 燃料的连接部件。

3.4 回气口 reclaiming receptacle

与回气枪连接后用于回收 LNG 储气容器中余气的连接部件。

3.5 循环口 circulation receptacle

加气机上用于与加气枪连接后进行预冷循环的连接部件。

3.6 加气枪 dispenser nozzle

加气机上用于连接加气口或循环口，且符合 GB/T 25986 要求的手工操作专用工具。

3.7 回气枪 reclaiming nozzle

加气机上用于连接回气口，且符合 GB/T 25986 要求的手工操作专用工具。

3.8 拉断阀 breakaway coupling valve

加气机上的专用保护装置，安装在加气机的加气软管和回气软管上，在额定拉脱力作用下可以断开成两段。

3.9 紧急停机装置 emergency shutdown device

加气机上的专用保护装置，紧急情况下人工触发后能执行相应关断逻辑，切断或隔离 LNG 燃料来源，并关闭由于继续运行将导致事故加剧和扩大的设备，一般设在加气机的明显位置。

3.10 电子计控器 electronic computer

加气机的计算和控制装置，可接受流量计传输的流量电信号和压力传感器传输的压力电信号等，并按设定的参数运算；可进行数据的传送和显示操作，并自动判断和控制流体的流动；具有回零功能、付费金额指示功能等，还可实现计量误差的调整。

3.11 辅助装置 ancillary device

加气机上用以实现特殊功能的设备，通常有预置功能、打印功能等。

3.12 最小质量变量 minimum quality variable

加气机显示质量的最小变化量。

3.13 低温流量计 cryogenic flowmeter

加气机中用于测量低温液化气体（介质温度一般≤−100 ℃，如液氮、LNG 等）的流量计。包括测量加气量的液相流量计和用于测量回气量的气相流量计。

3.14 质量法低温液体流量标准装置 cryogenic liquids flow standard facilities by weighing method

以低温液化气体（如液氮或 LNG）为试验介质，采用质量法原理的流量标准装置。装置一般由流体源、试验管路系统、标准器以及辅助设备等组成。

3.15 标准表法低温液体流量标准装置 cryogenic liquids flow standard facilities by master meter method

以低温液化气体（如液氮或 LNG）为试验介质，在相同的时间间隔内连续通过标准流量计和被检流量计，用比较的方法确定被检流量计的流量标准装置。装置一般由流体源、试验管路系统、标准流量计、流量调节阀以及辅助设备等组成。

4 概述

4.1 构造

加气机提供 LNG 加注服务，一般由低温流量计、调节阀、加气枪、回气枪、加气软管、回气软管以及电子计控器、辅助装置等组成。

4.2 原理

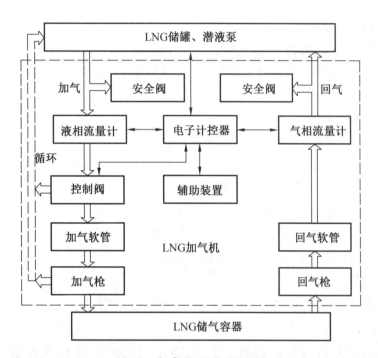

图 1 加气机工作原理图

加气机工作原理如图 1 所示。LNG 在加气机内根据工作状态确定 LNG 流向：当流程需要进行内部预冷循环时，LNG 通过控制阀回流到 LNG 储罐，加气机不计量；当加气机不预冷直接加气时，LNG 通过控制阀及加气软管、加气枪给储气容器加气。

加气前根据需要，可将加气机的回气枪插到储气容器的回气口上，储气容器中的余气通过气相流量计回流到 LNG 储罐，降低储气容器内部压力，保证 LNG 能够顺利加注。加气时加气机可只连接加气管路直接加气，也可同时连接加气管路和回气管路加气。加气机的电子计控器自动控制加气过程，并根据流量计输出的流量信号进行运算，加注到储气容器中的 LNG 质量为液相流量计的计量值和气相流量计的计量值之差（加气机不连接回气管路时，气相流量计的计量值为零），加气机面板显示最终的计量值。

用于贸易结算的加气机，回气管路必须安装气相流量计用于计量回收的储气容器余气。

5 法制管理要求

5.1 计量单位

5.1.1 质量：千克，符号 kg。

5.1.2 流量：千克每分钟，符号 kg/min。

5.1.3 密度：千克每立方米，符号 kg/m^3。

5.1.4 压力：兆帕，符号 MPa。

5.1.5 温度：摄氏度，符号 ℃。

5.2 标志和标识

加气机铭牌明显部位应标注计量法制标志和计量器具标识，标志和标识必须清晰可辨、牢固可靠。加气机上应有明显的安全、操作标识。对于两枪及以上的加气机，应标注加气枪的编号。

5.2.1 计量法制标识要求

制造计量器具许可证的标志和编号。

> 注：新产品申请单位应在样机铭牌设计上预留出相应内容的位置。

5.2.2 计量器具标识要求

加气机铭牌一般注明以下内容：

1）制造商名称（商标）、产品名称及型号规格；

2）制造日期、出厂编号；

3）制造计量器具许可证的标志及编号；

4）适用介质、流量范围、准确度等级或最大允许误差；

5）适用环境温度范围、最大工作压力、电源电压；

6）防爆等级、防爆标识和防爆合格证书编号等。

5.2.3 安装标志要求

加气机应有安装说明的标志，或者在使用说明书中明示。

5.3 外部结构设计

对不允许使用者自行调整的部件，应采用封闭式结构设计或者留有加盖封印的位置，该结构应设计成封印可更换的形式，并规定出封印的位置和数量；凡能影响计量准确度的任何人为机械干扰，都将在加气机或保护标记上产生永久性的有形损坏痕迹。

5.4 关键零部件

5.4.1 低温流量计

加气机所用的低温流量计应铭牌清晰、标识齐全，计量准确度等级不低于 0.5 级，流量范围、温度范围、压力范围、使用介质等应符合加气机使用要求。

5.4.2 电子计控器

电子计控器应具有指示功能、回零功能、误差调整功能和付费金额指示功能等。

6 计量要求

6.1 最大允许误差

加气机检定流量点 q_1、q_2 和 q_3、实际流量范围及最大允许误差见表1，q_r 为加气机的加注流量。

表 1　检定流量点、实际流量范围及最大允许误差

检定流量点	实际流量范围	最大允许误差
q_1	32 kg/min＜q_r≤80 kg/min	±1.5 %
q_2	20 kg/min＜q_r≤32 kg/min	
q_3	10 kg/min＜q_r≤20 kg/min	±2.5 %

6.2 重复性

加气机的测量重复性不大于被检加气机最大允许误差绝对值的 1/3。

6.3 流量范围

加气机的质量流量≤80 kg/min，量程比不小于 4：1。

6.4 最小质量变量

加气机的最小质量变量应不大于 0.01 kg。

6.5 付费金额误差

加气机面板显示的付费金额不大于计算的付费金额（单价和示值的乘积）。

7 通用技术要求

7.1 外观及随机文件

7.1.1 外观

1）加气机各连接部件不得有起皮、脱落、锈蚀等现象，铭牌及标识应清晰可靠。

2）加气机的各接插件必须牢固可靠，不得因振动而松动或脱落。

7.1.2 随机文件

加气机应有出厂检验合格证、使用说明书，说明书中应给出技术要求、安装条件、使用方法、安全防护措施等内容。

7.2 主要功能

7.2.1 示值指示功能

1）加气机应具有示值指示功能示值读数应正确、易读、清晰。

2）加气机的最小质量变量表达为 1×10^n、2×10^n 或 5×10^n 的形式，其中 n 是正整数、负整数或零。

3）当有 2 个及以上示值显示时，各示值的显示应一致，在加气过程中连续显示示值。

4）加气机的最小质量变量应符合 6.4 的要求。

7.2.2 回零功能

加气机应具有示值回零的装置。加气期间，示值应不能回零。

7.2.3 预置功能

1）加气机可以通过预置功能设置预置量。在加气过程中，预置量可以保持不变，也可以逐步回零。

2）加气机应设有应急功能，必要时可以中断预置量的执行，停止加气。

7.2.4 付费金额指示功能

1）加气机应有付费金额指示功能。既可以显示单价，也可以显示付费金额。使用的货币单位或符号应清楚地显示在价格附近。

2）单价应是可调整的，可以直接在加气机键盘上调整，也可以通过外围设备调整。

3）付费金额指示装置的回零和示值指示装置的回零应同步完成。

7.2.5 打印功能

1）加气机根据需要可以配置票据打印功能。打印的结果应与示值指示装置的显示结果一致。

2）当一台打印机与两台以上加气机配用时，必须打印出相应加气机的识别标记。

7.2.6 误差调整

加气机应具备计量误差调整功能。对能改变计量性能的重要参数，应采用机械或电子封印以确保加气机参数不能随意被更改。

7.2.7 封印设置

1）误差调整装置或关键部件应配备带机械封印的防护装置，如低温流量计、电子计控器、流量系数调整设备接口处、预冷旁通管路上的控制阀等。

2）当机械封印不能阻止对测量结果有影响的重要参数被更改时，应施加电子封印。参数的更改记录应包含的信息有：所更改的参数名称及参数值、更改人、更改时间等。更改记录至少保存 7 年，且无法删除。电子封印只允许被授权人员通过密码进行访问，密码应可以更改。

7.3 安全性能

7.3.1 密封性

加气机在最大工作压力下保持 5 min，加气机及附属装置各部件连接处，不允许泄漏现象发生。

7.3.2 耐压强度

加气机应能承受 1.5 倍最大工作压力的静态液体压力，保持 5 min，应不出现永久性变形或破裂现象。

7.3.3 防爆性能

加气机应符合相关防爆性能的要求，具备有效期内的防爆合格证。

7.3.4 紧急停机装置

1）加气机应具备紧急停机功能。加气机可提供紧急信号切断低温泵电源，完成相应阀门的开关操作。

2）紧急停机装置设在加气机明显位置并标示其功能，同时具有保护措施，防止误动作。

3）紧急信号触发后，应经人工确认后才能复位。

7.3.5 拉断阀

加气机的加气软管和回气软管上均应配备拉断阀，在额定拉脱力（400 N～600 N）作用下可以断开成两段。

7.3.6 掉电保护和复显功能

1）加气机在加气过程中，因故停电而中断加气时，应能完整保留所有数据。

2）故障发生时，当次加气量和付费金额的显示时间不少于 30 min；或者在故障发生后 1 h 内，手动控制单次或多次复显的时间之和不少于 20 min。

7.3.7 电气安全性能

1）加气机的对地泄漏电流不应超过 3.5 mA。

2）加气机应有足够的抗电强度，在一次电路与机身之间或一次电路与二次电路之间施加有效值为 1.5 kV、频率为 50 Hz 的交流试验电压，保持 60 s。试验期间，绝缘不应被击穿。

3）加气机的接地端子或接地接触件与需要接地的零部件之间的连接电阻不应超过 0.1 Ω。

4）加气机的接地端子和连接端接触的导电零部件应能耐腐蚀，其最大电位不应超过 0.6 V。

7.4 环境适应性

7.4.1 高温适应性

加气机应能在 55 ℃ 的高温环境下正常工作。试验过程中和试验后加气机在规定的极限内性能正常，数据不得丢失，存储器储存的程序或内容不能有任何变化，不能改变状态，所有接口上的各点电平不能有异常变动。

7.4.2 低温适应性

加气机应能在 −25 ℃ 的低温环境下正常工作。试验过程中和试验后加气机在规定的极限内性能正常，数据不得丢失，存储器储存的程序或内容不能有任何变化，不能改变状态，所有接口上的各点电平不能有异常变动。

7.4.3 交变湿热适应性

加气机在高温 25 ℃～55 ℃ 且相对湿度 93%～95% 的环境中应能正常工作。试验后加气机在规定的极限内性能正常，数据不得丢失，存储器储存的程序或内容不能有任何变化，不能改变状态，所有接口上的各点电平不能有异常变动。

7.4.4 电源适应性

加气机应能在电源标称电压（−15～＋10)%、供电频率为 (50±1) Hz 的供电环境中正常工作。试验过程中和试验后加气机在规定的极限内性能正常，数据不得丢失，存储器储存的程序或内容不能有任何变化，不能改变状态，所有接口上的各点电平不能有异常变动。

7.4.5 静电放电抗扰度

加气机应能在 8 kV 的接触放电和 15 kV 的空气放电条件下正常工作。试验过程中和试验后加气机在规定的极限内性能正常，数据不得丢失，存储器储存的程序或内容不能有任何变化，不能改变状态，所有接口上的各点电平不能有异常变动。

7.4.6 射频电磁场辐射抗扰度

加气机应能在场强为 3 V/m、频率为 80 MHz～1 000 MHz 的射频辐射场中正常工作。试验过程中和试验后加气机在规定的极限内性能正常，数据不得丢失，存储器储存的程序或内容不能有任何变化，不能改变状态，所有接口上的各点电平不能有异常变动。

7.4.7 电快速瞬变脉冲群抗扰度

加气机的供电电源与接地之间应能承受 2 kV 的脉冲群干扰，信号、数据和控制端口间应能承受 1 kV 的脉冲群干扰，试验过程中和试验后加气机在规定的极限内性能正常，数据不得丢失，存储器储存的程序或内容不能有任何变化，不能改变状态，所有接口上的各点电平不能有异常变动。

7.4.8 浪涌（冲击）抗扰度

加气机应能承受开路试验电压为 2 kV 的浪涌试验。试验过程中允许加气机出错，但试验结束后加气机应能自动恢复正常。

7.4.9 电压暂降、短时中断和电压变化抗扰度

加气机应能在电压暂降到额定电源电压的 70% 以及短时中断情况下正常工作，试验过程中和试验后加气机在规定的极限内性能正常，数据不得丢失，存储器储存的程序或内容不能有任何变化，不能改变状态，所有接口上的各点电平不能有异常变动。

7.4.10 环境适应性试验后的计量性能复测

加气机在环境适应性试验后，应复测计量性能（最大允许误差及重复性试验、付费金额误差试验）。最大允许误差及重复性应符合 6.1 和 6.2 的要求，付费金额误差应符合 6.5 的要求。

7.5 耐久性试验

耐久性试验后加气机最大允许误差及重复性应符合 6.1 和 6.2 的要求，示值误差与试验前相比，其变化量应不超过 0.5%。

8 型式评价项目表

加气机型式评价的项目表见表 2。

表 2 型式评价项目表

序号	试验项目名称		技术要求	试验方法	备注
1	法制管理要求	计量单位	5.1	10.2	I
		标志和标识	5.2	10.2	I
		外部结构设计	5.3	10.2	I
		关键零部件	5.4	10.2	I
2	外观及随机文件	外观	7.1.1	10.3	I
		随机文件	7.1.2	10.3	I
3	主要功能	示值指示功能	7.2.1	10.4	I
		回零功能	7.2.2	10.4	I
		预置功能	7.2.3	10.4	I
		付费金额指示功能	7.2.4	10.4	I
		打印功能	7.2.5	10.4	I
		误差调整	7.2.6	10.4	I
		封印设置	7.2.7	10.4	I

表 2（续）

序号	试验项目名称		技术要求	试验方法	备注
4	安全性能	密封性	7.3.1	10.5.1	Ⅱ
		耐压强度	7.3.2	10.5.2	Ⅱ
		防爆性能检查	7.3.3	10.5.3	Ⅰ
		紧急停机装置	7.3.4	10.5.4	Ⅱ
		拉断阀	7.3.5	10.5.5	Ⅱ
		掉电保护和复显功能	7.3.6	10.5.6	Ⅱ
		电气安全性能	7.3.7	10.5.7	Ⅱ
5	计量性能	最大允许误差	6.1	10.6.1	Ⅱ
		重复性	6.2	10.6.1	Ⅱ
		流量范围检查	6.3	10.6.2	Ⅰ
		最小质量变量检查	6.4	10.6.3	Ⅰ
		付费金额误差	6.5	10.6.4	Ⅱ
		耐久性试验	7.5	10.8	Ⅱ
6	环境适应性	高温适应性	7.4.1	10.7.1	Ⅱ
		低温适应性	7.4.2	10.7.2	Ⅱ
		交变湿热适应性	7.4.3	10.7.3	Ⅱ
		电源适应性	7.4.4	10.7.4	Ⅱ
		静电放电抗扰度	7.4.5	10.7.5	Ⅱ
		射频电磁场辐射抗扰度	7.4.6	10.7.6	Ⅱ
		电快速瞬变脉冲群抗扰度	7.4.7	10.7.7	Ⅱ
		浪涌（冲击）抗扰度	7.4.8	10.7.8	Ⅱ
		电压暂降、短时中断和电压变化抗扰度	7.4.9	10.7.9	Ⅱ
		环境适应性试验后的计量性能复测	7.4.10	10.7.10	Ⅱ
注：备注栏中"Ⅰ"表示为观察项目，"Ⅱ"表示为试验项目。					

9 样机数量和使用方式

9.1 样机数量

9.1.1 对于单一产品，提供一台样机。

9.1.2 对于系列产品，考虑系列产品的测量对象、准确度、测量范围等，选择有代表性的产品，并参考下面的原则确定提供样机的数量。

9.1.2.1 准确度相同，测量范围不同的系列产品在选取样机时应包括测量范围上下限的产品。每种产品提供一台样机。

9.1.2.2 准确度不同，测量范围和结构相同的系列产品在选取样机时应包括各准确度等级的产品。每种产品提供一台样机。

9.1.3 对样机外观、内部结构、重要部件进行照相存档。

9.2 样机使用方式

9.2.1 所有试验项目（耐久性或具有破坏性的试验项目除外）应在同一台样机上进行，且不得在试验期间或试验中对样机进行调整。

9.2.2 可在单独的样机上进行耐久性或具有破坏性的试验项目。

10 试验项目的试验方法和条件

10.1 试验条件

10.1.1 试验设备

1）标准器

标准器采用质量法低温液体流量标准装置（以下简称标准装置，见附录 A.1），标准装置应配备有效的检定或校准证书。标准装置的辅助装置（压力表、安全阀等）应具备有效期内的检定证书或检测报告。标准装置的扩展不确定度（包含因子 $k=2$）应不大于被检加气机最大允许误差绝对值的 1/5。

2）配套设备

为进行安全性能和环境适应性试验，需要配备的试验设备见附录 A.2。

10.1.2 试验介质

1）试验介质一般为液氮，并充满管道及流量计，液氮的使用和排放应符合GJB 2253A中液氮放散的规定。

2）耐压强度试验用液体（一般用水）作为试验介质。

10.1.3 参比条件

1）环境温度：15 ℃～25 ℃。

2）相对湿度：45％～75％。

3）大气压力：86 kPa～106 kPa。

4）电源电压：（220±22）V，频率：（50±1）Hz。

10.1.4 试验过程控制

1）试验过程中，试验环境的温度变化应不超过 5 ℃。

2）加气机单次连续加注时间不应少于 3 min。

10.1.5 安全防护

1）检定时应使用防冲击面罩或安全护目镜以保护面部，佩戴具有低温防护功能的皮手套或胶手套。

2）每次加气前，应使用压缩空气或氮气吹扫加气枪、加气口、回气枪和回气口等易结霜部件表面。

10.2 法制管理要求检查

观察项目。对加气机的计量单位、标志和标识、外部结构设计、关键零部件进行检查。计量单位应符合 5.1 的要求，标志和标识应符合 5.2 的要求，外部结构设计应符合 5.3 的要求，关键零部件应符合 5.4 的要求。

10.3 外观及随机文件检查

观察项目。对加气机的外观及随机文件进行检查，应符合 7.1 的要求。

10.4 主要功能检查

观察项目。对主要功能进行检查，同时对相关的技术文件（包括图纸和使用说明书等）等进行检查。主要功能应符合 7.2 的要求。

10.5 安全性能试验

10.5.1 密封性试验

10.5.1.1 试验目的

试验的目的是检验加气机在最大工作压力条件下是否符合密封性要求。

10.5.1.2 试验条件

可在非参比条件下试验。

10.5.1.3 试验设备

标准装置。

10.5.1.4 试验程序

将加气机与标准装置连接，加气机的加气枪与循环口相连接（见图 A.1），开启加气机加气，在加气机最大工作压力下循环 5 min，观察加气机与标准装置的各部件连接处，应无泄漏。

10.5.1.5 合格判据

加气机的密封性应符合 7.3.1 的要求。

10.5.2 耐压强度试验

10.5.2.1 试验目的

试验的目的是检验加气机是否能承受 1.5 倍最大工作压力的静态液体压力。

10.5.2.2 试验条件

可在非参比条件下试验。

10.5.2.3 试验设备

压力试验机。

10.5.2.4 试验程序

1）卸下加气机内部所有的安全阀，用堵头代替；

2）在加气机的进气管路上安装阀门；

3）将压力试验机接入加气机进口，使加气机所有进口相通，打开加气机进气管路上的阀门；

4）操作压力试验机，通入液体试验介质，使加气机内空气排出后，关闭排气阀门，逐渐加压至 1.5 倍最大工作压力，然后关闭阀门，撤除压力试验机后保持 5 min。

10.5.2.5 合格判据

加气机的耐压强度应符合 7.3.2 的要求。

注：试验完毕后应打开加气机进气管路上的阀门排出液体，将压缩空气或氮气气源与加气机连接，打开气源控制阀 1 min 以上，保证加气机管路系统的液体能够经压缩空气或氮气全部吹出。

10.5.3 防爆性能检查

观察项目。检查加气机防爆合格证书、检测报告及相关附件，对照检查加气机使用的防爆电气元器件是否与批准的防爆资料一致，结果应符合 7.3.3 的要求。

10.5.4 紧急停机装置检查

10.5.4.1 试验目的

试验的目的是检验加气机的紧急停机装置是否具备紧急停机功能。

10.5.4.2 试验条件

可在非参比条件下试验。

10.5.4.3 试验设备

标准装置。

10.5.4.4 试验程序

将加气机与标准装置连接，检查加气机紧急停机装置，触发后可以紧急停机，经人工确认后才能复位。试验重复进行 3 次。

10.5.4.5 合格判据

加气机的紧急停机装置应符合 7.3.4 的要求。

10.5.5 拉断阀性能试验

10.5.5.1 试验目的

试验的目的是检验拉断阀被拉断时的拉脱力是否符合要求。

10.5.5.2 试验条件

可在非参比条件下试验。

10.5.5.3 试验设备

拉力试验机。

10.5.5.4 试验程序

1) 将加气机拉断阀的上、下端分别固定在拉力试验机距离调整器的两端，并保持在轴向力方向，然后缓慢增加拉力至拉断阀被拉断，记录拉力试验机拉力指示值。

2) 加气管路和回气管路的拉断阀各进行 1 次试验。

10.5.5.5 合格判据

拉断阀拉断时的拉力试验机拉力指示值应符合 7.3.5 的要求。

10.5.6 掉电保护和复显功能试验

10.5.6.1 试验目的

试验的目的是检验加气机在断电突发情况下示值显示或数据保存是否符合要求。

10.5.6.2 试验条件

可在非参比条件下试验。

10.5.6.3 试验设备

标准装置。

10.5.6.4 试验程序

1) 将加气机与标准装置连接，加气机的加气枪与循环口相连接（见图 A.1），加气机进行循环流程。

2) 开启加气机加气，在加气过程中断开电源，记录加气量和付费金额的显示时间。

3) 若加气机无法显示加气量或付费金额，则检查断电后 1 h 内，记录手动控制单次或多次复显的时间之和。

10.5.6.5 合格判据

加气机的掉电保护和复显功能应符合 7.3.6 的要求。

10.5.7 电气安全性能试验

10.5.7.1 试验目的

试验的目的是检验加气机的电气安全性能是否符合要求。

10.5.7.2 试验条件

可在非参比条件下进行。

10.5.7.3 试验设备

泄漏电流测试仪、耐电压测试仪、绝缘电阻表、接地电阻表。

10.5.7.4 试验程序

1) 加气机对地泄漏电流的允许值应按 GB 4943.1—2011 中 5.1 的规定进行试验。

2) 加气机的抗电强度应按 GB 4943.1—2011 中 5.2 的规定进行试验。

3) 接地端子或接地接触件与需要接地的零部件之间的连接电阻应按 GB 4943.1—2011 中 2.6 的规定进行试验。

4) 加气机的接地端子和连接端接触的导电零部件的耐腐蚀性能应按 GB 4943.1—2011 中 2.6 的规定进行试验。

10.5.7.5 合格判据

加气机的电气安全性能应符合 7.3.7 的要求。

10.6 计量性能试验

10.6.1 最大允许误差及重复性试验

10.6.1.1 试验目的

试验的目的是检验加气机的最大允许误差及重复性是否符合要求。

10.6.1.2 试验条件

在参比条件下试验。

10.6.1.3 试验设备

标准装置。

10.6.1.4 试验程序

1) 试验流量点及试验次数的控制

试验流量点 q_1、q_2 和 q_3 的选定见表 1。加气机应至少在 3 个流量点分别测试 6 次。试验时可通过调整标准装置低温泵输出压力或降低液氮储罐内压力、加气机加气管路末端处安装调节阀等方式调整加注流量。

2）试验程序

按附录 A.1.4 的试验步骤在各流量点通过加气机整机测试完成最大允许误差及重复性试验。

10.6.1.5 数据处理

1）在 q_i 流量点加气机进行一次完整的加气，加气完成后，记录加气机累积流量示值，同时记录电子天平示值，用公式（1）计算加气机的单次测量示值相对误差 E_{ij}：

$$E_{ij} = \frac{(m_J)_{ij} - (m_B)_{ij}}{(m_B)_{ij}} \times 100\% \tag{1}$$

式中：

$(m_J)_{ij}$——q_i 流量点第 j 次测量时加气机面板显示的累积流量示值，kg；

$(m_B)_{ij}$——q_i 流量点第 j 次测量时电子天平示值，kg；

E_{ij} ——q_i 流量点第 j 次测量的单次测量示值相对误差，%。

2）q_i 流量点 6 次测量完成后，取 6 次示值相对误差的平均值作为该流量点的示值误差 E_i，用公式（2）计算。

$$E_i = \frac{\sum\limits_{j=1}^{n} E_{ij}}{n} \tag{2}$$

式中：

E_i——q_i 流量点的示值误差，%；

n ——测量次数，$n=6$。

3）重复性 $(E_r)_i$ 用公式（3）计算：

$$(E_r)_i = \sqrt{\frac{\sum\limits_{j=1}^{n} (E_{ij} - E_i)^2}{n-1}} \times 100\% \tag{3}$$

式中：

$(E_r)_i$——q_i 流量点的测量重复性，%。

10.6.1.6 合格判据

加气机在各流量点的最大允许误差及测量重复性应符合 6.1 和 6.2 的要求。

10.6.2 流量范围检查

观察项目。流量范围检查可与最大允许误差及重复性试验同时进行，流量范围应符合 6.3 的要求。

10.6.3 最小质量变量检查

观察项目。检查加气机的最小质量变量是否符合 6.4 的要求。

10.6.4 付费金额误差试验

10.6.4.1 试验目的

试验的目的是检验加气机显示的付费金额与应付费金额是否一致。

10.6.4.2 试验条件

可在非参比条件下试验。

10.6.4.3 试验设备

标准装置。

10.6.4.4 试验程序

将加气机与标准装置连接，加气机的加气枪与循环口相连接（见图 A.1），加气机进行循环流程。付费金额误差试验可与最大允许误差及重复性试验同时进行。

10.6.4.5 数据处理

单次加气完成后，记录加气机面板显示的加气量 Q_j 和付费金额 P_j，用公式（4）计算单次付费金额误差 E_j。

$$E_j = |P_j - Q_j \times P| \tag{4}$$

式中：

E_j——第 j 次加气机付费金额误差，元；

P_j——第 j 次加气后加气机面板显示的付费金额，元；

Q_j——第 j 次加气后加气机面板显示的加气量，kg；

P ——加气机面板显示的 LNG 单价，元/kg。

10.6.4.6 合格判据

重复进行 6 次，付费金额误差应符合 6.5 的要求。

10.7 环境适应性试验

10.7.1 高温适应性试验

10.7.1.1 试验目的

试验的目的是检验加气机在 55 ℃的高温环境条件下功能是否正常。

10.7.1.2 试验条件

可在非参比条件下试验。

10.7.1.3 试验设备

高低温交变湿热试验箱。

10.7.1.4 试验程序

按 GB/T 2423.2 中"试验 Bd"的规定进行试验，见表3。

表3 高温适应性试验

试验温度	(55±2)℃
持续时间	2 h
常温条件下恢复时间	2 h

注：试验期间试验箱中温度要求其变化率不应超过 1 ℃/min，湿度要求避免凝结水。

10.7.1.5 合格判据

高温下和高温恢复到常温后分别检查加气机功能，应符合 7.4.1 的要求。

10.7.2　低温适应性试验

10.7.2.1　试验目的

试验的目的是检验加气机在−25 ℃的低温环境条件下功能是否正常。

10.7.2.2　试验条件

可在非参比条件下试验。

10.7.2.3　试验设备

高低温交变湿热试验箱。

10.7.2.4　试验程序

按 GB/T 2423.1 中"试验 Ad"的规定进行试验,见表4。

表4　低温适应性试验

试验温度	(−25±3)℃
持续时间	2 h
常温条件下恢复时间	2 h

注:试验期间试验箱中温度要求其变化率不应超过1 ℃/min,湿度要求避免凝结水。

10.7.2.5　合格判据

低温下和低温恢复到常温后分别检查加气机功能,应符合7.4.2的要求。

10.7.3　交变湿热适应性试验

10.7.3.1　试验目的

试验的目的是检验加气机在温度湿度交替变换的环境中功能是否正常。

10.7.3.2　试验条件

可在非参比条件下试验。

10.7.3.3　试验设备

高低温交变湿热试验箱。

10.7.3.4　试验程序

按 GB/T 2423.4 中"试验 Db"的规定进行试验,见表5。

表5　交变湿热适应性试验

试验温度	25 ℃~55 ℃
相对湿度	93%~95%
循环时间	24 h
循环周期	1

10.7.3.5　合格判据

交变湿热试验后,检查加气机功能,应符合7.4.3的要求。

10.7.4　电源适应性试验

10.7.4.1　试验目的

试验的目的是检验加气机在供电电源的电压和频率变化的条件下功能是否正常。

10.7.4.2 试验条件

可在非参比条件下试验。

10.7.4.3 试验设备

稳压电源。

10.7.4.4 试验程序

将加气机电源插座与稳压电源相连接，按 5 种电源适应性组合对加气机进行电源适应性试验，见表 6。

表 6 电源适应性试验

组合	电源电压	频率/Hz
1	标称电压	50
2	标称电压×(1+10%)	49
3	标称电压×(1+10%)	51
4	标称电压×(1−15%)	49
5	标称电压×(1−15%)	51

10.7.4.5 合格判据

每种试验组合下，检查加气机功能，应符合 7.4.4 的要求。

10.7.5 静电放电抗扰度试验

10.7.5.1 试验目的

试验的目的是检验加气机在静电干扰条件下功能是否正常。

10.7.5.2 试验条件

可在非参比条件下试验。

10.7.5.3 试验设备

静电放电发生器。

10.7.5.4 试验程序

按 GB/T 17626.2 的规定进行试验，试验等级为 4 级，见表 7。

表 7 静电放电抗扰度试验

放电方式	接触放电	空气放电
试验等级	4 级	4 级
试验电压	8 kV	15 kV
试验次数	10	10

10.7.5.5 合格判据

试验后，检查加气机功能，应符合 7.4.5 的要求。

10.7.6 射频电磁场辐射抗扰度试验

10.7.6.1 试验目的

试验的目的是检验加气机在射频辐射场干扰条件下功能是否正常。

10.7.6.2 试验条件

可在非参比条件下试验。

10.7.6.3　试验设备

电波暗室。

10.7.6.4　试验程序

按 GB/T 17626.3 的规定进行试验，试验等级为 2 级，见表 8。

表 8　射频电磁场辐射抗扰度试验

试验等级	2 级
试验场强	3 V/m
试验频率	80 MHz～1 000 MHz
调制	AM80％，1 kHz

10.7.6.5　合格判据

试验后，检查加气机功能，应符合 7.4.6 的要求。

10.7.7　电快速瞬变脉冲群抗扰度试验

10.7.7.1　试验目的

试验的目的是检验加气机在供电电源与接地之间，以及信号、数据和控制端口之间承受电快速瞬变脉冲群干扰条件下功能是否正常。

10.7.7.2　试验条件

可在非参比条件下试验。

10.7.7.3　试验设备

群脉冲发生器。

10.7.7.4　试验程序

按 GB/T 17626.4 的规定进行试验，试验等级为 3 级，见表 9。

表 9　电快速瞬变脉冲群抗扰度试验

试验方式	供电电源与接地之间	信号、数据和控制端口之间
试验等级	3 级	3 级
峰值电压	2 kV	1 kV
试验时间	60 s	60 s
重复频率	5 kHz	5 kHz
极性	正极、负极	正极、负极
脉冲上升时间	5 ns	5 ns
脉冲持续时间	50 ns	50 ns

10.7.7.5　合格判据

试验过程中及试验后，检查加气机功能，应符合 7.4.7 的要求。

10.7.8　浪涌（冲击）抗扰度试验

10.7.8.1　试验目的

试验的目的是检验加气机在浪涌（冲击）条件下是否能自动恢复并功能正常。

10.7.8.2　试验条件

可在非参比条件下试验。

10.7.8.3　试验设备

雷击浪涌发生器。

10.7.8.4　试验程序

按 GB/T 17626.5 的规定进行试验，试验等级为 3 级，见表 10。

表 10　浪涌（冲击）抗扰度试验

试验等级	3 级
开路试验电压	2 kV
浪涌波形	(1.2/50～8/20) μs
试验方式	线—地，线—线
极性	正极，负极
试验次数	各 3 次
重复率	1 次/min

10.7.8.5　合格判据

试验后，检查加气机功能，应符合 7.4.8 的要求。

10.7.9　电压暂降、短时中断和电压变化抗扰度试验

10.7.9.1　试验目的

试验的目的是检验加气机在电压暂降、短时中断和电压变化等条件下功能是否正常。

10.7.9.2　试验条件

可在非参比条件下试验。

10.7.9.3　试验设备

周波跌落模拟发生器。

10.7.9.4　试验程序

按 GB/T 17626.11 的规定进行试验，试验等级为 0％和 70％，见表 11。

表 11　电压暂降、短时中断和电压变化抗扰度试验

试验方式	中断	暂降
试验等级	0％	70％
持续时间	1 个周期（20 ms）	25 个周期（20 ms）
试验次数	3 次	3 次
最小间隔	10 s	10 s

10.7.9.5　合格判据

试验后，检查加气机功能，应符合 7.4.9 的要求。

10.7.10　环境适应性试验后的计量性能复测试验

10.7.10.1　实验目的

实验的目的是检验加气机在 10.7 全部环境适应性试验后，其计量性能是否符合要求。

10.7.10.2 试验条件

最大允许误差及重复性试验在参比条件下试验，付费金额误差试验可在非参比条件下试验。

10.7.10.3 试验设备

标准装置。

10.7.10.4 试验程序

按 A.1.4 的试验步骤进行加气机计量性能试验，包括最大允许误差及重复性试验、付费金额误差试验。

10.7.10.5 合格判据

试验结果应符合 7.4.10 的要求。

10.8 耐久性试验

10.8.1 试验目的

试验的目的是检验加气机在长期工作条件下功能是否正常。

10.8.2 试验条件

可在非参比条件下试验。

10.8.3 试验设备

标准装置。

10.8.4 试验程序

1）试验介质为液氮或 LNG。

2）将加气机与标准装置连接，加气机的加气枪与循环口相连接（见图 A.1），开启加气机加气，加气机进行循环流程。

3）在 q_1 流量点条件下每天启停加气机不少于 100 次，连续工作 10 天。

4）耐久性试验完成后，在参比条件下按 A.1.4 的试验步骤进行加气机最大允许误差及重复性试验。

10.8.5 数据处理

用公式（5）计算误差变化量 ΔE_i。

$$\Delta E_i = |E_i - E_{ni}| \tag{5}$$

式中：

E_i ——q_i 流量点的加气机示值误差，%；

E_{ni} ——耐久性试验后 q_i 流量点的加气机示值误差，%。

10.8.6 合格判据

耐久性试验后加气机的最大允许误差、重复性及误差变化量应符合 7.5 的要求。

11 型式评价结果的判定

11.1 所有样机的所有评价项目均符合型式评价大纲要求的为合格。

11.2 有一项及一项以上单项不合格，综合判定为不合格。

11.3 系列产品中，按照 9.2 有一种及一种以上型号不合格的，判定该系列不合格。

附录 A

试验项目所用计量器具表

A.1 质量法低温液体流量标准装置

A.1.1 主标准器

质量法低温液体流量标准装置的主标准器为电子天平，其准确度等级不低于 ⑪ 级，应配备有效的检定或校准证书，不同检定流量点对应的电子天平技术参数见表 A.1。

表 A.1 电子天平的技术参数表

检定流量点	准确度等级	加气净称量值	最大实际分度值（d）	最大检定分度值（e）
q_1	⑪	≥80 kg	20 g	100 g
q_2	⑪	≥32 kg	10 g	50 g
q_3	⑪	≥20 kg	10 g	50 g

A.1.2 辅助设备

A.1.2.1 储气容器：技术指标满足 GB/T 18442.1 要求，具备有效期内的设备检测证书，且容积大小满足表 A.2 的要求。

表 A.2 储气容器的容积要求

检定流量点	容积要求
q_1	≥350 L
q_2	≥200 L
q_3	≥150 L

A.1.2.2 标准砝码：不低于 F2 等级，质量在 80%～100% 最大秤量之间。

A.1.2.3 储存和流经液氮的管路、阀门等应符合低温管道设计要求。

A.1.3 试验介质

试验介质为液氮，并充满管道及流量计，试验完毕后的气体泄放应符合 GJB 2253A 中液氮放散的规定。

A.1.4 试验步骤

A.1.4.1 试验条件

试验条件应符合 10.1 的要求。

A.1.4.2 试验流量点

检定流量点及实际流量范围应符合表 1 的要求。

A.1.4.3 试验程序

1）电子天平放置在坚硬的平地上，并使电子天平接地，四周放置电子天平防风装置，将电子天平调整至水平位置，天平通电预热至规定时间。按照测试使用的称量范围，使用标准砝码将天平校准，检验其是否在最大允许误差范围内。

2）每次加气前，应用压缩空气或氮气吹扫加气枪、加气口、回气枪和回气口等易结霜部件表面。

3）将排空后的储气容器平稳放置在电子天平上，然后将电子天平示值归零（去皮）。

4）加气机进行循环流程：将加气机的加气枪与循环口相连接（见图 A.1），开启加气机加气，期间观察加气机面板显示的瞬时流量值，同时调整标准装置低温泵输出压力或降低液氮储罐内压力、加气机加气管路末端处安装调节阀等方式调整流量。当观察到循环流程的流量值满足某流量点对应的实际流量范围，且满足温度、密度等试验条件时，停止循环流程。

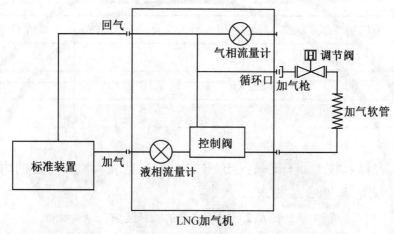

图 A.1　循环流程原理图

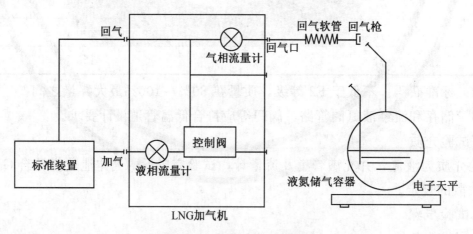

图 A.2　回收余气原理图

5）完成循环流程后，分别在流量点 q_1、q_2 和 q_3 至少完成六次加气机整机测试。测试前根据需要可按图 A.2 的方式将加气机与储气容器采用快装方式相串接，加气机的回气枪插到储气容器的回气口上，回收储气容器的余气。回收余气结束后，按图 A.3 的方式将加气机的加气枪插到储气容器的加气口上，其余连接不变。开启加气机加气，完成加气机整机测试（见图 A.3）。液氮通过加气机加注入储气容器，加注过程中，少量回气从储气容器经回气管路的气相流量计计量后返回标准装置液氮储罐。

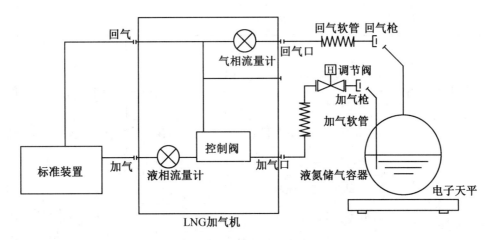

图 A.3　整机测试原理图

6）加气机停止加气后应立即取下加气枪和回气枪，断开加气机和储气容器的连接。

7）加气机整机测试的数据采集采用静态法。

A.2　配套设备

表 A.3　配套设备参考表

序号	设备名称	试验技术要求		用途
1	压力试验机	1）最大试验力：0～4 MPa		用于耐压强度试验
		2）准确度等级：1.6 级		
2	拉力试验机	1）最大试验力：1 kN		用于拉断阀性能试验
		2）准确度等级：1.0 级		
3	万用表	1）电流：0.1 μA～10 A		用于电气安全性能试验
		2）电压：0.1 mV～1 kV		
		3）电阻：0.1 Ω～10 MΩ		
4	泄漏电流测试仪	1）测试电流：0～20 mA		用于电气安全性能试验
		2）输出电压：0～300 V		
		3）最大允许误差：±5%		
5	耐电压测试仪	1）输出电压：0～5 kV		用于电气安全性能试验
		2）最大允许误差：±5%		
6	接电电阻表	1）测量范围：0～9 999 MΩ		用于电气安全性能试验
		2）准确度等级：3.0 级		
7	高低温交变湿热试验箱	1）温度范围：－40 ℃～85 ℃，偏差不大于±2 ℃		用于高温适应性、低温适应性、交变湿热适应性试验
		2）相对湿度范围：30%～98%		
8	稳压电源	1）电压：90 V～250 V		用于电源适应性试验
		2）频率：50 Hz±1 Hz		
		3）电流：0～3 A		

表 A.3（续）

序号	设备名称	试验技术要求		用途
9	静电放电发生器	1）充电电压范围：0～20 kV		用于静电放电抗扰度试验
		2）静电极性：正或负		
10	电波暗室	1）EMS 频率测量范围：9 kHz～1 GHz		用于射频电磁场辐射抗扰度试验
		2）场均匀性：0～6 dB		
11	群脉冲发生器	1）群周期：300 ms		用于电快速瞬变脉冲群抗扰度试验
		2）群宽：15 ms		
		3）电压：1 V～4 kV，具有±10％的相对误差		
12	雷击浪涌发生器	1）电压波形峰值：0～2 kV		用于浪涌（冲击）抗扰度试验
		2）电流波形峰值 0～1 kA		
13	周波跌落模拟发生器	输入电压在 30％～100％中任意设定		用于电压暂降、短时中断和电压变化抗扰度试验

附录 B

型式评价记录格式

B.1 基本信息

B.1.1 主要试验设备

主要计量标准器的名称	型号规格	主要性能指标	编号

B.1.2 试验环境条件

试验环境记录	环境温度/ ℃	相对湿度/ %	大气压/ kPa	试验介质

B.1.3 样机基本情况

产品名称		准确度（最大允许误差）	
申请单位		制造商	
样机数量		型号规格	
注册商标		样机编号	
试验地点		试验时间	
试验依据			
试验结论			

试验人员：　　　　　　　　　　　　　　复核人员：

B.2 试验记录

注：

＋	－	/
×		通过
	×	不通过
N/A	N/A	不适用

B.2.1 观察项目记录

B.2.1.1 法制管理要求

大纲中要求的条款	＋	－	备注
5.1 计量单位			
5.2 标志和标识			
5.3 外部结构设计			
5.4 关键零部件			

B.2.1.2 外观、随机文件及主要功能

大纲中要求的条款	+	−	备注
7.1 外观及随机文件			
7.2.1 示值指示功能			
7.2.2 回零功能			
7.2.3 预置功能			
7.2.4 付费金额指示功能			
7.2.5 打印功能			
7.2.6 误差调整			
7.2.7 封印设置			

B.2.1.3 流量范围及最小质量变量

大纲中要求的条款	+	−	备注
6.3 流量范围			
6.4 最小质量变量			

B.2.1.4 防爆性能

大纲中要求的条款	+	−	备注
7.3.3 防爆性能			

B.2.2 试验项目记录

B.2.2.1 安全性能试验

1）密封性试验

试验日期： 年 月 日

试验压力/MPa	保持时间/min	试验结果

2）耐压强度试验

试验日期： 年 月 日

静态液体压力/MPa	保持时间/min	试验结果

3）紧急停机装置试验

试验日期： 年 月 日

试验次数	1	2	3
触发后停机情况			

4）拉断阀性能试验

试验日期：　　年　　月　　日

试验项目	拉断力/N
加气管路拉断阀	
回气管路拉断阀	

5）掉电保护和复显试验

试验日期：　　年　　月　　日

试验项目	试验结果
当次加气量和付费金额的显示时间/min	
手动控制单次或多次复显的时间/min	

6）电气安全性能试验

试验日期：　　年　　月　　日

试验项目	试验结果
对地泄漏电流	
抗电强度	
接地电阻	
耐腐蚀性能	

B.2.2.2　计量性能试验

1）最大允许误差及重复性试验

温度：　　℃；　　相对湿度：　　%；　　大气压力：　　kPa。

试验日期：　　年　　月　　日

流量点	次数	加气机示值 kg	标准装置示值 kg	相对误差 %	平均误差 %	重复性 %
q_1	1					
	2					
	3					
	4					
	5					
	6					

流量点	次数	加气机示值 kg	标准装置示值 kg	相对误差 %	平均误差 %	重复性 %
q_2	1					
	2					
	3					
	4					
	5					
	6					
q_3	1					
	2					
	3					
	4					
	5					
	6					

流量点 q_1 和 q_2 加气机的最大允许误差：　　　　％；　　　　重复性：　　　　％。

流量点 q_3 加气机的最大允许误差：　　　　％；　　　　重复性：　　　　％。

2）付费金额误差试验

试验日期：　　年　　月　　日

次数	加气机示值 kg	单价 元/kg	显示付费金额 元	应付费金额 元	付费金额误差 元
1					
2					
3					
4					
5					
6					

B.2.2.3　环境适应性试验

1）高温适应性试验

试验日期：　　年　　月　　日

温度/℃	试验结果

2）低温适应性试验

试验日期： 年 月 日

温度/℃	试验结果

3）交变湿热适应性试验

试验日期： 年 月 日

温度/℃	相对湿度/％	试验结果

4）电源适应性试验

试验日期： 年 月 日

组合	电压/V	频率/Hz	试验结果
1			
2			
3			
4			
5			

5）静电放电抗扰度试验

试验日期： 年 月 日

放电方式	试验等级	试验电压/kV	测试次数	试验结果

6）射频电磁场辐射抗扰度试验

试验日期： 年 月 日

试验等级	试验场强/（V/m）	试验频率/MHz	调制	试验结果

7）电快速瞬变脉冲群抗扰度试验

试验日期： 年 月 日

试验方式	试验等级	峰值电压/kV	重复频率/Hz	试验结果

8）浪涌（冲击）抗扰度试验

试验日期： 年 月 日

试验方式	试验等级	开路试验电压/kV	浪涌波形/μs	试验结果

9）电压暂降、短时中断和电压变化抗扰度试验

试验日期： 年 月 日

试验方式	试验等级	持续时间（周期）	试验结果

B.2.2.4 环境适应性试验后的计量性能复测试验

1）最大允许误差及重复性试验

温度： ℃； 相对湿度： %； 大气压力： kPa。

试验日期： 年 月 日

流量点	次数	加气机示值 kg	标准装置示值 kg	相对误差 %	平均误差 %	重复性 %
q_1	1					
	2					
	3					
	4					
	5					
	6					
q_2	1					
	2					
	3					
	4					
	5					
	6					
q_3	1					
	2					
	3					
	4					
	5					
	6					

流量点 q_1 和 q_2 加气机的最大允许误差： ％； 重复性： ％。

流量点 q_3 加气机的最大允许误差： ％； 重复性： ％。

2）付费金额误差试验

试验日期： 年 月 日

次数	加气机示值 kg	单价 元/kg	显示付费金额 元	应付费金额 元	付费金额误差 元
1					
2					
3					
4					
5					
6					

B.2.2.5 耐久性试验

温度： ℃； 相对湿度： ％； 大气压力： kPa。

试验日期： 年 月 日

流量点	次数	加气机示值 kg	标准装置示值 kg	相对误差 ％	平均误差 ％	重复性 ％	误差变化量 ％
q_1	1						
	2						
	3						
	4						
	5						
	6						
q_2	1						
	2						
	3						
	4						
	5						
	6						
q_3	1						
	2						
	3						
	4						
	5						
	6						

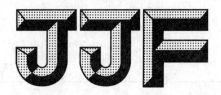

中华人民共和国国家计量技术规范

JJF 1554—2015

旋进旋涡流量计型式评价大纲

Program of Pattern Evaluation
of Vortex Precession Flowmeters

2015-12-07 发布

2016-03-07 实施

国家质量监督检验检疫总局 发布

旋进旋涡流量计型式评价大纲

Program of Pattern Evaluation

of Vortex Precession Flowmeters

JJF 1554—2015

归 口 单 位：全国流量容量计量技术委员会

主要起草单位：中国计量科学研究院

浙江省计量科学研究院

参加起草单位：北京市计量检测科学研究院

湖南省计量检测研究院

中国石化集团公司流量计量检定站

江苏省质量技术监督气体流量计量检测中心

辽宁省计量科学研究院

本规范委托全国流量容量计量技术委员会负责解释

本规范主要起草人：

段慧明（中国计量科学研究院）

詹志杰（浙江省计量科学研究院）

参加起草人：

刘佳鹏（北京市计量检测科学研究院）

向德华（湖南省计量检测研究院）

吴照喜（中国石化集团公司流量计量检定站）

肖　晖（江苏省质量技术监督气体流量计量检测中心）

刘尚玉（辽宁省计量科学研究院）

引　言

　　根据旋进旋涡流量计型式评价工作的需要，制定本型式评价大纲。

　　制定工作是遵循科学性、可操作性的原则，按 JJF 1015—2014《计量器具型式评价通用规范》、JJF 1016—2014《计量器具型式评价大纲编写导则》的要求，依据 GB/T 2423.1《电工电子产品环境试验　第 2 部分：试验方法　试验 A：低温》、GB/T 2423.2《电工电子产品环境试验　第 2 部分：试验方法：试验 B：高温》、GB/T 2423.3《电工电子产品环境试验　第 2 部分：试验方法　Cab：恒定湿热试验方法》、GB/T 2423.10《电工电子产品环境试验　第 2 部分：试验方法　试验 Fc：振动（正弦）》、GB/T 17626.2《电磁兼容　试验和测量技术　静电放电抗扰度试验》、GB/T 17626.3《电磁兼容　试验和测量技术　射频电磁场辐射抗扰度试验》、GB/T 17626.4《电磁兼容　试验和测量技术　电快速瞬变脉冲群抗扰度试验》、GB/T 17626.5《电磁兼容　试验和测量技术　浪涌（冲击）抗扰度试验》、GB/T 17626.11《电磁兼容　试验和测量技术　电压暂降、短时中断和电压变化的抗扰度试验》，结合我国旋进旋涡流量计的技术水平及行业现状进行制定。

　　本大纲为首次发布。

旋进旋涡流量计型式评价大纲

1 范围

本型式评价大纲适用于分类编码为 12181000 的旋进旋涡流量计（以下简称流量计）的型式评价。

2 引用文件

本规范引用了下列文件：

JJF 1004　流量计量名词术语及定义

GB/T 2423.1　电工电子产品环境试验　第 2 部分：试验方法 试验 A：低温

GB/T 2423.2　电工电子产品环境试验　第 2 部分：试验方法 试验 B：高温

GB/T 2423.3　电工电子产品环境试验　第 2 部分：试验方法　试验 Cab：恒定湿热试验方法

GB/T 2423.10　电工电子产品环境试验　第 2 部分：试验方法 试验 Fc：振动（正弦）

GB 4208　外壳防护等级（IP 代码）

GB/T 17626.2　电磁兼容　试验和测量技术　静电放电抗扰度试验

GB/T 17626.3　电磁兼容　试验和测量技术　射频电磁场辐射抗扰度试验

GB/T 17626.4　电磁兼容　试验和测量技术　电快速瞬变脉冲群抗扰度试验

GB/T 17626.5　电磁兼容　试验和测量技术　浪涌（冲击）抗扰度试验

GB/T 17626.11　电磁兼容　试验和测量技术　电压暂降、短时中断和电压变化的抗扰度试验

凡是注日期的引用文件，仅注日期的版本适用本规范；凡是不注日期的引用文件，其最新版本（包括所有的修改单）适用于本规范。

3 术语

本规范除引用 JJF 1004 的术语及定义外，还使用下列术语。

3.1　压电传感器　piezoelectric sensor
检测旋涡进动频率的敏感元件。

3.2　表体　body of meter
安装旋涡发生体、压电传感器和整流器等部件，并带收缩段和扩散段的管段。

3.3　K 系数　K-Coefficient
单位体积的流体流过流量计时，流量计产生的脉冲数。

3.4　标况体积流量　normalized volumetric flowrate
温度为 20 ℃，压力为 101.325 kPa 状态下的体积流量。

4 概述

4.1 用途

流量计适用于气体和液体流量测量。

4.2 工作原理

流量计采用了旋涡进动频率与流量相关的工作原理（见图 1）。流体通过旋涡发生体被强制围绕表体的中心线旋转，产生的旋涡流经过收缩段的节流作用后得以加速，当旋涡流到达扩散段时，因突然减速导致压力上升，从而产生回流，促使旋涡中心沿一锥形螺旋线形成陀螺式的旋涡进动现象，流体到达下游整流器阻止流体旋转。旋涡进动频率与流量大小成正比。旋涡进动频率由压电传感器检测，压电传感器的检测信号经放大器放大整形后输入到流量积算仪，经流量积算仪计算得到流体流量。

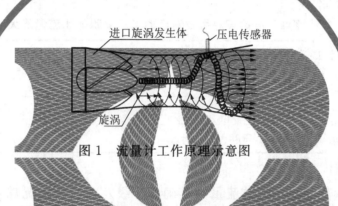

图 1　流量计工作原理示意图

4.3 构造

4.3.1 气体流量计

气体流量计一般由流量传感器、温度传感器、压力传感器和流量积算仪组成。流量传感器由壳体、旋涡发生体、压电传感器、整流器、放大器和支架构成，输出流量信号。流量积算仪接受流量传感器、温度传感器、压力传感器信号，计算并显示工况流量和标况流量。

4.3.2 液体流量计

液体流量计一般由流量传感器和流量积算仪组成。流量传感器由壳体、旋涡发生体、压电传感器、整流器、放大器和支架构成，输出流量信号。流量积算仪接受流量传感器信号，计算并显示工况流量。

5 法制管理要求

5.1 计量单位

流量计显示累积流量单位：立方米，符号 m³；升，符号 L（dm³）。

流量计显示瞬时流量单位：立方米每小时，符号 m³/h；升每秒，符号 L/s。

5.2 外部结构设计

不允许使用者自行调整的流量计，应采用封闭式结构设计或者留有加盖封印的位置。凡能影响准确度的任何人为干扰，都应在流量计或防护标记上产生永久性的有形损坏痕迹。

5.3 标志

5.3.1 在流量计的铭牌或面板、表头等明显部位应留出相应位置来标注制造计量器具许可证和型式批准证书的标志、编号。

5.3.2 流量计的铭牌或面板、表头等明显部位应有最大工作压力。

5.3.3 流量计表体应有永久性、明显的流向标识。

6 计量性能要求

6.1 准确度等级和最大允许误差

6.1.1 气体流量计

在规定的流量范围内，气体流量计准确度等级及对应的工况累积体积流量最大允许误差的具体要求见表1。

表 1 气体流量计准确度等级及对应的工况累积体积流量最大允许误差

气体流量计准确度等级		1.0 级	1.5 级	2.0 级	2.5 级
工况累积体积流量最大允许误差	$q_t \leqslant q \leqslant q_{max}$	±1.0%	±1.5%	±2.0%	±2.5%
	$q_{min} \leqslant q < q_t$	±2.0%	±3.0%	±4.0%	±5.0%
注：分界流量 q_t 对应的流量一般为 $0.2\,q_{max}$。					

6.1.2 液体流量计

在规定的流量范围内，液体流量计准确度等级及对应的工况累积体积流量最大允许误差的具体要求见表2。

表 2 液体流量计准确度等级及对应的工况累积体积流量最大允许误差

准确度等级	1.0 级	1.5 级	2.0 级
工况累积体积流量最大允许误差	±1%	±1.5%	±2.0%

6.2 重复性

流量计重复性不得超过最大允许误差绝对值的1/3。

7 通用技术要求

7.1 密封性

流量计应能承受历时5 min、静压力为最大工作压力，无泄漏。

7.2 耐压强度

流量计表体应能承受试验压力为1.5倍最大工作压力（或产品铭牌标示的更大压力参数）下的耐压强度试验，试验期间流量计各连接部分应无泄漏、破损。

7.3 绝缘电阻

流量计的电源端子与接地端子、输出端子与接地端子之间的绝缘电阻，其值应不小于表3要求。

表 3　绝缘电阻要求

额定电压或者标称电压	直流试验电压	绝缘电阻
交流 130 V～250 V，50 Hz	500 V	20 MΩ
直流≤60 V	100 V	7 MΩ

7.4　绝缘强度

流量计的电源端子与接地端子、输出端子与接地端子之间应能承受表 4 试验电压和频率，历时 1 min，无击穿或飞弧现象产生。

表 4　绝缘强度要求

额定电压或者标称电压	试验电压（正弦交流电）
交流 130 V～250 V，50 Hz	1.5 kV
直流≤60 V	0.5 kV

7.5　防爆性能

用于爆炸性气体环境的流量计，应取得具有资质的防爆检验机构签发的防爆试验报告和颁发的防爆合格证书。

7.6　外壳防护性能

流量计应符合产品标准中规定的防护等级要求。在进行规定等级的防尘防水试验后，复查流量计的功能，应正常。

7.7　贮存环境

流量计在包装条件下进行以下规定的贮存环境试验后，对流量计的计量性能复测 $0.2\,q_{max}$ 检定流量点下的示值误差，仍应符合本大纲第 6 条的要求。

7.7.1　低温

按 GB/T 2423.1 "试验 Ad" 相关要求进行，低温−20 ℃，持续 2 h。

7.7.2　高温

按 GB/T 2423.2 "试验 Bd" 相关要求进行，高温 55 ℃，持续 2 h。

7.7.3　恒定湿热

按 GB/T 2423.3 "试验 Cab" 相关要求进行，温度 40 ℃、相对湿度 93%，持续 48 h。

7.7.4　振动

按 GB/T 2423.10 "试验 Fc" 相关要求进行。在互相垂直的三个轴向正弦波振动，频率范围为 1 Hz～100 Hz、振动幅度 0.75 mm，每个轴向 1 h。

7.8　电磁兼容适应性

电磁环境试验包括静电放电抗扰度、射频电磁场辐射抗扰度、电快速瞬变脉冲群、浪涌（冲击）抗扰度、电压暂降、短时中断和电压变化抗扰度试验。

在规定的试验条件下，试验过程中和试验完成后，流量计都应该工作正常，并保持正常的功能，不允许下列与正常工作有关的功能降低：

——器件故障或非预期的动作；

——已存储数据的改变或丢失；

——工厂默认值的复位；

——运行模式的改变；

——数据显示的混乱或错误；

——键盘操作失效。

7.8.1 静电放电抗扰度

按 GB/T 17626.2 相关要求进行，试验等级为 3 级。

7.8.2 射频电磁场辐射抗扰度

按 GB/T 17626.3 相关要求进行，试验等级为 3 级。

7.8.3 电快速瞬变脉冲群抗扰度

仅适用于交流供电的流量计。

按 GB/T 17626.4 相关要求进行，试验等级为 3 级。

7.8.4 浪涌（冲击）抗扰度

仅适用于交流供电的流量计。

按 GB/T 17626.5 相关要求进行，试验等级为 2 级。

7.8.5 电源中断

仅适用于直流供电的流量计。

按 GB/T 17626.11 相关要求进行，试验等级为 0％UT。

8 型式评价项目表

流量计型式评价项目一览表见表5。

表 5 流量计型式评价项目一览表

序号	项目名称		技术要求	评价方式	评价方法
1	法制管理要求		5	观察	
2	计量性能要求		6	试验	10.1
3	密封性		7.1	试验	10.2
4	耐压强度		7.2	试验	10.3
5	绝缘电阻		7.3	试验	10.4
6	绝缘强度		7.4	试验	10.5
7	外壳防护性能		7.6	试验	10.6
8	贮存环境	低温	7.7.1	试验	10.7
		高温	7.7.2	试验	
		恒定湿热	7.7.3	试验	
		振动	7.7.4	试验	

表 5（续）

序号	项目名称		技术要求	评价方式	评价方法
9	电磁兼容	静电放电抗扰度	7.8.1	试验	10.8.1
		射频电磁场辐射抗扰度	7.8.2	试验	10.8.2
		电快速瞬变脉冲群抗扰度	7.8.3	试验	10.8.3
		浪涌（冲击）抗扰度	7.8.4	试验	10.8.4
		电源中断	7.8.5	试验	10.8.5

9 提供样机的数量及样机使用方式

9.1 申请单位应提供的试验样机

按单一产品申请型式评价，样机数量一般为 3 台。

按系列产品申请的，每一个系列产品中抽取 1/3 有代表性的规格产品；每种规格的流量计，公称口径不大于 100 mm 的流量计应提供 3 台样机；公称口径超过 100 mm 的流量计应提供 2 台样机。

负责型式评价的技术机构可要求提供更多的流量计或其部件进行试验。

9.2 样机使用方式

使用 1 台样机完成所有项目的试验，其中外壳防护性能和电磁兼容试验安排在最后进行试验；其余样机完成除外壳防护性能和电磁兼容以外的试验项目。

耐压强度试验和防护性能试验可以另外提供样机或部件进行试验。

如果系列产品的组成中除外壳和流量传感器外的其他部件均相同，则其电磁兼容适应性项目可以一种代表性的规格进行试验。

10 型式评价的条件和方法

10.1 计量性能试验

10.1.1 试验目的

检验流量计的示值误差是否符合要求。

10.1.2 试验设备

10.1.2.1 流量标准装置（以下简称装置）

型式评价试验所用装置一般为音速喷嘴气体流量标准装置（适用于气体流量计）和液体流量标准装置（适用于液体流量计），装置应有有效的检定或校准证书，装置扩展不确定度（$k=2$）应不大于流量计工况累积体积流量最大允许误差绝对值的 1/3，装置能力应克服流量计压力损失后，覆盖流量计的工况流量范围。在每个流量点的试验过程中，装置压力波动应不超过 ±0.5%。

10.1.2.2 气体流量计处介质压力、温度测量

气体流量计在示值误差试验时，如果流量计工况压力和温度测量采用流量计本身配备的压力传感器和温度传感器，流量计本身配备的压力传感器和温度传感器应有有效的检定/校准证书。

10.1.2.3 每次试验时间

每次试验时间应不少于装置允许的最短测量时间。

10.1.2.4 累积脉冲数

脉冲输出的流量计，一次试验中装置累积脉冲数应不少于流量计工况累积体积流量最大允许误差绝对值倒数的 10 倍。

10.1.3 试验介质

10.1.3.1 通用条件

试验介质应为单相、稳定、充满装置试验管道、无可见颗粒、纤维等的清洁的流体，流体应与实际使用流体的密度、黏度等物理参数相接近。

10.1.3.2 试验用液体

在每个检定流量点的每次试验过程中，液体温度变化应不超过 ±0.5 ℃。

10.1.3.3 试验用气体

试验用气体应无游离水或油等杂质存在。1.0 级的流量计，在每个检定流量点的每次试验过程中，气体温度的变化应不超过 ±0.5 ℃。低于等于 1.5 级的流量计，在每个检定流量点的每次试验过程中，气体温度的变化应不超过 ±1 ℃。气体为天然气时，天然气气质至少应符合 GB 17820 的要求，天然气相对密度为 0.55～0.80，在试验过程中，天然气组分应相对稳定，天然气取样按 GB/T 13609 执行，天然气组成分析按 GB/T 13610 执行。

10.1.4 试验环境

10.1.4.1 温度一般为 5 ℃～40 ℃；相对湿度一般不超过 93%；大气压力一般为 86 kPa～106 kPa。

10.1.4.2 交流电源电压应（220±22）V，电源频率应（50±2.5）Hz。也可根据流量计的要求，使用合适的交流或直流电源。

10.1.4.3 如果试验介质是天然气等可燃性或爆炸性介质时，装置和试验现场都应满足 GB 3836 和 GB 50251 的要求。

10.1.5 试验程序

a）流量计安装时，流量计标识的流向应与流体流向一致，流量计轴线应与装置管道轴线方向一致，安装位置应满足说明书前、后直管段的要求。流量计与装置试验管道连接部分应不泄漏，连接处的密封垫应不突入试验管道内。

b）接通流量计和装置的电源，按流量计使用说明书中的方法检查流量计参数设置。

c）将装置流量调到 $0.7\,q_{max}$～q_{max}，至少流通 5 min，直至流体温度、压力和流量稳定。

d）示值误差检定流量点 q_i 至少应包含 q_{max}、$0.5\,q_{max}$、$0.2\,q_{max}$ 和 q_{min}。除 q_{min}、$0.2\,q_{max}$ 和 q_{max} 应分别控制在（1～1.1）q_{min}、（1～1.1）$0.2\,q_{max}$ 和（0.9～1）q_{max} 外，其他点均应在设定流量的 ±5% 内。每个检定流量点的试验次数应不少于 3 次。

e）将装置流量设置或调整至所检定流量点，控制装置和流量计同时开始流量测量，经一段时间后，控制装置和流量计同时停止测量，记录装置给出流量、流量计测量值；对气体流量计，还应测量读取装置处和流量计处的介质温度和介质压力，计算第 i 检定

流量点第 j 次试验的示值误差。

f) 重复测量 2 次（或更多次），计算第 i 检定流量点的示值误差和重复性。转入下一个流量点的试验，直至完成所有检定流量点的试验。

10.1.6 数据处理

10.1.6.1 第 j 次试验流量计工况累积体积流量相对示值误差

第 j 次试验流量计工况累积体积流量相对示值误差按（1）～（3）式计算。

$$E_{ij} = \frac{Q_{ij} - (Q_s)_{ij}}{(Q_s)_{ij}} \times 100\% \tag{1}$$

式中：

E_{ij} ——第 i 检定流量点第 j 次试验流量计工况累积体积流量相对示值误差，%；

Q_{ij} ——第 i 检定流量点第 j 次试验流量计测量的工况累积体积流量，m^3；

$(Q_s)_{ij}$ ——第 i 检定流量点第 j 次试验装置给出的工况累积体积流量换算到样机工况累积体积流量，m^3。

对于气体流量计，$(Q_s)_{ij}$ 按式（2）计算。

$$(Q_s)_{ij} = (V_s)_{ij} \frac{T_m}{T_s} \cdot \frac{p_s}{p_m} \cdot \frac{z_m}{z_s} \tag{2}$$

式中：

T_s，T_m ——第 i 检定流量点第 j 次试验装置工况和流量计工况气体温度，K；

p_s，p_m ——第 i 检定流量点第 j 次试验装置工况和流量计工况绝对压力，Pa；

$(V_s)_{ij}$ ——第 i 检定流量点第 j 次试验装置工况累积流量，m^3；

z_s，z_m ——第 i 检定流量点第 j 次试验装置工况和流量计工况气体压缩因子。

注：当装置与流量计间的压差小于 1 个大气压力时，可认为 $z_s = z_m$。

Q_{ij} 按式（3）计算。

$$Q_{ij} = N_{ij} / K \tag{3}$$

式中：

K ——流量计的 K 系数；

N_{ij} ——第 i 检定流量点第 j 次试验流量计输出脉冲数。

10.1.6.2 流量计示值误差

第 i 检定流量点流量计示值误差按式（4）计算。

$$E_i = \frac{1}{n} \sum_{j=1}^{n} E_{ij} \tag{4}$$

式中：

E_i ——第 i 检定流量点流量计工况累积体积流量相对示值误差，%；

n ——第 i 检定流量点试验次数。

对于液体流量计，取所有检定流量点流量计工况累积体积流量相对示值误差绝对值最大值作为流量计示值误差。

对于气体流量计，取 $q_t \leq q \leq q_{max}$ 和 $q_{min} \leq q < q_t$ 流量范围内的各检定流量点流量计工况累积体积流量相对示值误差绝对值最大值，分别作为样机 $q_t \leq q \leq q_{max}$ 和 $q_{min} \leq q < q_t$

流量范围内的流量计示值误差。

10.1.6.3　流量计重复性 E_r

第 i 检定流量点的流量计重复性按式（5）计算。

$$(E_r)_i = \left[\frac{1}{(n-1)} \sum_{j=1}^{n} (E_{ij} - E_i)^2 \right]^{\frac{1}{2}} \tag{5}$$

式中：

$(E_r)_i$——第 i 检定流量点流量计重复性，%。

对于液体流量计，取所有试验流量点重复性最大值作为流量计重复性。

对于气体流量计，分别取 $q_t \leqslant q \leqslant q_{max}$ 和 $q_{min} \leqslant q < q_t$ 流量范围内流量点重复性最大值作为 $q_t \leqslant q \leqslant q_{max}$ 和 $q_{min} \leqslant q < q_t$ 流量范围内流量计重复性。

10.1.7　合格判据

流量计示值误差和流量计重复性应符合 6.1 和 6.2 对应的要求。

气体流量计所配的压力传感器、温度传感器和流量积算仪应符合明示准确度等级要求。

10.2　密封性试验

10.2.1　试验目的

检验流量计能否在规定的时间内承受规定的静压力而无泄漏和损坏。

10.2.2　试验条件

在 10.1.4.1 规定的环境条件下，流量计零流量状态，用空气或水作为介质进行试验。

10.2.3　试验设备

密封性试验装置量程应覆盖流量计最大工作压力，压力计等级不低于 2.5 级。

10.2.4　试验方法

a）将流量计安装在密封性试验台上。

b）用空气或水对流量计加压至流量计最大工作压力，持续时间不少于 5 min。

c）观察有无泄漏现象。

10.2.5　合格判据

应符合 7.1 要求。

10.3　耐压强度

10.3.1　试验目的

检验流量计表体能否在规定的时间内承受规定的静压力而无泄漏和损坏。

10.3.2　试验条件

在 10.1.4.1 规定的环境条件下，流量计零流量状态，用水作为介质进行试验。

10.3.3　试验设备

耐压试验装置量程应覆盖流量计 1.5 倍最大工作压力，压力计准确度等级不低于 2.5 级。

10.3.4　试验方法

a）将流量计表体安装在耐压试验台上。

b) 用水作为介质，对流量计加压至 1.5 倍流量计的最大工作压力，持续时间不少于 5 min。

c) 观察流量计表体有无泄漏和损坏。

10.3.5 合格判据

应符合 7.2 要求。

10.4 绝缘电阻

10.4.1 试验目的

检验流量计各端子之间绝缘电阻是否符合要求。

10.4.2 试验条件

在 10.1.4.1 规定的环境条件，流量计零流量状态进行试验。

10.4.3 试验设备

应符合 7.3 中表 3 要求的兆欧表或绝缘电阻测量仪。

10.4.4 试验方法

a) 按试验设备使用方法，测量流量计电源端子与接地端子之间的绝缘电阻。

b) 按试验设备使用方法，测量流量计输出端子与接地端子之间的绝缘电阻。

10.4.5 合格判据

应符合 7.3 中表 3 的要求。

10.5 绝缘强度（仅对采用交流电源的样机）

10.5.1 试验目的

检验流量计各端子之间绝缘强度是否符合要求。

10.5.2 试验条件

在 10.1.4.1 规定的环境条件下，流量计零流量状态进行试验。

10.5.3 试验设备

应符合 7.4 中表 4 要求的绝缘强度测量仪。

10.5.4 试验方法

10.5.4.1 交流供电流量计

a) 用绝缘强度测量仪对流量计电源端子与接地端子之间施加 1.5 kV 的正弦试验电压，持续 1 min，观察有无击穿或飞弧现象。

b) 用绝缘强度测量仪对流量计输出端子与接地端子之间施加 1.5 kV 的正弦试验电压，持续 1 min，观察有无击穿或飞弧现象。

10.5.4.2 直流电压小于或等于 60 V 或电池供电的流量计

a) 用绝缘强度测量仪对流量计电源端子与接地端子之间施加 0.5 kV 的正弦试验电压，持续 1 min，观察有无击穿或飞弧现象。

b) 用绝缘强度测量仪对流量计输出端子与接地端子之间施加 0.5 kV 的正弦试验电压，持续 1 min，观察有无击穿或飞弧现象。

10.5.5 合格判据

应符合 7.4 要求。

10.6 外壳防护性能

10.6.1 试验目的

检验流量计防护性能是否符合 GB 4208 标准规定的 IP 等级要求。

10.6.2 试验条件

在 10.1.4.1 规定的环境条件下，流量计零流量状态进行试验。

10.6.3 试验设备

外壳防护试验用的滴水箱和防尘箱。

10.6.4 试验方法

a）按产品标准确认流量计的 IP 防护等级。

b）按 GB 4208 规定的方法，对流量计进行相应等级的防水试验。

c）按 GB 4208 规定的方法，对流量计进行相应等级的防尘试验。

d）检查流量计显示和检测功能是否正常。

10.6.5 合格判据

试验后流量计显示和检测功能应正常，应符合 7.6 要求。

10.7 贮存环境

10.7.1 试验目的

检验流量计在低温、高温和恒定湿热的贮存环境试验后，是否符合 7.7 的要求。

10.7.2 试验条件

除试验参数外，在 10.1.4.1 规定的环境条件下，流量计零流量状态进行试验。

10.7.3 试验设备

高低温试验箱，振动试验台。

10.7.4 试验方法

检查流量计显示功能和检测功能，记录存贮的参数。

10.7.4.1 低温试验

按 GB/T 2423.1 "试验 Ad" 相关要求，对流量计进行低温试验，试验参数见表 6。

表 6 低温贮存试验

试验温度	−20 ℃
持续时间	2 h
恢复时间	2 h

注：温度变化应不超过 1 ℃/min，对空气湿度要求在整个试验期间应避免凝结水。

10.7.4.2 高温试验

按 GB/T 2423.2 "试验 Bd" 相关要求，对流量计进行高温试验。试验参数见表 7。

表 7 高温贮存试验

试验温度	55 ℃
持续时间	2 h
恢复时间	2 h

注：温度变化应不超过 1 ℃/min，对空气湿度要求在整个试验期间应避免凝结水。

10.7.4.3 恒定湿热试验

按 GB/T 2423.3 "试验 Cab" 相关要求，对流量计进行恒定湿热贮存试验。试验参数见表8。

表8 恒定湿热贮存试验

试验温度	40 ℃
相对湿度	93%
持续时间	2 d
恢复时间	2 h

10.7.4.4 振动试验

按 GB/T 2423.10 "试验 Fc" 相关要求，对流量计进行正弦波振动试验。试验参数见表9。

表9 振动试验

频率范围	1 Hz～100 Hz
振动幅度	0.75 mm
持续时间	每个轴向各1 h

a）功能复查

试验后，检查流量计的显示和检测功能是否正常。

b）计量性能复测

选择 q_t 检定流量点，按 10.1.4 和 10.1.5 的规定，进行流量计示值误差和重复性试验。

10.7.5 合格判据

试验后流量计显示和检测功能应正常，计量性能符合本大纲第6章的规定。

10.8 电磁兼容适应性

10.8.1 静电放电抗扰度

10.8.1.1 试验目的

检验流量计在静电放电抗扰度试验后是否符合 7.8 的要求。

10.8.1.2 试验条件

在 10.1.4.1 规定的环境条件下试验。

10.8.1.3 试验设备

静电放电抗扰度试验设备。

10.8.1.4 试验程序

a）按 GB/T 17626.2 的要求，流量计在模拟工作状态下进行静电放电抗扰度试验。

b）静电放电抗扰度试验中施加的相关参数见表10。

表 10 静电放电抗扰度试验

放电方式	接触放电	空气放电
试验等级	3 级	3 级
试验电压	6 kV	8 kV
试验次数	10	10

c) 观察流量计有无出现功能或者性能暂时丧失或者降低，试验停止后，工作是否正常，存储的数据是否保持不变。

10.8.1.5 合格判据

流量计在静电放电抗扰度试验中或试验后，应符合7.8要求。

10.8.2 射频电磁场辐射抗扰度

10.8.2.1 试验目的

检验流量计在射频电磁场辐射抗扰度试验后是否符合7.8的要求。

10.8.2.2 试验条件

在10.1.4.1规定的环境条件下试验。

10.8.2.3 试验设备

射频电磁场辐射抗扰度试验设备。

10.8.2.4 试验程序

a) 按 GB/T 17626.3 的要求，流量计在模拟工作状态下进行射频电磁场辐射抗扰度试验。

b) 射频电磁场辐射抗扰度试验中施加的相关参数见表11。

表 11 射频电磁场辐射抗扰度试验

频率范围	80 MHz～1 000 MHz
试验等级	3 级
试验场强	10 V/m
调制正弦波	80％AM，1 kHz 正弦波
极化方向	水平，垂直

c) 观察流量计有无出现功能或者性能暂时丧失或者降低，试验停止后，工作是否正常，存储的数据是否保持不变。

10.8.2.5 合格判据

流量计在射频电磁场辐射抗扰度试验中和试验后，应符合7.8要求。

10.8.3 脉冲群抗扰度

10.8.3.1 试验目的

检验流量计在交流电源电压上叠加电脉冲群试验后是否符合7.8的要求。

10.8.3.2 试验条件

在10.1.4.1规定的环境条件下试验。

10.8.3.3 试验设备

脉冲群信号发生器。

10.8.3.4 试验程序

a) 按 GB/T 17626.4 的要求，流量计在模拟工作状态下进行抗脉冲群干扰试验。

b) 脉冲群抗扰度试验中施加的相关参数见表12。

表 12 脉冲群抗扰度试验

试验方式	供电电源端口，保护接地（PE）
试验等级	3 级
电压峰值	2 kV
试验时间	60 s
重复频率	5 kHz

c) 观察流量计有无出现功能或者性能暂时丧失或者降低，试验停止后，工作是否正常，存储的数据是否保持不变。

10.8.3.5 合格判据

流量计在脉冲群抗扰度试验中和试验后，应符合7.8要求。

10.8.4 浪涌（冲击）抗扰度

10.8.4.1 试验目的

检验流量计在浪涌（冲击）抗扰度试验后是否符合7.8的要求。

10.8.4.2 试验条件

在10.1.4.1规定的环境条件下试验。

10.8.4.3 试验设备

雷击浪涌信号发生器。

10.8.4.4 试验程序

a) 按 GB/T 17626.5 的要求，流量计在模拟工作状态，进行浪涌（冲击）抗扰度试验。

b) 浪涌（冲击）抗扰度试验中施加的相关参数见表13。

表 13 浪涌（冲击）抗扰度

试验等级	2 级
开路试验电压/ kV	1.0
浪涌波形/μs	1.2/50～8/20
试验方式	线-地，线-线
极性	正极，负极
试验次数	5
重复率	1 次/min

c) 观察流量计有无出现功能或者性能暂时丧失或者降低，试验停止后，工作是否

正常，存储的数据是否保持不变。

10.8.4.5 合格判据

流量计在浪涌（冲击）抗扰度试验中和试验后，应符合 7.8 要求。

10.8.5 电源中断

10.8.5.1 试验目的

检验流量计按 GB/T 17626.11 中试验等级 0％UT 试验后是否符合 7.8 的要求。

10.8.5.2 试验条件

在 10.1.4.1 规定的环境条件下试验。

10.8.5.3 试验设备

直流稳压电源。

10.8.5.4 试验程序

a）按 GB/T 17626.11 的要求，流量计在模拟工作状态下进行电源中断试验。

b）电源中断试验中施加的相关参数见表 14。

表 14　电源中断

试验等级	0％UT
中断	电压 100％中断：相当于半个周期的时间
试验循环数	至少 10 次中断，间隔时间最少 10 s

c）通电恢复后，检查流量计工作是否正常，存储的数据是否保持不变。

10.8.5.5 合格判据

流量计在电源中断试验后，应符合 7.8 要求。

11　试验项目所用计量器具和设备表

试验项目所用计量器具和设备表见表 15。

表 15　试验项目所用计量器具和设备表

序号	名称	测量范围	主要性能指标	备注
1	液体流量标准装置	流量范围覆盖流量计工作范围，可克服流量计压力损失	不确定度应不大于流量计最大允许误差绝对值的 1/3	适用于液体流量计
2	音速喷嘴流量标准装置	流量范围覆盖流量计工作范围，可克服流量计压力损失	不确定度应不大于流量计最大允许误差绝对值的 1/3	适用于气体流量计
3	密封性试验装置	试验压力可达流量计最大工作压力	压力计准确度 2.5 级	试验介质为水或空气
4	耐压试验装置	试验压力可达流量计 1.5 倍最大工作压力	压力计准确度 2.5 级	试验介质为水

表 15（续）

序号	名称	测量范围	主要性能指标	备注
5	兆欧表或绝缘电阻测量仪			
6	绝缘强度测量仪			
7	滴水箱			
8	防尘箱			
9	高低温试验箱			
10	振动试验台			
11	静电放电发生器			
12	电波暗室			
13	射频信号发生器			
14	电快速瞬变脉冲群发生器			
15	浪涌信号发生器			
16	电压暂降、短时中断发生器			

附录 A

旋进旋涡流量计型式评价原始记录格式（参考）

A.1 型式评价基本信息

A.1.1 样机

　　委托单位：

　　申请单位：

　　样机名称：

　　型号规格：

　　样机编号：

　　量程：

　　准确度等级：

A.1.2 使用计量标准设备

　　名称：

　　型号规格：

　　编号：

　　量程：

　　准确度等级/不确定度：

　　检定证书编号：

　　检定证书有效期：

A.1.3 环境条件

　　温度：

　　相对湿度：

　　大气压力：

A.1.4 试验依据：

A.1.5 人员签字

　　型式评价人员（签字）

　　复核人员（签字）

A.1.6 试验时间

　　（开始时间：　　　　　　结束时间：　　　　　　　　）

A.2 观察项目记录

章节条款	技术要求	＋	－	备注
法制管理要求				
5.1 计量单位	流量计显示累积量单位：立方米，符号 m^3、升，符号 L（dm^3） 瞬时流量单位：立方米每小时，符号 m^3/h；升每秒，符号 L/s			

章节条款	技术要求	+	－	备注
法制管理要求				
5.2 外部结构设计	对不允许使用者自行调整的流量计，应采用封闭式结构设计或者留有加盖封印的位置。凡能影响准确度的任何人为机械干扰，都应在流量计或防护标记上产生永久性的有形损坏痕迹			
5.3 标志 5.3.1	在流量计的铭牌或面板、表头等明显部位应留出相应位置来标注制造计量器具许可证和型式批准证书的标志、编号			
5.3.2	流量计的铭牌或面板、表头等明显部位应有最大工作压力			
5.3.3	流量计表体应有永久性、明显的流向标识			
7.5 防爆性能	用于爆炸性气体环境的流量计，应取得具有资质的防爆检验机构签发的防爆试验报告和颁发的防爆合格证书			

A.3 试验记录

A.3.1 密封性

试验设备：

环境条件：

样机编号	试验介质	试验压力 p/MPa	持续时间 t/min	试验结果

试验员   复核员   试验日期：   年   月   日

A.3.2 计量性能

标准装置：

环境条件：温度　　℃；　　相对湿度：　　%；　　大气压力　　kPa

样机编号No：

试验流量 m^3/h	样机			标准装置			示值误差 $E_{ij}/\%$	平均误差 $E_i/\%$	重复性 $E_r/\%$
	Q/L	温度 T_m	压力 p_m	Q_s/L	温度 T_s	压力 p_s			
q_{max}									
$0.7\,q_{max}$									
$0.5\,q_{max}$									
$q_t(0.2\,q_{max})$									
q_{min}									

试验员　　　　复核员　　　　试验日期：　　　　年　　月　　日

A.3.3 耐压强度（流量计壳体）

试验设备：

环境条件：

样机编号	试验介质	试验压力 p/MPa	持续时间 t/min	试验结果
	水			
	水			
	水			

试验员　　　　复核员　　　　试验日期：　　　　年　　月　　日

A.3.4 绝缘电阻

试验设备：

环境条件：

样机编号	电源端子与接地端子之间电阻/Ω	输出端子与接地端子之间电阻/Ω	结果

试验员　　　　复核员　　　　试验日期：　　　年　　月　　日

A.3.5 绝缘强度

试验设备：

环境条件：

样机编号	端子间	试验电压/V	持续时间/min	结果
	电源端子与接地端子			
	输出端子与接地端子			
	电源端子与接地端子			
	输出端子与接地端子			
	电源端子与接地端子			
	输出端子与接地端子			

试验员　　　　复核员　　　　试验日期：　　　年　　月　　日

A.3.6 外壳防护性能

试验设备：

环境条件：

样机编号	防护等级 IP	试验后显示功能复查	试验后检测功能检查	结果
	防尘：			
	防水：			

试验员　　　　复核员　　　　试验日期：　　　年　　月　　日

A.3.7　贮存性能

　　试验设备：

　　环境条件：

样机编号	项目	试验后显示功能复查	试验后计量性能复查	结果
	低温 Ad		流量点 q_t 下 示值误差： 重复性：	
	高温 Bd			
	恒定湿热：Cab			
	振动：Fc			
	低温 Ad		流量点 q_t 下 示值误差： 重复性：	
	高温 Bd			
	恒定湿热：Cab			
	振动：Fc			
	低温 Ad		流量点 q_t 下 示值误差： 重复性：	
	高温 Bd			
	恒定湿热：Cab			
	振动：Fc			

试验员　　　　复核员　　　　试验日期：　　　　年　　月　　日

A.3.8　电磁兼容

　　试验设备：

　　环境条件：

项目	等级	样机编号	试验时功能检查	试验后功能复查	结果
静电放电抗扰度	3				
射频电磁场辐射抗扰度	3				
脉冲群抗扰度	3				
浪涌（冲击）抗扰度	2				
电源中断	0%UT				

试验员　　　　复核员　　　　试验日期：　　　　年　　月　　日

中华人民共和国国家计量技术规范

JJF 1590—2016

差压式流量计型式评价大纲

Program of Pattern Evaluation of Differential Pressure Type Flowmeters

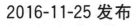

2016-11-25 发布　　　　　　　　　2017-02-25 实施

国家质量监督检验检疫总局 发布

差压式流量计型式评价大纲

Program of Pattern Evaluation of Differential Pressure Type Flowmeters

归 口 单 位：全国流量容量计量技术委员会

主要起草单位：江苏省计量科学研究院

北京市计量检测科学研究院

参加起草单位：江阴市节流装置厂有限公司

重庆市计量质量检测研究院

本规范委托全国流量容量计量技术委员会负责解释

本规范主要起草人：

    潘　乐（江苏省计量科学研究院）

    黄朝晖（江苏省计量科学研究院）

    张丽和（北京市计量检测科学研究院）

参加起草人：

    程海锋（江苏省计量科学研究院）

    赵　培（江苏省计量科学研究院）

    高　彪（重庆市计量质量检测研究院）

    颜永丰（江阴市节流装置厂有限公司）

引　言

　　本规范是以 JJG 640《差压式流量计检定规程》、GB/T 2624.1《用安装在圆形截面管道中的差压装置测量满管流体流量　第 1 部分：一般原理和要求》、GB/T 2624.2《用安装在圆形截面管道中的差压装置测量满管流体流量　第 2 部分：孔板》、GB/T 2624.3《用安装在圆形截面管道中的差压装置测量满管流体流量　第 3 部分：喷嘴和文丘里喷嘴》、GB/T 2624.4《用安装在圆形截面管道中的差压装置测量满管流体流量　第 4 部分：文丘里管》为技术依据，结合我国差压式流量计的行业现状，编制本型式评价大纲，适用于对差压式流量计进行的型式评价工作。

　　本规范按 JJF 1016—2014《计量器具型式评价大纲编写导则》编写。

　　本规范为首次发布。

差压式流量计型式评价大纲

1 范围

本大纲适用于分类编码为 12180500 的差压式流量计的型式评价，适用于以孔板、喷嘴、文丘里喷嘴、文丘里管、均速管、楔形及弯管等作为节流件的差压式流量计的型式评价。

2 引用文献

下列标准、规程、规范所包含的条文通过引用而构成为本大纲的一部分。

JJG 229　工业铂、铜热电阻检定规程

JJG 640　差压式流量计检定规程

JJG 860　压力传感器（静态）检定规程

JJG 882　压力变送器检定规程

JJG 1003　流量积算仪检定规程

JJF 1001—2011　通用计量术语及定义

JJF 1183　温度变送器校准规范

GB/T 2423.1　电工电子产品环境试验　第 2 部分：试验方法　试验 A：低温（idt IEC 60068-2-1：2007）

GB/T 2423.2　电工电子产品环境试验　第 2 部分：试验方法　试验 B：高温（idt IEC 60068-2-2：2007）

GB/T 2423.3　电工电子产品环境试验　第 2 部分：试验方法　试验 Cab：恒定湿热试验（idt IEC 60068-2-78：2001）

GB/T 2423.10　电工电子产品环境试验　第 2 部分：试验方法　试验 Fc：振动（正弦）（idt IEC 60068-2-6：1995）

GB/T 2624.1　用安装在圆形截面管道中的差压装置测量满管流体流量　第 1 部分：一般原理和要求（idt ISO 5167-1：2003）

GB/T 2624.2　用安装在圆形截面管道中的差压装置测量满管流体流量　第 2 部分：孔板（idt ISO 5167-2：2003）

GB/T 2624.3　用安装在圆形截面管道中的差压装置测量满管流体流量　第 3 部分：喷嘴和文丘里喷嘴（idt ISO 5167-3：2003）

GB/T 2624.4　用安装在圆形截面管道中的差压装置测量满管流体流量　第 4 部分：文丘里管（idt ISO 5167-4：2003）

GB 4208　外壳防护等级（IP 代码）（idt IEC 60529：2001）

GB/T 17611　封闭管道中流体流量的测量　术语和符号

GB/T 17626.2　电磁兼容　试验和测量技术　静电放电抗扰度试验（idt IEC 61000-4-2：2001）

GB/T 17626.11 电磁兼容 试验和测量技术 电压暂降、短时中断和电压变化的抗扰度试验（idt IEC 61000-4-11：2004）

GB/T 17626.4 电磁兼容 试验和测量技术 电快速瞬变脉冲群抗扰度试验（idt IEC 61000-4-4：2004）

上述文件中的条款通过本大纲的引用而成为本大纲的条款。凡是注日期的引用文件，其随后所有的修改单（不包括勘误的内容）或修改版均不适用本大纲，然而，鼓励根据本大纲达成协议的各方研究是否可使用这些文件的最新版本。凡是不注日期的引用文件，其最新版本适用于本大纲。

3 术语、符号、代号

3.1 差压 differential pressure

在管壁两个取压口测得的压力差，管壁取压口一个位于节流件的上游侧，一个位于节流件的下游侧。

3.2 流出系数 discharge coefficient

通过装置的不可压缩流体实际流量与理论流量之间的比值。

3.3 流量系数 α flow coefficient

$$\alpha = 7.908\,48\,\frac{q}{mD^2} \cdot \sqrt{\frac{\rho}{\Delta p}}$$

楔形作为节流件时 m 为节流面积比，其他类型节流件时 $m=1$，无量纲单位；

式中：

q——检测时的标准流量值，单位为 m^3/h；

D——测量管内径，单位 mm；

Δp——检测时的差压值，单位 kPa；

ρ——介质的密度，单位 kg/m^3。

4 概述

4.1 用途

差压式流量计主要用于对密闭管道中液体或气体满管流量的测量。

4.2 原理

差压式流量计是以伯努利方程和流动连续性方程为原理，当被测介质流过节流件之后，造成一个局部收缩，在节流件的上下产生一个差压，差压与流量有对应关系，因此通过测量差压的方法，就可以测得流量。

4.3 结构

差压式流量计主要由差压装置、差压计或差压变送器和流量显示仪表组成。节流装置主要包括节流件、测量管和取压装置。

5 法制管理要求

5.1 申请单位提交的技术资料

——经政府计量行政部门委托的《计量器具型式批准申请书》；

——产品标准；

——样机照片和产品结构照片及描述；

——总装图、电路图和关键零部件清单；

——使用说明书；

——制造单位或技术机构所做的试验报告；

——在爆炸性环境中工作的计量器具应提供防爆证书。

5.2 计量单位

流量计应采用法定计量单位。优先选定计量单位为 m^3/h 或 kg/h，压力单位为 MPa 或 kPa，温度单位为℃。

5.3 计量法制标志

——流量计铭牌或面板、表头等明显部位应标注计量法制标识（试验样机应留出相应位置），其标志、编号应清晰可辨，牢固可靠；

——差压式流量计所配有的差压计或差压变送器应具有制造计量器具许可证的标志。

6 计量要求

6.1 流量计的计量性能

流量计的准确度等级、最大允许误差、重复性应符合表1的要求。

表 1　流量计的准确度等级、最大允许误差和重复性

准确度等级	0.5	1.0	1.5	2.0	2.5
最大允许误差	±0.5%	±1.0%	±1.5%	±2.0%	±2.5%
重复性	0.25%	0.5%	0.75%	1.0%	1.25%

注：特殊用途的差压式流量计，其准确度等级可参照企业标准执行。

6.2 差压计或差压变送器的计量性能

流量计所配有的差压计或差压变送器，其最大允许误差不超过流量计最大允许误差的1/5。

6.3 流量显示仪表的计量性能

流量计所配的流量显示仪表，其最大允许误差不超过流量计最大允许误差的1/10。

7 通用技术要求

7.1 标识和外观要求

a）流量计应有铭牌。表体或铭牌一般应注明制造厂名、产品规格及型号、出厂编号、最大工作压力、差压范围、工作温度范围、标称直径、流量范围、准确度等级（或最大允许误差）、制造年月；

b）流量计上应有流向标识；

c）显示的数字应醒目、整齐，表示功能的文字符号和标志应完整、清晰、端正；读数装置上的防护玻璃应有良好的透明度，没有使读数畸变等妨碍读数的缺陷；按键应没有粘连现象；

    d）接插件必须牢固可靠，不得因振动而松动或脱落。

7.2 防爆和防护性能要求

对应用于防爆性气体环境的流量计，流量计或所配差压变送器和流量显示仪表应取得国家指定的防爆检验机构签发的防爆试验报告和颁发的防爆合格证书。

对不同应用的场合，流量计或所配差压变送器和流量显示仪表应满足 GB 4208 的规定的相应防护等级要求，并取得国家认可的机构签发的防护等级证明。

7.3 耐压强度

流量计的节流装置在 1.5 倍最大工作压力下，历时 5 min，应无渗漏。

7.4 绝缘电阻

流量计所配差压变送器和流量显示仪表的电源端子、输出端子与接地端子之间的绝缘电阻，其值应不小于 20 MΩ。

7.5 绝缘强度

流量计所配差压变送器和流量显示仪表的电源端子、输出端子与接地端子之间应能承受表 2 所列的试验电压，历时 1 min，无击穿或飞弧现象。

表 2　绝缘强度要求

电源	试验电压和频率	保持时间
交流 220 V、50 Hz	1 500 V、50 Hz	1 min
直流 12 V、24 V、36 V	500V、50 Hz	1 min

7.6 耐运输贮存性能（适用于电子仪表部分）

7.6.1 低温贮存

应符合 GB/T 2423.1 "试验 Ad" 的要求。

7.6.2 高温贮存

应符合 GB/T 2423.2 "试验 Bd" 的要求。

7.6.3 恒定湿热贮存

应符合 GB/T 2423.3 "试验 Ca" 的要求。

7.6.4 振动

应符合 GB/T 2423.10 "试验 Fc" 的要求。

7.7 电磁兼容性能（适用于电子仪表部分）

7.7.1 静电放电抗扰度试验

按 GB/T 17626.2 进行，试验等级 3 级，试验过程中样机工作应正常。

7.7.2 电快速瞬变脉冲群抗扰度试验

按 GB/T 17626.4 进行，试验等级 2 级，试验过程中允许样机出错，试验结束后应能自动恢复。

7.7.3 电源中断试验

按 GB/T 17626.11 试验等级 $0\%U_T$ 进行（U_T 为额定工作电压），恢复供电后样机工作应正常。

7.8 计量性能复测

流量计进行以上试验后，复测计量性能；计量性能应符合 6.1 的要求。

8 型式评价项目表

表 3 型式评价项目

型式评价项目		项目名称	试验项目	观察项目
法制管理要求	5.1	申请单位提交的技术资料		+
	5.2	计量单位		+
	5.3	计量法制标志		+
计量要求	6.1	流量计的计量性能	+	
	6.2	差压计或差压变送器的计量性能		+
	6.3	流量显示仪表的计量性能	+	
通用技术要求	7.1	标识和外观要求		+
	7.2	防爆和防护性能要求		+
	7.3	耐压强度	+	
	7.4	绝缘电阻	+	
	7.5	绝缘强度	+	
	7.6	耐运输贮存性能	+	
	7.7	电磁兼容性能	+	
	7.8	计量性能复测	+	

注："＋"为必须检定的项目。

9 提供实验样机的数量和方法

9.1 提供试验样机的数量

9.1.1 单一规格的流量计

单一规格流量计型式评价时，每种规格的最少样机数量按表 4 确定。

表 4 流量计样机数量

公称口径/mm	样机数量（最少）
口径＜DN150	3 台
DN150≤口径＜DN300	2 台
口径≥DN300	1 台

注：负责型式评价的技术机构可要求提供更多的流量计进行试验。

9.1.2 流量计系列产品

按系列产品申请的，选取样机遵守下列原则：

a）抽取系列产品中有代表性的规格产品进行试验；

b）系列产品中的最小和最大规格一律应进行试验；

c）每种规格提供试验样机数量按单一产品的原则执行；

d）具有代表性的规格，由受理申请的政府计量行政部门与承担试验的技术机构根据申请单位提供的技术文件和产品规格确定。

9.2 样机的使用

所有样机按照表3进行型式评价试验。

10 试验项目的试验方法和条件以及数据处理和合格判据

10.1 试验项目的条件

10.1.1 流量标准装置的要求

流量标准装置及其配套仪器均应有有效的检定或校准证书，流量标准装置的扩展不确定度不大于流量计最大允许误差绝对值的1/3。

10.1.2 流体的要求

检测用的流体应是单相、清洁的，无可见颗粒、纤维等杂质。流体应充满管道及流量计。

10.1.3 参比条件

环境温度为（5～45）℃，湿度为（35％～95％）RH，大气压力为（86～106）kPa。

交流电源电压应为（220±22）V，电源频率为（50±2.5）Hz，也可根据流量计的要求使用合适的交流或直流电源。

外界磁场对流量计的影响可忽略；

机械振动对流量计的影响可忽略。

10.2 试验项目的方法

10.2.1 法制管理

目测检查，符合第5条的要求。

10.2.2 流量计的计量性能试验

10.2.2.1 试验目的

确定差压式流量计的基本误差和重复性。

10.2.2.2 试验条件

在参比条件下进行试验。

10.2.2.3 试验设备

试验设备为流量标准装置，试验装置本身应无泄漏，流量标准装置及其配套仪器均应有有效的检定或校准证书，流量标准装置的扩展不确定度不大于流量计最大允许误差绝对值的1/3。

10.2.2.4 试验程序

a）将流量计安装到流量标准装置管道上；

b）打开差压计平衡阀门，然后打开正、负压力阀门；

c）开启流量装置，让流体在管路中循环不少于 10 min；

d）将流量调到流量计的流量上限值，关闭差压计平衡阀，稳定 5 min 后开始检测；

e）检测流量点 5 个，分别为 Q_{max}、$0.7Q_{max}$、$0.5Q_{max}$、$0.3Q_{max}$、Q_{min}（对大规格的流量计，Q_{max} 允许设置在流量上限值的 80% 左右），每个流量点检测 n（$n \geqslant 6$）次。测量标准流量值 q_{ij}，并同时采样差压值 Δp_{ij}，和介质的密度值 ρ_1。

10.2.2.5　数据处理

流量计单次检测时流量系数按式（1）计算：

$$\alpha_{ij} = 7.908\,48\,\frac{q_{ij}}{D^2}\sqrt{\frac{\rho_1}{\Delta p_{ij}}} \tag{1}$$

式中：

α_{ij}——第 i 检定点第 j 次检测的流量计流量系数值，无量纲单位；

q_{ij}——第 i 检定点第 j 次检测标准流量值，m^3/h；

D——测量管内径，mm；

Δp_{ij}——第 i 检定点第 j 次检测差压值，kPa；

ρ_1——介质的密度，kg/m^3。

对于用楔形作为节流件的差压式流量计，流量系数按式（2）计算：

$$\alpha_{ij} = 7.908\,48\,\frac{q_{ij}}{m \cdot D^2}\sqrt{\frac{\rho_1}{\Delta p_{ij}}} \tag{2}$$

式中：

m——节流面积比，无量纲单位。

流量计单次检测时流出系数按式（3）计算：

$$C_{ij} = \alpha_{ij}\sqrt{1-\beta^4} \tag{3}$$

式中：

C_{ij}——第 i 检定点第 j 次检测的流量计流出系数值，无量纲单位；

β——节流孔或喉部直径与测量管直径比，无量纲单位。

管道雷诺数 Re_{Dij} 按式（4）计算：

$$Re_{Dij} = 0.354\,\frac{q_{ij}}{\nu \cdot D} \tag{4}$$

式中：

Re_{Dij}——第 i 检定点第 j 次检测时的管道雷诺数，无量纲单位；

ν——水的运动黏度（见附录 C），m^2/s。

流量计各检测流量点的流量系数按下式（5）计算：

$$\alpha_i = \frac{1}{n}\sum_{j=1}^{n}\alpha_{ij} \tag{5}$$

式中：

α_i——第 i 检定点的流量计流出系数值。

流量计各检测流量点的相对误差按式（6）计算：

$$E_i = \frac{2\alpha_i - [(\alpha_i)_{max} + (\alpha_i)_{min}]}{(\alpha_i)_{max} + (\alpha_i)_{min}} \times 100\% \tag{6}$$

式中：

E_i——第 i 检定点流量计的相对误差；

$(\alpha_i)_{max}$——流量计各检测点流量系数中最大值；

$(\alpha_i)_{min}$——流量计各检测点流量系数中最小值。

流量计的基本误差按式（7）计算：

$$E = \frac{(\alpha_i)_{max} - (\alpha_i)_{min}}{(\alpha_i)_{max} + (\alpha_i)_{min}} \times 100\% \tag{7}$$

流量计各检测流量点的重复性按下式（8）计算：

$$(E_r)_i = \frac{1}{\alpha_i} \left[\frac{1}{(n-1)} \sum_{j=1}^{n} (\alpha_{ij} - \alpha_i)^2 \right]^{\frac{1}{2}} \times 100\% \tag{8}$$

式中：

$(E_r)_i$——第 i 检测流量点的重复性。

流量计的重复性按式（9）计算：

$$E_r = [(E_r)_i]_{max} \tag{9}$$

［用流出系数计算流量计误差和重复性时，可参照公式（5）（6）（7）（8）（9）计算］

10.2.2.6　合格判据

流量计的基本误差和重复性符合 6.1 表 1 的要求。

10.2.3　差压计或差压变送器的计量性能

目测检查差压计或差压变送器的铭牌、说明书或检定（校准）证书，符合 6.2 的要求。

10.2.4　流量显示仪表的计量性能

10.2.4.1　试验目的

确认流量显示仪表的基本误差。

10.2.4.2　试验条件

环境温度（20±5）℃，湿度（45%～75%）RH，交流电源电压（220±22）V，电源频率（50±1）Hz 也可根据要求使用合适的交流或直流电源；除地磁场外无其他磁场和振动干扰。

10.2.4.3　试验设备

1) 直流信号源：连续可调信号，稳定度 0.05%/2 h；

2) 频率信号发生器：频率范围（0～100）kHz，最大允许误差±1×10⁻⁵；

3) 电源：可调大小，最大允许误差±1%。

10.2.4.4　试验程序

a) 按照产品接线说明书，连接电源线，信号线；

b) 将流量显示仪表通电预热 10 min，如产品说明书对预热另有规定，则按说明书规定时间预热；

c）输入标准信号，检测 5 个点，对应流量计的流量分别为 Q_{max}、$0.7Q_{max}$、$0.5Q_{max}$、$0.3Q_{max}$、Q_{min} 的信号值；

d）每个点检测 n（$n \geqslant 3$）次。

10.2.4.5　数据处理

按公式（10）计算每个点的示值误差：

$$E_{ij} = \frac{q_{ij} - q_i}{q_i} \times 100\% \tag{10}$$

式中：

q_{ij}——第 i 检定点第 j 次检测流量显示仪的流量示值；

q_i——第 i 检定点流量的理论计算值。

流量显示仪表的基本误差按式（11）计算：

$$E = \left[\frac{\sum\limits_{i=1}^{n} E_{ij}}{n}\right]_{max} \tag{11}$$

10.2.4.6　合格判据

流量显示仪表的基本误差不超过流量计最大允许误差的 1/10。

10.2.5　标识和外观

目测检查，符合 7.1 的要求。

10.2.6　防爆和防护性能

目测检查，符合 7.2 的要求。

10.2.7　耐压强度试验

10.2.7.1　试验目的

检验流量计节流装置是否能承受 1.5 倍最大工作压力不渗漏。

10.2.7.2　试验条件

在参比条件下进行。

10.2.7.3　试验设备

密封性试验装置：加压等级满足流量计 1.5 倍最大工作压力要求。

10.2.7.4　试验程序

a）将流量计的节流装置安装在密封性试验装置上；

b）充满介质，然后逐渐增加压力至 1.5 倍最大工作压力；

c）在 1.5 倍最大工作压力下，保持 5 min。

10.2.7.5　合格判据

流量计的节流装置在 1.5 倍最大工作压力下，保持 5 min，应无渗漏。

10.2.8　绝缘电阻

10.2.8.1　试验目的

检验流量计所配差压变送器和流量显示仪表的电源端子、输出端子与接地端子之间的绝缘电阻的安全性能。

10.2.8.2 试验条件

在参比条件下进行。

10.2.8.3 试验设备

兆欧表：（0～500）MΩ，最大允许误差±10％。

10.2.8.4 试验程序

a）在不通电的情况下，将流量计所配差压变送器和流量显示仪表的电源端子、输出端子、接地端子分别与兆欧表相连；

b）连接好后，快速摇动兆欧表。

10.2.8.5 合格判据

流量计所配差压变送器和流量显示仪表的电源端子、输出端子与接地端子之间的绝缘电阻，其值应不小于 20 MΩ。

10.2.9 绝缘强度

10.2.9.1 试验目的

检验流量计所配差压变送器和流量显示仪表的电源端子、输出端子与接地端子之间的绝缘强度的安全性能。

10.2.9.2 试验条件

在参比条件下进行。

10.2.9.3 试验设备

耐压测试仪：最大允许误差±5％。

10.2.9.4 试验程序

a）在不通电的情况下，将流量计所配差压变送器和流量显示仪表的电源端子、输出端子、接地端子分别与耐压测试仪相连；

b）连接好后，启动耐压测试仪；

c）对于交流 220 V、50 Hz 供电的电子仪表，试验电压、频率分别为 1 500 V、50 Hz，历时 1 min；对于直流 12 V、24 V、36 V 供电的电子仪表，试验电压、频率分别为 500 V、50 Hz，历时 1 min。

10.2.9.5 合格判据

在流量计不通电的情况下，测量流量计所配差压变送器和流量显示仪表的电源端子与接地端子，输出端子与接地端子之间的绝缘强度，无击穿或飞弧现象。

10.2.10 耐运输贮存性能试验（适用于电子仪表部分）

10.2.10.1 低温贮存试验

10.2.10.1.1 试验目的

检验差压式流量计在－25 ℃的低温环境条件下功能是否正常。

10.2.10.1.2 试验条件

可在非参比条件下进行。

10.2.10.1.3 试验设备

高低温交变湿热试验箱：满足表5试验的要求。

10.2.10.1.4 试验程序

按 GB/T 2423.1 "试验 Ad" 的要求进行试验，见表5，升温和降温的温度变化率不超过 1 ℃/min，试验期间避免出现凝结水。

表 5 低温贮存试验的要求

试验温度	−25 ℃±3 ℃
持续时间	2 h
恢复时间（常温条件下）	2 h

10.2.10.1.5 合格判据

试验后流量计应能正常工作。

10.2.10.2 高温贮存试验

10.2.10.2.1 试验目的

检验差压式流量计在 55 ℃ 的高温环境条件下功能是否正常。

10.2.10.2.2 试验条件

可在非参比条件下进行。

10.2.10.2.3 试验设备

高低温交变湿热试验箱：满足表6试验的要求。

10.2.10.2.4 试验程序

按 GB/T 2423.2 "试验 Bd" 的要求进行试验，见表6，升温和降温的温度变化率不超过 1 ℃/min，试验期间避免出现凝结水。

表 6 高温贮存试验的条件要求

试验温度	55 ℃±2 ℃
持续时间	2 h
恢复时间（常温条件下）	2 h

10.2.10.2.5 合格判据

试验后流量计应能正常工作。

10.2.10.3 恒定湿热贮存试验

10.2.10.3.1 试验目的

检验差压式流量计在温度 30 ℃，湿度 93%RH 的环境条件下功能是否正常。

10.2.10.3.2 试验条件

可在非参比条件下进行。

10.2.10.3.3 试验设备

高低温交变湿热试验箱：满足表7试验的要求。

10.2.10.3.4 试验程序

按 GB/T 2423.3 "试验 Ca" 的要求进行试验，见表7，试验期间避免出现凝结水，试验后流量计应能正常工作。

表 7　恒定湿热贮存试验的要求

试验温度	30 ℃±2 ℃
相对湿度	93%±3%
持续时间	48 h
恢复时间（常温条件下）	2 h

10.2.10.3.5　合格判据

试验后流量计应能正常工作。

10.2.10.4　振动试验

10.2.10.4.1　试验目的

检验差压式流量计在振动环境条件下功能是否正常。

10.2.10.4.2　试验条件

在参比条件下进行。

10.2.10.4.3　试验设备

振动试验台：满足表 8 试验的要求。

10.2.10.4.4　试验程序

按 GB/T 2423.10 进行试验，见表 8，分别在三个互相垂直的轴线方向进行试验，试验后流量计应能正常工作。

表 8　振动试验的要求

频率范围	(10～150) Hz
加速度振动幅值	2 m/s²
扫频速度	1 个倍频/分钟
持续时间	10 个循环

10.2.10.4.5　合格判据

试验后流量计应能正常工作。

10.2.11　电磁兼容试验（适用于电子仪表部分）

10.2.11.1　静电放电抗扰度试验

10.2.11.1.1　试验目的

检验差压式流量计在静电放电抗扰度试验中工作是否正常。

10.2.11.1.2　试验条件

在参比条件下进行。

10.2.11.1.3　试验设备

静电放电抗扰度试验设备：满足表 9 试验要求。

10.2.11.1.4　试验程序

按 GB/T 17626.2 进行，按表 9 进行静电放电抗扰度试验。

表 9　静电放电抗扰度试验的要求

放电方式	接触放电	空气放电
试验等级	3 级	3 级
试验电压	6 kV	8 kV
试验次数	10 次	10 次

10.2.11.1.5　合格判据

试验过程中流量计应能正常工作。

10.2.11.2　电快速瞬变脉冲群抗扰度试验

10.2.11.2.1　试验目的

检验差压式流量计在电快速瞬变脉冲群抗扰度试验后工作是否正常。

10.2.11.2.2　试验条件

在参比条件下进行。

10.2.11.2.3　试验设备

电快速瞬变脉冲群抗扰度试验设备：满足表 10 试验要求。

10.2.11.2.4　试验程序

按 GB/T 17626.4 进行，按表 10 进行电快速瞬变脉冲群抗扰度试验。

表 10　电快速瞬变脉冲群抗扰度试验的要求

试验方式	供电电源、保护接地	I/O、数据、控制端口
试验等级	2 级	2 级
峰值电压	1 kV	0.5 kV
试验时间	60 s	60 s
重复频率	5 kHz	5 kHz
极　　性	正极，负极	正极，负极
脉冲上升时间	5 ns	5 ns
脉冲持续时间	50 ns	50 ns

10.2.11.2.5　合格判据

试验过程中允许样机出错，试验结束后应能自动恢复。

10.2.11.3　电源中断试验

10.2.11.3.1　试验目的

检验差压式流量计在电源中断试验后工作是否正常。

10.2.11.3.2　试验条件

在参比条件下进行。

10.2.11.3.3　试验设备

电源中断试验设备：满足表 11 试验要求。

10.2.11.3.4　试验程序

按 GB/T 17626.11 试验等级 0%U_T 进行，按表 11 进行电源中断试验。

表 11　电源中断试验的要求

试验方式	中断
试验等级	0%U_T
持续时间	1 个周期（20 ms）
试验次数	10 次
最小间隔	10 s

10.2.11.3.5　合格判据

恢复供电后流量计应工作正常。

10.2.12　计量性能复测

10.2.12.1　试验目的

试验的目的是检验差压式流量计在耐运输贮存性能试验和电磁兼容性能试验后，计量性能是否符合要求。

10.2.12.2　试验方法

同 10.2.2，每个点检测 n（$n \geqslant 3$）次。

10.2.12.3　合格判定

流量计的基本误差和重复性符合表 1 的要求。

11　型式评价结果的判定

所有样机的所有评价项目均符合型式评价大纲要求的判为合格；对于单一产品，有一项及一项以上项目不合格，综合判断为不合格；对于系列产品，有一种及一种以上型号不合格的，综合判断为不合格。

12　试验项目所用计量器具和设备表（见表 12）

表 12　试验项目所用计量器具和设备

序号	计量器具名称	测量范围	主要性能指标	备注
1	流量标准装置	口径范围，流量范围，满足样机试验要求	扩展不确定度应不大于流量计最大允许误差绝对值的 1/3	
2	直流信号源	连续可调信号	稳定度 0.05%/2 h	
3	频率信号发生器	频率范围（0～100）kHz	允许误差 ±1×10^{-5}	
4	电源	可调大小	允许误差 ±1%	
5	密封性试验装置	加压等级满足流量计 1.5 倍最大工作压力要求		
6	兆欧表	（0～500）MΩ	允许误差 ±10%	

表 12（续）

序号	计量器具名称	测量范围	主要性能指标	备注
7	耐压测试仪	满足试验要求	允许误差±5％	
8	高低温交变湿热试验箱	满足表5、表6、表7的要求		
9	振动试验台	满足表8试验的要求		
10	静电放电抗扰度试验设备	满足表9试验要求		
11	电快速瞬变脉冲群抗扰度试验设备	满足表10试验要求		
12	电源中断试验设备	满足表11试验要求		

附录 A

测量气体流量的差压式流量计的检测方法

测量气体流量的差压式流量计在做型式试验时，除了需要做前面所述试验外，还需增加下列试验项目。

A.1 技术要求

A.1.1 流量显示仪表的软件测试报告

用于气体流量测量的差压式流量计，要提供流量显示仪表计算软件测试的报告，参与流量计算的压力、温度、密度等参数应准确可靠，以保证其能正确完成流量值计算。

A.1.2 压力传感器

压力传感器的最大允许误差符合表 A.1 的要求。

表 A.1 压力传感器的最大允许误差

流量计准确度等级	0.5	1.0	1.5	2.0	2.5
压力传感器最大允许误差	±0.25%	±0.5%	±0.75%	±1.0%	±1.25%

A.1.3 温度传感器

温度传感器的最大允许误差符合表 A.2 的要求。

表 A.2 温度传感器的最大允许误差

流量计准确度等级	0.5	1.0	1.5	2.0	2.5
温度传感器最大允许误差	±0.25 ℃	±0.5 ℃	±0.75 ℃	±1.0 ℃	±1.25 ℃

A.2 试验项目的条件和方法

A.2.1 试验项目的条件

A.2.1.1 一般环境条件

环境温度为（5～45）℃，湿度为（35%～95%）RH，大气压力为（86～106）kPa。

交流电源电压应为（220±22）V，电源频率为（50±2.5）Hz，也可根据流量计的要求使用合适的交流或直流电源。

外界磁场对流量计的影响可忽略。

机械振动对流量计的影响可忽略。

A.2.1.2 压力传感器试验设备

压力传感器试验设备应满足 JJG 882—2004、JJG 860—2015 规程规定的要求。

A.2.1.3 温度传感器试验设备

温度传感器试验设备应满足 JJG 229—2010、JJF 1183—2007 规程和规范规定的要求。

A.2.2 试验项目的方法

A.2.2.1 流量显示仪表的软件测试报告

目测检查，符合附录 A.1.1 的要求

A.2.2.2　压力传感器的误差试验

压力传感器的误差试验按照 JJG 882—2004、JJG 860—2015 规程规定的方法进行，试验结果符合附录 A.1.2 的要求。

对于提供压力传感器检定或校准证书的，可目测检查，符合附录 A.1.2 的要求。

A.2.2.3　温度传感器的误差试验

温度传感器的误差试验按照 JJG 229—2010、JJF 1183—2007 规程和规范规定的方法进行，试验结果符合附录 A.1.3 的要求。

对于提供温度传感器检定或校准证书的，可目测检查，符合附录 A.1.3 的要求。

附录 B

流体密度误差的估算

表 B.1 液体 $\frac{\sigma_{\rho_1}}{\rho}$ 值（包括查表误差）

测温条件 $\frac{\sigma_{t_1}}{t_1}$ /%	$\frac{\sigma_{\rho_1}}{\rho}$ /%
0	±0.03
±1	±0.03
±5	±0.03

表 B.2 水蒸气 $\frac{\sigma_{\rho_1}}{\rho}$ 值（包括查表误差）

测压条件 $\frac{\sigma_{p_1}}{p}$ /%	测温条件 $\frac{\sigma_{t_1}}{t_1}$ /%	$\frac{\sigma_{\rho_1}}{\rho}$ /%
0	0	±0.02
±1	±1	±0.5
±5	±5	±3.0
±1	±5	±1.5
±5	±1	±2.5

表 B.3 气体 $\frac{\sigma_{\rho_1}}{\rho}$ 值（包括查表误差）

测压条件 $\frac{\sigma_{p_1}}{p}$ /%	测温条件 $\frac{\sigma_{T_1}}{T_1}$ /%	$\frac{\sigma_{\rho_1}}{\rho}$ /%
0	0	±0.05
±1	±1	±1.5
±1	±5	±5.5
±5	±1	±5.5

注：$E_{\rho_1} = \dfrac{2\sigma_{\rho_1}}{\rho}$

附录 C

水的运动黏度

表 C.1 水的运动黏度

温度/℃	运动黏度/（m²/s）	温度/℃	运动黏度/（m²/s）	温度/℃	运动黏度/（m²/s）
10	1.370×10^{-6}	15	1.139×10^{-6}	20	1.004×10^{-6}
25	0.893×10^{-6}	30	0.801×10^{-6}	35	0.724×10^{-6}

附录 C

附录 D

差压式流量计型式评价原始记录

一、综合信息：

型号规格：　　　　　准确度：　　　　　器具编号：

制造单位：　　　　　　　　　委托单位：

二、观察项目记录

观察项目 名称	大纲中 章节号	技术要求	观察结果		备注	评价 人员	观察 时间
			＋	－			
申请单位提交的技术资料	5.1						
提供试验样机的数量和方法	9						
计量单位	5.2						
计量法制标志	5.3						
差压计或差压变送器的计量性能	6.2						
标识和外观要求	7.1						
防爆和防护性能要求	7.2						

注：

＋	－	
×		通过
	×	不通过

三、检测项目记录

检测项目名称	最大允许误差与重复性①		
技术要求			
检测开始时间		检测结束时间	
检测数据记录			
检测过程中的 异常情况记录			
所用计量器具	名称：　　　　　型号：　　　　　编号：		
	准确度：　　　　有效期：		
检测环境条件	温度：　　　　相对湿度：　　　　大气压力：		
评价人员			
注：① 为检测项目，具体为：流量计的计量性能、流量显示仪表的计量性能、耐压强度、绝缘电阻、绝缘强度、运输贮存性能要求、电磁兼容、计量性能复测。			

附录 E

1990 年国际温标纯水密度表

表 E.1 1990 年国际温标纯水密度表

kg/m³

℃	0.0	0.1	0.2	0.3	0.4	0.5	0.6	0.7	0.8	0.9
0	999.840	999.846	999.853	999.859	999.865	999.871	999.877	999.883	999.888	999.893
1	999.898	999.904	999.908	999.913	999.917	999.921	999.925	999.929	999.933	999.937
2	999.940	999.943	999.946	999.949	999.952	999.954	999.956	999.959	999.961	999.962
3	999.964	999.966	999.967	999.968	999.969	999.970	999.971	999.971	999.972	999.972
4	999.972	999.972	999.972	999.971	999.971	999.970	999.969	999.968	999.967	999.965
5	999.964	999.962	999.960	999.958	999.956	999.954	999.951	999.949	999.946	999.943
6	999.940	999.937	999.934	999.930	999.926	999.923	999.919	999.915	999.910	999.906
7	999.901	999.897	999.892	999.887	999.882	999.877	999.871	999.866	999.880	999.854
8	999.848	999.842	999.836	999.829	999.823	999.816	999.809	999.802	999.795	999.788
9	999.781	999.773	999.765	999.758	999.750	999.742	999.734	999.725	999.717	999.708
10	999.699	999.691	999.682	999.672	999.663	999.654	999.644	999.634	999.625	999.615
11	999.605	999.595	999.584	999.574	999.563	999.553	999.542	999.531	999.520	999.508
12	999.497	999.486	999.474	999.462	999.450	999.439	999.426	999.414	999.402	999.389
13	999.377	999.384	999.351	999.338	999.325	999.312	999.299	999.285	999.271	999.258
14	999.244	999.230	999.216	999.202	999.187	999.173	999.158	999.144	999.129	999.114
15	999.099	999.084	999.069	999.053	999.038	999.022	999.006	998.991	998.975	998.959
16	998.943	998.926	998.910	998.893	998.876	998.860	998.843	998.826	998.809	998.792
17	998.774	998.757	998.739	998.722	998.704	998.686	998.668	998.650	998.632	998.613
18	998.595	998.576	998.557	998.539	998.520	998.501	998.482	998.463	998.443	998.424
19	998.404	998.385	998.365	998.345	998.325	998.305	998.285	998.265	998.244	998.224
20	998.203	998.182	998.162	998.141	998.120	998.099	998.077	998.056	998.035	998.013
21	997.991	997.970	997.948	997.926	997.904	997.882	997.859	997.837	997.815	997.792
22	997.769	997.747	997.724	997.701	997.678	997.655	997.631	997.608	997.584	997.561
23	997.537	997.513	997.490	997.466	997.442	997.417	997.393	997.396	997.344	997.320
24	997.295	997.270	997.246	997.221	997.195	997.170	997.145	997.120	997.094	997.069
25	997.043	997.018	996.992	996.966	996.940	996.914	996.888	996.861	996.835	996.809

表 E.1（续）

kg/m³

℃	0.0	0.1	0.2	0.3	0.4	0.5	0.6	0.7	0.8	0.9
26	996.782	996.755	996.729	996.702	996.675	996.648	996.621	996.594	996.566	996.539
27	996.511	996.484	996.456	996.428	996.401	996.373	996.344	996.316	996.288	996.260
28	996.231	996.203	996.174	996.146	996.117	996.088	996.059	996.030	996.001	996.972
29	995.943	995.913	995.884	995.854	995.825	995.795	995.765	995.753	995.705	995.675
30	995.645	995.615	995.584	995.554	995.523	995.493	995.462	995.431	995.401	995.370
31	995.339	995.307	995.276	995.245	995.214	995.182	995.151	995.119	995.087	995.055
32	995.024	994.992	994.960	994.927	994.895	994.863	994.831	994.798	994.766	994.733
33	994.700	994.667	994.635	994.602	994.569	994.535	994.502	994.469	994.436	994.402
34	994.369	994.335	994.301	994.267	994.234	994.200	994.166	994.132	994.098	994.063
35	994.029	993.994	993.960	993.925	993.891	993.856	993.821	993.786	993.751	993.716
36	993.681	993.646	993.610	993.575	993.540	993.504	993.469	993.433	993.397	993.361
37	993.325	993.280	993.253	993.217	993.181	993.144	993.108	993.072	993.035	992.999
38	992.962	992.925	992.888	992.851	992.814	992.777	992.740	992.703	992.665	992.628
39	992.591	992.553	992.516	992.478	992.440	992.402	992.364	992.326	992.288	992.250
40	992.212									

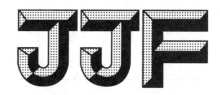

中华人民共和国国家计量技术规范

JJF 1591—2016

科里奥利质量流量计型式评价大纲

Program of Pattern Evaluation of Coriolis Mass Flow Meters

2016-11-25 发布   2017-05-25 实施

国 家 质 量 监 督 检 验 检 疫 总 局 发布

科里奥利质量流量计
型式评价大纲

Program of Pattern Evaluation of

Coriolis Mass Flow Meters

JJF 1591—2016
代替 JJG 1038—2008
型式评价大纲部分

归 口 单 位：全国流量容量计量技术委员会

主要起草单位：江苏省计量科学研究院

重庆市计量质量检测研究院

参加起草单位：辽宁省计量科学研究院

中国计量科学研究院

艾默生过程控制流量技术有限公司

太原航空仪表有限公司

本规范委托全国流量容量计量技术委员会负责解释

本规范主要起草人：

黄朝晖（江苏省计量科学研究院）

王　科（江苏省计量科学研究院）

张　松（重庆市计量质量检测研究院）

参加起草人：

陈　梅（辽宁省计量科学研究院）

段慧明（中国计量科学研究院）

桂文浩（艾默生过程控制流量技术有限公司）

任东顺（太原航空仪表有限公司）

引　言

本规范是以 JJG 1038《科里奥利质量流量计检定规程》、GB/T 31130《科里奥利质量流量计》为技术依据，结合我国科里奥利质量流量计的行业现状，对 JJG 1038—2008 版本附录 A"型式评价大纲"进行修订的，适用于对科里奥利质量流量计进行的型式评价工作。

本规范按 JJF 1016—2014《计量器具型式评价大纲编写导则》编写。

本规范与 JJG 1038—2008 附录 A"型式评价大纲"相比，主要技术变化如下：

——按照 JJF 1016 格式进行编制；

——增加了流量计修改参数的保护功能；

——增加了电气安全性试验；

——明确流量计在无包装条件下进行运输贮存试验；

——增加了流量计经运输贮存试验后进行计量性能复测的要求；

——修改了型式评价结果的判定。

本规范的历次版本发布情况为：

——JJG 1038—2008《科里奥利质量流量计》附录 A"型式评价大纲"。

科里奥利质量流量计型式评价大纲

1 范围

本规范适用于科里奥利质量流量计（以下简称流量计）的型式评价。

2 引用文件

本规范引用了下列文件：

JJG 1038—2008　科里奥利质量流量计

JJF 1001—2011　通用计量术语及定义

JJF 1004—2004　流量计量名词术语及定义

JJF 1094—2002　测量仪器特性评定技术规范

GB/T 2423.1　电工电子产品环境试验　第 2 部分：试验方法　试验 A：低温（idt IEC 60068-2-1）

GB/T 2423.2　电工电子产品环境试验　第 2 部分：试验方法　试验 B：高温（idt IEC 60068-2-2）

GB/T 2423.3　电工电子产品环境试验　第 2 部分：试验方法　试验 Cab：恒定湿热试验（idt IEC 60068-2-78）

GB/T 2423.10　电工电子产品环境试验　第 2 部分　试验方法　试验 Fc：振动（正弦）（idt IEC 60068-2-6）

GB 3836.1　爆炸性环境　第 1 部分：设备　通用要求

GB 3836.2　爆炸性环境　第 2 部分：由隔爆外壳"d"保护的设备

GB 3836.3　爆炸性环境　第 3 部分：由增安型"e"保护的设备

GB 3836.4　爆炸性环境　第 4 部分：由本质安全型"i"保护的设备

GB 4208　外壳防护等级（IP 代码）

GB/T 13609　天然气取样导则

GB/T 13610　天然气的组成分析　气相色谱法

GB/T 17626.2　电磁兼容　试验和测量技术　静电放电抗扰度试验（idt IEC 61000-4-2）

GB/T 17626.4　电磁兼容　试验和测量技术　电快速瞬变脉冲群抗扰度试验（idt IEC 61000-4-2）

GB/T 17626.5　电磁兼容　试验和测量技术　浪涌（冲击）抗扰度试验（idt IEC 61000-4-5）

GB/T 17626.11　电磁兼容　试验和测量技术　电压暂降、短时中断和电压变化的抗扰度试验（idt IEC 61000-4-11）

GB/T 17747.2　天然气压缩因子的计算　第 2 部分：用摩尔组成进行计算

GB 17820　天然气

GB/T 20728—2006　封闭管道中流体流量的测量　科里奥利流量计的选型、安装和使用指南（idt ISO 10790：1999）

GB 50251　输气管道工程设计规范

SY/T 6659—2006　用科里奥利质量流量计测量天然气流量

凡是注日期的引用文件，仅注日期的版本适用于本规范；凡是不注日期的引用文件，其最新版本（包括所有的修改单）适用于本规范。

3　术语

本规范除引用 JJF 1094、JJF 1004 规定的术语和定义之外，还使用下列术语及定义。

3.1　零点偏移　zero offset

在零点调整之前，当流量计内介质静止时，流量计的瞬时质量流量示值。该值通过零点调整可以减小或消除。

3.2　零点稳定度　zero stability

在零点调整之后，当流量计内介质静止时，5 min 内按均匀的时间间隔连续读取 30 次零点偏移的瞬时流量值，取每次流量绝对值的平均值作为该流量计的零点稳定度。

3.3　脉冲当量　pulse per unit（又称 k 系数）

单位质量的流体通过流量计时，流量计发出的脉冲数。

3.4　校准因子　calibration factor

与质量流量测量有关的系数，是通过对传感器校准而得到的。该因子对每个传感器是唯一的，将其置入变送器内，以保证流量计的计量性能。校准因子又分为流量校准因子和密度校准因子，是由一个或多个参数构成。

4　概述

流量计是利用流体在振动管内流动时产生的科里奥利力，以直接或间接的方法测量科里奥利力而得到流体质量流量。流量计由传感器和变送器组成，其中传感器主要由振动管、驱动部件等构成，变送器主要由测量和输出单元等组成，变送器接收来自传感器的信号，并以直流电流、脉冲、数字信号等方式输出或显示质量流量测量结果。

5　法制管理要求

5.1　计量单位

流量计应采用法定计量单位。

5.2　准确度等级

流量计的准确度等级及对应的最大允许误差应符合表 1 的要求，如非表 1 所列准确度等级，其最大允许误差也应符合表 1 中准确度等级与最大允许误差对应的原则。

表 1　流量计准确度等级表

准确度等级	0.15	0.2	0.25	0.3	0.5	1.0	1.5
最大允许误差/%	±0.15	±0.2	±0.25	±0.3	±0.5	±1.0	±1.5

5.3 封印结构

对不允许使用者自行调整的流量计，应有保护措施；凡能影响流量计准确度的任何人为干扰，都将在流量计上留下痕迹。

5.4 安装标识

流量计上应有明显的永久性流向标识。

5.5 申请单位应提交的技术资料

以下技术资料申请单位应提供一式两份。

——经政府计量行政部门委托的《计量器具型式批准申请书》；

——产品标准；

——样机照片和产品结构照片及描述；

——总装图、电路图和关键零部件清单；

——使用说明书；

——制造单位或技术机构所做的试验报告；

——在爆炸性环境中工作的计量器具应提供防爆证书。

技术资料应齐全、正确、科学、合理，如发现有重大的缺陷或不足，应将资料和样机退回申请单位，要求改正。

5.6 申请单位应提交的试验样机

5.6.1 按单一产品申请的，直径小于 100 mm 的流量计应提供 3 台样机；直径大于等于 100 mm 的流量计应提供 1 台样机。

5.6.2 按系列产品申请的，每一系列产品中抽取不少于三分之一的有代表性规格的产品。每种规格提供试验样机数量按单一产品的原则执行。

5.6.3 如产品采用不同企业生产的名义相同的能影响产品计量性能的关键材料或元部件，则应提供不同的样机。

6 计量要求

6.1 最大允许误差

流量计的最大允许误差应符合 5.2 条规定。

6.2 重复性

流量计的重复性应不大于 5.2 条中相应准确度等级规定的允许误差绝对值的 1/2。

6.3 零点稳定度

流量计的零点稳定度与最小流量之比应不大于相应准确度等级对应允许误差绝对值的 1/2。

6.4 压力损失

流量计的压力损失应不大于产品使用说明书或产品标准中的规定。

7 通用技术要求

7.1 随机文件

流量计应有使用说明书。使用说明书中应给出流量计名称、型号、测量介质、工作压力范围、工作温度范围、标称直径、流量范围、零点稳定度、准确度等级、供电电压、流量传感器材质和重量、信号输出方式、制造单位、防爆等级及防爆合格证编号（用于易燃易爆场合）、防护等级、安装条件及方法、保护功能的使用方法。

7.2 外观与铭牌

7.2.1 外观

新制造的流量计应有良好的外观，表面涂镀层色泽均匀，不得有毛刺、划痕、裂纹、锈蚀、霉斑和剥落等现象；密封面应平整，不得有损伤；流量计的焊接处应平整光洁，不得有虚焊、脱焊等现象；流量计的接插件必须牢固可靠；不得因振动而松动或脱落；流量计显示的数字、文字及符号应清晰、整齐；流量计按键应手感适中，没有粘连现象。

7.2.2 铭牌

流量计应有铭牌。铭牌上应注明名称、型号、出厂编号、K 系数、校准因子、测量介质（气、液）、流量范围（$q_{min} \sim q_{max}$）、标称直径、准确度等级、最大工作压力、供电电压、流量传感器材质、制造厂和制造日期、制造计量器具许可证标志和编号、防爆等级（用于易燃易爆场合）、防护等级。

7.3 保护功能

具有保护功能的流量计对流量计参数应有保护功能（如密码），如修改参数应能留有修改痕迹并可永久保存。

7.4 防护功能

对不同应用场合的流量计，应满足 GB 4208 规定的相应防护等级要求，并取得国家认可的机构签发的防护等级证明。

7.5 耐压强度

流量计应能承受 1.5 倍的最大工作压力，历时 5 min 的耐压强度试验，应无渗透，无泄漏，无损坏。

7.6 耐运输贮存性能

流量计应具有良好的耐运输贮存性能。

7.6.1 低温贮存性能

应符合 GB/T 2423.1 的要求，试验后，流量计应工作正常。

7.6.2 高温贮存性能

应符合 GB/T 2423.2 的要求，试验后，流量计应工作正常。

7.6.3 恒定湿热性能

应符合 GB/T 2423.3 的要求，试验后，流量计应工作正常。

7.6.4 振动性能

应符合 GB/T 2423.10 的要求，试验后，流量计应工作正常。

7.6.5 在耐运输贮存性能试验后，对工作正常的流量计进行计量性能复测，流量计的允许误差和重复性分别应符合 6.1、6.2 的要求。

7.7 电磁兼容性能

流量计应具有良好的抗电磁兼容性能。电磁兼容试验期间，流量计工作应正常，不应出现程序紊乱和功能障碍，内存数据不应丢失或变化。

7.7.1 静电放电抗扰度试验

应符合 GB/T 17626.2 的 3 级 A 类要求。本条适用于 AC 和 DC 供电的流量计。

7.7.2 电快速瞬变脉冲群抗扰度试验

应符合 GB/T 17626.4 的 3 级要求。本条适用于 AC 供电的流量计。

7.7.3 浪涌（冲击）抗扰度试验

应符合 GB/T 17626.5 的 2 级要求。本条适用于 AC 供电的流量计。

7.7.4 电压暂降、短时中断和电压变化试验

应符合 GB/T 17626.11 的要求。本条适用于 AC 供电的流量计，对在该条件下检测的流量计在测试期间除满足上述要求外，还应在无人干预的情况下能自动恢复正常。

7.8 电气安全性能试验

7.8.1 绝缘电阻

在参比试验条件下，传感器引出线与外壳之间绝缘电阻应不小于 20 MΩ，变送器电源线与外壳之间的绝缘电阻应不小于 20 MΩ。

7.8.2 绝缘强度

在参比试验条件下，按 GB 3836.4 规定，传感器引出线与外壳之间施以 50 Hz、500 V 电压，保持 1 min，不应发生闪络或击穿现象；变送器电源电压为 220 VAC 时，变送器电源线与外壳之间施以 50 Hz、1 500 V 电压，保持 1 min，不应发生闪络或击穿现象；变送器电源电压为 24 VDC 时，变送器电源线与外壳之间施以 50 Hz、500 V 电压，保持 1 min，不应发生闪络或击穿现象。

7.9 电磁兼容、电气安全性能试验后的计量性能复测试验

在电磁兼容性能及电气安全性能试验后对流量计的计量性能进行复测，流量计的允许误差和重复性分别应符合 6.1、6.2 要求。

8 型式评价项目一览表

型式评价项目分为试验项目和检查项目，具体要求见表 2。

表 2 型式评价项目一览表

型式评价项目		项目名称	试验项目	检查项目
法制管理要求	5.1	计量单位		√
	5.2	准确度等级		√
	5.3	封印结构		√
	5.4	安装标识		√
	5.5	技术资料		√
	5.6	试验样机		√
计量要求	6.1	最大允许误差	√	
	6.2	重复性	√	
	6.3	零点稳定度	√	
	6.4	压力损失	√	

表 2（续）

型式评价项目		项目名称	试验项目	检查项目
通用技术要求	7.1	随机文件		√
	7.2	外观与铭牌		√
	7.3	保护功能	√	
	7.4	防护功能	√	
	7.5	耐压强度	√	
	7.6	耐运输贮存性能	√	
	7.7	电磁兼容性能	√	
	7.8	电气安全性能试验	√	
	7.9	电磁兼容、电气安全性能试验后的计量性能复测试验	√	

9 型式评价项目的条件和方法

9.1 型式评价的条件

9.1.1 流量标准装置要求

9.1.1.1 流量标准装置（以下简称装置）及其配套仪器均应有有效的检定证书或校准证书。

9.1.1.2 应优先选用质量法装置，也可选用容积法装置或标准表法装置，但装置的质量流量扩展不确定度应不大于流量计最大允许误差绝对值的 1/3。

9.1.1.3 当试验用液体的蒸气压高于环境大气压时，装置应是密闭式的。

9.1.1.4 装置的管道系统和流量计内任一点上的液体静压力应高于其饱和蒸气压，对于易气化的试验用液体，在流量计的下游应有一定的背压，推荐最小背压为最高试验温度下用试验用液体饱和蒸气压力的 1.25 倍与流量计的 2 倍压力损失之和。

9.1.2 试验时介质要求

9.1.2.1 试验用流体应是单相、清洁的，无可见颗粒、纤维等物质。流体应充满管道及流量计，试验流体应与流量计测量流体的密度、黏度等物理参数相接近。

9.1.2.2 试验用流体为天然气时，天然气气质至少应符合 GB 17820 中二类气的要求，天然气的相对密度为 0.55～0.80，在试验过程中，气体的组分应相对稳定，天然气取样按 GB/T 13609 执行，天然气组分分析按 GB/T 13610 执行，天然气压缩因子的计算按 GB/T 17747.2 执行。

9.1.2.3 选用容积法装置时，在每个流量点的每次试验过程中，流体温度变化对质量流量的影响应可忽略。

9.1.3 试验时环境条件的要求

9.1.3.1 环境温度一般为（5～45）℃；相对湿度一般为（35～95）%；大气压力一般为（86～106）kPa。

9.1.3.2 交流电源电压应为 220 V±22 V，电源频率应为 50 Hz±2.5 Hz。也可根据流量计的要求使用合适的交流或直流电源（如 24 V 直流电源）。电源在上述区间内的变化不应对试验结果产生影响。

9.1.3.3 外界磁场对流量计的影响应可忽略。

9.1.3.4 机械振动对流量计的影响应可忽略。

9.1.3.5 试验流体为天然气等可燃性或爆炸流体时，装置及辅助设备、检测场地都应满足 GB 50251 的要求，所有设备、环境条件必须符合 GB 3836 的相关安全防爆的要求。

9.1.3.6 试验时要消除所有与流量计工作频率接近的其他干扰。

9.2 型式评价的法制管理要求检查

9.2.1 在资料检查中如发现错误或不符合要求的地方，应及时告知申请单位改正。

9.2.2 目测检查，应符合第 5 条要求。

9.3 型式评价试验方法

9.3.1 随机文件检查

随机文件检查应符合 7.1 的要求。

9.3.2 外观与铭牌检查

外观与铭牌检查应符合 7.2 的要求。

9.3.3 保护功能检查

保护功能检查应符合 7.3 的要求。

9.3.4 防护功能检查

防护功能检查应符合 7.4 的要求。

9.3.5 耐压强度试验

9.3.5.1 试验目的

试验的目的是检验流量计在规定压力条件下的耐压性能。

9.3.5.2 试验条件

参比条件下，流量计介质应满管。

9.3.5.3 试验设备

耐压试验台，应能满足流量计 1.5 倍的最大工作压力范围要求。

9.3.5.4 试验程序

将流量计安装在压力试验台上，缓慢升压至 1.5 倍最大工作压力，保持 5 min，观察流量计各连接部分有无渗透、泄漏、破损等现象，试验结束应缓慢降压。

9.3.5.5 合格判据

流量计应无渗透、泄漏、破损等现象。

9.3.6 示值误差与重复性试验

9.3.6.1 试验目的

试验的目的是检验流量计的示值误差与重复性是否符合计量要求。

9.3.6.2 试验条件

参比条件下，流量计应正确安装和通电。

9.3.6.3 试验设备

按 9.1.1.2 要求，流量扩展不确定度应不大于流量计最大允许误差绝对值的 1/3。

9.3.6.4 试验程序

（1）将流量调到规定的流量值，至少运行 10 min 以上直至流体状态稳定。

（2）置装置和流量计为工作状态，同时操作装置和流量计进行测量，运行一段时间后，同时停止装置和流量计的测量，记录装置和流量计的测量值。

（3）分别计算装置和流量计测量的质量流量。

（4）试验流量点依次为：q_{max}，$0.5q_{max}$，$0.2q_{max}$，q_{min}，q_{max}。

（5）在试验过程中，每个流量点的实际流量与设定流量的偏差应不超过设定流量的 $\pm 5\%$。

（6）每个流量点的试验次数应不少于 6 次。

9.3.6.5 数据处理

（1）流量计为脉冲输出时，单次试验的相对误差

单次试验的误差按公式（1）计算：

$$E_{ij} = \frac{Q_{ij} - (Q_s)_{ij}}{(Q_s)_{ij}} \times 100\% \tag{1}$$

式中：E_{ij}——第 i 试验点第 j 次试验的相对误差，$\%$；

$\quad\quad Q_{ij}$——第 i 试验点第 j 次试验流量计测量的累积质量流量，kg；

$\quad\quad (Q_s)_{ij}$——第 i 试验点第 j 次试验装置测量的累积质量流量，kg。

Q_{ij} 按公式（2）计算：

$$Q_{ij} = \frac{N_{ij}}{K} \tag{2}$$

式中：N_{ij}——第 i 试验点第 j 次试验流量计输出的脉冲数；

$\quad\quad K$——流量计 K 系数，1/kg。

选用质量法装置时，$(Q_s)_{ij}$ 按公式（3）计算：

$$(Q_s)_{ij} = (M_I)_{ij} \cdot \left(\frac{1 - \dfrac{\rho_a}{\rho_m}}{1 - \dfrac{\rho_a}{\rho}} \right) \tag{3}$$

式中：$(M_I)_{ij}$——衡器的质量示值，kg；

$\quad\quad \rho$——试验用流体密度，kg/m^3；

$\quad\quad \rho_m$——装置检定用标准砝码密度，kg/m^3；

$\quad\quad \rho_a$——空气密度，kg/m^3。

（2）流量计为电流输出时，单次试验的流量计相对误差

单次试验的误差按公式（4）计算：

$$E_{ij} = \frac{q_{ij} - (q_s)_{ij}}{(q_s)_{ij}} \times 100\% \tag{4}$$

式中：q_{ij}——第 i 试验点第 j 次试验流量计的瞬时质量流量的平均值，kg/h；

$\quad\quad (q_s)_{ij}$——第 i 试验点第 j 次试验装置测量的平均瞬时质量流量，kg/h。

q_{ij} 按公式（5）计算：

$$q_{ij} = \left(\frac{I_{ij} - I_{min}}{I_{max} - I_{min}} \right) \cdot q_{max} \tag{5}$$

式中：I_{ij}——第 i 试验点第 j 次试验流量计输出电流的平均值，mA；

I_{max}——流量计输出最大电流值，mA；

I_{min}——流量计输出最小电流值，mA；

q_{max}——I_{max}对应的质量流量，kg/h。

$(q_s)_{ij}$按公式（6）计算：

$$(q_s)_{ij} = \frac{(Q_s)_{ij}}{t_{ij}} \times 3\ 600 \tag{6}$$

式中：$(q_s)_{ij}$——第 i 试验点第 j 次试验装置测量的平均瞬时质量流量，kg/h；

$(Q_s)_{ij}$——第 i 试验点第 j 次试验装置测量累积质量流量，kg/h；

t_{ij}——第 i 试验点第 j 次试验的时间，s。

（3）流量计的相对示值误差

第 i 试验点的相对误差按公式（7）计算：

$$E_i = \frac{1}{n} \sum_{j=1}^{n} E_{ij} \tag{7}$$

式中：E_i——第 i 试验点流量计相对误差，%；

n——检定次数。

流量计相对示值误差按公式（8）计算：

$$E = \pm |E_i|_{max} \tag{8}$$

式中：E——流量计相对示值误差，%。

（4）流量计的重复性

第 i 试验点的重复性按公式（9）计算：

$$(E_r)_i = \sqrt{\frac{\sum_{j=1}^{n} (E_{ij} - E_i)^2}{n-1}} \tag{9}$$

式中：$(E_r)_i$——第 i 试验点的重复性，%。

流量计重复性按公式（10）计算：

$$E_r = [(E_r)_i]_{max} \tag{10}$$

式中：E_r——流量计重复性，%。

9.3.6.6 合格判据

1）流量计示值误差应符合 6.1 的要求。

2）流量计重复性应符合 6.2 要求。

9.3.7 零点稳定度试验

9.3.7.1 试验目的

试验的目的是检验流量计的零点稳定度是否符合计量要求。

9.3.7.2 试验条件

参比条件下，流体介质完全静止条件下。

9.3.7.3 试验设备

在 9.3.6.3 要求的流量装置上进行。

9.3.7.4 试验程序

将流量计安装在试验管道上，确保流量计两端密闭并充满试验流体，关闭流量计的流量点显示切除功能，同时将瞬时流量显示单位更改为流量计允许的分辨力最高的显示单位，待流体完全静止后，执行流量计的零点调整功能，零点调整结束后将流量计恢复到瞬时流量显示状态，在 5 min 内按均匀的时间间隔连续读取 30 次零点偏移的瞬时流量值，取每次流量绝对值的平均值作为该流量计的零点稳定度。

9.3.7.5　合格判据

流量计零点稳定度应符合 6.3 的要求。

9.3.8　压力损失试验

9.3.8.1　试验目的

试验的目的是检验流量计的压力损失是否符合计量要求。

9.3.8.2　试验条件

参比条件下，运行流量应在流量计最大流量下。

9.3.8.3　试验设备

在 9.3.6.2 要求的流量装置上进行，配套使用差压计。

9.3.8.4　试验程序

在流量计规定的最大流量下测量流量计的压力损失。

9.3.8.5　合格判据

流量计压力损失应符合 6.4 的要求。

9.3.9　耐运输贮存性能试验

9.3.9.1　试验目的

检验流量计经过规定的耐运输贮存试验后，是否工作正常以及复测计量性能是否符合最大允许误差、重复性要求。

9.3.9.2　试验条件

流量计在包装条件下进行。

9.3.9.3　试验设备

试验设备应符合 GB/T 2423.1，GB/T 2423.2，GB/T 2423.3，GB/T 2423.10 的要求。

9.3.9.4　试验程序

（1）低温贮存试验

按 GB/T 2423.1 规定的方法进行试验，要求见表 3。

表 3　低温贮存试验

试验温度	（−20±2）℃
持续时间	2 h
恢复时间（常温条件下）	2 h

温度变化率不应超过 1 ℃/min，对空气湿度要求在整个试验期间应避免凝结水。

（2）高温贮存试验

按 GB/T 2423.2 规定的方法进行试验，要求见表 4。

表 4　高温贮存试验

试验温度	(40±2) ℃
持续时间	2 h
恢复时间（常温条件下）	2 h

温度变化率不应超过 1 ℃/min，对空气湿度要求为在整个试验期间应避免凝结水。

（3）恒定湿热试验

按 GB/T 2423.3 规定的方法进行试验，要求见表 5。

表 5　恒定湿热试验

试验温度	(40±2) ℃
相对湿度	(93±3)%
持续时间	2 d
恢复时间（常温条件下）	2 h

试验期间应避免出现凝结水。

（4）振动（正弦）试验

按 GB/T 2423.10 规定的方法进行试验，要求见表 6。

表 6　振动（正弦）试验

频率范围	(20±1) Hz
加速度振动幅值	10 m/s²
扫频速度	1 oct/min
持续时间	10 个循环

分别在三个互相垂直的轴线方向上进行。

9.3.9.5　合格判据

1）每项试验后检查流量计应工作正常。

2）耐运输贮存性能试验结束后对工作正常的流量计进行计量性能复测，流量计的相对示值误差和重复性分别应符合 6.1、6.2 的要求。

9.3.10　电磁兼容试验

9.3.10.1　试验目的

检验流量计在规定的电磁兼容试验下性能是否符合电磁兼容要求以及试验后是否符合最大允许误差、重复性要求。

9.3.10.2　试验条件

试验在流量计通电状态（非实流状态）下进行。

9.3.10.3　试验设备

试验设备应符合 GB/T 17626.2、GB/T 17626.4、GB/T 17626.5 和 GB/T 17626.11 的要求。

9.3.10.4 试验程序

（1）静电放电抗扰度试验

按 GB/T 17626.2 规定的方法进行试验，要求见表7。

表 7　静电放电抗扰度试验

放电方式	接触放电	空气放电
试验等级	3 级	3 级
试验电压	6 kV	8 kV
试验次数	10 次	10 次

（2）电快速瞬变脉冲群抗扰度试验

按 GB/T 17626.4 规定的方法进行试验，要求见表8。

表 8　电快速瞬变脉冲群抗扰度试验

试验方式	供电电源与保护地之间	信号、数据和控制端口
试验等级	3 级	3 级
峰值电压	2 kV	1 kV
试验时间	60 s	60 s
重复频率	5 kHz	5 kHz
极性	正极，负极	正极，负极
脉冲上升时间	5 ns	5 ns
脉冲持续时间	50 ns	50 ns

注：若传感器与变送器为一体，则只在供电电源与保护地之间进行试验。

（3）浪涌（冲击）抗扰度试验

按 GB/T 17626.5 规定的方法进行试验，要求见表9。

表 9　浪涌（冲击）抗扰度试验

试验等级	2 级
开路试验电压	1.0 kV
浪涌波形	$1.2/50 \mu s \sim 8/20 \mu s$
试验方式	线-地，线-线
极性	正极，负极
试验次数	各 5 次
重复率	1 次/min

（4）电压暂降、短时中断和电压变化试验

按 GB/T 17626.11 规定的方法进行试验，要求见表 10。

表 10　电压暂降、短时中断和电压变化试验

试验方式	中断	暂降
试验等级	0%UT	70%UT
持续时间	1 个周期（20 ms）	50 个周期（1 s）
试验次数	3 次	3 次
最小间隔	10 s	10 s

9.3.10.5　合格判据

各项试验期间流量计应能符合 7.7 的要求。

9.3.11　电气安全性能试验

9.3.11.1　试验目的

检验流量计在规定的电器安全性能试验下的性能是否符合电气安全性能要求。

9.3.11.2　试验条件

在参比试验条件下，且不接通电源情况下进行试验。

9.3.11.3　试验设备

兆欧表，耐压测试仪。

9.3.11.4　试验程序

a）绝缘电阻

在参比试验条件下，用 500 V 兆欧表测量传感器引出线短接后与外壳之间的绝缘电阻，用 500 V 兆欧表测量变送器电源线短接后与壳体之间的绝缘电阻。

b）绝缘强度

1）传感器

在参比试验条件下，将传感器各回路短接并接于功率不小于 500 VA，频率为 50 Hz 的试验器引出线的一端，另一端与外壳连接，试验电压为 500 V。

试验时，电压由"0"开始均匀增大，约 5 s 时间逐步升至规定值，保持 1min，然后均匀下降到"0"。

2）变送器

在参比试验条件下，当变送器电源额定电压为 220 VAC 时，将变送器电源线短接并接于功率不小于 500 VA，频率为 50 Hz 的试验器引出线一端，另一端与壳体连接，试验电压为 1 500 V，当变送器额定电压为 24 VDC 时，试验电压为 500 V。试验时，电压由"0"开始均匀增大，约 5 s 时间逐步升至规定值，保持 1 min，然后均匀下降到"0"。

9.3.11.5　合格判据

1）绝缘电阻应满足 7.8.1 要求。

2）绝缘强度应符合 7.8.2 要求。

9.3.12　电磁兼容、电气安全性能试验后的计量性能复测试验

9.3.12.1　试验目的

电磁兼容性能及电气安全性能试验后，复测流量计相对示值误差和重复性。

9.3.12.2　试验条件

与9.3.6.2要求相同。

9.3.12.3　试验设备

与9.3.6.3要求相同。

9.3.12.4　试验程序

与9.3.6.4要求相同。

9.3.12.5　计算方法

与9.3.6.5要求相同。

9.3.12.6　合格判据

复测流量计的相对示值误差和重复性应符合7.9的要求。

10　型式评价结果的判定

10.1　型式评价结果的判定

所有的评价项目均符合型式评价大纲要求的为合格。

有不符合型式评价大纲要求的项目为不合格。

系列产品中，有一种规格不合格，判定该系列不合格。

10.2　型式评价不合格的处理

审查技术资料出现不符合要求时，应及时通知申请单位进行修改。

型式评价判定不合格的，在型批报告的"型式评价总结论及建议"中写明不符合项，建议不批准该型号计量器具的型式。

附录 A

科里奥利质量流量计型式评价原始记录格式（参考）

综合信息：

型号规格： 准确度： 器具编号：

制造单位： 委托单位：

一、观察项目记录

观察项目名称	大纲中章节号	技术要求	观察结果		备注	评价人员	观察时间
			+	−			
计量单位	5.1						
准确度等级	5.2						
外部结构设计	5.3						
安装标识	5.4						
申请单位应提交的技术资料	5.5						
申请单位应提交的试验样机	5.6						
随机文件	7.1						
外观与铭牌	7.2						

注：

+	−
×	
	×

通过

不通过

二、检测项目记录

检测项目名称	最大允许误差与重复性①
技术要求	
检测开始时间	年 月 日 时 分
检测结束时间	年 月 日 时 分
检测数据记录	
检测过程中的异常情况记录	
所用计量器具	名　称： 型　号： 编　号： 准确度： 有效期：
检测环境条件	温　度： 相对湿度： 大气压力：
评价人员	

① 表示项目可变换的名称，具体为：最大允许误差与重复性、零点稳定度、压力损失、保护功能、防护功能、耐压强度、耐运输贮存性能、电磁兼容性能、电气安全性能试验、电磁兼容、电气安全性能试验后的计量性能复测试验。

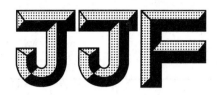

中华人民共和国国家计量技术规范

JJF 1777—2019

饮用冷水水表型式评价大纲

Program of Pattern Evaluation of Cold Potable Water Meters

2019-12-31 发布 2020-03-31 实施

国家市场监督管理总局 发布

饮用冷水水表型式评价大纲

Program of Pattern Evaluation
of Cold Potable Water Meters

JJF 1777—2019
代替 JJG 162—2009
型式评价部分

归 口 单 位：全国流量计量技术委员会液体流量分技术委员会

主要起草单位：浙江省计量科学研究院

北京市计量检测科学研究院

参加起草单位：山东省计量科学研究院

河南省计量科学研究院

宁波水表股份有限公司

三川智慧科技股份有限公司

本规范委托全国流量计量技术委员会液体流量分技术委员会负责解释

本大纲主要起草人：

赵建亮（浙江省计量科学研究院）

李　晨（北京市计量检测科学研究院）

参加起草人：

张务铎（山东省计量科学研究院）

胡　博（河南省计量科学研究院）

赵绍满（宁波水表股份有限公司）

宋财华（三川智慧科技股份有限公司）

引　言

本大纲依据 JJF 1015—2014 和 JJF 1016—2014 的相关规定编写。

本大纲以技术等同为原则修改采用了国际法制计量组织（OIML）发布的国际建议 OIML R49-1：2013、OIML R49-2：2013 和 OIML R49-3：2013，在此基础上结合我国现有水表类型的特点，细化了针对预付费和远传等型式的带电子装置机械式水表的特定要求。这些特定要求与 OIML R49 的对应要求做了融合，使本大纲与 OIML R49 保持了整体兼容性。为保持与 OIML R49 的对应关系，本大纲保留了公称通径 DN50 以上水表的相关内容，可供性能试验参照使用。

与上一版本型式评价大纲 JJG 162—2009 附录 A 相比，除了编写格式发生了重大变化，主要技术内容变化如下：

——调整了大纲的适用范围。

——Q_3/Q_1 的最小值由 10 提高到 40。

——取消了准确度等级 1 级水表仅适用于 $Q_3 \geqslant 100$ m³/h 的限制。

——取消了公称通径 DN50 及以上或 $Q_3 > 16$ m³/h 水表 Q_2/Q_1 可选 2.5、4 或 6.3 的规定。

——增加了重复性要求。

——增加了调整装置和修正装置的具体要求。

——增加了插装式水表和可互换计量模块水表互换误差要求和试验方法。

——增加了温度等级 T50 水表的过载水温技术要求和试验方法。

——结合 JJF 1015—2014 关于系列产品的定义，扩大了系列水表的确认原则。

——调整了 $Q_3 \leqslant 16$ m³/h 水表耐久性试验的顺序，断续流量耐久性试验先于连续流量耐久性试验。$Q_3 > 16$ m³/h 水表增加了 Q_3 下 800 h 连续流量耐久性试验要求。

——删除了外壳防护和辅助装置寿命的技术要求和试验方法。

——增加了检查装置的型式检查和试验方法（附录 A）。

——附录中删除了型式评价检查和试验列表。

——附录中增加了型式评价试验报告格式（附录 K）。

——结合 JJF 1016—2014 的规定增加了水表的关键零部件和材料描述要求。

——结合 JJF 1015—2014 的规定增加了型式评价结束后样机处理的规定。

本大纲的历次版本发布情况：

——JJG 162—2009《冷水水表》附录 A；

——JJG 162—2007《冷水水表》附录 A。

饮用冷水水表型式评价大纲

1 范围

本大纲适用于计量器具分类编码为 12200500 公称通径不大于 50 mm 饮用冷水水表的型式评价。

本大纲不适用于测量非饮用冷水的水表。

2 引用文件

JJG 162—2019 饮用冷水水表

JJF 1059.1 测量不确定度评定与表示

GB/T 2421.1 电工电子产品环境试验 概述和指南（IEC 60068-1 Environmental testing—Part 1：General and guidance，IDT）

GB/T 2423.1 电工电子产品环境试验 第 2 部分：试验方法 试验 A：低温（IEC 60068-2-1 Environmental testing—Part 2：Tests—Test A：Cold，IDT）

GB/T 2423.2 电工电子产品环境试验 第 2 部分：试验方法 试验 B：高温（IEC 60068-2-2 Environmental testing—Part 2：Tests—Test B：Dry heat，IDT）

GB/T 2423.4 电工电子产品环境试验 第 2 部分：试验方法 试验 Db：交变湿热（12 h+12 h 循环）（IEC 60068-2-30 Environmental testing—Part 2-30：Tests—Test Db：Damp heat，cyclic（12 h+12 h cycle），IDT）

GB/T 2423.7 环境试验 第 2 部分：试验方法 试验 Ec 粗率操作造成的冲击（主要用于设备型样品）（IEC 60068-2-31 Environmental testing—Part 231：Rough handling shocks，primarily for equipment-type specimens，IDT）

GB/T 2423.43 电工电子产品环境试验 第 2 部分：试验方法 振动、冲击和类似动力学试验样品的安装（IEC 60068-2-47 Environmental testing—Part 2-47：Test methods—Mounting of specimens for vibration，impact and similar dynamic tests，IDT）

GB/T 2423.56 环境试验 第 2 部分：试验方法 试验 Fh：宽带随机振动和导则（IEC 60068-2-64 Environmental test —Part 2-64：Tests—Test Fh：Vibration，broadband random and guidance，IDT）

GB/T 2424.1 环境试验 第 3 部分：支持文件及导则 低温和高温试验（IEC 60068-3-1 Environmental testing—Part 3-1：Supporting documentation and guidance—Cold and dry heat tests，IDT）

GB/T 2424.2 电工电子产品环境试验 湿热试验导则（IEC 60068-3-4 Environmental testing—Part 3-4：Supporting documentation and guidance -Damp heat tests，IDT）

GB/T 17214.2 工业过程测量和控制装置的工作条件 第 2 部分：动力

(IEC 60654-2 Industrial-process measurement and control equipment Operating conditions Part 2: Power, IDT)

GB/T 17626.1 电磁兼容 试验和测量技术 抗扰度试验总论 (IEC 61000-4-1 Electromagnetic compatibility (EMC) —Part 4-1: Testing and measurement techniques—Overview of immunity tests, IDT)

GB/T 17626.2 电磁兼容 试验和测量技术 静电放电抗扰度试验(IEC 61000-4-2 Electromagnetic compatibility (EMC) Part 4-2: Testing and measurement techniques-Electrostatic discharge immunity test, IDT)

GB/T 17626.3 电磁兼容 试验和测量技术 射频电磁场辐射抗扰度试验 (IEC 61000-4-3 Electromagnetic compatibility (EMC) Part 4-3: Testing and measurement techniques-Radiated, radio-frequency, electromagnetic field immunity test, IDT)

GB/T 17626.4 电磁兼容 试验和测量技术 电快速瞬变脉冲群抗扰度试验 (IEC 61000-4-4 Electromagnetic compatibility (EMC) Part 4-4: Testing and measurement techniques-Electrical fast transient/burst immunity test, IDT)

GB/T 17626.5 电磁兼容 试验和测量技术 浪涌（冲击）抗扰度试验 (IEC 61000-4-5 Electromagnetic compatibility (EMC) Part 4-5: Testing and measurement techniques-Surge immunity test, IDT)

GB/T 17626.6 电磁兼容 试验和测量技术 射频场感应的传导骚扰抗扰度 (IEC 61000-4-6 Electromagnetic compatibility (EMC) Part 4-6: Testing and measurement techniques-Immunity to conducted disturbances induced by radio-frequency fields, IDT)

GB/T 17626.11 电磁兼容 试验和测量技术 电压暂降、短时中断和电压变化的抗扰度试验 (IEC 61000-4-11 Electromagnetic compatibility (EMC) Part 4-11: Testing and measurement techniques-Voltage Dips, Short interruptions and voltage variations immunity tests, IDT)

GB/T 17799.1 电磁兼容 通用标准 居住、商业和轻工业环境中的抗扰度 (IEC 61000-6-1 Electromagnetic compatibility—Part 6-1: Generic standards—Immunity for residential, commercial and light-industrial environments, IDT)

GB/T 17799.2 电磁兼容 通用标准 工业环境中的抗扰度试验 (IEC 61000-6-2 Electromagnetic compatibility—Part 6-2: Generic standards—Immunity for industrial environments, IDT)

GB/T 18660—2002 封闭管道中导电液体流量的测量 电磁流量计的使用方法 (ISO 6817: 1992 Measurement of conductive liquid flow in closed conduits—method using electromagnetic flowmeters, IDT)

OIML D11-1: 2013 计量器具环境试验的通用要求 (General requirements for measuring instruments—Enviromental conditions)

OIML R49-1: 2013 饮用冷水水表和热水水表 第 1 部分：计量要求和技术要求

（Water meters for cold potable water and hot water—Part 1：Metrological and technical requirements）

OIML R49-2：2013 饮用冷水水表和热水水表 第2部分：试验方法（Water meters for cold potable water and hot water—Part 2：Test methods）

OIML R49-3：2013 饮用冷水水表和热水水表 第3部分：试验报告格式（Water meters for cold potable water and hot water—Part 3：Test report format）

凡是注日期的引用文件，仅注日期的版本适用于本大纲；凡是不注日期的引用文件，其最新版本（包括所有的修改单）适用于本大纲。

3 术语

下列术语和定义适用于本大纲，注明来源的术语及其定义均等同采用 OIML R49-1：2013。

3.1 水表及其部件

3.1.1 水表 water meter【OIML R49-1，3.1.1】

在测量条件下，用于连续测量、记录和显示流经测量传感器的水体积的仪表。

注：

1 水表至少包括一个测量传感器、一个计算器（如有，包括调整或修正装置）以及一个指示装置。三者可置于不同外壳内。

2 水表可以是复式水表（见3.1.16）。

3.1.2 测量传感器 measurement transducer【OIML R49-1，3.1.2】

将所测量的水的流量或体积转换成信号传送给计算器的水表部件，包括敏感器。

注：测量传感器可以自主工作或使用外部电源，可以基于机械或电子原理。

3.1.3 敏感器 sensor【OIML R49-1，3.1.3】

水表中直接受带有被测量的现象、物体或物质作用的水表的元件。

注：

1 来源于 OIML V 2-200：2012（VIM），3.8，本定义将"水表"替代了"测量系统"。

2 水表的敏感器可以是圆盘、活塞、转盘、涡轮元件、电磁水表中的电极或者其他元件。该元件感应流经水表的水的流量或者体积，也称为"流量敏感器"或者"体积敏感器"。

3 敏感器通常也称检测元件。

3.1.4 计算器 calculator【OIML R49-1，3.1.4】

接收测量传感器和可能来自于相关测量仪表的输出信号，并将其转换成测量结果的水表部件。如果条件许可，在测量结果未被采用之前还可将其存入存储器。

注：

1 机械式水表中的齿轮传动装置被认为是计算器。

2 计算器可以与辅助装置之间进行双向通信。

3.1.5 指示装置 indicating device【OIML R49-1，3.1.5】

用于指示流经水表的水体积的水表部件。

注："指示"的定义见 OIML V 2-200：2012（VIM），4.1。

3.1.6 调整装置 adjustment device【OIML R49-1，3.1.6】

水表中可对水表进行调整，使误差曲线偏移至与其本身基本平行，且仍处于最大允许误差范围内的装置。

注："测量系统的调整装置"的定义见 OIML V 2-200：2012（VIM），3.11。

3.1.7 修正装置 correction device【OIML R49-1，3.1.7】

连接或安装在水表中，在测量条件下根据被测水的流量和（或）特性以及预先确定的校准曲线自动修正体积的装置。

注：

1 被测水的特性，如温度和压力，可以用相关测量仪表进行测量，或者储存在仪表的存储器中。

2 "修正"的定义见 OIML V 2-200：2012（VIM），2.53。

3.1.8 辅助装置 ancillary device【OIML R49-1，3.1.8】

用于执行某一特定功能，直接参与产生、传输或显示测得值的装置。

注：

1 "测得值"的定义见 OIML V 2-200：2012（VIM），2.10。

2 辅助装置主要有以下几种：

　　a）调零装置；

　　b）价格指示装置；

　　c）重复指示装置；

　　d）打印装置；

　　e）存储装置；

　　f）费率控制装置；

　　g）预置装置；

　　h）自助装置；

　　i）流量敏感器运动检测器（用于检测流量敏感器的运动，除非在指示装置上清晰可见）；

　　j）远程读数装置（可永久或临时安装）。

3 根据国家法规，辅助装置可以受法制计量控制。

3.1.9 费率控制装置 tariff control device【OIML R49-1，3.1.9】

根据费率或者其他条件将测得值分配到不同寄存器的设备，每个寄存器均可以独立读出。

3.1.10 预置装置 pre-setting device【OIML R49-1，3.1.10】

允许选择用水量并且当计量到设定的用水量之后自动停止水流的装置。

3.1.11 相关测量仪表 associated measuring instrument【OIML R49-1，3.1.11】

连接在计算器或修正装置上，用于测量水的某个特征量以便进行修正和（或）转换的仪表。

3.1.12 固定用户水表 meter for two constant partners【OIML R49-1，3.1.12】

永久安装的水表，且仅用于从一个供应商向一个用户供水。

3.1.13 管道式水表 in-line meter【OIML R49-1，3.1.13】

利用水表端部的连接件直接安装在封闭管道中的一种水表。

注：端部连接件可以是法兰或者是螺纹。

3.1.14 整体式水表 complete meter【OIML R49-1，3.1.14】

测量传感器、计算器及指示装置不可分离的水表。

3.1.15 分体式水表 combined meter【OIML R49-1，3.1.15】

测量传感器、计算器和指示装置可分离的水表。

3.1.16 复式水表 combination meter【OIML R49-1，3.1.16】

由一个大水表、一个小水表和一个转换装置组成的水表。转换装置根据流经水表的流量大小自动引导水流流过小水表或者大水表，或者同时流过两个水表。

注：水表的读数由两个独立的计算器给出，或者由一个计算器将两个水表上的数值相加后给出。

3.1.17 受试设备（EUT）equipment under test【OIML R49-1，3.1.17】

试验所用到的整个水表、子部件或辅助装置。

3.1.18 同轴水表 concentric meter【OIML R49-1，3.1.18】

利用集合管接入封闭管道的一种水表。

注：水表和集合管的入口和出口通道在两者之间的接口处是同轴的。

3.1.19 同轴水表集合管 concentric meter manifold【OIML R49-1，3.1.19】

专为同轴水表连接设计的管件。

3.1.20 插装式水表 cartridge meter【OIML R49-1，3.1.20】

借助于称为连接接口的中介装置接入封闭管道的一种水表。

注：水表进出口的流道以及连接接口可以是如 ISO 4064-4《饮用冷水水表和热水水表 第 4 部分：ISO 4064-1 中未包含的非计量要求》（*Water meters for cold potable water and hot water—Part 4：Non-metrological requirements not covered in* ISO 4064-1）中规定的同轴或者轴向相交。

3.1.21 插装式水表连接接口 cartridge meter connection interface【OIML R49-1，3.1.21】

专为轴向相交或者同轴的插装式水表连接设计的管件。

3.1.22 可互换计量模块水表 meter with exchangeable metrological module【OIML R49-1，3.1.22】

常用流量不低于 16 m³/h，由与型式批准相同的一个连接接口和一个可互换计量模块组成的水表。

3.1.23 可互换计量模块 exchangeable metrological module【OIML R49-1，3.1.23】

由一个测量传感器、一个计算器和一个指示装置组成的独立模块。

3.1.24 可互换计量模块水表连接接口 connection interface for meters with exchangeable metrological modules【OIML R49-1，3.1.24】

专为可互换计量模块连接设计的管件。

3.2 计量特性

3.2.1 实际体积（V_a）actual volume【OIML R49-1，3.2.1】

任意时间内流过水表的水的总体积。

注：实际体积是被测量，由合适的计量标准所确定的参考体积计算而来，该参考体积合理考虑
了测量条件的差异。

3.2.2 指示体积（V_i） indicated volume【OIML R49-1，3.2.2】

水表所指示的水的体积，与实际体积相对应。

3.2.3 主示值 primary indication【OIML R49-1，3.2.3】

受法制计量控制的指示值。

注：如有重复指示，测量结果的初始指示为主示值。

3.2.4 误差 error【OIML R49-1，3.2.4】

测得值减去参考值。

注：

1 来源于 OIML V 2-200：2012（VIM），2.16。

2 本大纲中指示体积即为测得值，表示为 V_i，实际体积即为参考值，表示为 V_a。指示体积和
实际体积之差即为示值误差。

3 本大纲中示值误差以相对误差的形式来表示，即为 $\dfrac{V_i-V_a}{V_a}\times100\%$。

3.2.5 最大允许误差（MPE） maximum permissible error【OIML R49-1，3.2.5】

对给定的水表，由规范或规程所允许的，相对于已知参考值的测量误差的极限值。

注：来源于 OIML V 2-200：2012（VIM），4.26，本定义用"水表"替代了"测量、测量仪器
或者测量系统"。

3.2.6 固有误差 intrinsic error【OIML R49-1，3.2.6】

在参考条件下确定的水表的误差。

注：固有误差又称基本误差，来源于 OIML D11：2013，3.8，本定义用"水表"替代了"测量
仪器或测量系统"。

3.2.7 初始固有误差 initial intrinsic error【OIML R49-1，3.2.7】

性能试验和耐久性试验前所确定的水表的固有误差。

注：又称初始基本误差，来源于 OIML D11：2013，3.9，本定义用"水表"替代了"测量仪器
或测量系统"。

3.2.8 偏差 fault【OIML R49-1，3.2.8】

水表的（示值）误差与固有误差之差。

注：来源于 OIML D11：2013，3.10，适用于电子式水表。本定义将"示值"加括号，用"水
表"替代了"测量仪器"。

3.2.9 明显偏差 significant fault【OIML R49-1，3.2.9】

比本大纲所规定的值更大的偏差。

注：

1 来源于 OIML D11：2013，3.12，本定义用"本大纲"替代了"相关建议"。

2 7.7.1.2 规定了明显偏差的下限值。

3.2.10 耐久性 durability【OIML R49-1，3.2.10】

水表经过一段时间使用后还能保持其性能特征的能力。

注：来源于 OIML D11：2013，3.18，本定义用"水表"替代了"测量仪器"。

3.2.11 测量条件 metering conditions【OIML R49-1，3.2.11】

在测量点与水的体积测量有关的条件，如水温、水压。

3.2.12 指示装置的第一单元 first element of an indicating device【OIML R49-1，3.2.12】

由若干个元件组成的指示装置中附带检定标度分格分度尺的元件。

3.2.13 检定标度分格 verification scale interval【OIML R49-1，3.2.13】

指示装置的第一单元的最小分度值。

3.2.14 指示装置的分辨力 resolution of a displaying device【OIML R49-1，3.2.14】

能有效辨别的显示示值间的最小差值。

注：

1 来源于 OIML V 2-200：2012（VIM），4.15。

2 对于数字指示装置，该项为当最低位有意义的数改变一个步进时指示值的变化量。

3.3 工作条件

3.3.1 流量（Q） flow rate【OIML R49-1，3.3.1】

$Q=dV/dt$，V 是实际体积，t 是该体积的水流经水表所用的时间。

注：ISO 4006：1991《封闭管道中流量的测量 词汇和符号》（*Measurement of fluid flow in closed conduits—vocabulary and symbols*）的 4.1.2 倾向于使用符号 q_V 表示这个量，但在本大纲及工业领域的广泛应用中都使用 Q。

3.3.2 常用流量（Q_3） permanent flow rate【OIML R49-1，3.3.2】

额定工作条件下的最大流量。在此流量下，水表应正常工作并符合最大允许误差要求。

注：在本大纲中，此流量以 m³/h 来表示，见 6.1.2。

3.3.3 过载流量（Q_4） overload flow rate【OIML R49-1，3.3.3】

要求水表在短时间内能符合最大允许误差要求，随后在额定工作条件下仍能保持计量特性的最大流量。

3.3.4 分界流量（Q_2） transitional flow rate【OIML R49-1，3.3.4】

出现在常用流量和最小流量之间，将流量范围划分成各有特定最大允许误差的"流量高区"和"流量低区"两个区的流量。

注：流量高区为 $Q_2 \leqslant Q \leqslant Q_4$，流量低区为 $Q_1 \leqslant Q < Q_2$。

3.3.5 最小流量（Q_1） minimum flow rate【OIML R49-1，3.3.5】

要求水表工作在最大允许误差之内的最低流量。

3.3.6 复式水表转换流量（Q_x） combination meter changeover flow rate【OIML R49-1，3.3.6】

随着流量减小大水表停止工作时的流量 Q_{x1}，或者随着流量增大大水表开始工作时的流量 Q_{x2}。

3.3.7 最低允许温度（mAT） minimum admissible temperature【OIML R49-1，3.3.7】

在额定工作条件下水表能够持久承受且计量特性不会劣化的最低水温。

注：mAT 是额定工作条件中温度的下限值。

3.3.8 最高允许温度（MAT） maximum admissible temperature【OIML R49-1，3.3.8】

在额定工作条件下水表能够持久承受且计量特性不会劣化的最高水温。

注：MAT 是额定工作条件中温度的上限值。

3.3.9 最大允许（工作）压力（MAP） maximum admissible pressure【OIML R49-1，3.3.9】

在额定工作条件下水表能够持久承受且计量特性不会劣化的最高内压力。

3.3.10 工作温度（T_w） working temperature【OIML R49-1，3.3.10】

水表上游测得的管道内的水温。

3.3.11 工作压力（p_w） working pressure【OIML R49-1，3.3.11】

水表上下游测得的管道内的平均水压（表压力）。

3.3.12 压力损失（Δp） pressure loss【OIML R49-1，3.3.12】

在给定流量下，由管道中存在的水表所造成的不可恢复的压力降低。

3.3.13 试验流量 test flow rate【OIML R49-1，3.3.13】

根据经过校准的参考装置的示值计算出的试验时的平均流量。

3.3.14 公称通径（DN） nominal diameter【OIML R49-1，3.3.14】

管道系统部件尺寸的字母数字标志，仅供参考用。

注：

1 公称通径由字母 DN 后接一个无量纲整数组成，该整数间接表示以毫米为单位的连接端内径或外径的实际尺寸。

2 字母 DN 后所跟的数不代表一个可度量的值，且不应用来参与计算，相关建议有规定的除外。

3 有关使用 DN 标志系统的建议中，任何 DN 与部件尺寸之间的关系可以如 DN/OD（外直径）或 DN/ID（内直径）的形式给出。

3.4 试验条件

3.4.1 影响量 influence quantity【OIML R49-1，3.4.1】

在直接测量中不影响实际被测的量，但会影响示值与测量结果之间关系的量。

注：来源于 OIML V 2-200：2012（VIM），2.52。

例：水表的环境温度是一个影响量，而流经水表的水温影响了被测量。

3.4.2 影响因子 influence factor【OIML R49-1，3.4.2】

其值在本大纲规定的水表额定工作条件范围内的影响量。

注：来源于 OIML D11：2013，3.15.1，本大纲用"水表"替代了"测量仪器"，用"本大纲"替代了"相关建议"。

3.4.3 扰动 disturbance【OIML R49-1，3.4.3】

其值在本大纲规定的极限范围内，但超出了水表额定工作条件的影响量。

注：

1　如果额定工作条件没有规定该影响量，则该影响量是一种扰动。

2　来源于 OIML D11：2013，3.15.2，本大纲用"水表"替代了"测量仪器"，用"本大纲"替代了"相关建议"。

3.4.4　额定工作条件　rated operating condition【OIML R49-1，3.4.4】

为使水表按设计性能工作，在测量时需要满足的工作条件。

注：

1　来源于 OIML V 2-200：2012 (VIM)，4.9，本大纲用"需要满足"替代了"必须满足"，用"水表"替代了"测量仪器或者测量系统"。

2　额定工作条件规定了流量和影响量的区间，在该区间内（示值）误差要求在最大允许误差之内。

3.4.5　参考条件　reference condition【OIML R49-1，3.4.5】

为水表的性能评价或者测量结果的相互比较而规定的工作条件。

注：来源于 OIML V 2-200：2012 (VIM)，4.11，本大纲用"水表"替代了"测量仪器或者测量系统"。

3.4.6　性能试验　performance test【OIML R49-1，3.4.6】

旨在验证受试设备（EUT）是否能够完成其预期功能的试验。

注：来源于 OIML D11：2013，3.21.4。

3.4.7　耐久性试验　durability test【OIML R49-1，3.4.7】

旨在验证受试设备（EUT）使用过一段时间之后是否能够保持其性能特征的试验。

注：来源于 OIML D11：2013，3.21.5。

3.4.8　温度稳定性　temperature stability【OIML R49-1，3.4.8】

受试设备（EUT）所有部件互相之间的温度差异保持在 3℃ 以内的条件，或者其最终温度符合相关规范规定的条件。

3.4.9　预处理　preconditioning【OIML R49-1，3.4.9】

旨在消除或者部分抵消之前经历的影响而对受试设备（EUT）采取的处理措施。

注：当有要求时，此为试验程序中的第一个步骤。

3.4.10　条件影响　conditioning【OIML R49-1，3.4.10】

将受试设备（EUT）暴露在某个环境条件（影响因子或者扰动）下，以确定该条件对受试设备的影响。

3.4.11　恢复　recovery【OIML R49-1，3.4.11】

在条件影响之后对受试设备（EUT）采取的处理措施，以使其特性在测量前达到稳定。

3.5　电子和电气设备

3.5.1　电子装置　electronic device【OIML R49-1，3.5.1】

采用电子组件并执行特定功能的装置，通常制作成独立单元且可以单独试验。

注：电子装置可以是完整的水表或者水表的一部分，详见 3.1.1 至 3.1.5、3.1.8 的定义。

3.5.2　电子组件　electronic sub-assembly【OIML R49-1，3.5.2】

电子装置的部件，由电子元件组成并具备某种可识别的功能。

3.5.3 电子元件 electronic component 【OIML R49-1，3.5.3】

利用半导体、气体或真空中的电子或空穴导电原理的最小物理实体。

3.5.4 检查装置 checking facility 【OIML R49-1，3.5.4】

安装在水表中，用于检测明显偏差并做出响应的装置。

注：

1 来源于 OIML D11：2013，3.19，本大纲用"水表"替代了"测量仪器"。

2 检查发送装置的目的是验证接收装置是否完整接收到发送的全部信息（仅限于此信息）。

3.5.5 自动检查装置 automatic checking facility 【OIML R49-1，3.5.5】

无需操作人员干预其工作的检查装置。

注：来源于 OIML D11：2013，3.19.1。

3.5.6 永久自动检查装置 permanent automatic checking facility 【OIML R49-1，3.5.6】

P 型自动检查装置（type P automatic checking facility）

每个测量周期都工作的自动检查装置。

注：来源于 OIML D11：2013，3.19.1.1。

3.5.7 间歇自动检查装置 intermittent automatic checking facility 【OIML R49-1，3.5.7】

I 型自动检查装置（type I automatic checking facility）

以一定的时间间隔或固定的测量周期数间歇工作的自动检查装置。

注：来源于 OIML D11：2013，3.19.1.2。

3.5.8 非自动检查装置 non-automatic checking facility 【OIML R49-1，3.5.8】

N 型检查装置（type N checking facility）

需要操作人员干预的检查装置。

注：来源于 OIML D11：2013，3.19.2。

3.5.9 机电转换装置 converter of mechanical-electric signal

将机械式水表的机械计数信号转换成电子计数信号的装置。

注：

1 机电转换装置根据转换原理和信号特征，分实时转换式和直读式两种：
　　——实时转换式：该类水表的机电转换装置一般通过信号元件的运动产生周期性的脉冲信号，由电子装置实时采集并记录。每一个脉冲信号代表一个固定的体积量，称之为脉冲当量。
　　——直读式：该类水表的机电转换装置将代表体积总量的机械指示装置进行电子编码，电子装置读取编码信号，经解码后转换成总量的数值。数值的分辨力取决于最低编码位机械指示装置的分度，称之为最小转换分度值。

2 机电转换装置是辅助装置的一种。当由机电转换装置产生的水表总量示值作为结算依据时，应受法制计量控制。

3.5.10 机电转换误差 error of mechanical-electric conversion

带机电转换装置的水表电子体积总量或增量示值与对应的机械体积总量或增量示值

之差。

4 概述

4.1 原理和结构组成

饮用冷水水表（以下简称水表）是一种以用途来命名的计量器具，用于计量流经封闭满管道中可饮用冷水的体积总量，广泛应用于自来水供应部门供给居民和工商业等用户自来水输送量的贸易结算计量。

水表的结构组成见图1。

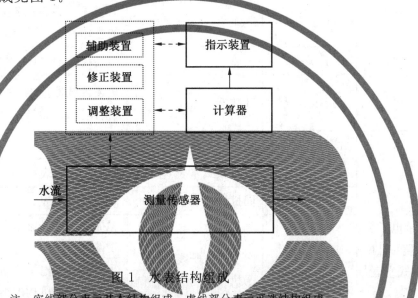

图1 水表结构组成

注：实线部分表示基本结构组成，虚线部分表示可选结构组成。

当水流经水表的测量传感器时，测量传感器通过物理效应感测水的流速或体积，并转换成机械传动或电子信号传送给计算器，计算器将接收到的信号进行转换和运算，得到水量测量结果并传送给指示装置显示。水表可以根据功能和性能的需要加装辅助装置、修正装置和调整装置。

4.2 分类

根据水表的工作原理和结构特征，一般可分为：

a）机械式水表：测量传感器、计算器和指示装置均为机械原理和结构的水表。

b）带电子装置的机械式水表：保留机械式水表完整的结构，在此基础上加装了电子装置的水表。

c）电子式水表：计算器和指示装置均为电子原理和结构的水表。

电子式水表的测量传感器可以是机械传感，也可以是电子传感。

水表的工作原理和结构型式众多，具体可参阅 JJG 162—2019 附录 D。

4.3 水表的关键零部件和材料

各类水表的关键零部件和材料见表1。

表 1　水表的关键零部件和材料

序号	水表类别	功能部件	关键零部件	描述方法
1	机械式水表	测量传感器	①流道和承压壳体 ②流量传感部件 ③耐磨损的旋转轴或支撑轴及其轴承	①描述流道和承压壳体的名称、结构特征及其主体材料 ②描述流量传感部件的名称及其主体材料，包括叶轮式水表的叶（翼）轮、叶轮盒、导流器，容积式水表的旋转元件（旋转活塞、章动圆盘等）和计量腔 ③描述顶尖、顶尖轴承、翼轮轴和轴承的主体材料
		计算器	齿轮组	描述齿轮的主体材料
		指示装置	计数器	描述计数器的结构型式，如湿式、液封（整体液封或字轮部分液封）或干式
2	带电子装置的机械式水表	测量传感器	同机械式水表	同机械式水表
		计算器	同机械式水表	同机械式水表
		指示装置	同机械式水表	同机械式水表
		辅助装置	①机电转换装置 ②主控电子线路板 ③执行机构（如控制阀） ④远传装置 ⑤电源	①描述机电转换装置的工作方式和传感元件 ②描述主控电子线路板的主芯片 ③描述执行机构的结构型式 ④描述远传装置的传输方式及其通信主芯片 ⑤描述供电电源方式和电池
3	电子式水表	测量传感器	①流道和承压壳体 ②电子信号激励和流量感测器件	①机械式测量传感器的描述方法同机械式水表，电子式测量传感器描述流道衬里和承压壳体的主体材料 ②描述电子信号激励和流量感测器件的材料或器件名称，如电磁水表的励磁线圈和电极，超声波水表的超声波换能器
		计算器	①主控电子线路板 ②计量主模块（适用时） ③电源	①描述主控电子线路板的主芯片 ②描述计量主模块中的关键芯片，如超声波水表的时间测量芯片 ③描述供电电源方式和电池
		辅助装置	①执行机构（如控制阀） ②远传装置	同带电子装置的机械式水表
		相关测量仪表	与体积修正相关的温度、压力和密度等测量仪表或传感器	描述具体的测量仪表或传感器

结合水表的测量原理、结构型式、功能、供电和有关设计文件对水表的关键零部件和材料进行确认，用文字、表格、图片等方式在型式评价报告中予以描述。必要时对典型样机进行拆解，以照片方式记录水表关键结构和零部件的特征。

5 法制管理要求

5.1 计量单位

水表的测量、显示、打印和存储量的计量单位均应采用法定计量单位，主要量及其计量单位应符合表 2 的规定。

表 2 计量单位

量的名称	单位名称	单位符号
体积	立方米	m^3
流量	立方米每小时	m^3/h

5.2 外部结构

水表及其测量传感器、计算器和指示装置，对计量性能有影响或不允许使用者自行调整的部位，包括与相关测量仪表相连接的接口，均应设计成封闭结构，或者留有加盖封印的位置。这些结构或封印被破坏后，应留下不可恢复的痕迹。

如果电子式水表设计成适合现场检定，应有相应的信号接口，且接口应有可靠的封印和防护措施。

5.3 标志

5.3.1 计量法制标志

公称通径不大于 50 mm 水表的显著区域应预留有计量器具型式批准标志和编号的标注位置。

5.3.2 计量器具标识

水表应清晰、永久地在外壳、指示装置的度盘或铭牌、不可分离的表盖上，集中或分散标明以下信息，这些标志在水表出售到市场后或使用中应在不拆卸表的情况下可见：

a）计量单位。

b）准确度等级，如果是 2 级可不标注。

c）Q_3 和 Q_3/Q_1 的数值：如果水表可测量反向流且 Q_3 和 Q_3/Q_1 的数值在正向和反向流的情况下不同，则 Q_3 和 Q_3/Q_1 的数值均应按对应流向描述。比值 Q_3/Q_1 可表述为 R，如"R160"。如果水表在水平和竖直方位上的 Q_3/Q_1 值不同，则两种 Q_3/Q_1 值均应按对应的水表安装方位描述。

d）制造商的名称或注册商标。

e）制造年月，其中年份至少为最后两位。

f）编号（尽可能靠近指示装置）。

g）流动方向（标志在水表壳体的两侧，如果在任何情况下都能很容易看到表示流动方向的指示箭头，也可只标志在一侧）。

h）最大允许（工作）压力（MAP），DN500 以下超过 1 MPa 时，DN500 及以上超过 0.6 MPa 时，应标注。

i）字母 V 或 H，V 表示水表只能竖直方位（垂直于地面）安装，H 表示水表只能水平方位安装，不标注表示水表可以任意方位安装。

j）温度等级，如果是 T30 可不标注。

k）压力损失等级，如果是 $\Delta p63$ 可不标注。

l）流场敏感度等级，如果是 U0/D0 可不标注。

对于带电子装置的水表，下列额外的内容还需要标明在适当的地方：

m）对于外部电源：电压和频率。

n）对于可更换电池：更换电池的最后期限。

o）对于不可更换电池：更换水表的最后期限。

p）环境等级。

q）电磁环境等级。

示例：

具有下列特性的水表：

——$Q_3 = 2.5\ \mathrm{m^3/h}$；

——$Q_3/Q_1 = 200$；

——水平安装；

——温度等级 T30；

——压力损失等级：$\Delta p63$；

——最大允许压力：1 MPa；

——流场敏感度等级 U10/D5；

——编号：123456；

——制造年月：2015 年 5 月；

——制造商：ABC；

可以标记如下：

Q_3 2.5、R200、H、→、U10/D5、123456、1505、ABC。

注：OIML R49-1：2013 并不要求将水表名称和型号规格等信息标注在水表本体上，如果水表本体上未标注这些信息，则宜在指导用户使用和安装的随机文件中标注。

5.4　封印和防护

5.4.1　总要求

水表应有带封印或封闭结构的保护装置，以保证水表安装前和正确安装后，在不损坏保护装置和封印的情况下无法拆卸或者改动水表及其调整装置、修正装置和相关测量仪表。水表的检定标志和保护封印应施加在无需拆开或拆卸水表的情况下便可见的部位。如果是复式水表，此要求适用于大小两个水表。

在水表为单一用户提供服务的过程中，已供总量的显示，或者一组可推导出已供总量的显示应不可复零。

5.4.2 电子封印

5.4.2.1 当机械封印不能防止接触对确定测量结果有影响的参数时，保护措施应满足下列要求：

　　a) 只允许授权人员接触参数，如借助密码（口令）或特殊设备（例如钥匙），密码应能更换。

　　b) 在某一时间段内，干预的证据应是可获取的，记录中应包括干预日期和识别实施干预的授权人员的特征要素［见 a)］，如果必须删除以前的干预才能记录新的干预，应删除最早的记录。

5.4.2.2 对于带有允许用户自行拆卸且可更换部件的水表，应满足下列要求：

　　a) 应不允许通过拆卸点更改参与确定测量结果的参数，满足 5.4.2.1 要求的除外。

　　b) 应借助于电子和数据处理安全机制，或借助于机械方法（如果前者不可行），来防止插入任何可能影响准确度的装置。

5.4.2.3 对于允许用户自行拆卸但不允许更换部件的水表，也应满足 5.4.2.2 的要求。这类水表还应具备确认各部件连接正确后方能允许工作的保护装置，以及能防止用户任何非授权拆卸并重新连接之后再用于测量的保护装置。

6 计量性能要求

6.1 水表的流量特性

6.1.1 水表的流量特性应按 Q_1、Q_2、Q_3 和 Q_4 的数值确定。

6.1.2 水表应按 Q_3（m^3/h）的数值以及 Q_3/Q_1 的数值标识。

6.1.3 Q_3 的数值应从表 3 中选取。

表 3　Q_3 的数值　　　　　　　　　　　　　　单位为 m^3/h

1.0	1.6	2.5	4.0	6.3
10	16	25	40	63
100	160	250	400	630
1 000	1 600	2 500	4 000	6 300

该列数可以按此序列扩展到更大或者更小的数值。

6.1.4 Q_3/Q_1 的数值应从表 4 中选取。

表 4　Q_3/Q_1 的数值

40	50	63	80	100
125	160	200	250	315
400	500	630	800	1 000

该列数可以按此序列扩展到更高的数值。

　　注：表 3 和表 4 的数值分别来自于 GB/T 321—2005《优先数和优先数系》的 R5 和 R10。

6.1.5 比值 Q_2/Q_1 为 1.6。

6.1.6 比值 Q_4/Q_3 为 1.25。

6.2 准确度等级和最大允许误差

6.2.1 总要求

水表的设计和制造应使其在额定工作条件下的示值误差不超过 6.2.2 规定的最大允许误差。

水表的计算器（包括指示装置）和测量传感器（包括流量敏感器或者体积敏感器）如果可分离，并可与其他相同或不同结构的计算器和测量传感器互换，则可以按不同组合同时进行型式评价。指示装置和测量传感器组合后的最大允许误差应满足 6.2.2 的要求。

制造商应按 6.2.2 的规定确定水表的准确度等级。

6.2.2 准确度等级和最大允许误差的对应关系

1 级水表的最大允许误差应符合表 5 的规定。

表 5 1 级水表的最大允许误差

准确度等级	1 级		
流量	低区	高区	
	$Q_1 \leqslant Q < Q_2$	$Q_2 \leqslant Q \leqslant Q_4$	
工作温度/℃	$0.1 \leqslant T_w \leqslant 50$	$0.1 \leqslant T_w \leqslant 30$	$30 < T_w \leqslant 50$
最大允许误差	±3%	±1%	±2%

2 级水表的最大允许误差应符合表 6 的规定。

表 6 2 级水表的最大允许误差

准确度等级	2 级		
流量	低区	高区	
	$Q_1 \leqslant Q < Q_2$	$Q_2 \leqslant Q \leqslant Q_4$	
工作温度/℃	$0.1 \leqslant T_w \leqslant 50$	$0.1 \leqslant T_w \leqslant 30$	$30 < T_w \leqslant 50$
最大允许误差	±5%	±2%	±3%

6.2.3 水表的温度等级

水表应按不同的温度范围分级。制造商应按表 7 给定的值选取水表的温度等级。水温应在水表的入口处测量。

表 7 水表的温度等级

等级	最低允许温度（mAT）/℃	最高允许温度（MAT）/℃
T30	0.1	30
T50	0.1	50

6.3　示值误差曲线

水表的相对示值误差 E（简称示值误差）以百分比表示，为：

$$E = \frac{V_i - V_a}{V_a} \times 100\% \qquad (1)$$

式中：

V_i——水表指示体积。

V_a——水表的实际体积。

注：本大纲中没有特别说明时，示值误差即指相对示值误差。

水表的示值误差曲线为示值误差与流量的关系曲线。如果水表所有的示值误差符号相同，则至少其中一个示值误差应不超过 6.2.2 规定的最大允许误差的 1/2。

6.4　重复性

水表的重复性应符合：同一流量点 3 次重复测量的标准偏差不超过 6.2.2 规定的最大允许误差绝对值的 1/3。

6.5　互换误差

插装式水表和带可互换计量模块水表的可互换计量模块，应独立于各自的连接接口，并且连接接口的制造已考虑了水表的计量特性，能满足 6.2.2 的要求，互换误差还应满足下列要求：

　　a)对于使用标准连接接口的互换试验，多次试验中的误差变化值应不超过最大允许误差绝对值的 1/2。

　　b)对于使用与标准接口的连接尺寸完全相同，但本体形状和流动形态不同的 5 个连接接口，多次试验中的误差变化值应不超过最大允许误差绝对值。

6.6　反向流

制造商应指明水表是否可以计量反向流。

如果可以计量反向流，应从显示体积中减去反向流体积，或者分开记录。正向流和反向流均应满足 6.2.2 规定的最大允许误差要求。对计量反向流的水表，两个流向的常用流量和测量范围可以不同。

不能计量反向流的水表应能防止反向流，或者能承受不超过 Q_3 流量下的意外反向流，不致造成正向流下计量性能退化或改变。

6.7　水温

水的温度在额定工作条件范围内变化时，水表应满足适用的最大允许误差要求。

6.8　水压

水的压力在额定工作条件范围内变化时，水表应满足适用的最大允许误差要求。

6.9　过载水温

温度等级为 T50 的水表应能承受 MAT+10 ℃的水温历时 1 h 的试验，试验后仍应满足适用的最大允许误差要求。

6.10　无流量或无水

流量为零或缺水时，水表的累积量应无变化。

6.11 水表和辅助装置的其他要求

6.11.1 电子部件之间的连接

测量传感器、计算器和指示装置之间的连接应可靠耐用,并满足 7.7.1.4 和附录 A 中 A.2.2 的要求。

此规定也适用于电磁式水表一次装置和二次装置之间的连接。

注:ISO 4006 给出了电磁式水表的一次和二次装置的定义。

6.11.2 调整装置

水表可配备调整装置,调整装置可以是电子型式,也可以是机械型式。任何调整应使水表的示值误差尽可能接近于零值。

如果调整装置位于水表外部,或者通过调整装置能够接触到影响测量结果的参数时,应采取有效的封印和防护措施(见 5.4)。

6.11.3 修正装置

水表可配备修正装置,该装置视为水表完整的组成部分,适用于水表的所有要求,包括测量条件下的修正体积也应满足 6.2.2 规定的最大允许误差要求。

正常工作条件下应不显示未经修正的体积。

装有修正装置的水表应满足 7.7.6 的性能试验要求。

一旦水表开始测量,所有与修正有关的非测量参数和其他必要参数均应输入计算器。对于验证修正装置正确性必不可少的参数,型式批准的有关文件(如型式评价报告)可以规定检查这些参数的可能性。

修正装置应不允许修正预估计的漂移,如与时间或体积量有关的漂移。

如有相关测量仪表,应满足适用的产品标准或技术规范,其准确度应使水表能满足 6.2.2 的要求。

相关测量仪表应按附录 A 中 A.2.6 的规定配备检查装置。

不得利用修正装置将水表的示值误差调整到不接近零的值,即使该值仍在最大允许误差范围内。

不允许利用可移动装置,如弹性负载流动加速器,对流量低于 Q_1 的水流状态进行调节。

如果修正装置位于水表外部,或者通过修正装置能够接触到影响测量结果的参数时,应采取有效的封印和防护措施(见 5.4)。

6.11.4 计算器

所有与水表指示值密切相关的参数,如计算表或者修正多项式,均应受法制计量控制,在开始测量时应已置入计算器。

计算器可以配备与外部设备相连接的接口。在使用这些接口时,水表的硬件和软件应继续正常工作,其计量功能应不受影响。

6.11.5 辅助装置

6.11.5.1 通用要求

除了 7.3 规定的指示装置外,水表可配备 3.1.8 所述的辅助装置。

只要水表能保证满足工作要求,可以配备远传读数装置,用于水表的试验、检定和远程读数。

这些附加的装置,无论是临时性的或永久性的,均应不改变水表的计量特性。

6.11.5.2 机电转换误差

机电转换是带电子装置的机械式水表具备的一种功能,水表同时具有机械指示装置和电子指示装置或电子指示输出装置,电子指示装置或电子指示输出装置是辅助装置的构成部分。水表的机械和电子示值应保持对应关系,根据机电转换方式的不同,其机电转换误差应满足表 8 的要求。

表 8　水表机电转换误差

机电转换方式	机电转换误差
实时转换式	不超过 ±1 个脉冲当量
直读式	不超过 ±1 个最小转换分度值

注:对于远传水表,电子指示需要借助于外部连接设备,如专用的抄读设备。

6.12　静磁场

水表应不受静磁场影响。所有机械部件易受静磁场影响的水表和所有装有电子元件的水表在静磁场存在的情况下均应满足 6.2.2 的要求,或设计的功能均不失效。

6.13　耐久性

6.13.1　断续流量耐久性

水表应按 10.11.2 的规定在模拟使用条件下进行断续流量耐久性试验。试验时水表的安装方位应按照制造商的声明,对于有多种安装方位的水表应选择最严酷的安装方位进行试验,或者分别在不同的安装方位下进行试验。

试验后,复测水表的示值误差,绘制示值误差曲线,并计算试验前后示值误差的变化量。

1 级水表的示值误差及其变化量应符合表 9 的规定。

表 9　1 级水表的最大允许误差和示值误差的允许变化量

准确度等级	1 级		
流量	低区	高区	
	$Q_1 \leqslant Q < Q_2$	$Q_2 \leqslant Q \leqslant Q_4$	
水温/℃	$0.1 \leqslant T_w \leqslant 50$	$0.1 \leqslant T_w \leqslant 30$	$30 < T_w \leqslant 50$
最大允许误差	±4%	±1.5%	±2.5%
示值误差的允许变化量	≤2%	≤1%	

2 级水表的示值误差及其变化量应符合表 10 的规定。

表 10 2 级水表的最大允许误差和示值误差的允许变化量

准确度等级	2 级		
流量	低区	高区	
	$Q_1{\leqslant}Q{<}Q_2$	$Q_2{\leqslant}Q{\leqslant}Q_4$	
水温/℃	$0.1{\leqslant}T_w{\leqslant}50$	$0.1{\leqslant}T_w{\leqslant}30$	$30{<}T_w{\leqslant}50$
最大允许误差	±6%	±2.5%	±3.5%
示值误差的允许变化量	≤3%	≤1.5%	

6.13.2 连续流量耐久性

水表应按 10.12.3 的规定在模拟使用条件下进行连续流量耐久性试验。试验时水表的安装方位应按照制造商的声明，对于有多种安装方位的水表应选择最严酷的安装方位进行试验，或者分别在不同的安装方位下进行试验。

试验后，复测水表的示值误差，绘制示值误差曲线，并计算试验前后示值误差的变化量。1 级水表的示值误差及其变化量应符合表 9 的规定，2 级水表的示值误差及其变化量应符合表 10 的规定。

7 通用技术要求

7.1 水表的额定工作条件

水表应设计成满足下列的额定工作条件：

a）流量范围：$Q_1{\leqslant}Q{\leqslant}Q_3$。

b）环境温度范围：B 级为 +5 ℃～+55 ℃；O 级和 M 级为 −25 ℃～+55 ℃。

c）水温范围：见表 7。

d）环境相对湿度范围：带有电子装置时应不超过 93%。

e）压力范围：0.03 MPa 到 MAP。

7.2 水表的材料和结构

7.2.1 水表应采用具有足够强度和耐用度的材料制造，以满足其特定使用要求。

7.2.2 水表应采用在其工作温度范围内不受水温变化不利影响的材料制造（见 6.7）。

7.2.3 水表内所有接触水的零部件应采用常规认识是无毒、无污染、无生物活性的材料制造。

注：按国家相关法律法规的规定。

7.2.4 整体水表应采用能抗内外部腐蚀的材料制造，或者对材料进行适当的表面防护处理。

7.2.5 水表的指示装置应采用透明窗保护，还可配备一个合适的表盖提供辅助保护。

7.2.6 如果水表的指示装置透明窗内侧有可能形成冷凝，水表应安装防止或消除冷凝的装置。

7.2.7 水表的设计、组成和构造应不便于实施欺诈行为。

7.2.8 水表应有一个受计量控制的指示装置。该指示装置应方便用户读取，无需借助工具。

7.3 指示装置

7.3.1 总要求

7.3.1.1 功能

水表的指示装置应连续、周期性或当有需要时显示体积量，体积示值应易读、可靠、清晰可视。复式水表可以有两个指示装置，体积示值为两者之和。

指示装置应包含用于试验和检定的可视化装置。

指示装置可以包含用于自动试验和检定的附加元件。

7.3.1.2 测量单位、符号及其位置

水的指示体积应用立方米（m^3）来表示。符号 m^3 应标注在标度盘上，或者紧邻显示数字。

7.3.1.3 指示范围

如表 11 所示，指示装置应以立方米为单位记录指示体积，期间不复零。

表 11 水表指示装置的指示范围

$Q_3/(m^3/h)$	指示范围（最小值）/m^3
$Q_3 \leqslant 6.3$	9 999
$6.3 < Q_3 \leqslant 63$	99 999
$63 < Q_3 \leqslant 630$	999 999
$630 < Q_3 \leqslant 6\ 300$	9 999 999

表 11 可以随 Q_3 值扩大。

7.3.1.4 指示装置的颜色标志

立方米及其倍数宜用黑色显示。

立方米的约数宜用红色显示。

指针、指示标记、数字、字轮、字盘、度盘或开孔框都宜使用这两种颜色。

只要能明确区分主示值和备用显示（例如用于检定和试验的约数），也可以采用其他方式显示立方米、立方米的倍数和约数。

7.3.2 指示装置的类型

下列任何一种指示装置均可采用。

7.3.2.1 第 1 类——模拟式指示装置

由下述部件的连续运动指示体积：

a) 一个或多个指针相对于各分度标度移动，或：

b) 一个或多个标度盘或鼓轮各自通过一个指示标记。

每个分度所表示的立方米值应以 10^n 的形式表示，n 为正整数、负整数或零，由此建立起一个连续十进制体系。每一个标度应以立方米值分度，或者附加一个乘数（$\times 0.001$、$\times 0.01$、$\times 0.1$、$\times 1$、$\times 10$、$\times 100$、$\times 1000$ 等）。

旋转移动的指针或标度盘应顺时针方向转动。

直线移动的指针或标度应从左至右移动。

数字滚轮指示器（鼓轮）应向上转动。

7.3.2.2 第 2 类——数字式指示装置

由一个或多个开孔中的一行相邻的数字指示体积。任何一个给定数字的进位应在相邻的低位数从 9 变化到 0 时完成。数字的显示高度至少应达到 4 mm。

对于非电子指示装置：

a）数字滚轮指示器（鼓轮）应向上转动。

b）如果最低位值的十个数字可以连续移动，开孔要足够大，以便准确读出数字。

对于电子指示装置：

c）允许永久性或非永久性地显示，对于非永久性显示，应在任意时间都可以显示体积，持续显示至少 10 s。

d）水表应提供全部显示的可视化检查，按下列顺序进行：

1）对于七段显示模式，点亮所有笔画（例如所有"8"的测试）。

2）对于七段显示模式，熄灭所有笔画（"全空白"测试）。

3）对于图像模式显示，用等效测试来验证显示故障不会引起任何数字的错误判断。

4）此顺序的每个步骤应至少持续 1 s。

7.3.2.3 第 3 类——模拟和数字组合式指示装置

由第 1 类装置和第 2 类装置组合指示体积，两类装置应分别满足各自的要求。

7.3.3 检定装置——指示装置的第一单元——检定标度分格

7.3.3.1 总要求

每一个指示装置均应提供可视化的、明确的试验和检定的装置。

可视化的检定显示器可以连续运动，也可以断续运动。

除了可视化的检定显示器以外，指示装置还可以包含供快速试验的设备，借助于水表所包含的辅助元件（例如星轮或圆盘），通过外部连接的传感器为快速试验提供信号。该元件也可以用于察看泄漏。

对于电子式水表，如果可视化的检定显示器不适合于试验和检定，则应有与指示值相对应的试验和检定用输出信号，输出信号可以是附录 B 规定的一种或多种形式。

7.3.3.2 可视化的检定显示器

可视化的检定显示器应满足下列要求：

a）检定标度分格值

以立方米表示的检定标度分格值应以 1×10^n、2×10^n 或 5×10^n 的形式表示，其中 n 为正整数、负整数或零。

对于第一单元连续运动的模拟和数字式指示装置，可以将第一单元两个相邻数字的间隔划分成 2、5 或 10 个等分，构成检定标度。这些分度上应不标数字。

对于第一单元不连续运动的数字指示装置，以第一单元两个相邻数字的间隔或第一单元的运动增量作为检定标度分格。

b）检定标度的形式

在第一单元连续运动的指示装置上，显示的标度间距应不小于 1 mm，不大于

5 mm。标度应由下列的其中一种组成：

1）宽度相等但长度不同的线条，线条的宽度不超过标度间距的 1/4，或；

2）宽度等于标度间距的恒宽对比条纹。

指针指示端的显示宽度应不超过标度间距的 1/4，且在任何情况下都应不大于 0.5 mm。

c）指示装置的分辨力

检定标度的细分格应足够小，以保证在以 Q_1 进行 90 min 试验时，对于准确度等级 1 级的水表，读数分辨力不超过实际体积的 0.25%；对于准确度等级 2 级的水表，读数分辨力不超过实际体积的 0.5%。

只要读数引入的不确定度对于 1 级的水表不超过试验体积的 0.25%，对于 2 级的水表不超过试验体积的 0.5%，且体积寄存器的修正功能经过核实，就可以使用辅助检定元件。

当第一单元连续运动时，应允许每次读数的最大误差不超过检定标度分格值的 1/2。

当第一单元断续运动时，应允许每次读数的最大误差不超过检定标度的一位数字。

注：关于分辨力误差的计算见本大纲 10.2.4.7 中的步骤 d）。

7.3.3.3 复式水表

复式水表的两个指示装置均应满足 7.3.3.1 和 7.3.3.2 的要求。

7.4 安装条件

注：ISO 4064-5《饮用冷水水表和热水水表 第 5 部分：安装要求》（*Water meters for cold potable water and hot water — Part 5：Installation requirements*）规定了水表的安装要求。

7.4.1 水表安装后，在正常工作条件下表内应完全充满水。

7.4.2 可以规定确认水表正确安装的对准要求。

注：该要求可以是一个平直的水平或竖直参考面，紧靠该参考面可以安装一个临时或永久性的对准指示装置（如水平仪）。

7.4.3 如果水表的准确度易受来自上游或下游管道流动扰动的影响（如因弯头、阀门或泵的存在），制造商应规定水表上、下游足够长度的直管段，带或不带流动整直器，以使水表的示值误差满足 6.2.2 规定的最大允许误差要求。

7.4.4 水表应能承受 10.13 试验程序规定的流动扰动试验。在施加流动扰动期间，水表的示值误差仍应满足 6.2.2 的要求。

制造商应按表 12 和表 13 的要求规定水表的流场敏感度等级。

制造商应规定所采用的流场调整部件，包括流动整直器和（或）直管段。

表 12 对上游流场不规则变化的敏感度等级 (U)

等级	直管段长度要求 （×DN）	是否需要整直器
U0	0	否
U3	3	否
U5	5	否
U10	10	否
U15	15	否
U0S	0	是
U3S	3	是
U5S	5	是
U10S	10	是

表 13 对下游流场不规则变化的敏感度等级 (D)

等级	必需的直管段 （×DN）	是否需要整直器
D0	0	否
D3	3	否
D5	5	否
D0S	0	是
D3S	3	是

7.5 静压力

DN500 以下水表的 MAP 至少为 1 MPa，DN500 及以上水表的 MAP 至少为 0.6 MPa。

水表应能承受下列试验压力而不发生渗漏、泄漏或损坏：

a）1.6 倍最大允许压力，施加 15 min。

b）2 倍最大允许压力，施加 1 min。

7.6 压力损失

制造商应按表 14 所列的数值选取压力损失等级。对于给定的压力损失等级，在 Q_1 至 Q_3 之间，流过包括过滤器、过滤网和流动整直器等所有整体水表构成部件在内的压力损失，应不超过规定的最大压力损失。

任何型式和测量原理的同轴水表均应连同集合管一起试验。

表 14　压力损失等级

等级	最大压力损失 MPa
$\Delta p\,63$	0.063
$\Delta p\,40$	0.040
$\Delta p\,25$	0.025
$\Delta p\,16$	0.016
$\Delta p\,10$	0.010

注：

1　表 14 的数值来自于 GB/T 321—2005《优先数和优先数系》的 R5。

2　如 7.4 所规定的流动整直器不被认为是水表的组成部分。

3　对于某些水表，如复式水表，$Q_1 \leqslant Q \leqslant Q_3$ 的流量范围内产生最大压力损失的流量点不在 Q_3。

7.7　带电子装置的水表

7.7.1　总要求

7.7.1.1　带电子装置的水表应设计并制造成当其承受 7.7.6 所规定的扰动条件下不出现明显偏差，设计的功能均不失效。

7.7.1.2　明显偏差为超过流量高区最大允许误差绝对值 1/2 的偏差。

下列偏差不认为是明显偏差：

a）由水表自身或其检查装置内同时出现和一些相互独立的原因造成的偏差。

b）短时偏差，如无法作为测量结果加以解释、存储或传输的短暂的示值变化。

7.7.1.3　除了指示装置不可复零的固定用户水表外，其他带电子装置的水表应配备附录 A 规定的检查装置。

所有配备检查装置的水表应能按 6.6 的规定防止或检测反向流。

7.7.1.4　如果水表在下列条件下通过了 7.7.5 规定的设计审查和 7.7.6 规定的性能试验，则认为满足 6.2 与 7.7.1 的要求：

a）按 9.2.2 的规定提交水表的数量。

b）至少对其中一个水表进行全部试验。

c）无检查和试验不通过的水表。

7.7.2　环境等级

带电子装置的水表根据适用的气候和机械环境条件分为三个环境等级：

a）B 级：在建筑物内固定安装的水表，环境温度范围：$+5\ ℃\sim+55\ ℃$，无显著振动和冲击。

b）O 级：在室外固定安装的水表，环境温度范围：$-25\ ℃\sim+55\ ℃$，无显著振动和冲击。

c）M 级：可移动安装的水表，环境温度范围：$-25\ ℃\sim+55\ ℃$，承受显著振动和冲击。

7.7.3 电磁环境等级

带电子装置的水表根据适用的场所分为两个电磁环境等级：

a）E1 级：住宅、商业和轻工业电磁环境。

b）E2 级：工业电磁环境。

7.7.4 电源

7.7.4.1 总要求

带电子装置的水表可以采用下列三种不同的基本供电方式：

a）外部电源。

b）不可更换电池。

c）可更换电池。

这三种基本供电方式可以独立使用，也可以组合使用。7.7.4.2 至 7.7.4.4 规定了每种供电方式的具体要求。

7.7.4.2 外部电源

外部电源供电应满足下列要求：

a）带电子装置的水表应设计成在外部电源（交流或直流）发生故障时，故障前的体积示值不会丢失，并且保持至少一年之内仍能读取，相应的数据存储应至少每天进行一次或者相当于 Q_3 流量下每 10 min 的体积存储一次。

b）电源中断应不影响水表的其他性能和参数。

注：符合此项规定并不一定保证水表能继续记录在电源中断期间所消费的体积。

c）水表的电源连接应有防止擅动的保护措施。

7.7.4.3 不可更换电池

不可更换电池供电应满足下列要求：

a）制造商应确保电池的预期使用寿命，即保证电池的正常工作年限比水表的使用寿命至少长 1 年。

b）电池低电量或电池耗尽提示，或者水表更换时间显示，如果寄存器的显示器出现了低电量提示，则自该信息显示之日起到电池用完止，应至少还有 180 d 的可用寿命。

注：可以预料，在确定电池和进行型式评价时会考虑最大允许体积、显示体积、额定工作寿命、远传读数和极端温度（如果有必要，还包括水的传导性）等综合因素。

7.7.4.4 可更换电池

可更换电池供电应满足下列要求：

a）当电源为可更换电池时，制造商应对电池的更换做出明确规定。

b）电池低电量或电池耗尽提示，或者电池更换时间显示，如果寄存器的显示器出现了低电量提示，则自该信息显示之日起到电池用完止，应至少还有 180 d 的可用寿命。

c）更换电池时，电源中断应不影响水表的性能和参数。

注：可以预料，在确定电池和进行型式评价时会考虑最大允许体积、显示体积、额定工作寿命、

远传读数和极端温度（如果有必要，还包括水的传导性）等综合因素。

　　d）更换电池应采用不必损坏法制计量封印的方法。

　　e）电池舱应有防止擅动的保护措施。

7.7.5　电子装置结构

电子装置的结构设计应满足下列要求：

　　a）检查电子装置的结构型式及其所使用电子子系统和组件，验证其功能满足设计要求。

　　b）考虑可能发生的偏差，验证在所有考虑到的情况下这些设备满足 7.7.1 及附录 A 的要求。

　　c）如果要求有检查装置，验证检查装置的型式及其工作的有效性。

7.7.6　影响因子和扰动

带电子装置的水表或其可分离的电子装置在表 15 规定的影响因子作用下，其示值误差仍应满足相应准确度等级的最大允许误差要求；在表 15 规定的扰动作用下应不出现明显偏差，或按设计要求对明显偏差做出响应。在施加影响因子和扰动期间或之后，水表及其电子装置设计的功能均应正常。

表 15　影响因子和扰动

序号	条款号	项目	项目特性	适用条件	试验方法条款
1	7.7.6.1	高温（无冷凝）	影响因子	最大允许误差	10.16.2
2	7.7.6.2	低温	影响因子	最大允许误差	10.16.3
3	7.7.6.3	交变湿热（冷凝）	扰动	明显偏差	10.16.4
4	7.7.6.4	电源变化	影响因子	最大允许误差	10.16.5
5	7.7.6.5	内置电池中断	扰动	功能影响	10.16.6
6	7.7.6.6	振动（随机）	扰动	明显偏差	10.16.7
7	7.7.6.7	机械冲击	扰动	明显偏差	10.16.8
8	7.7.6.8	交流主电源电压暂降和短时中断	扰动	明显偏差	10.16.9
9	7.7.6.9	信号线、数据线和控制线上的（瞬变）脉冲群	扰动	明显偏差	10.16.10
10	7.7.6.10	交流和直流主电源上的（瞬变）脉冲群	扰动	明显偏差	10.16.11
11	7.7.6.11	静电放电	扰动	明显偏差	10.16.12

表 15（续）

序号	条款号	项目	项目特性	适用条件	试验方法条款
12	7.7.6.12	辐射电磁场	扰动	明显偏差	10.16.13
13	7.7.6.13	传导电磁场	扰动	明显偏差	10.16.14
14	7.7.6.14	信号线、数据线和控制线上的浪涌	扰动	明显偏差	10.16.15
15	7.7.6.15	交流和直流主电源线上的浪涌	扰动	明显偏差	10.16.16
说明：试验可按任意顺序进行。					

8 型式评价项目表

水表的型式评价项目见表 16。

表 16 型式评价项目一览表

序号	型式评价项目		技术要求	评价方式	评价方法	适用	水表数量
法制管理要求			5				
1	计量单位		5.1	观察		a)	≥1
2	外部结构		5.2	观察		a)	≥1
3	标志		5.3	观察		a)	≥1
4	封印和防护		5.4	观察		a)	≥1
计量性能要求			6				
5	水表的流量特性		6.1	观察		a)	全部
6	准确度等级和最大允许误差		6.2	试验	10.3	a)	全部
7	示值误差曲线		6.3	试验	10.3	a)	全部
8	重复性		6.4	试验	10.3	a)	全部
9	互换误差		6.5	试验	10.4	a)	全部
10	反向流		6.6	试验	10.5	a)	≥1
11	水温		6.7	试验	10.6	a)	≥1
12	水压		6.8	试验	10.7	a)	≥1
13	过载水温		6.9	试验	10.8	a)	≥1
14	无流量或无水		6.10	试验	10.9	a)	≥1
15	水表和辅助装置的其他要求	电子部件之间的连接	6.11.1	观察		b)	≥1
		调整装置	6.11.2	观察		a)	≥1
		修正装置	6.11.3	观察		a)	≥1

表 16（续）

序号	型式评价项目			技术要求	评价方式	评价方法	适用	水表数量
15	水表和辅助装置的其他要求	计算器		6.11.4	观察		a)	≥1
		辅助装置		6.11.5	试验	10.10	a)	≥1
16	静磁场			6.12	试验	10.11	a)	≥1
17	耐久性	断续流量耐久性		6.13.1	试验	10.12.2	a) c)	≥1 ieao
		连续流量耐久性		6.13.2	试验	10.12.3	a) c)	≥1 ieao
通用技术要求				7				
18	水表的额定工作条件			7.1	观察		a)	≥1
19	水表的材料和结构			7.2	观察		a)	≥1
20	指示装置			7.3	试验	10.2	a)	≥1
21	安装条件			7.4	试验	10.13	a)	≥1
22	静压力			7.5	试验	10.14	a)	全部
23	压力损失			7.6	试验	10.15	a)	≥1
24	带电子装置的水表	总要求		7.7.1	观察		b)	≥1
		环境等级		7.7.2	观察		b)	≥1
		电磁环境等级		7.7.3	观察		b)	≥1
		电源	总要求	7.7.4.1	观察		b)	≥1
			外部电源	7.7.4.2	观察		b)	≥1
			不可更换电池	7.7.4.3	观察		b)	≥1
			可更换电池	7.7.4.4	观察		b)	≥1
		电子装置结构		7.7.5	试验	附录 A	b)	≥5
		影响因子和扰动	高温（无冷凝）	7.7.6.1	试验	10.16.2	b)	≥1
			低温	7.7.6.2	试验	10.16.3	b)	≥1
			交变湿热（冷凝）	7.7.6.3	试验	10.16.4	b)	≥1
			电源变化	7.7.6.4	试验	10.16.5	b)	≥1
			内置电池中断	7.7.6.5	试验	10.16.6	b)	≥1
			振动（随机）	7.7.6.6	试验	10.16.7	b)	≥1
			机械冲击	7.7.6.7	试验	10.16.8	b)	≥1

表 16（续）

序号	型式评价项目			技术要求	评价方式	评价方法	适用	水表数量
24	带电子装置的水表	影响因子和扰动	交流主电源电压暂降和短时中断	7.7.6.8	试验	10.16.9	b)	≥1
			信号线、数据线和控制线上的（瞬变）脉冲群	7.7.6.9	试验	10.16.10	b)	≥1
			交流和直流主电源上的（瞬变）脉冲群	7.7.6.10	试验	10.16.11	b)	≥1
			静电放电	7.7.6.11	试验	10.16.12	b)	≥1
			辐射电磁场	7.7.6.12	试验	10.16.13	b)	≥1
			传导电磁场	7.7.6.13	试验	10.16.14	b)	≥1
			信号线、数据线和控制线上的浪涌	7.7.6.14	试验	10.16.15	b)	≥1
			交流和直流主电源线上的浪涌	7.7.6.15	试验	10.16.16	b)	≥1

说明：

1. 适用栏中，a）为适用于所有水表；b）为适用于带电子装置的水表；c）为应最后试验，且按排列的先后顺序进行，如果附加提供了该试验的样机，则该试验可以与其他试验同时进行。

2. 水表数量栏中，"≥1"表示试验所需的同一型号规格样机中至少选择其中 1 个样机，且该样机应完成所有项目的评价。对于带电子装置的水表，"≥1"表示在电子装置相同的所有样机中至少选择其中一个规格的 1 个样机进行所有影响因子和扰动项目的评价。"≥5"表示至少 5 个相同型号规格的样机。"全部"表示除了用于电子装置设计审查的 5 个样机以外试验所需的所有样机。"≥1 ieao"表示系列水表中至少选择一个规格的全部样机对适用的安装方位进行试验，一般选择有代表性的公称通径最小规格的样机，需要进行多个安装方位试验的应增加样机数量。

3. 系列水表的样机中选择最小公称通径规格和另一其他公称通径规格的水表进行反向流（6.6）试验、水温（6.7）试验、水压（6.8）试验、过载水温（6.9）试验、无流量或无水（6.10）试验、静磁场（6.12）试验、安装条件（7.4）试验、静压力（7.5）试验、压力损失（7.6）试验。

9 提供样机的数量及样机的使用方式

9.1 水表的特征识别

9.1.1 表征水表特征的文件

申请单位应提供与水表特征识别有关的下列文件：

a) 技术特性和工作原理的描述文件。

b) 整表、计算器或测量传感器的图纸或照片。

c) 对计量有影响的部件及其材料清单。

d) 标识有不同部件的装配图或单元配置图。

e) 对于带有修正装置的水表，如何确定修正参数的描述文件。

f) 封印和检定标志的位置图。

g) 标注计量法制管理标志的图纸。

h) 复式水表中包含已通过型式批准的水表，该水表的型式评价报告。

i) 用户手册和安装手册。

带电子装置的水表还应提供：

j) 不同电子装置的功能描述文件。

k) 表示电子装置功能的逻辑流程图。

l) 电子装置的结构满足附录 A 的设计或验证文件。

9.1.2 系列水表的确定原则

系列水表应符合附录 D 中 D.1 的规定。

9.2 样机的确定

应根据申请和水表特征，按下列原则确定样机。

9.2.1 样机规格的确定原则

符合附录 D 中 D.1 a) 的系列水表应按附录 D 中 D.2 的规定确定样机规格，单一规格水表应认为是系列水表的特例。

符合附录 D 中 D.1 b) 的系列水表应选择 Q_3/Q_1 值最大的规格作为样机。

符合附录 D 中 D.1 c) 的系列水表应选择准确度等级高的规格作为样机。

如果系列水表的公称通径规格为 DN300 及以上，仅选择 DN300 规格的样机。

9.2.2 样机数量的确定原则

9.2.2.1 样机的最少数量

同一型号规格样机的最少数量见表 17。

表 17 样机的最少数量

流量 Q_3 m³/h	所有水表的最少数量
$Q_3 \leqslant 160$	3
$160 < Q_3 \leqslant 1\,600$	2
$Q_3 > 1\,600$	1

如果水表安装方位多于一种，则预计磨损最严重的最小规格样机，均应按表17的规定提供每种安装方位的样机数量。

9.2.2.2　带有可分离计算器和测量传感器的水表每种组合均按9.2.2.1的规定提供样机。

9.2.2.3　插装式水表和可互换计量模块水表应按6.5的要求另行提供连接接口。

9.2.2.4　带电子装置的水表应另行提供一种规格的5个样机。

9.2.2.5　除连接接口外，所有的样机，包括可分离计算器、测量传感器和相关测量仪表，均应以组合完整的水表型式提供。

9.3　样机的使用方式

9.3.1　按9.2.2.1和9.2.2.2提供的样机，所有样机均须进行示值误差试验。

9.3.2　按附录D中D.2规定的原则确定耐久性试验和所有与影响因子、扰动相关试验的样机。至少有1个用于影响因子和扰动项目评价的样机应进行全部适用项目的试验，不允许用其他样机替换。

9.3.3　按9.2.2.4提供的样机用于电子装置结构检查。

9.3.4　有关试验方法没有特别规定时，不得在试验前或试验期间对样机进行调整。

9.3.5　型式评价结束后按JJF 1015的相关规定处理样机。对于型式评价合格的系列水表样机，至少将1个完整样机和1个拆解样机按JJF 1015的相关规定进行封印、标志，并交由申请单位保存。如果带有可分离计算器和测量传感器，或可互换部件的，应包含这些独立部件，有结构差异的还应增加差异规格的样机和部件。

10　试验项目的试验方法和条件以及数据处理和合格判据

10.1　试验条件

10.1.1　参考条件

对水表进行型式评价试验时，除了试验时的影响量外，其他所有适用的影响量都应保持下列值。而对于带电子装置的水表，其影响因子和扰动允许采用相关试验标准规定的参考条件。

　　a）流量：$0.7（Q_2＋Q_3）\pm0.03（Q_2＋Q_3）$。

　　b）水温：20 ℃ ± 5 ℃。

　　c）水压：在额定工作条件内（见7.1）。

　　d）环境温度范围：15 ℃～25 ℃。

　　e）环境相对湿度范围：45％～75％。

　　f）环境大气压力范围：86 kPa～106 kPa。

　　g）电源电压（交流）：额定电压，U_{nom}（1 ± 5％）。

　　h）电源频率：额定频率，f_{nom}（1± 2％）。

　　i）电源电压（电池）：$U_{bmin}{\leqslant}U{\leqslant}U_{bmax}$。

每次试验期间，参考范围内的温度和相对湿度的变化应分别不大于5 ℃和10％。如果型式评价机构有证据表明某种型式的水表不受条件偏离的影响，则性能试验时允许偏离上述规定的极限值，但应测量偏离条件的实际值，并载入试验记录和型式评价报告。

10.1.2 水质

水表试验应用水进行。试验用水应为可饮用水或满足相同要求的循环水。

水中应不含有任何可能会损坏水表或影响水表工作的物质。水中应不含有气泡。

若使用循环水，应采取措施以防止表内残留的水危害人体健康。

10.1.3 与试验安装及位置有关的通用要求

10.1.3.1 避免不利影响

试验设备应设计、建造成在使用时设备自身的性能对试验误差没有显著影响。因此，为防止水表、试验设备及其部件产生振动，有必要对设备采取恰当的支撑和安装措施，并采取高标准的维护。

试验设备的环境应使试验满足10.1.1规定的参考条件。

试验期间，每个水表出口的水压应至少为0.03 MPa，且应足以防止形成"空化"。

应能快速方便地获得试验读数。

10.1.3.2 水表的成组试验

水表可以单独或成组进行试验。在后一种状况下，应精确确定水表的个体特性，在试验设备上任何位置的水表应对其他水表的试验误差无显著影响。

10.1.3.3 安装位置

水表试验的环境应满足10.1.1的要求，且应避免扰动的影响（如环境温度、振动）。

10.2 指示装置检查

10.2.1 总则

在指示装置检查过程中，应记录所有相关的值、尺寸和观察结果。

10.2.2 检查目的

检验水表指示装置在10.1.1的条件下是否满足7.3的要求。

10.2.3 检查准备

应使用经检定或校准的可溯源的测量设备对水表上必要的线性尺寸进行测量。

指示装置标尺的实际或者近似尺寸应在不移除水表的透镜或不拆解水表的条件下进行测量。

注：可以用非接触式测量显微镜测量标尺分度的宽度、间距和高度以及数字的高度。

10.2.4 检查程序

10.2.4.1 总则

至少在1个样机上检查水表指示装置的下列几个方面。

10.2.4.2 功能

按下列程序检查指示装置的功能：

a）检验指示装置提供了易读、可靠且清晰可视的指示体积的示值。

b）检验指示装置包含了用于试验和检定的可视化措施。

c）如果指示装置包含了采用其他方法进行试验和检定的附加元件，如用于自动试验和校验，记录该元件的型式。

d）如果水表是带有两个指示装置的复式水表，则 7.3.1.1 的要求适用于这两个指示装置。

e）完成检查记录。

10.2.4.3　测量单位、符号及其位置

按下列程序检查指示装置的测量单位、符号及其位置：

a）检验水的指示体积单位以立方米表示。

b）检验单位 m^3 标注在标度盘上或紧邻显示数字。

c）完成检查记录。

10.2.4.4　指示范围

按下列程序检查指示装置的指示范围：

a）检验指示装置能够按表 11 的要求记录与常用流量 Q_3 对应的以立方米为单位的指示体积，期间不复零。

b）完成检查记录。

10.2.4.5　指示装置的颜色标志

按下列程序检查指示装置的颜色标志：

a）检验下列每一条：

1）黑色用于显示立方米及其倍数，且：

2）红色用于显示立方米的约数，且：

3）指针、指示标记、数字、字轮、字盘、度盘或开孔框都使用这两种颜色。

4）或采用其他方法显示立方米且能明确区分主示值和备用显示（例如用于检定和试验的约数）。

b）完成检查记录。

10.2.4.6　指示装置的类型

按下列程序检查指示装置的类型：

a）对于第 1 类——模拟式指示装置：

1）如果使用了第 1 类指示装置，检验体积是由其中一种方式指示：一个或多个指针相对于各分度标度连续移动，或一个或多个标度盘或鼓轮各自通过一个指示标记连续移动。

2）检验每个分度所表示的立方米值是否以 10^n 的形式表示，n 为正整数、负整数或零，由此建立起一个连续十进制体系。

3）检验每一个标度以立方米值分度，或者附加一个乘数（例如 $\times 0.001$、$\times 0.01$、$\times 0.1$、$\times 1$、$\times 10$、$\times 100$、$\times 1\,000$ 等）。

4）检验旋转移动的指针或标度盘以顺时针方向转动。

5）检验直线移动的指针或标度从左至右移动。

6）检验数字滚轮指示器（鼓轮）向上转动。

7）完成检查记录。

b）对于第 2 类——数字式指示装置：

1）检验由一个或多个开孔中的一行相邻的数字指示体积。

2）检验数字的进位在相邻的低位数从 9 变化到 0 时完成。

3）检验数字的实际或显示高度至少达到 4 mm。

4）对于非电子装置：检验数字滚轮指示器（鼓轮）向上转动，或如果最低位值的十个数字可以连续移动，检验开孔足够大，以便准确读出数字。

5）对于电子装置：检验非永久性的显示在任意时间都可以显示体积至少 10 s，并按下列顺序目视检查整个显示：

——对于七段显示模式，点亮所有笔画（例如所有"8"的测试）。

——对于七段显示模式，熄灭所有笔画（例如"全空白"测试）。

——对于图像模式显示，用等效测试来检验显示故障不会引起任何数字的错误判断。

——检验此顺序的每个步骤至少持续 1 s。

6）完成检查记录。

c）对于第 3 类——模拟和数字组合式指示装置：

1）如果指示装置是第 1 类装置和第 2 类装置的组合，检验各装置满足各自的要求（按 7.3.2.1 和 7.3.2.2）。

2）完成检查记录。

10.2.4.7　检定装置：第一单元——检定标度分格

按下列程序检查检定装置：第一单元——检定标度分格：

a）对于总要求的检验：

1）检验指示装置具有可视化的、明确的试验和检定的措施。

2）注意可视化的检定显示器是否具备连续运动或断续运动。

3）注意除了可视化的检定显示器以外，指示装置是否包含供快速试验的设备，借助于水表所包含的辅助元件（例如星轮或圆盘），通过外部附接的传感器为快速试验提供信号。注意由制造商标明的，可视的体积示值与该辅助元件输出信号之间的关系。

4）对于电子式水表，如果可视化的检定装置不适合于试验和检定，则按附录 B 检验输出信号的类型。

5）完成检查记录。

b）对于可视化的检定显示：

1）检验检定标度分格值：

——检验以立方米表示的检定标度分格值以 1×10^n、2×10^n 或 5×10^n 的形式表示，其中 n 为正整数、负整数或零。

——对于第一单元连续运动的模拟和数字式指示装置，检验检定标度是将第一单元两个相邻数字的间隔划分成 2、5 或 10 个等分。

——对于第一单元连续运动的模拟和数字式指示装置，检验第一单元相邻数字之间的分度上未标注数字。

2）对于第一单元不连续运动的数字指示装置，检验检定标度分格是第一单元两个相邻数字的间隔或是第一单元的运动增量。

3）完成检查记录。

c）对于检定标度的形状：

1）如果指示装置的第一单元连续运动，检验显示的标度间距不小于 1 mm 且不大于 5 mm。

2）检验标度的组成：

——宽度相等只有长度不同的线条，线条的宽度不超过标度间距的1/4。或：

——宽度等于标度间距的恒宽对比条纹。

3）检验指针指示端的显示宽度不超过标度间距的1/4。

4）检验指针指示端的显示宽度不大于 0.5 mm。

5）完成检查记录。

d）对于指示装置的分辨力：

1）注意检定标度分格的值，δV，单位为 m^3。

2）按 $V_a = Q_1 \times 1.5$ 计算 Q_1 下经过 1 h 30 min 流过的实际体积 V_a，单位为 m^3。

3）计算指示装置的分辨力误差 ε_r，以百分比形式表示。

——对于第一单元连续运动的指示装置，按式（2）计算。

$$\varepsilon_r = \frac{0.5\delta V + 0.5\delta V}{V_a} \times 100\% = \frac{\delta V}{V_a} \times 100\% \tag{2}$$

——对于第一单元不连续运动的指示装置，按式（3）计算。

$$\varepsilon_r = \frac{\delta V + \delta V}{V_a} \times 100\% = \frac{2\delta V}{V_a} \times 100\% \tag{3}$$

4）检验对于 1 级的水表，检定标度分格的值足够小，以保证指示装置的分辨力误差 ε_r 不超过 Q_1 下历时 1 h 30 min 所需的实际体积的 0.25%，即 $\varepsilon_r \leqslant 0.25\%$。

5）检验对于 2 级的水表，检定标度分格的值足够小，以保证指示装置的分辨力误差 ε_r 不超过 Q_1 下历时 1 h 30 min 所需的实际体积的 0.5%，即 $\varepsilon_r \leqslant 0.5\%$。

6）完成检查记录。

附加说明：当第一单元连续运动时，应允许每次读数的最大误差不超过检定标度分格值的1/2；当第一单元断续运动时，应允许每次读数的最大误差不超过检定标度的一位数字。

10.3　固有误差试验

10.3.1　试验目的

检验水表的固有误差和水表安装方位对示值误差的影响在参考条件下是否满足6.2.2的要求。

10.3.2　试验条件

试验应在10.1.1规定的参考条件下进行。

10.3.3　试验设备

10.3.3.1　试验装置描述

本部分所述确定水表示值误差的方法是所谓的"收集法"，即把流经水表的水量收集在一个或多个收集容器内，用容积法或称重法确定水量。只要能达到10.3.3.2 f）中1）的要求，也可采用其他方法。

确定固有误差的方法为在参考条件下将水表的示值与经过校准的参考装置的示值相比较。

为达到试验目的，至少一个水表应在不安装临时辅助装置（如有）的条件下进行试验，该装置对水表试验必需的除外。

试验装置主要由下列设备组成：

1）供水系统（不加压容器、加压容器、泵等）。

2）管道系统。

3）经过校准的参考装置（经过校准的容器、称重系统、标准表等）。

4）试验计时设备。

5）试验自动操作装置（如需要）。

6）水温测量装置。

7）水压测量装置。

8）密度测定装置（如有必要）。

9）电导率测定装置（如有必要）。

10.3.3.2　管道系统

a）说明

管道系统应包括：

1）安装水表的测量段。

2）设定所需流量的装置。

3）一个或两个隔离装置。

4）测定流量的装置。

如有必要，还要包括：

5）试验前后检查管道系统是否充满到基准液位的装置。

6）一个或数个放气孔。

7）一台止回装置。

8）一台空气分离器。

9）一台过滤器。

试验期间，水表与参考装置之间或者参考装置自身均不应发生渗漏、流量输入和流量排出。

b）测量段

除水表外，测量段还包括：

1）一个或数个测量压力的取压口，其中一个取压口位于（第1个）水表上游靠近水表处。

2）测量（第 1 个）水表入口处水温的装置。

测量段中或靠近测量段的任何管件或装置均不应引起会改变水表性能或示值误差的空化或流体扰动。

c）试验注意事项

试验应注意下列事项：

1）检查试验装置在运行时，应使流经水表的实际水量等于参考装置测得的水量。

2）检查试验开始和结束时管道（如出口管的鹅颈）都充水到同一基准液位。

3）排除连接管道和水表内的空气。制造商可建议确保水表中所有空气都排完的程序。

4）采取所有必要的措施避免振动和冲击影响。

d）水表安装的特殊约定

水表安装时还应遵循以下约定：

1）避免测量结果出错

下列提示是有关测量出错最常见的原因，将水表安装在试验装置上时应采取必要的预防措施，以使水表试验的安装达到下列要求：

——与未受扰动的流体水力特性相比，试验装置的流体水力特性不会使水表的功能产生明显差异。

——所采用试验方法的扩展不确定度不超过规定值［见 10.3.3.2 f) 中 1)］。

2）需要直管段或流动整直器

非容积式水表的准确度容易受上游扰动的影响，如由于弯头、T 型接头、阀或泵等的存在。为抵消这些影响：

——水表应按制造商的说明安装。

——连接管道的内径应与水表连接端的内径一致。

——如有必要，直管段上游应安装流动整直器。

3）流动扰动的常见原因

流动会受到两种类型的扰动影响：速度剖面畸变和旋涡，两种扰动均会影响水表的示值误差。

速度剖面畸变主要是由障碍物部分阻塞管道引起的，如管道中存在部分关闭的阀门或偏心的法兰连接，这些情形很容易通过仔细执行安装程序来消除。

旋涡是由不同平面上的两个或多个弯头、或一个弯头与一个偏心的节流件组合、或部分关闭的阀门引起。这种影响可以通过保证水表上游安装足够长的直管段，或安装流动整直器，或这两种方法的组合来控制。然而如果可能，应尽可能避免这些类型的管道系统结构。

4）容积式水表

某些类型的水表，如旋转活塞式水表和章动圆盘式水表等容积式水表（即具有活动隔板测量室的水表），被认为对上游安装条件不敏感，因此无需特殊要求。

5）利用电磁感应原理的水表

利用电磁感应原理的水表基于其测量原理，可能会受到试验用水电导率的影响，这类水表试验用水的电导率应控制在制造商规定的范围内。

6）其他测量原则

其他类型的水表进行测量示值误差试验时可能需要流动调整，在这种情形下应遵循制造商规定的安装要求（见7.4）。

这些安装要求应列入水表的型式评价报告。

同轴水表被证明不受集合管构造的影响，则在试验和使用时可采用任何合适的集合管。

e）试验开始和结束时的误差

下列因素影响试验开始和结束时的误差：

1）总则

试验期间应采取适当的预防措施以减少试验装置部件工作带来的不确定度。

2）和3）叙述了适用于采用"收集"法所遇到的两种情况下需要采取的详细的预防措施。

2）水表在静止状态下读数的试验

此方法通常称为启停法，主要利用水表可视化的检定装置进行，如果水表的输出信号在启动和停止阶段的响应无滞后效应，且有足够的分辨力，也可以采用该方法。

打开水表下游的阀门使水流动，然后关闭该阀门使水停止流动。在数字不动时读数。

测定从打开阀门的动作开始到关闭阀门的动作为止之间的时间。当水开始流动并以规定的恒定流量流动期间，水表的示值误差是跟随流量变化的函数（即误差曲线）。

当水流停止时，水表运动部件的惯性和水表内水的旋转运动相结合，可能会导致某些类型水表和某些试验流量产生明显误差。

对于这种情况，目前还不能确定一个简单的经验法则，规定一些条件，使该误差减小到可忽略不计。

为提高试验结果可靠性，建议：

——增加试验体积，延长试验持续时间。

——将试验结果与采用其他一种或多种方法获得的结果相比较，尤其是3）所述的方法，该方法能消除上述不确定度的起因。

某些类型的电子式水表具有供试验用的脉冲输出，这种水表响应流量变化的形式可能是在阀门关闭后输出有效脉冲。在这种情况下，应配备附加的脉冲计数器。

采用脉冲输出试验水表时，应检查脉冲计数显示的体积与指示装置显示的体积一致性。

3）水表在稳定流动状态下和换流时读数的试验

此方法通常称为换向法，适合有试验和检定的附加元件或有信号输出的水表。

测量在流动状态稳定后进行。

测量开始时，换向器将水流引向一个经过校准的容器，测量结束时将水流引开。

在运动状态下读数，或利用信号接收仪表接收输出信号。

水表的读数应与换向器的运动同步，如果不能同步时应可以修正。

同步时容器内收集的体积就是流经水表的实际体积，不同步时实际体积应按不同步的时间差异修正到相同时间的体积。

如果换向器朝每个方向运动的时间相差不超过 5%，并且小于试验总时间的 1/50，则认为引入体积的不确定度可忽略不计。

当依赖于人工操作实现水表读数与换向器运动之间的同步有困难时，可借助于水表所包含的用于快速试验和检定的辅助元件，将其流量信号转化成脉冲信号，用脉冲计数器进行计数。此时，如果在理论上仍然不能保证同步，可以用计时器分别记录代表水表读数的脉冲计数时间和代表实际体积的参考装置测量时间，并将参考装置测得的实际体积按两个时间之间的差异修正到与水表读数时间一致的体积，再进行示值误差计算。

f）经校准的参考装置

1）实际体积值测量的扩展不确定度

试验时流过水表的实际体积的扩展不确定度，应不超过水表最大允许误差绝对值的 1/5。

注：实际体积的测量不确定度不包含来自水表的贡献。应按照 JJF 1059.1 评定测量不确定度，包含因子 $k = 2$。

2）经校准参考装置的最小测量体积

允许的最小测量体积取决于根据试验开始和结束的影响（即试验时间引起的误差）所确定的要求，以及指示装置的设计（即检定标度分格值）、快速试验辅助元件的信号分辨力和输出信号分辨力。

g）示值误差测量的主要影响因素

示值误差测量应注意如下主要影响因素：

1）总则

试验装置的压力、流量和温度变化，以及这些物理量测量准确度的不确定度是影响水表示值误差测量的主要因素。

2）压力

以选定流量进行试验时，压力应始终维持在恒定值。

在试验 $Q_3 \leqslant 16\ \text{m}^3/\text{h}$ 的水表时，当试验流量不大于 $0.10Q_3$，如果试验装置由恒水头水槽通过管道供水，则能在水表的入口处（或成组试验的第 1 个水表入口处）实现压力恒定，这能保证流动不受扰动。

也可以使用其他压力波动不超过恒水头水槽的供水方法（如稳压罐）。

对于其他各种试验，水表上游的压力变化应不大于 10%。压力测量的最大不确定度应不超过测量值的 5%。

应按照 JJF 1059.1 评定测量不确定度，包含因子 $k = 2$。

水表入口处的压力应不超过水表的最大允许压力。

3）流量

试验期间流量应始终维持在选定的值不变。

每次试验期间流量的相对变化（不包括启动和停止）应不超过：

——Q_1 至 Q_2（不包括 Q_2）：$\pm 2.5\%$。

——Q_2（包括 Q_2）至 Q_4：$\pm 5.0\%$。

流量值是试验期间流过的实际体积除以时间。

如果压力的相对变化（流向大气时）或压力损失的相对变化（封闭管道中）不超过下列值，则这种流量变化条件是可以接受的：

——Q_1 至 Q_2（不包括 Q_2）：$\pm 5\%$。

——Q_2（包括 Q_2）至 Q_4：$\pm 10\%$。

4）温度变化

试验期间水温的变化应不大于 5 ℃。

温度测量的最大不确定度应不超过 1 ℃。

5）水表的安装方位

水表应按制造商规定的方位安装在试验装置上：

——如果水表上标有"H"标记，试验时连接管道应安装成流动轴线处于水平方向（显示装置位于顶部）。

——如果水表上标有"V"标记，试验时连接管道应安装成流动轴线处于竖直方向：

● 至少样机中的一个水表应安装成流动轴线处于竖直方向，流动方向为自下而上。

● 至少样机中的一个水表应安装成流动轴线处于竖直方向，流动方向为自上而下。

● 制造商对安装要求有特别规定的，应从其规定。

——如果水表上同时标明"H"和"V"标记：

● 至少样机中的一个水表应安装成流动轴线处于竖直方向，流动方向为自下而上。

● 至少样机中的一个水表应安装成流动轴线处于竖直方向，流动方向为自上而下。

● 其余样机中的水表应安装成流动轴线处于水平方向。

● 制造商对安装要求有特别规定的，应从其规定。

——如果水表上没有标明"H"或"V"标记：

● 至少样机中的一个水表应安装成流动轴线处于垂直方向，流动方向为自下而上。

● 至少样机中的一个水表应安装成流动轴线处于垂直方向，流动方向为自上而下。

● 至少样机中的一个水表应安装成流动轴线处于垂直和水平方向之间的一个中间角度（由型式评价机构慎重评估后确定）。

● 其余样机中的水表应安装成流动轴线处于水平方向。

——对于指示装置与表体合为一体的水表，至少一个水平安装的水表指示装置应位于侧面，其余水表的指示装置应位于顶部，工作原理不允许的除外。

——所有的水表，无论处于水平方向、竖直方向还是一个中间角度，其流动轴线位置的允许偏差均为±5°。

附加说明：如果受试水表的数量少于 4 台，可以从基准总数中追加提取所需数量的水表，或者用同一个水表在不同的位置上接受试验。

10.3.3.3 复式水表的附加要求

对于复式水表，10.3.3.2 e）中 3）规定的试验方法，即水表在稳定的流动状态下读数，保证了转换装置在流量增加和流量减少情况下都正常工作。10.3.3.2 e）中 2）规定的试验方法，即水表在静止状态下读数，由于对于复式水表该试验方法不能实现按减小流量的方式调节试验流量后再确定示值误差，故不应用于此试验。

确定转换流量的试验方法如下：

a）从小于转换流量 Q_{x2} 的一个流量开始，大致以 5% 转换流量 Q_{x2} 定义值的步幅连续增大流量直至达到转换流量 Q_{x2}（见定义 3.3.6）。转换正要发生前和转换刚发生后这一刻的指示流量的平均值就是转换流量 Q_{x2} 值。

b）从大于转换流量 Q_{x1} 的一个流量开始，大致以 5% 转换流量 Q_{x1} 定义值的步幅连续减小流量直至达到转换流量 Q_{x1}（见定义 3.3.6）。转换正要发生前和转换刚发生后这一刻的指示流量的平均值就是转换流量 Q_{x1} 值。

10.3.4 试验程序

a）至少应在下列流量下确定水表的固有误差，1）、2）、5）的流量应至少测量 3 次以计算重复性，其他每个流量下的误差至少测量两次。

1）Q_1：$Q_1 \sim 1.1 Q_1$。

2）Q_2：$Q_2 \sim 1.1 Q_2$。

3）$0.35(Q_2+Q_3)$：$0.33 \times (Q_2+Q_3) \sim 0.37 \times (Q_2+Q_3)$。

4）$0.7(Q_2+Q_3)$：$0.67 \times (Q_2+Q_3) \sim 0.74 \times (Q_2+Q_3)$。

5）Q_3：$0.9 Q_3 \sim Q_3$。

6）Q_4：$0.95 Q_4 \sim Q_4$。

对于复式水表：

7）$0.9 Q_{x1}$：$0.85 Q_{x1} \sim 0.95 Q_{x1}$。

8）$1.1 Q_{x2}$：$1.05 Q_{x2} \sim 1.15 Q_{x2}$。

b）水表不带附加装置（如果有）进行试验。

c）试验期间其他影响因子应保持在参考条件。

d）如果示值误差曲线的形状表明可能会超出最大允许误差，则还应在其他流量下测量示值误差。

e）计算每个流量下的示值误差和 1）、2）、5）对应流量的重复性。

f）完成试验记录。

按纵坐标为示值误差，横坐标为流量绘制出每个水表的误差特征曲线，用于评估水表在规定流量范围内的基本性能。

当 Q_1、Q_2 或 Q_3 以外的某一点初始示值误差曲线接近最大允许误差时，如果能证明此示值误差是该型式水表的典型误差，型式评价机构可以在型式批准文件中确定一个附加流量点作为检定流量，制造商应将附加检定流量点的规定告知潜在用户。

水表应在10.1.1规定的参考温度下进行试验。

10.3.5 数据处理

按附录B的相关公式计算示值误差和重复性，示值误差应取多次测量的平均值。

10.3.6 合格判据

水表的示值误差、示值误差曲线和重复性应满足下列要求：

a）观测到的每一流量点下的示值误差均应不超过6.2.2规定的最大允许误差。如果在一个或多个水表上观测到的示值误差仅在一个流量点下超过最大允许误差，则应在此流量点下重复试验，再得到两个结果。如果该流量点的三个试验结果中有两个在最大允许误差范围内，且三个试验结果的算术平均值也落在最大允许误差以内，应认为试验合格。

b）如果水表所有示值误差的符号相同，则至少其中一个误差应不超过最大允许误差的1/2。

c）10.3.4 a）中1）、2）和5）的重复性应不超过6.2.2规定的最大允许误差绝对值的1/3。

10.4 插装式水表和带可互换计量模块水表的互换误差试验

10.4.1 试验目的

检验批量生产的插装式水表或可互换计量模块水表对连接接口影响的敏感程度，互换误差在参考条件下是否满足6.2.2的要求。

10.4.2 试验条件

试验在10.1.1规定的参考条件下进行。

10.4.3 试验设备

试验设备应满足10.3.3的要求。

10.4.4 试验程序

a）从供型式评价的样机中选取两个插装式水表或可互换计量模块和五个连接接口。

试验前应逐一检查插装式水表与连接接口或可互换计量模块与连接接口之间的匹配性，同时还应检查插装式水表或可互换计量模块与连接接口之间所要求的标记的匹配性，禁止使用转接器或转换器。

注：ISO 4064-4 的附录 C 给出了转接器和转换器的示例。

b）两个插装式水表或可互换计量模块应与每种兼容接口型式的五个连接接口进行试验，得到每种兼容接口型式的10条误差曲线。试验流量应符合10.3.4的规定，每个流量点至少重复测量两次。

c）试验期间，其余所有影响因子均保持在参考条件。

d）计算每个流量下的示值误差。

e）完成试验记录。

10.4.5 数据处理

按附录 B 的相关公式计算示值误差和重复性，示值误差应取多次测量的平均值。

10.4.6 合格判据

试验结果应满足下列要求：

a）任何情况下所有的示值误差均应不超过 6.2.2 规定的最大允许误差。

b）如果使用标准连接接口，5 次试验中的误差变化量应不超过最大允许误差绝对值的 1/2。如果使用与标准接口的连接尺寸完全相同，但本体形状和流动形态不同的五个连接接口，5 次试验中的误差变化量应不超过最大允许误差绝对值。

10.5　反向流试验

10.5.1　试验目的

检验水表在发生反向流时能否满足 6.6 的要求。

设计为计量反向流的水表应准确记录反向流体积。

允许反向流，但设计为不计量反向流的水表，应承受反向流。之后应在正向流下测量示值误差，以检查反向流不会导致计量性能降低。

设计为防止反向流的水表（如通过内置的单向阀），应在其出口端施加最大允许压力，之后在正向流下测量示值误差，以确认作用于水表的压力不会导致计量性能降低。

10.5.2　试验条件

试验应在 10.1.1 规定的参考条件下进行。

10.5.3　试验设备

试验设备应满足 10.3.3 的要求，按 10.3.3 规定的安装和操作要求进行试验准备。

10.5.4　试验程序

10.5.4.1　设计为测量反向流的水表

a）在下列每一反向流的流量范围内至少测量一个水表的示值误差：

1）Q_1：$Q_1 \sim 1.1 Q_1$。

2）Q_2：$Q_2 \sim 1.1 Q_2$。

3）Q_3：$0.9 Q_3 \sim Q_3$。

b）试验期间，其余所有影响因子均应保持在参考条件下。

c）计算每个流量下的示值误差。

d）完成试验记录。

e）另外，下列试验应在施加反向流的情况下进行：

1）压力损失试验（见 10.15）。

2）流动扰动试验（见 10.13）。

3）耐久性试验（见 10.12）。

10.5.4.2　设计为不能测量反向流的水表

a）使水表承受反向流 $0.9 Q_3$ 持续 1 min。

b) 在下列正向流的流量范围内至少测量一个水表的示值误差：

1) Q_1：$Q_1 \sim 1.1 Q_1$。

2) Q_2：$Q_2 \sim 1.1 Q_2$。

3) Q_3：$0.9 Q_3 \sim Q_3$。

c) 试验期间，其余所有影响因子均应保持在参考条件下。

d) 计算每个流量下的示值误差。

e) 完成试验记录。

10.5.4.3 设计为防止反向流的水表

a) 使防止反向流的水表在反向流方向承受最大允许压力，持续 1 min。

b) 检查没有明显的泄漏流过阀门。

c) 在下列正向流的流量范围内至少测量一个水表的示值误差：

1) Q_1：$Q_1 \sim 1.1 Q_1$。

2) Q_2：$Q_2 \sim 1.1 Q_2$。

3) Q_3：$0.9 Q_3 \sim Q_3$。

d) 试验期间，其余所有影响因子均应保持在参考条件下。

e) 计算每个流量下的示值误差。

f) 完成试验记录。

10.5.5 数据处理

按附录 B 的相关公式计算示值误差。

10.5.6 合格判据

在 10.5.4.1、10.5.4.2 和 10.5.4.3 的试验中，水表的示值误差均应不超过 6.2.2 规定的最大允许误差。

10.6 水温试验

10.6.1 试验目的

检验水表在水温变化条件下示值误差是否仍能满足 6.2.2 的要求。

10.6.2 试验条件

除水温条件外，其他条件均应满足 10.1.1 规定的参考条件。

10.6.3 试验设备

试验设备应满足 10.3.3 的要求，按 10.3.3 规定的安装和操作要求进行试验准备。

10.6.4 试验程序

a) 水表入口处的水温保持在 10 ℃ ± 5 ℃，在 Q_2 下至少测量一个水表的示值误差，其余所有的影响因子均保持在参考条件下。

b) 水表入口处的水温保持在水表的 MAT，允许偏差为 −5 ℃ ～ 0 ℃，在 Q_2 下至少测量一个水表的示值误差，其余所有的影响因子均保持在参考条件下。

c) 计算每种水表入口水温下的示值误差。

d) 完成试验记录。

10.6.5 数据处理

按附录 B 的相关公式计算示值误差。

10.6.6 合格判据

水表的示值误差应不超过 6.2.2 规定的最大允许误差。

10.7 水压试验

10.7.1 试验目的

检验水表在内压变化条件下示值误差是否仍能满足 6.2.2 的要求。

10.7.2 试验条件

除水压条件外，其他条件均应满足 10.1.1 规定的参考条件。

10.7.3 试验设备

试验设备应满足 10.3.3 的要求，按 10.3.3 规定的安装和操作要求进行试验准备。

10.7.4 试验程序

a）水表入口处的压力先保持在 0.03 MPa，允许偏差为 +5%～0%；然后保持在 MAP 下，允许偏差为 0%～-10%；在 Q_2 下至少测量一个水表的示值误差。

b）试验期间，其余所有影响因子均应保持在参考条件下。

c）计算每种入口压力下的示值误差。

d）完成试验记录。

10.7.5 数据处理

按附录 B 的相关公式计算示值误差。

10.7.6 合格判据

水表的示值误差应不超过 6.2.2 规定的最大允许误差。

10.8 过载水温试验

10.8.1 试验目的

检验水表承受 6.9 规定的过载水温之后计量性能是否仍能满足 6.2.2 的要求。

本试验仅适用于温度等级为 T50 的水表。

10.8.2 试验条件

除了水温条件外，其他条件均应满足 10.1.1 规定的参考条件。

10.8.3 试验设备

试验设备应满足 10.3.3 的要求，按 10.3.3 规定的安装和操作要求进行试验准备。

本试验至少在一个水表上进行。

10.8.4 试验程序

a）使水表承受水温在 MAT + 10 ℃ ± 2.5 ℃ 条件下的参考流量，当水表的温度达到稳定后持续 1 h。对于 $Q_3 > 16 \ m^3/h$ 的水表，只要能保证水温和水表表面温度稳定，流量可适当偏离。

b）恢复后，在参考水温下测量 Q_2 下的示值误差。

c）计算示值误差。

d）完成试验记录。

10.8.5　数据处理

按附录 B 的相关公式计算示值误差。

10.8.6　合格判据

a）水表的体积积算功能应保持正常。

b）制造商标明的其他功能应保持正常。

c）水表的示值误差应不超过 6.2.2 规定的最大允许误差。

10.9　无流量或无水试验

10.9.1　试验目的

检验水表在无流量或无水条件下的示值不发生变化。

本试验仅适用于电子式水表或装有电子式流量或体积敏感器的水表。

10.9.2　试验条件

除流量外，其他条件均应满足 10.1.1 规定的参考条件。

10.9.3　试验设备

试验设备无特定要求，水表的安装和工作条件应遵守 10.3.3 的规定。

10.9.4　试验程序

a）将水表充满水，排出所有空气。

b）保证没有流量流过测量传感器。

c）观察水表的示值 15 min。

d）将水从水表中完全排出。

e）观察水表的示值 15 min。

f）完成试验记录。

10.9.5　数据处理

无。

10.9.6　合格判据

每个试验间隔期间，水表累积量的变化应不超过检定标度分格值。

10.10　水表辅助装置的试验

10.10.1　试验目的

检验带有辅助装置的水表是否满足 6.11.5 的要求。

要求进行以下两种试验：

a）对于可临时安装在水表上的辅助装置，如果是基于试验或数据传输目的，则水表的示值误差应在安装辅助装置的情况下测量，以验证示值误差不超过最大允许误差。

b）对永久性和临时性安装的辅助装置，应检查辅助装置上的体积示值，以确保读数与主示值一致。

10.10.2　试验条件

试验应在 10.1.1 规定的参考条件下进行。

10.10.3　试验设备

试验设备应满足 10.3.3 的要求，按下列程序进行试验准备：

a）按 10.3.3 规定的安装和操作要求进行。

b）临时性的辅助装置应由制造商安装或按制造商的说明安装。

c）如果辅助装置输出的信号是连续脉冲，每个脉冲代表固定体积，脉冲可用电子积算仪累计，两者连接后对电信号应无显著影响。

10.10.4　试验程序

a）按 10.3.4 确定安装临时辅助装置水表的示值误差。

b）对比临时或永久安装的辅助装置与主指示装置之间的读数，对于带电子装置的机械式水表，按附录 C 进行机电转换误差试验。

c）计算示值误差。

d）完成试验记录。

注：永久性安装辅助装置的水表固有误差试验见 10.3。

10.10.5　数据处理

按附录 B 的相关公式计算示值误差和重复性，示值误差应取多次测量的平均值。

10.10.6　合格判据

a）安装临时辅助装置的水表示值误差应不超过 6.2.2 规定的最大允许误差，重复性应满足 6.4 的要求。

b）对于临时或永久安装的辅助装置，辅助装置上的体积示值与主示值之间的差异应不大于一个显示分度值，机电转换误差应满足 6.11.5.2 的要求。

10.11　静磁场试验

10.11.1　试验目的

检验机械部件可能受静磁场影响（如在驱动至输出配备了磁耦或配备了磁驱动脉冲输出）的所有水表，以及带电子装置的所有水表在静磁场影响条件下功能和示值误差是否满足要求。

对于带电子装置的水表，该项试验也是影响因子试验（见 7.7.6）。

10.11.2　试验条件

除静磁场条件外，其他条件均应满足 10.1.1 规定的参考条件。

10.11.3　试验设备

施加静磁场影响的试验设备应满足表 18 的要求，示值误差试验设备应满足 10.3.3 的要求。

表 18　静磁场影响

影响因子	静磁场影响
磁铁类型	环形磁铁
外径	70 mm ± 2 mm
内径	32 mm ± 2 mm
厚度	15 mm
材料	各向异性铁氧体
磁化方式	轴向（1 北 1 南）
剩磁	385 mT～400 mT
矫顽力	100 kA/m～140 kA/m
距表面 1 mm 以内测得的磁场强度	90 kA/m～100 kA/m
距表面 20 mm 处测得的磁场强度	20 kA/m

10.11.4　试验程序（简要）

a）用磁铁接触受试设备（EUT）的某个部位，在该部位静磁场的作用很可能导致示值误差超出最大允许误差，或可能影响 EUT 正常工作。该部位的位置根据对 EUT 类型和结构的了解和以往的经验，通过反复试验加以确定，也可以将磁铁放在不同位置进行探查。

b）试验部位确定后，将磁铁固定在该部位，然后在 Q_3 流量下测量 EUT 的示值误差，并检查 EUT 可能受静磁场影响的功能。

c）除非另有规定，测量示值误差试验时应遵循 7.4 规定的安装和工作条件并使用参考条件。未标明"H"或"V"的水表，仅在水平轴向上进行试验。

d）测量并记录每个试验位置上磁铁相对于 EUT 的位置及其方位，必要时可以用图示标注。

e）完成试验记录。

10.11.5　数据处理

按附录 B 的相关公式计算示值误差。

10.11.6　合格判据

施加试验条件期间：

a）EUT 的所有功能应满足设计要求。

b）试验条件下，EUT 的示值误差应不超过流量高区的最大允许误差（见 6.2.2）。

10.12　耐久性试验

10.12.1　总则

在耐久性试验中，应满足水表的额定工作条件。如果组成复式水表的独立水表之前已通过型式批准，只需进行复式水表的断续流量试验（附加试验），具体见表 19。耐久性试验要求在正向流和适用时的反向流（见 10.5.4.1）下进行。

受试水表的安装方位应按照制造商声明的方位设定，如果有多种安装方位的应选择安装影响最严酷的方位进行试验，或分别试验。

应采用相同的水表进行断续流量试验和连续流量试验。

表 19　耐久性试验

温度等级	常用流量 Q_3	试验流量	试验水温	试验类型	中断次数	停止时间	试验流量下的试验时间	启动与停止持续时间
T30 和 T50	≤16 m³/h	Q_3	(20±5)℃	断续	100 000	15 s	15 s	0.15 $[Q_3]^a$ s，最小值 1 s
		Q_4	(20±5)℃	连续	—	—	100 h	—
	>16 m³/h	Q_3	(20±5)℃	连续	—	—	800 h	—
		Q_4	(20±5)℃	连续	—	—	200 h	—
复式水表（附加试验）[b]	>16 m³/h	$Q≥2Q_{x2}$	(20±5)℃	断续	50 000	15 s	15 s	3 s 至 6 s
复式水表（如果小表未经型式批准）	>16 m²/h	0.9Q_{x1}	(20±5)℃	连续	—	—	200 h	—

[a]　$[Q_3]$ 等于以 m³/h 表示的 Q_3 的值。

[b]　如果组成复式水表的表之前已通过型式批准，复式水表仅需进行断续流量试验（附加试验）。

10.12.2　断续流量耐久性试验

10.12.2.1　试验目的

检验水表在周期性流动条件下的耐用性。

本试验仅适用于 Q_3≤16 m³/h 的水表和复式水表。

本试验使水表承受规定次数的短时启动、停止流量循环。在整个耐久性试验期间，每个循环的恒定试验流量阶段都保持在规定的流量。

10.12.2.2　试验条件

除水温条件外，其他条件均应满足水表额定工作条件。

10.12.2.3　试验设备

试验设备应满足下列要求：

a）装置描述

试验装置包括：

1）一个供水系统（不加压容器、加压容器、水泵等）。

2）管道系统。

b）管道系统

水表可串联、并联或以这两种方式混合连接。除水表外，管道系统还包含：

1）一台流量调节装置（如有必要，每条串联水表线上一台）。

2）一台或数台隔断阀。

3）一个测量水表上游水温的装置。

4）检查流量、循环持续时间和循环次数的装置。

5）每条串联水表线上一台流动中断装置。

6）测量入口和出口压力的装置。

各种装置应不引起空化现象或造成其他各种形式的水表额外磨损。

c）注意事项

应注意下列事项：

1）应排除水表和连接管道内的空气。

2）在重复执行开启和关闭操作时，流量应逐渐变化，以防止出现冲击流量和水锤。

d）流量循环

一个完整的循环由以下四个阶段组成：

1）从零流量到试验流量阶段。

2）恒定试验流量阶段。

3）从试验流量到零流量阶段。

4）零流量阶段。

10.12.2.4　试验程序

a）总则

试验应按下列基本程序确立的原则进行：

1）断续耐久性试验开始之前，按 10.3 的规定在与 10.3.4 相同的流量下测量水表的示值误差。

2）逐个或成组地将水表安装在试验装置上，水表的方位与确定固有误差试验相同［见 10.3.3.2 g）中 5)］。

3）试验期间，水表应保持在额定工作条件下，水表下游的压力应足够高，以防止水表内出现空化。

4）将流量调节到规定的允许偏差范围内。

5）在表 19 规定的条件下运行水表。

6）断续耐久性试验之后，按 10.3 的规定在与 10.3.4 相同的流量下测量水表的示值误差。

7）计算每个流量下的示值误差。

8）计算每个流量下的示值误差的变化量。

9）完成试验记录。

附加程序要求：

1）在试验期间，当水表出现功能性故障时应停止试验。

2）为方便实验，试验可分割成若干个时间段进行，每个时间段的持续时间至少为 6 h。

b）流量允许偏差

除开启、关闭和中断期间外，流量值的相对变化应不超过±10%。可以用受试水表检查流量。

c）试验计时允许偏差

流量循环每一阶段规定持续时间的允许偏差应不超过±10%。

试验总持续时间的允许偏差应不超过±5%。

d）循环次数允许偏差

循环次数应不少于规定次数，但应不超出规定次数的1%。

e）排放体积允许偏差

整个试验期间排放的实际体积应等于规定标称试验流量与试验总的理论持续时间（运行时间加上过渡时间和中断时间）的乘积的1/2，允许偏差为±5%。

通过频繁校正瞬时流量和运行时间即可达到这个精度。

f）试验读数

试验期间，应至少每24 h记录一次试验装置的下列读数，如果试验分段进行，则每一分段还应记录一次读数：

1）受试水表（如果是串联安装，则为第一个）上游水压。

2）受试水表下游水压。

3）受试水表上游水温。

4）流经受试水表的流量。

5）断续流量试验中每一循环四个阶段的持续时间。

6）循环次数。

7）受试水表的指示体积。

10.12.2.5 数据处理

按附录B的相关公式计算示值误差，示值误差应取多次测量的平均值。

将10.12.2.4 a）中步骤7）得到的示值误差减去10.12.2.4 a）中步骤1）得到的固有误差，取绝对值作为示值误差的变化量。

10.12.2.6 合格判据

水表应同时满足下列要求方可判定为合格：

a）在耐久性试验期间和之后，受试水表的各项功能均应正常。

b）示值误差应满足6.13.1规定的最大允许误差要求。

c）示值误差的变化量应满足6.13.1规定的允许变化量要求。

基于上述判定要求，示值误差应采用平均值。

10.12.3 连续流量试验

10.12.3.1 试验目的

检验水表在连续的常用和过载流量条件下的耐用性。

本试验是让水表在规定时间内持续承受恒定的Q_3或Q_4。另外，如果组成复式水表的小表未经型式批准，复式水表应承受表19规定的连续流量试验。

10.12.3.2　试验条件

试验在水表额定工作条件下进行，其中试验水温应满足表19的要求。

10.12.3.3　试验设备

a）装置描述

试验装置包括：

1）一个供水系统（不加压容器、加压容器、水泵等）。

2）管道系统。

b）管道系统

水表可串联或并联或组合串并联进行试验。

除了受试水表外，管道系统还应包含：

1）一台流量调节装置（如有必要，每条串联水表线上一台）。

2）一台或数台隔断阀。

3）一个测量水表上游水温的装置。

4）检查试验流量和试验持续时间的装置。

5）测量入口和出口压力的装置。

各种装置应不引起空化现象或造成其他各种形式的水表额外磨损。

c）注意事项

应注意下列事项：

1）应排除水表和连接管道内的空气。

2）在重复执行开启和关闭操作时，流量应逐渐变化，以防止出现冲击流量和水锤。

10.12.3.4　试验程序

a）总则

试验应按下列基本程序确立的原则进行：

1）连续耐久性试验开始之前，按10.3的规定在与10.3.4相同的流量下测量水表的示值误差。

2）逐个或成组地将水表安装在试验装置上，水表的方位与确定固有误差试验相同 [见10.3.3.2 g）中5）]。

3）在表19规定的条件下运行水表。

4）试验期间，水表应保持在额定工作条件下，水表下游的压力应足够高，以防止水表内出现空化。

5）连续耐久性试验之后，按10.3的规定在与10.3.4相同的流量下测量水表的示值误差。

6）计算每个流量下的示值误差。

7）计算每个流量下的示值误差的变化量。

8）完成试验记录。

附加程序要求：

1）在试验期间，当水表出现功能性故障时应停止试验。

2）为方便实验，试验可分割成若干个时间段进行，每个时间段的持续时间至少为

6 h。

b）流量允许偏差

除开启、关闭和中断期间外，流量值的相对变化应不超过±10％。可以用受试水表检查流量。

c）试验计时允许偏差

规定的试验持续时间是最小值。

d）排放体积允许偏差

整个试验期间排放的实际体积应不小于规定试验流量与规定试验持续时间的乘积。

通过频繁校正瞬时流量和运行时间即可达到这个准确度。可以用受试水表检查流量。

e）试验读数

试验期间，至少应每24 h记录一次试验装置的下列读数，如果试验分段进行，则每一分段还应记录一次读数：

1）受试水表（如果是串联安装，则为第一个）上游水压。

2）受试水表下游水压。

3）受试水表上游水温。

4）流经受试水表的流量。

5）受试水表的指示体积。

10.12.3.5　数据处理

按附录B的相关公式计算示值误差，示值误差应取多次测量的平均值。

将10.12.3.4 a）中步骤7）得到的示值误差减去10.12.3.4 a）中步骤1）得到的固有误差，取绝对值作为示值误差的变化量。

10.12.3.6　合格判据

水表应同时满足下列要求方可判定为合格：

a）在耐久性试验期间和之后，受试水表的各项功能均应正常。

b）示值误差应满足6.13.2规定的最大允许误差要求。

c）示值误差的变化量应满足6.13.2规定的允许变化量要求。

基于上述判定要求，示值误差应采用平均值。

10.13　流动扰动试验

10.13.1　试验目的

检验水表在流动扰动条件下的示值误差是否满足7.4.4关于正向流的要求，以及适用时关于反向流的要求（见10.5.4.1）。

注：

1　测量水表上下游出现规定的常见扰动流对水表示值误差的影响。

2　试验采用1型和2型扰动器，分别产生向左（左旋）和向右（右旋）旋转流速场（旋涡）。这类流动扰动在直接以直角连接的两个90°弯管的下游很常见。3型扰动器可产生不对称速度剖面，通常出现在突入的管道接头或未全开的闸阀下游。

10.13.2 试验条件

试验应在 10.1.1 规定的参考条件下进行，试验要求变化的影响因子除外。

10.13.3 试验设备

示值误差试验设备应满足 10.3.3 的要求，1 型、2 型和 3 型流动扰动器应满足附录 E 的要求。

试验准备除了满足 10.3.3 规定的安装和操作要求外，还应满足 10.13.4 的要求。

10.13.4 试验程序

按下列程序进行试验：

a）分别采用 1 型、2 型和 3 型流动扰动器，在图 2 规定的每种安装要求下选取 $0.9Q_3 \sim Q_3$ 之间的流量点测量水表的示值误差。

b）完成试验记录。

附加程序要求：

1）对于制造商规定上游安装长度至少为 $15D$ 的直管段，下游安装长度至少为 $5D$ 的直管段的水表，不允许使用外部流动整直器。

2）制造商规定水表下游的直管段长度最小 $5D$ 时，应只进行图 2 所示的第 1、3 和 5 项试验。

3）如果采用外部流动整直器，制造商应规定整直器的类型、技术特性和相对于水表的安装位置。

4）在有关试验的背景条件下，不应将水表中具有流动整直功能的装置看成是整直器。

5）某些类型的水表，如容积式水表，已被证明不受水表上下游流动扰动的影响，型式评价机构可免除对这类水表进行本试验。

6）水表上下游直管段长度取决于水表的流动剖面敏感度等级，应分别按表 12 和表 13 的要求确定。

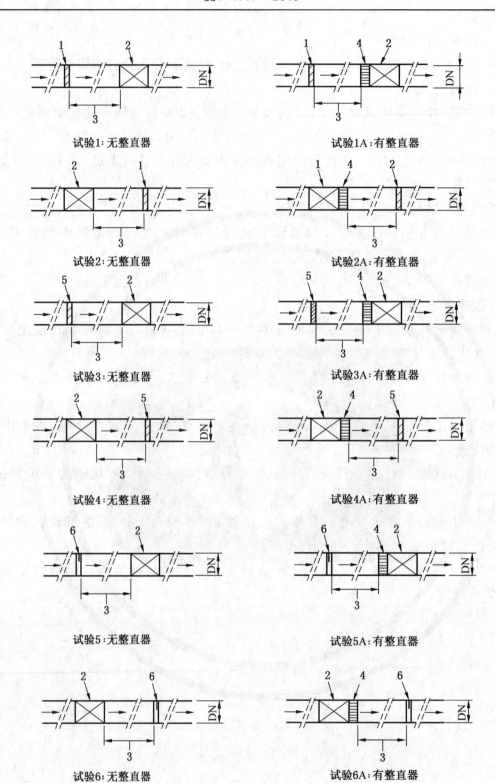

图 2　流动扰动试验的安装要求

1—1 型扰动器——左旋旋涡发生器；　4—整直器，整直器可以是独立部件，也可以与直管段组合成一体；

2—水表；　　　　　　　　　　　　　5—2 型扰动器—右旋旋涡发生器；

3—直管段；　　　　　　　　　　　　6—3 型扰动器—速度剖面流动扰动器

10.13.5 数据处理

按附录 B 的相关公式计算示值误差。

10.13.6 合格判据

在任一流动扰动试验中，水表的示值误差应不超过 6.2.2 规定的最大允许误差。

10.14 静压力试验

10.14.1 试验目的

检验水表是否能在规定的时间下承受规定的试验水压而无渗漏或损坏。

10.14.2 试验条件

除水压条件外，其他条件均应满足水表的额定工作条件。

10.14.3 试验设备

试验应采用能产生静压力的水压强度试验装置，并确保：

a）试验设备无渗漏。

b）供给压力无压力脉动。

10.14.4 试验程序

10.14.4.1 管道式水表

a）将单个或相同公称通径的一批水表安装在试验设备上。

b）排出试验设备管道和水表内的空气。

c）增大水压强度试验装置的水压到 1.6MAP，并保持 15 min。

d）检查水表是否出现机械损坏、外部渗漏和指示装置进水。

e）增大水压强度试验装置的水压到 2MAP 并保持 1 min。

f）检查水表是否出现机械损坏、外部泄漏和指示装置（适用时）进水。

g）完成试验记录。

附加程序要求：

1）应缓慢增压或减压，避免压力冲击。

2）试验只在参考水温下进行。

3）试验期间流量应为零。

10.14.4.2 同轴水表

同轴水表的静压力试验应遵循 10.14.4.1 规定的试验程序。此外，应对同轴水表集合管接口处的密封件（见附录 F 中图 F.1）进行试验，以保证水表的入口和出口通道之间不发生难以察觉的内部泄漏。

进行压力试验时，水表和集合管应一起接受试验。同轴水表的试验安装要求可能会根据水表的结构而改变，附录 F 中的图 F.2 和图 F.3 给出了一种试验方法的实例。

10.14.5 数据处理

无。

10.14.6 合格判据

在 10.14.4.1 和 10.14.4.2 的试验过程中，任一试验压力下的水表均应不发生渗漏、指示装置进水或机械损坏等情况。

10.15 压力损失试验

10.15.1　试验目的

　　检验水表在 $Q_1 \sim Q_3$ 范围内的任何一个流量下通过水表的最大压力损失是否不超过水表相应压力损失等级允许的最大值，具体见表14。压力损失为流体流经受试水表时压力产生的损失，受试水表由表、同轴水表附加集合管和连接件组成，但不包括组成测量段的管道。该试验要求在正向流和适用的反向流下进行（见10.5.4.1）。

10.15.2　试验条件

　　试验应在10.1.1规定的参考条件下进行。

10.15.3　试验设备

　　压力损失试验所需的设备由包含受试水表的测量段和产生流过水表的规定恒定流量的装置组成。通常压力损失试验使用的恒定流量装置与10.3.3所述测量示值误差用的装置相同。

　　测量段由上、下游管段及其连接端、取压口和受试水表组成。

　　测量段的入口和出口管道上应安装相同设计和尺寸的取压口。取压口应在适当的位置与管壁成直角钻孔，孔径应不小于 2 mm 且不大于 4 mm，如果管道直径小于等于 25 mm，孔径应尽可能接近 2 mm。在穿破管道前不低于 2 倍孔径的深度内孔径应保持不变。穿透管壁的孔在管道入口和出口端边缘应无毛刺，边缘应锐利，既无弧度也无倒角。

　　大多数试验可以采用单个的取压口。为使数据更可靠，可以在每个测量平面的管道圆周截面设置四个及以上的取压口，这些取压口可以通过三通连接口相互连接，以得到管道横截面上真正的平均静压力。

　　注：附录 H 中的图 H.3 给出了一个三通布置的设计范例。

　　附录 H 中给出了取压口的设计指南。

　　水表应按制造商的说明安装，连接水表的上下游连接管道应有与所连水表相同的公称内径。连接管道与水表之间的内径差异可能造成错误测量。

　　上下游管道应是圆形且光滑，以使管道的压力损失减到最小。图3给出了安装取压孔的最小尺寸。上游取压孔的位置应位于管道入口下游至少 10D 的位置（D 为管道内径），以避免由管道入口连接端引入的误差，同时取压孔还应位于水表上游至少 5D 的位置，以避免由水表入口端引入的误差。下游取压孔的位置应位于水表下游至少 10D 的位置，以使压力经表内任何束缚之后得以恢复，同时取压孔还应位于测量段末尾上游至少 5D 的位置，以避免下游部件的任何影响。

　　这些大纲所给出的最小长度及更长的长度是可以接受的。用一根无泄漏的管子将同一平面上的每一组取压口接到例如差压计或差压变送器等差压测量装置的一侧上。应设法清除测量装置和连接管内的空气。最大压力损失测量的最大扩展不确定度应为水表压力损失等级相应的最大压力损失的 5%，包含因子为 $k=2$。

10.15.4　试验程序

10.15.4.1　确定安装水表后的压力损失

　　水表可安装于试验装置的测量段上，见图4。建立稳定流量，排除测量段里的空气。在最大流量为 Q_3 时应保证下游取压口有足够的背压，建议受试水表下游静压力最小值为 100 kPa，以避免出现空化或空气析离。应排空取压口和变送器连接管中的所有空气。流体应能在规定的温度下达到稳定。在监测差压时，流量应能在 Q_1 至 Q_3 之间变化。当流量达到了最大压力损失时，记为 Q_t，同时记录测得的压力损失和流体温度。一般情况下 Q_t 等于 Q_3，对于复式水表，最大压力损失则通常发生在略小于 Q_{x2} 之处。

10.15.4.2　确定测量段引起的压力损失

由于部分压力损失是由取压口之间测量段内的摩擦造成的，这部分压力损失应被确定并从安装水表后的压力损失中减去。如果管径、粗糙度和取压孔之间的长度已知，压力损失可以由标准的压力损失公式计算而得。然而，直接测量通过管道的压力损失更有效，测量段可按图 5 所示重新布置。

在不连接水表的情况下将上下游管道连接在一起（仔细连接，以避免连接处突入管道内部或两个端面错位），然后在规定的流量下测量测量段管道的压力损失。

> 注：当不安装水表时会使得测量段变短。若伸缩段与试验装置不匹配，可安装与水表有相同长度的临时管道或安装水表至测量段的下游以填补空缺，见图 5。

在之前确定的流量 Q_t 下测量管道的压力损失。

10.15.5　数据处理

按式（4）计算水表在流量 Q_t 下的压力损失 Δp_t。

$$\Delta p_t = \Delta p_2 - \Delta p_1 \tag{4}$$

式中：

Δp_t——水表在流量 Q_t 下的压力损失，MPa；

Δp_1——测量段不安装水表时在流量 Q_t 下的压力损失，MPa；

Δp_2——测量段安装水表时在流量 Q_t 下的压力损失，MPa。

无论是通过试验来确定压力损失还是通过理论确定压力损失，当实际测量的流量不等于所确定的试验流量时，可参照式（5）的平方律公式将测得的压力损失修正到预期流量 Q_t 下的值。

$$\Delta p_t = (Q_t / Q_m)^2 \times \Delta p_m \tag{5}$$

式中：

Q_m——实际测量的流量，m³/h；

Δp_m——在实际测量的流量 Q_m 下测得的水表的压力损失，MPa。

如果测量复式水表的压力损失，式（5）仅当转换装置工作在预期的流量 Q_t 与实际测量的流量相当时适用。注意，在计算 Δp_t 前管道的压力损失和管道安装水表时的压力损失应修正到相同的流量值下。

> 注：Q_m 与 Q_t 应尽可能接近。对于绝大多数水表，$Q_t = Q_3$。

完成相关试验记录，注明水温和 Δp_t、Q_t 值。

10.15.6　合格判据

在 $Q_1 \sim Q_3$（包括 Q_3）范围内的任一流量下，水表的压力损失应不超过表 14 规定的相应压力损失等级的最大允许值。

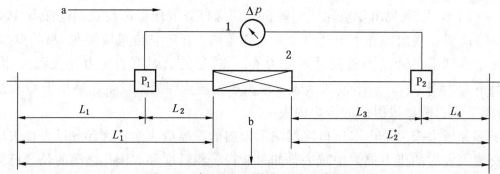

图 3　压损试验：测量段平面布置图

1—差压计；2—水表（若是同轴水表，包括集合管）；P₁，P₂—取压口的平面；a—流向；b—测量段；Δp—差压；
$L_1 \geqslant 10D$，$L_2 \geqslant 5D$，$L_3 \geqslant 10D$，$L_4 \geqslant 5D$，$L_1^* = L_1 + L_2$，$L_2^* = L_3 + L_4$，其中 D 是管道系统的内径

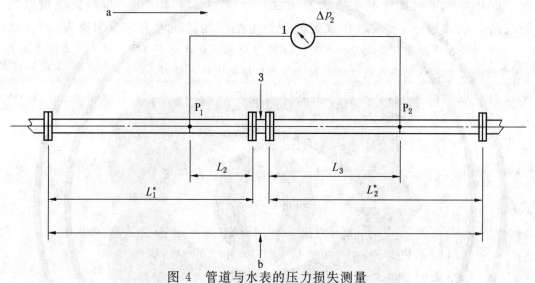

图 4　管道与水表的压力损失测量

1—差压计；3—水表；P₁、P₂—取压口平面；Δp_2—上下游直管段加水表的压力损失；a—流动方向；b—测量段；
L_1^*—测量段上游直管长度；L_2^*—测量段下游直管长度；L_2—水表上游取压口距离；L_3—水表下游取压口距离

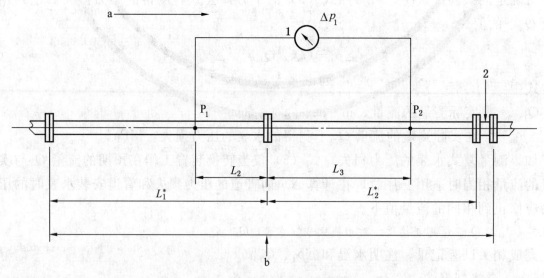

图 5　管道的压力损失测量

1—差压计；2—下游侧的水表（或临时管段）；

a—流动方向；b—测量段；Δp_1—上下游直管段的压力损失；L_1^*—测量段上游直管长度；

L_2^*—测量段下游直管长度；L_2—连接端上游取压口距离；L_3—连接端下游取压口距离

10.16 与影响因子和扰动有关的性能试验

10.16.1 总则

10.16.1.1 说明

本条规定了在特定环境和特定条件下的性能试验，旨在检验水表的性能和功能与预期一致。适用时，每个试验指定在参考条件下确定固有误差。

这些性能试验是针对电子式水表或带电子装置水表的附加试验，适用于整体式水表、水表的可分离部件和辅助装置（有要求时）。这些试验应根据 10.16.1.2 和 10.16.1.3 规定的水表环境等级或电磁环境等级以及 10.16.1.8 规定的水表结构或设计的型式来确定。

在评估一个影响量的影响时，其余所有影响量均应保持在参考条件下（见 10.1.1）。

本条规定的型式评价试验可以与其他试验同时进行，所用的样机应是相同型号的水表或其可分离部件，每个流量点的示值误差试验至少重复测量两次。

10.16.1.2 环境等级

每个性能试验都指定了的典型试验条件，各类水表所需承受的相应的机械和气候环境条件见 7.7.2。

然而，型式批准申请单位可以基于水表的预定用途在申请文件中向负责型式批准的机构指明特定的环境条件。在这种情况下，型式评价实验室应按相应环境条件中最严酷的等级进行性能试验。如果型式批准通过，铭牌中应标明相应的使用限制。制造商应将水表所批准的使用条件告知潜在用户。

10.16.1.3 电磁环境等级

带电子装置的水表所需承受的相应的电磁环境见 7.7.3。

10.16.1.4 参考条件

参考条件见 10.1.1。

参考条件是型式评价试验应遵守的准则。

10.16.1.5 测量水表示值误差的试验体积

某些影响量对水表示值误差的影响是恒定的，与测量体积不成比例关系。

在有些试验中，影响量施加在水表上的结果与测量体积有关。在这种情况下，为了使不同实验室取得的试验结果有可比性，测量水表示值误差的试验体积应相当于在过载流量 Q_4 下排放 1 min 的体积。

但有些试验需要的时间可能不止 1 min，这种情况下，在考虑测量不确定度的基础上，应尽可能缩短试验时间。

10.16.1.6 水温影响

高温、低温和湿热试验被认为是测量环境空气的温度和湿度对水表性能的影响。然而，测量传感器充满水也可能影响电子部件散热。

有下列两种试验选项：

a）水表以参考流量通水，电子部件和测量传感器处于参考条件下测量水表的示值误差。

b）采用模拟测量传感器的方式对电子部件进行试验，模拟试验应模仿由于水的存在对那些通常接触流量敏感器的电子装置所产生的影响。试验应在参考条件下进行。

优先采用选项 a）。

10.16.1.7 环境试验的要求

下列要求与环境试验有关，所采用的相关标准已在有关条款中列出：

a）受试设备（EUT）的预处理。

b）任何与相关标准的程序偏离。

c）初始测量。

d）条件影响下的 EUT 状况。

e）严酷度等级、影响因子的值和承受持续时间。

f）条件影响下测量和/或加载。

g）EUT 的恢复。

h）最终测量。

i）EUT 通过试验的合格判据。

当某一特定试验没有相关标准时，在相关条款中规定必要的试验要求。

10.16.1.8 受试设备（EUT）

a）总则

为便于环境试验，按 10.16.1.2～10.16.1.7 规定的技术要求和下列要求，将 EUT 分成 A～E 类中的一类：

1）A 类：无需进行本条所述的性能试验。

2）B 类：EUT 为整体式水表或分体式水表，试验应在体积或流量敏感器通水，且水表按设计要求工作下进行。

3）C 类：EUT 为测量传感器（包括流量和体积敏感器），试验应在体积或流量敏感器通水，且水表按设计要求工作下进行。

4）D 类：EUT 为电子计算器（包括指示装置）或辅助装置，试验应在体积或流量敏感器通水，且水表按设计要求工作下进行。

5）E 类：EUT 为电子计算器（包括指示装置）或辅助装置，试验可以在采用模拟测量信号，体积或流量敏感器不通水的条件下进行。

对于技术要求未包含在 10.16.1.2～10.16.1.7 中的水表，型式评价机构可从 A～E 类中选择适当的一类进行型式评价试验。

b）容积式水表和叶轮式水表

容积式水表和叶轮式水表可按下列原则进行分类：

1）不装电子装置的水表：A 类。

2）测量传感器和包含指示装置的电子计算器装在同一壳体内：B 类。

3）测量传感器与电子计算器分离，但不装电子装置：A 类。

4）测量传感器与电子计算器分离，并装有电子装置：C 类。

5）包含指示装置的电子计算器与测量传感器分离，且不能模拟测量信号：D 类。

6）包含指示装置的电子计算器与测量传感器分离，且能够模拟测量信号：E 类。

c）电磁水表

电磁水表可按下列原则进行分类：

1）流量敏感器仅由管道、线圈和两个测量电极组成，无其他任何附加的电子装置：A 类。

2）测量传感器和电子计算器包括指示装置装在同一壳体内：B 类。

3）包含流量敏感器的测量传感器与电子计算器分离，但装在一个壳体内：C 类。

4）包含指示装置的电子计算器与测量传感器分离，且不能模拟测量信号：D 类。

d）超声水表、科里奥利水表、射流水表等

这些水表可按下列原则进行分类：

1）测量传感器和包含指示装置的电子计算器装在同一壳体内：B 类。

2）测量传感器与电子计算器分离并装有电子装置：C 类。

3）包含指示装置的电子计算器与测量传感器分离，且不能模拟测量信号：D 类。

e）辅助装置

辅助装置可按下列原则进行分类：

1）辅助装置是水表、测量传感器或电子计算器的组成部分：A~E 类。

2）辅助装置与水表分离，但不装电子装置：A 类。

3）辅助装置与水表分离，不能模拟输入信号：D 类。

4）辅助装置与水表分离，能够模拟输入信号：E 类。

10.16.2 高温（无冷凝）试验

10.16.2.1 试验目的

检验水表在施加 7.7.6 规定的环境高温影响期间仍能满足 6.2.2 的要求，设计的功能均不失效。

10.16.2.2 试验条件

除环境温度条件外，其他条件均应满足 10.1.1 规定的参考条件。

10.16.2.3 试验设备

试验设备应是试验参数满足 GB/T 2423.2 要求的高低温环境试验箱。

GB/T 2424.1 和 GB/T 2421.1 给出了试验设备配置的指南。

简明的试验参数见表 20。

表 20　高温（无冷凝）试验参数

环境等级	B；M；O
严酷度等级 [a]	3
环境温度	55 ℃±2 ℃
持续时间	2 h
试验循环数	1

[a]　详见 OIML D11《计量器具环境试验的通用要求》（*General requirements for measuring instruments—Enviromental conditions*）。

10.16.2.4　试验程序（简要）

a）EUT 不进行预调。

b）在下列试验条件下以（实际或模拟）参考流量测量 EUT 的示值误差（当且仅当 EUT 为电子式水表或电子计算器时）：

1）EUT 条件影响前，在 20 ℃±5 ℃的参考环境温度下。

2）EUT 在 55 ℃±2 ℃的环境温度下稳定 2 h，然后在此环境温度下。

3）EUT 恢复后，在 20 ℃±5 ℃的参考环境温度下。

c）计算每种试验条件下的示值误差。

d）施加试验条件期间，检查 EUT 各项功能的正常性。

e）完成试验记录。

附加程序要求：

1）如果测量传感器包含在 EUT 内，且流量或体积敏感器内必须有水，则水温应保持在参考温度。

2）除非另有规定，水表的安装和工作条件应遵守 10.3.3 的规定，并采用参考条件。未标有"V"的试验水表应按流动轴线水平方位安装。

3）对于公称通径 DN50 以上（不含 DN50）的水表，型式评价机构可选择在静态（测量传感器无水）下进行高温试验。

10.16.2.5　数据处理

按附录 B 的相关公式计算示值误差。

10.16.2.6　合格判据

试验条件施加期间：

a）EUT 的所有功能均应满足设计要求。

b）在试验条件下，EUT 的示值误差应不超过流量高区的最大允许误差（见6.2.2）。

c）对于在静态条件下进行的试验，水表累积量的变化应不大于检定标度或显示分格值。

10.16.3　低温试验

10.16.3.1　试验目的

检验水表在施加 7.7.6 规定的环境低温影响期间仍能满足 6.2.2 的要求，设计的功能均不失效。

10.16.3.2 试验条件

除环境温度条件外，其他条件均应满足 10.1.1 规定的参考条件。

10.16.3.3 试验设备

试验设备应是试验参数满足 GB/T 2423.1 要求的高低温环境试验箱。

GB/T 2424.1 和 GB/T 2421 给出了试验设备配置的指南。

简明的试验参数见表 21。

表 21　低温试验参数

环境等级	B	O；M
严酷度等级 [a]	1	3
环境温度	+5 ℃±3 ℃	−25 ℃±3 ℃
持续时间	2 h	
试验循环数	1	

[a] 　详见 OIML D11《计量器具环境试验的通用要求》(*General requirements for measuring instruments—Enviromental conditions*)。

10.16.3.4 试验程序（简要）

a) EUT 不进行预调。

b) 在下列试验条件下以（实际或模拟）参考流量测量 EUT（当且仅当 EUT 为电子式水表或电子计算器时）的示值误差：

1) EUT 条件影响前，在 20 ℃±5 ℃ 的参考环境温度下。

2) EUT 在 −25 ℃±3 ℃（环境等级为 O 和 M）或 +5 ℃±3 ℃（环境等级为 B）的环境温度下稳定 2 h，然后再在此环境温度下。

3) EUT 恢复后，在 20 ℃±5 ℃ 的参考环境温度下。

c) 计算每种试验条件下的示值误差。

d) 施加试验条件期间，检查 EUT 各项功能的正常性。

e) 完成试验记录。

附加程序要求：

1) 如果测量传感器包含在 EUT 内，且流量或体积敏感器内必须有水，则水温应保持在参考温度。

2) 除非另有规定，水表的安装和工作条件应遵守 10.3.3 的规定，并采用参考条件。未标有"V"的试验水表应按流动轴线水平方位安装。

3) 对于公称通径 DN50 以上（不含 DN50）的水表，型式评价机构可选择在静态（测量传感器无水）下进行低温试验。

10.16.3.5 数据处理

按附录 B 的相关公式计算示值误差。

10.16.3.6 合格判据

试验条件稳定施加期间：

a）EUT 的所有功能均应满足设计要求。

b）在试验条件下，EUT 的示值误差应不超过流量高区的最大允许误差（见 6.2.2）。

c）对于在静态条件下进行的试验，水表累积量的变化应不大于检定标度或显示分格值。

10.16.4 交变湿热（冷凝）试验

10.16.4.1 试验要求

检验水表在施加 7.7.6 规定的高湿度下的温度循环变化扰动期间仍能满足 7.7.1.1 的要求。

10.16.4.2 试验条件

交变湿热试验的条件由试验设备提供，示值误差测量应在 10.1.1 规定的参考条件下进行。

10.16.4.3 试验设备

试验设备应是试验参数满足 GB/T 2423.4 要求的高低温交变湿热环境试验箱。

GB/T 2424.2 给出了试验设备配置的指南。

简明的试验参数见表 22。

表 22　交变湿热（冷凝）试验参数

环境等级	B	O；M
严酷度等级 [a]	1	2
环境温度上限	40 ℃±2 ℃	55 ℃±2 ℃
环境温度下限	25 ℃±3 ℃	25 ℃±3 ℃
相对湿度 [b]	＞95％	
相对湿度 [b]	93％±3％	
持续时间	24 h	
试验循环数	2	

[a] 详见 OIML D11《计量器具环境试验的通用要求》（*General requirements for measuring instruments—Enviromental conditions*）。

[b] 详见 10.16.4.4 b）。

10.16.4.4 试验程序（简要）

遵循试验设备性能的要求，EUT 条件影响和恢复的要求，以及 EUT 承受在 GB/T 2423.4 和 GB/T 2424.2 规定的湿热循环条件下的要求。

试验程序包括步骤 a）到 h）：

a）预处理 EUT。

b）将 EUT 承受在下限温度 25 ℃±3 ℃ 与上限温度 55 ℃±3 ℃（环境等级为 O 和 M）或 40 ℃±2 ℃（环境等级为 B）之间的温度循环变化中（两个 24h 循环）。在温度变化期间和低温阶段将相对湿度保持在 95％ 以上，在高温阶段将相对湿度保持在 93％±3％。温度上升时 EUT 上应出现冷凝。

24 h 循环包括：

1）升温应超过 3 h。

2）从循环开始温度保持在上限值 12 h。

3）温度在 3 h 至 6 h 内下降到下限值，前 1 h 30 min 期间温度下降的速率应使 3 h 之后才达到下限温度值。

4）温度保持在下限值直到 24 h 循环结束。

c）让 EUT 恢复。

d）恢复后，检查 EUT 各项功能的正常性。

e）以（实际或模拟）参考流量测量 EUT（当且仅当 EUT 为电子式水表或电子计算器时）的示值误差。

f）计算示值误差。

g）计算偏差，确定是否为明显偏差。

h）完成试验记录。

附加程序要求：

1）在步骤 a)～步骤 c) 期间应切断 EUT 的电源，测量传感器应无水，如果为不可更换电池，应使 EUT 处于最不活跃状态。

2）承受在循环之前的稳定阶段和循环之后的恢复阶段应使 EUT 所有部件的温度偏离各自的最终温度不超过 3 ℃。

3）除非另有规定，水表的安装和工作条件应遵守 10.3.3 的规定，并采用参考条件。未标有"V"的试验水表应按流动轴线水平方位安装。

10.16.4.5　数据处理

按附录 B 的相关公式计算示值误差。

将 10.16.4.4 中 e) 得到的示值误差减去试验前在参考条件下得到的示值误差，取绝对值作为偏差。

10.16.4.6　合格判据

施加扰动之后经恢复：

a）EUT 的所有功能均应满足设计要求。

b）偏差应不超过流量高区最大允许误差绝对值的 1/2，否则 EUT 的检查装置应按附录 A 的要求检测到明显偏差并做出反应。

10.16.5　电源变化试验

10.16.5.1　总则

按图 6 所示的流程来确定需要进行哪种试验。

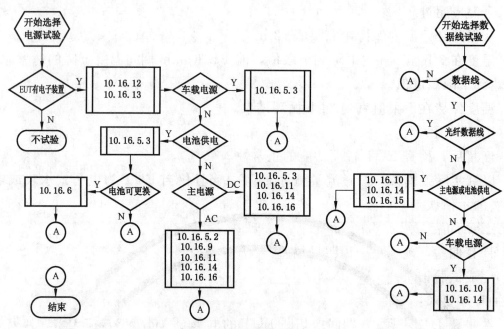

图 6　电源试验选择流程

注：本流程也适用于 10.16.9～10.16.16 的电磁兼容试验选择。

10.16.5.2　直接交流（AC）供电或通过交直流（AC/DC）转换器供电的水表

a）试验目的

检验主电源公称电压 U_{nom}、公称频率 f_{nom} 供电的电子装置施加 7.7.6 规定的单相交流（AC）主电源静态偏差影响期间示值误差仍能满足 6.2.2 的要求，设计的功能均不失效。

b）试验条件

除电源条件外，其他条件均应满足 10.1.1 规定的参考条件。

c）试验设备

试验设备的配置应满足 GB/T 17626.11、GB/T 17626.2、GB/T 17626.1 和 GB/T 17214.2的要求。

简明的试验参数见表23。

表 23　交流主电源的静态偏差试验参数

电磁环境等级	E1；E2
主电源电压	上限值：$(1+10\%)U_{nom}$ 下限值：$(1-15\%)U_{nom}$
主电源频率	上限值：$(1+2\%)f_{nom}$ 下限值：$(1-2\%)f_{nom}$

d）试验程序（简要）

1）在参考条件下，EUT 先施加电源电压变化，再施加电源频率变化。

2）在施加单相主电源电压上限值 $(1+10\%)U_{nom}$ 期间测量 EUT（当且仅当 EUT 为电子式水表或电子计算器时）的示值误差。

3）在施加主电源频率上限值（1＋2％）f_{nom}期间测量 EUT 的示值误差。

4）在施加单相主电源电压下限值（1－15％）U_{nom}期间测量 EUT 的示值误差。

5）在施加主电源频率下限值（1－2％）f_{nom}期间测量 EUT 的示值误差。

6）计算每个试验条件下的示值误差。

7）在施加每种电源变化期间检查 EUT 各项功能的正常性。

8）完成试验记录。

附加程序要求：

1）在测量示值误差期间，EUT 应处于（实际或模拟）参考流量条件下（见10.1.1）。

2）除非另有规定，水表的安装和工作条件应遵守 10.3.3 的规定，并采用参考条件。未标有"V"的试验水表应按流动轴线水平方位安装。

e）数据处理

按附录 B 的相关公式计算示值误差。

f）合格判据

在施加影响因子期间：

1）EUT 的所有功能均应满足设计要求。

2）在试验条件下，EUT 的示值误差应不超过流量高区的最大允许误差（见6.2.2）。

10.16.5.3　外部直流电源或电池供电的水表

a）试验目的

检验水表施加 7.7.6 规定的直流电源电压的静态偏差影响期间示值误差仍能满足6.2.2 的要求，设计的功能均不失效。

b）试验条件

除电源条件外，其他条件均应满足 10.1.1 规定的参考条件。

c）试验设备

用电压可调的直流电源代替水表的供电电源或电池。

简明的试验参数见表 24。

表 24　直流电压静态偏差试验参数

电磁环境等级	E1；E2
外部直流电压	上限值：U_{max} 下限值：U_{min}
电池直流电压	制造商指明的电压 U_{max} 制造商指明的电压 U_{min}，低于此电压时计算器可停止工作

d）试验程序

1）在参考条件下，EUT 施加电源电压变化。

2）在施加制造商指明的电池最高电压 U_{max}，或 EUT 自动检测到的外部直流电源

最高水平的电压 U_{max} 期间，测量 EUT（当且仅当 EUT 为电子式水表或电子计算器时）的示值误差。

3）在施加制造商指明的电池最低电压 U_{min}，或 EUT 自动检测到的外部直流电源最低水平的电压 U_{min} 期间，测量 EUT 的示值误差。

4）计算每个试验条件下的示值误差。

5）在施加每种电源变化期间检查 EUT 各项功能的正常性。

6）完成试验记录。

附加程序要求：

1）在测量示值误差期间，EUT 应处于（实际或模拟）参考流量条件下（见10.1.1）。

2）除非另有规定，水表的安装和工作条件应遵守 10.3.3 的规定，并采用参考条件。未标有"V"的试验水表应按流动轴线水平方位安装。

e）数据处理

按附录 B 的相关公式计算示值误差。

f）合格判据

在施加电压变化期间：

1）EUT 的所有功能均应满足设计要求。

2）在试验条件下，EUT 的示值误差应不超过流量高区的最大允许误差（见6.2.2）。

10.16.6 内置电池中断试验

10.16.6.1 试验目的

检验水表在更换供电电池时满足 7.7.4.4 中 c）的要求。

本试验仅适用于使用可更换电池的水表。

10.16.6.2 试验条件

除电源条件外，其他条件均应满足水表的额定工作条件。

10.16.6.3 试验设备

无。

10.16.6.4 试验程序

a）确认 EUT 工作正常。

b）卸下电池 1 h，然后再装回 EUT。

c）检查 EUT 各项功能的正常性。

d）完成试验记录。

10.16.6.5 数据处理

无。

10.16.6.6 合格判据

施加试验条件之后：

a）EUT 的所有功能均应满足设计要求。

b）累积量和储存值均应保持不变。

10.16.7 振动（随机）试验

10.16.7.1 试验目的

检验水表施加 7.7.6 规定的随机振动扰动后仍能满足 7.7.1.1 的要求。

本试验仅适用于移动安装的水表（环境等级为 M）。

10.16.7.2 试验条件

振动试验的环境条件应满足水表的额定工作条件，示值误差测量应在 10.1.1 规定的参考条件下进行。

10.16.7.3 试验设备

试验设备的配置应满足 GB/T 2423.56 和 GB/T 2423.43 的要求。

简明的试验参数见表 25。

表 25 振动（随机）试验参数

环境等级		M
严酷度等级 [a]		2
频率范围		10 Hz～150 Hz
总均方根加速度（RMS）等级		7 m/s^2
加速度谱密度（ASD）等级	10 Hz～20 Hz	1 m^2/s^3
	20 Hz～150 Hz	−3 dB/octave
试验轴向数量		3
每个轴向的持续时间		2 min

[a] 见 OIML D11《计量器具环境试验的通用要求》(General requirements for measuring instru-ments—Enviromental conditions)。

10.16.7.4 试验程序（简要）

a）将 EUT 以标准安装方式固定在刚性夹具上，使重力作用在与正常使用相同的方向上。如果重力影响不明显，且水表上没有标明"H"或"V"，则 EUT 可以任意位置安装。

b）依次在三个相互垂直的轴向上向 EUT 施加 10 Hz～150 Hz 频率范围内的随机振动，每个轴向 2 min。

c）让 EUT 恢复一段时间。

d）检查 EUT 各项功能的正常性。

e）以（实际或模拟）参考流量测量 EUT（当且仅当 EUT 为电子式水表或电子计算器时）的示值误差。

f）计算示值误差。

g）计算偏差，确定是否为明显偏差。

h）完成试验记录。

附加程序要求：

1）如果 EUT 包含流量或体积敏感器，施加扰动期间应不充水。

2）在步骤 a）、b）和 c）期间应切断 EUT 的电源，如果为不可更换电池，应使

EUT 处于最不活跃状态。

3）除非另有规定，水表的安装和工作条件应遵守 10.3.3 的规定，并采用参考条件。未标有"V"的试验水表应按流动轴线水平方位安装。

10.16.7.5　数据处理

按附录 B 的相关公式计算示值误差。

将 10.16.7.4 中 e）得到的示值误差减去振动试验前在参考条件下得到的示值误差，取绝对值作为偏差。

10.16.7.6　合格判据

施加扰动之后经恢复：

a）EUT 的所有功能均应满足设计要求。

b）偏差应不超过流量高区最大允许误差绝对值的 1/2，否则 EUT 的检查装置应按附录 A 的要求检测到明显偏差并做出反应。

10.16.8　机械冲击试验

10.16.8.1　试验目的

检验水表施加 7.7.6 规定的机械冲击（跌落到平面）扰动后仍能满足 7.7.1.1 的要求。

本试验仅适用于移动安装的水表（环境等级为 M）。

10.16.8.2　试验条件

机械冲击试验的环境条件应满足水表的额定工作条件，示值误差测量应在 10.1.1 规定的参考条件下进行。

10.16.8.3　试验设备

试验设备的配置应满足 GB/T 2423.7 和 GB/T 2423.43 的要求。

10.16.8.4　试验程序（简要）

a）按正常使用位置将 EUT 放置在一个刚性的水平面上，然后将一个底边倾斜，直至对边高于刚性平面 50 mm。但 EUT 的底面与试验平面形成的夹角应不超过 30°。

b）让 EUT 自由跌落到试验平面上。

c）每个底边重复步骤 a）和步骤 b）。

d）让 EUT 恢复一段时间。

e）检查 EUT 各项功能的正常性。

f）以（实际或模拟）参考流量测量 EUT（当且仅当 EUT 为电子式水表或电子计算器时）的示值误差。

g）计算示值误差。

h）计算偏差，确定是否为明显偏差。

i）完成试验记录。

附加程序要求：

1）如果流量敏感器是 EUT 的组成部分，在施加扰动期间应不充水。

2）在步骤 a）、b）和 c）期间应切断 EUT 的电源，如果为不可更换电池，应使 EUT 处于最不活跃状态。

3）除非另有规定，水表的安装和工作条件应遵守 10.3.3 的规定，并采用参考条件。未标有"V"的试验水表应按流动轴线水平方位安装。

10.16.8.5　数据处理

按附录 B 的相关公式计算示值误差。

将 10.16.8.4 中步骤 f）得到的示值误差减去机械冲击试验前在参考条件下得到的示值误差，取绝对值作为偏差。

10.16.8.6　合格判据

施加扰动之后经恢复：

a）EUT 的所有功能均应满足设计要求。

b）偏差应不超过流量高区最大允许误差绝对值的 1/2，否则 EUT 的检查装置应按附录 A 的要求检测到明显偏差并做出反应。

10.16.9　交流主电源电压暂降和短时中断试验

10.16.9.1　试验目的

检验水表施加 7.7.6 规定的交流主电源电压暂降和短时中断扰动期间仍能满足 7.7.1.1 的要求。

10.16.9.2　试验条件

电压暂降和短时中断试验的环境条件应满足水表的额定工作条件，示值误差测量应在 10.1.1 规定的参考条件下进行。

10.16.9.3　试验设备

试验设备的配置应满足 GB/T 17626.11、GB/T 17799.1 和 GB/T 17799.2 的要求。

10.16.9.4　试验程序（简要）

a）实施电压中断和电压降低试验前测量 EUT（当且仅当 EUT 为电子式水表或电子计算器时）的示值误差。

b）在施加至少 10 次电压中断和 10 次电压降低（时间间隔至少 10 s）期间测量 EUT 的示值误差。

c）计算每种试验条件下的示值误差。

d）计算偏差，确定是否为明显偏差。

e）检查 EUT 各项功能的正常性。

f）完成试验记录。

附加程序要求：

1）使用能够在规定时间内将交流主电源电压下降到恰当幅值的试验发生器。

2）在连接 EUT 前应验证试验发生器的特性。

3）在测量 EUT 示值误差的整个过程中持续施加电压中断和电压降低。

4）电压中断：电源电压从公称电压值 U_{nom} 下降到 0 V 电压，持续时间和有关试验参数见表 26。

表 26 电压中断试验参数

电磁环境等级	E1；E2
降低至	0%
持续时间	250 个周期（50 Hz）/300 个周期（60 Hz）
试验循环数	至少 10 次，每次间隔时间最少 10 s。 在测量受试水表示值误差所需的时间段内应反复中断，可能需要 10 次以上

5）施加电压中断以 10 次为一组。

6）电压降低：电源电压从公称电压下降到指定的百分比，各试验相应的电压百分比、持续时间和有关试验参数见表 27。

表 27 电压降低试验参数

电磁环境等级	E1；E2		
试验	试验 a	试验 b	试验 c
降低至	0%	0%	70%
持续时间	0.5 个周期	1 个周期	25 个周期（50 Hz） 30 个周期（60 Hz）
试验循环数	至少 10 次降低，每次间隔时间最少 10 s； 在测量受试水表示值误差所需的时间段内应反复降低，可能需要 10 次以上		

7）施加电压降低以 10 次为一组。

8）每一次电压中断或降低都在电源电压的零交越点上开始、终止和重复。

9）主电源电压中断和降低至少重复 10 次，每组中断和降低至少间隔 10 s。在测量 EUT 示值误差期间重复这个顺序。

10）在测量示值误差期间，EUT 应处于（实际或模拟）参考流量条件下（见 10.1.1）。

11）除非另有规定，水表的安装和工作条件应遵守 10.3.3 的规定，并采用参考条件。未标有"V"的试验水表应按流动轴线水平方位安装。

12）如果 EUT 的工作电源电压设计成一个范围时，电压降低和中断试验应从该范围的平均电压开始。

13）对于公称通径 DN50 以上（不含 DN50）水表，型式评价机构可选择在零流量下进行交流主电源电压暂降和短时中断试验。

注：一种简单实现零流量的方法是将水表的测量传感器充满水，连接端面加以密封。

10.16.9.5 数据处理

按附录 B 的相关公式计算示值误差。

将10.16.9.4中步骤 b）得到的示值误差减去步骤 a）得到的示值误差，取绝对值作为偏差。

10.16.9.6　合格判据

a）施加扰动之后，EUT 的所有功能均应满足设计要求。

b）偏差应不超过流量高区最大允许误差绝对值的1/2，否则 EUT 的检查装置应按附录 A 的要求检测到明显偏差并做出反应。

c）对于在零流量条件下进行的试验，水表累积量的变化应不大于检定标度或显示分格值。

10.16.10　信号线、数据线和控制线上的（瞬变）脉冲群试验

10.16.10.1　试验目的

检验带电子装置且提供输入输出（I/O）端口和通讯端口（含外部连接线）的水表在其输入输出端口和通讯端口施加7.7.6规定的叠加电脉冲扰动下仍能满足7.7.1.1的要求。

10.16.10.2　试验条件

脉冲群试验的环境条件应满足水表的额定工作条件，示值误差测量应在10.1.1规定的参考条件下进行。

10.16.10.3　试验设备

试验设备的配置应满足 GB/T 17626.4 和 GB/T 17626.1 的要求。

简明的试验参数见表28。

表28　电快速瞬变脉冲群试验参数

电磁环境等级	尖峰幅值[a]		其他试验参数
	E1	E2	
输入输出（I/O）和通讯端口（含外部连接线）	±0.5 kV	±1 kV	上升时间：5 ns 尖峰持续时间：50 ns 重复频率：5 kHz
交、直流电源端口[b]	±1 kV	±2 kV	脉冲群持续时间：15 ms 脉冲群周期：300 ms 每极性试验持续时间：≥1 min

[a]　双指数波形瞬时电压尖峰脉冲。

[b]　不适用于连接电池或再充电时必须从装置上拆下的可充电电池的输入端口。

10.16.10.4　试验程序（简要）

a）施加脉冲群之前测量 EUT（当且仅当 EUT 为电子式水表或电子计算器时）的示值误差。

b）在施加双指数波形瞬时电压尖峰脉冲群期间测量 EUT 的示值误差。

c）计算每种试验条件下的示值误差。

d）计算偏差，确定是否为明显偏差。

e）检查 EUT 各项功能的正常性。

f）完成试验记录。

附加程序要求：

1）使用性能特征满足引用标准的脉冲群发生器。

2）在连接 EUT 前应验证发生器的特性。

3）每一尖峰脉冲的（正或负）幅值对于电磁环境等级为 E1 的 EUT 应为 0.5 kV，对于电磁环境等级为 E2 的 EUT 应为 1 kV，随机相位，上升时间 5 ns，1/2 幅值持续时间 50 ns。

4）脉冲群持续时间应为 15 ms，脉冲群重复频率应为 5 kHz。

5）电源输入网络应包含滤波器以防止脉冲群能量耗散至主电源。

6）应使用标准中定义的电容耦合夹耦合 I/O 和通讯线的脉冲群。

7）每种幅度和极性的试验持续时间应不少于 1 min。

8）测量示值误差时，EUT 应处于（实际或模拟）参考流量条件下。

9）除非另有规定，水表的安装和工作条件应遵守 10.3.3 的规定，并采用参考条件。未标有"V"的试验水表应按流动轴线水平方位安装。

10）对于公称通径 DN50 以上（不含 DN50）水表，型式评价机构可选择在零流量下进行信号线、数据线和控制线上的（瞬变）脉冲群试验。

10.16.10.5　数据处理

按附录 B 的相关公式计算示值误差。

将 10.16.10.4 中步骤 b）得到的示值误差减去步骤 a）得到的示值误差，取绝对值作为偏差。

10.16.10.6　合格判据

a）施加扰动之后，EUT 的所有功能均应满足设计要求。

b）偏差应不超过流量高区最大允许误差绝对值的 1/2，否则 EUT 的检查装置应按附录 A 的要求检测到明显偏差并做出反应。

c）对于在零流量条件下进行的试验，水表累积量的变化应不大于检定标度或显示分格值。

10.16.11　交流和直流主电源上的（瞬变）脉冲群试验

10.16.11.1　试验目的

检验带电子装置且用交流或直流电源电压供电的水表在其电压输入端施加 7.7.6 规定的叠加电脉冲扰动下仍能满足 7.7.1.1 的要求。

10.16.11.2　试验条件

脉冲群试验的环境条件应满足水表的额定工作条件，示值误差测量应在 10.1.1 规定的参考条件下进行。

10.16.11.3　试验设备

试验配置应满足 GB/T 17626.4 和 GB/T 17626.1 的要求。

简明的试验参数见表 28。

10.16.11.4　试验程序（简要）

a) 施加电脉冲群之前测量 EUT（当且仅当 EUT 为电子式水表或电子计算器时）的示值误差。

b) 在施加双指数波形瞬时电压尖峰脉冲群期间测量 EUT 的示值误差。

c) 计算每种试验条件下的示值误差。

d) 计算偏差，确定是否为明显偏差。

e) 检查 EUT 各项功能的正常性。

f) 完成试验记录。

附加程序要求：

1) 使用性能特征满足引用标准的脉冲群发生器。

2) 应在连接 EUT 前应验证发生器的特性。

3) 每一尖峰脉冲的（正或负）幅值对于电磁环境等级为 E1 的 EUT 应为 1 kV，对于电磁环境等级为 E2 的 EUT 应为 2 kV，随机相位，上升时间 5 ns，1/2 幅值持续时间 50 ns。

4) 脉冲群持续时间应为 15 ms，脉冲群重复频率应为 5 kHz。

5) 测量 EUT 的示值误差期间，所有的脉冲群应在普通模式（非对称电压）下以非同步方式施加。

6) 对每种幅度和极性，试验持续时间应不少于 1 min。

7) 测量示值误差时，EUT 应处于（实际或模拟）参考流量条件下。

8) 除非另有规定，水表的安装和工作条件应遵守 10.3.3 的规定，并采用参考条件。未标有"V"的试验水表应按流动轴线水平方位安装。

9) 对于公称通径 DN50 以上（不含 DN50）水表，型式评价机构可选择在零流量下进行交流和直流主电源上的（瞬变）脉冲群试验。

10.16.11.5　数据处理

按附录 B 的相关公式计算示值误差。

将 10.16.11.4 中步骤 b) 得到的示值误差减去步骤 a) 得到的示值误差，取绝对值作为偏差。

10.16.11.6　合格判据

a) 施加扰动之后，EUT 的所有功能均应满足设计要求。

b) 偏差应不超过流量高区最大允许误差绝对值的 1/2，否则 EUT 的检查装置应按附录 A 的要求检测到明显偏差并做出反应。

c) 对于在零流量条件下进行的试验，水表累积量的变化应不大于检定标度或显示分格值。

10.16.12　静电放电试验

10.16.12.1　试验目的

检验带电子装置的水表在施加 7.7.6 规定的直接和间接静电放电扰动期间仍能满足 7.7.1.1 的要求。

10.16.12.2　试验条件

静电放电试验的环境条件应满足水表的额定工作条件，示值误差测量应在 10.1.1

规定的参考条件下进行。

10.16.12.3 试验设备

试验设备的配置应满足 GB/T 17626.2 的要求。

简明的试验参数见表 29。

表 29 静电放电试验参数

电磁环境等级	E1；E2
试验电压（接触放电）	6 kV
试验电压（空气放电）	8 kV
试验循环数	在同一次测量或模拟测量期间，每一试验点至少施加 10 次直接放电，放电间隔时间至少 1s。 对于间接放电，在水平耦合平面上总计应施加 10 次放电。在垂直耦合平面上，每一位置总计施加 10 次放电

10.16.12.4 试验程序（简要）

a) 施加静电放电之前测量 EUT（当且仅当 EUT 为电子式水表或电子计算器时）的示值误差。

b) 利用合适的直流电源给一个 150 pF 容量的电容器充电，然后一端连接到接地的支撑面上，另一端通过一个 330 Ω 的电阻连接到操作人员可正常接触的 EUT 表面上，使电容器向 EUT 放电。

试验应采用下列条件：

1) 如果适用，应包括漆层穿透法。

2) 每次接触放电应施加 6 kV 电压。

3) 每次空气放电应施加 8 kV 电压。

4) 对于直接放电，当制造商声明有绝缘涂层时应采用空气放电法。

5) 在同一次测量或模拟测量期间，每个位置至少施加 10 次直接放电，放电间隔时间至少 10 s。

6) 对于间接放电，在水平耦合平面上应总计施加 10 次放电。在垂直耦合平面的每个不同位置，应各施加 10 次放电。

c) 施加静电放电期间测量 EUT 的示值误差。

d) 计算每种试验条件下的示值误差。

e) 计算偏差，确定是否为明显偏差。

f) 检查 EUT 各项功能的正常性。

g) 完成试验记录。

附加程序要求：

1) 测量示值误差时，EUT 应处于（实际或模拟）参考流量条件下。

2) 除非另有规定，水表的安装和工作条件应遵守 10.3.3 的规定，并采用参考条件。未标有"V"的试验水表应按流动轴线水平方位安装。

3）如果某种特定水表的设计预计在零流量下比在参考流量下更易受静电放电影响，以及对于公称通径 DN50 以上（不含 DN50）水表，型式评价机构可选择在零流量下进行静电放电试验。

4）EUT 没有接地端子，EUT 在两次放电试验之间应被完全放电。

5）优先采用接触放电的试验方法，只有当接触放电不能采用时才采用空气放电：

——直接施加：接触放电模式下在导体表面放电，放电电极应接触 EUT。空气放电模式下与表面隔离，放电电极向 EUT 靠近，通过电火花放电。

——间接施加：在接触放电模式下，静电放电施加在 EUT 固定位置附近的耦合平板上。

10.16.12.5　数据处理

按附录 B 的相关公式计算示值误差。

将 10.16.12.4 中步骤 c）得到的示值误差减去步骤 a）得到的示值误差，取绝对值作为偏差。

10.16.12.6　合格判据

a）施加扰动之后，EUT 的所有功能均应满足设计要求。

b）偏差应不超过流量高区最大允许误差绝对值的 1/2，否则 EUT 的检查装置应按附录 A 的要求检测到明显偏差并做出反应。

c）对于在零流量条件下进行的试验，水表累积量的变化应不大于检定标度或显示分格值。

10.16.13　辐射电磁场试验

10.16.13.1　试验目的

检验带电子装置的水表在施加 7.7.6 规定的辐射电磁场扰动期间仍能满足 7.7.1.1 的要求。

10.16.13.2　试验条件

除辐射电磁场的环境条件应满足水表的额定工作条件，其他条件均应满足 10.1.1 规定的参考条件。

10.16.13.3　试验设备

试验设备的配置应满足 GB/T 17626.3 的要求。然而，10.16.13.4 规定的试验程序是经修改后应用于被测量为累积式的一体化仪表的程序。

简明的试验参数见表 30。

表 30　辐射电磁场试验参数

电磁环境等级	E1	E2
频率范围	26 MHz ～ 2 000 MHz	
场强	3 V/m	10 V/m
调制	80% AM，1 kHz，正弦波	

10.16.13.4 试验程序（简要）

a）施加电磁场之前在参考条件下测量 EUT（当且仅当 EUT 为电子式水表或电子计算器时）的示值误差。

b）按照附加程序 1）～4）的要求施加电磁场。

c）再次测量 EUT 的示值误差。

d）按照附加程序 4）的要求步进载波频率直到达到下一个载波频率（见表 31）。

e）停止 EUT 的示值误差测量。

f）计算示值误差。

g）计算偏差，确定是否为明显偏差。

h）改变天线的极性。

i）检查 EUT 各项功能的正常性。

j）重复步骤 b）～i）。

k）完成试验记录。

附加程序要求：

1）EUT 及其至少 1.2 m 长的外接电缆应暴露在场强为 3 V/m（电磁环境等级为 E1 的水表）或 10 V/m（电磁环境等级为 E2 的水表）的辐射电磁场下。

依据 GB/T 17626.3，辐射电磁场试验的频率范围为 26 MHz～2 GHz，或当低频范围的试验适用于 10.15.14 时为 80 MHz～2 GHz。

2）试验时用垂直天线和水平天线分别进行几次局部扫描。每次扫描的起始频率和终止频率的建议见表 31。

3）从起始频率开始确定示值误差，达到表 31 中下一个频率时终止。

4）每次扫描时，频率应以实际频率 1% 的增幅逐步增加，直至达到表 31 中列出的下一频率，每个 1% 增幅的驻留时间必须相同。然而对于扫描中的载波频率，驻留时间应相等，且对于 EUT 都应有足够的驻留时间以进行试验及对每个频率做出反应。

5）表 31 列出的所有扫描中均应测量示值误差。

6）测量示值误差时，EUT 应处于（实际或模拟）参考流量条件下。

7）除非另有规定，水表的安装和工作条件应遵守 10.3.3 的规定，并采用参考条件。未标有"V"的试验水表应按流动轴线水平方位安装。

8）如果某种特定水表的设计预计在零流量下比在参考流量下更易受辐射电磁场影响，以及对于公称通径 DN50 以上（不含 DN50）水表，型式评价机构可选择在零流量下进行辐射电磁场试验。

表 31　起始和终止载波频率（辐射电磁场）　　　　MHz

26	160	600
40	180	700
60	200	800
80	250	934
100	350	1 000
120	400	1 400
144	435	2 000
150	500	
说明：各频率点是近似值。		

10.16.13.5　数据处理

按附录 B 的相关公式计算示值误差。

将 10.16.13.4 中步骤 e）得到的示值误差减去步骤 a）得到的示值误差，取绝对值作为偏差。

10.16.13.6　合格判据

a）施加扰动之后，EUT 的所有功能均应满足设计要求。

b）偏差应不超过流量高区最大允许误差绝对值的 1/2，否则 EUT 的检查装置应按附录 A 的要求检测到明显偏差并做出反应。

c）对于在零流量条件下进行的试验，水表累积量的变化应不大于检定标度或显示分格值。

10.16.14　传导电磁场试验

10.16.14.1　试验目的

检验带电子装置的水表在施加 7.7.6 规定的传导电磁场扰动期间仍能满足 7.7.1.1 的要求。

10.16.14.2　试验条件

传导电磁场试验的环境条件应满足水表的额定工作条件，示值误差测量应在 10.1.1 规定的参考条件下进行。

10.16.14.3　试验设备

试验配置应满足 GB/T 17626.6 的要求。然而，10.16.14.4 规定的试验程序是经修改后应用于一体化的累积式仪表的程序。

简明的试验参数见表 32。

表 32　传导电磁场试验参数

电磁环境等级	E1	E2
频率范围	0.15 MHz～80 MHz	
RF 电动势幅值	3 V	10 V
调制	80% AM，1 kHz，正弦波	

10.16.14.4　试验程序（简要）

a）施加电磁场之前在参考条件下测量 EUT（当且仅当 EUT 为电子式水表或电子计算器时）的示值误差。

b）按照附加程序 1）～5）的要求施加电磁场。

c）再次测量 EUT 的示值误差。

d）按照附加程序 5）的要求步进载波频率直到达到下一个载波频率（见表 33）。

e）停止测量 EUT 的示值误差。

f）计算示值误差。

g）计算偏差，确定是否为明显偏差。

h）检查 EUT 各项功能的正常性。

i）重复步骤 b）～i）。

j）完成试验记录。

附加程序要求：

1）EUT 应暴露在射频（RF）幅值为 3 V 电动势（电磁环境等级为 E1 的水表）或 10 V 电动势（电磁环境等级为 E2 的水表）的传导电磁场下。

2）依据 GB/T 17626.6，传导电磁场试验频率范围为 0.15 MHz～80 MHz。

3）每次扫描的起始频率和终止频率的建议见表 33。

4）从起始频率开始确定示值误差，达到表 33 中下一个频率时终止。

5）每次扫描时，频率应以实际频率 1% 的增幅逐步增加，直至达到表 33 中列出的下一频率，每个 1% 增幅的驻留时间必须相同。然而对于扫描中的载波频率，驻留时间应相等，且对于 EUT 都应有足够的驻留时间以进行试验及对每个频率做出反应。

6）表 33 列出的所有扫描中均应测量示值误差。

7）测量示值误差时，EUT 应处于（实际或模拟）参考流量条件下。

8）除非另有规定，水表的安装和工作条件应遵守 10.3.3 的规定，并采用参考条件。未标有"V"的试验水表应按流动轴线水平方位安装。

9）如果某种特定水表的设计预计在零流量下比在参考流量下更易受传导电磁场影响，以及对于公称通径 DN50 以上（不含 DN50）水表，型式评价机构可选择在零流量下进行传导电磁场试验。

表 33　开始和结束载波频率（传导电磁场）　　　　　　　　　MHz

0.15	1.1	7.5	50
0.30	2.2	14	80
0.57	3.9	30	
说明：各频率点是近似值。			

10.16.14.5　数据处理

按附录 B 的相关公式计算示值误差。

将 10.16.14.4 中步骤 e）得到的示值误差减去步骤 a）得到的示值误差，取绝对值作为偏差。

10.16.14.6　合格判据

a）施加扰动之后，EUT 的所有功能均应满足设计要求。

b）偏差应不超过流量高区最大允许误差绝对值的 1/2，否则 EUT 的检查装置应按附录 A 的要求检测到明显偏差并做出反应。

c）对于在零流量条件下进行的试验，水表累积量的变化应不大于检定标度或显示分格值。

10.16.15　信号线、数据线和控制线上的浪涌试验

10.16.15.1　试验目的

检验带电子装置的水表在其输入输出（I/O）端口和通讯端口施加 7.7.6 规定的浪涌扰动期间仍能满足 7.7.1.1 的要求。

10.16.15.2　试验条件

信号线、数据数和控制线上的浪涌试验的环境条件应满足水表的额定工作条件，示值误差测量应在 10.1.1 规定的参考条件下进行。

10.16.15.3　试验设备

试验设备的配置应满足 GB/T 17626.5 的要求。

简明的试验参数见表 34。

表 34　浪涌试验参数

电磁环境等级	E2
输入输出（I/O）和通讯端口[a]	线对线 ±1 kV 线对地 ±2 kV
交流主电源端口	线对线 ±1 kV 线对地 ±2 kV
直流电源端口	线对线 ±1 kV 线对地 ±2 kV
试验循环数	每一极性至少 3 次，对于交流主电源端口分别在电压相位 0°、90°、180°和270°下进行
[a]　适用于室内连接线不少于 30 m 的 EUT，如果有室外连接线，则不考虑线长。	

10.16.15.4　试验过程（简要）：

a）施加浪涌之前在参考条件下测量 EUT（当且仅当 EUT 为电子式水表或电子计算器时）的示值误差。

b）浪涌应施加在线对线之间和线对地之间。当试验线对地之间时，如果没有另行规定，试验电压应依次施加在每对线对地之间。

c）施加浪涌之后测量 EUT 的示值误差。

d）计算每个试验条件下的示值误差。

e）计算偏差，确定是否为明显偏差。

f）检查 EUT 各项功能的正常性。

g）完成试验记录。

附加程序要求：

1）应使用性能特征满足引用标准的浪涌发生器。试验包含引用标准所规定的施加浪涌的上升时间、脉冲宽度、在上下限阻抗负载时的输出电压/电流峰值和两组连续脉冲之间的时间间隔。

2）连接 EUT 前应验证发生器的特性。

3）如果 EUT 是一个体化仪表，在测量期间应连续施加试验脉冲。

4）本试验仅适用于电磁环境等级为 E2 的 EUT，线对线间浪涌瞬变电压为 1 kV，线对地间为 2 kV。

注：对于不平衡线路，线对地之间的试验通常在有主保护下进行。

5）本试验适用于长信号线（信号线长度超过 30 m，或者信号线有部分或全部安装于户外时，则不考虑线长）的 EUT。

6）应施加至少 3 次正极性浪涌和 3 次负极性浪涌。

7）测量示值误差期间，EUT 应处于（实际或模拟）参考流量条件下。

8）除非另有规定，水表的安装和工作条件应遵守 10.3.3 的规定，并采用参考条件。未标有"V"的试验水表应按流动轴线水平方位安装。

9）对于公称通径 DN50 以上（不含 DN50）水表，型式评价机构可选择在零流量下进行信号线、数据线与控制线上的浪涌试验。

10.16.15.5　数据处理

按附录 B 的相关公式计算示值误差。

将 10.16.15.4 中步骤 c）得到的示值误差减去步骤 a）得到的示值误差，取绝对值作为偏差。

10.16.15.6　合格判据

a）施加扰动之后，EUT 的所有功能均应满足设计要求。

b）偏差应不超过流量高区最大允许误差绝对值的 1/2，否则 EUT 的检查装置应按附录 A 的要求检测到明显偏差并做出反应。

c）对于在零流量条件下进行的试验，水表累积量的变化应不大于检定标度或显示分格值。

10.16.16　交流和直流主电源线上的浪涌试验

10.16.16.1　试验目的

检验带电子装置的水表在其主电源端口施加 7.7.6 规定的浪涌扰动期间仍能满足 7.7.1.1 的要求。

10.16.16.2　试验条件

交流和直流主电源线上的浪涌试验的环境条件应满足水表的额定工作条件，示值误差测量应在 10.1.1 规定的参考条件下进行。

10.16.16.3　试验设备

试验设备的配置应满足 GB/T 17626.5 的要求。

简明的试验参数见表 34。

10.16.16.4　试验程序（简要）

a）施加浪涌之前在参考条件下测量 EUT（当且仅当 EUT 为电子式水表或电子计算器时）的示值误差。

b）如果没有另行规定，浪涌应同步施加于交流电压相位的零点和电压波形峰值处（正相与负相）。

c）浪涌应施加在线对线之间和线对地之间。如果没有另行规定，当试验线对地之间时，试验电压应依次施加在每对线对地之间。

d）在施加浪涌之后测量 EUT 的示值误差。

e）计算每个试验条件下的示值误差。

f）计算偏差，确定是否为明显偏差。

g）检查 EUT 各项功能的正常性。

h）完成试验记录。

附加程序要求：

1）应使用性能特征满足引用标准的浪涌发生器。试验包含引用标准所规定的施加浪涌的上升时间、脉冲宽度、在上下限阻抗负载时的输出电压/电流峰值和两组连续脉冲之间的时间间隔。

2）连接 EUT 前应验证发生器的特性。

3）如果 EUT 是一体化仪表，在测量期间应连续施加试验脉冲。

4）本试验仅适用于电磁环境等级为 E2 的 EUT，线对线间浪涌瞬变电压为 1 kV，线对地间为 2 kV。

5）本试验适用于长信号线（信号线长度超过 30 m，或者信号线有部分或全部安装于户外时，则不考虑线长）的 EUT。

6）对于交流主电源端口，分别在电压相位 0°、90°、180°和 270°下各施加至少 3 次正极性浪涌和 3 次负极性浪涌。

7）对于直流电源端口，应施加至少 3 次正极性浪涌和 3 次负极性浪涌。

8）测量示值误差期间，EUT 应处于（实际或模拟）参考流量条件下。

9）除非另有规定，水表的安装和工作条件应遵守 10.3.3 的规定，并采用参考条件。未标有"V"的试验水表应按流动轴线水平方位安装。

10）对于公称通径 DN50 以上（不含 DN50）水表，型式评价机构可选择在零流量下进行交流与直流主电源线上的浪涌试验。

10.16.16.5 数据处理

按附录 B 的相关公式计算示值误差。

将 10.16.16.4 中步骤 d) 得到的示值误差减去步骤 a) 得到的示值误差，取绝对值作为偏差。

10.16.16.6 合格判据

a) 施加扰动之后，EUT 的所有功能均应满足设计要求。

b) 偏差应不超过流量高区最大允许误差绝对值的 1/2，否则 EUT 的检查装置应按附录 A 的要求检测到明显偏差并做出反应。

c) 对于在零流量条件下进行的试验，水表累积量的变化应不大于检定标度或显示分格值。

11 试验项目所用计量器具表

试验项目所用的主要计量器具和设备见表 35。

表 35 试验用计量器具和设备

序号	试验参数或项目	设备名称	主要性能和指标要求
1	流量	水表检定装置或水流量标准装置	装置结构：应满足 10.3.3 的要求。 流量范围：最小规格水表的 Q_1 至最大规格水表的 Q_4。 水温范围：10 ℃±5 ℃至 MAT。 水压范围：0.03 MPa 至 MAP。 测量原理：容积法、质量法、标准表法或其他原理，当水温低于 10 ℃和高于 30 ℃，或介质温度与环境温度差异大于 10 ℃时不应采用容积测量原理的装置。 扩展不确定度：不大于水表最大允许误差绝对值的 1/5
2	静压力	带压力指示的静水压试验装置	测量范围：上限不低于 2MAP。 压力指示仪表的准确度等级不低于 1.6 级
3	压力损失	差压计或差压变送器	测量上限：与表 14 规定的压力损失等级相适应。 差压测量仪表的准确度等级不低于 1.0 级
4	耐久性	耐久性试验装置	装置结构和功能：应满足 10.12.2 和 10.12.3 的要求。 流量范围：最小规格水表的 Q_3 至最大规格水表的 Q_4。 水温范围：20 ℃±5 ℃。 水压范围：≤MAP
5	流动扰动	流动扰动器	结构：应满足附录 E 关于 1 型、2 型和 3 型流动扰动器的要求
6	静磁场	环形磁铁	技术性能：应满足表 18 的要求

表 35（续）

序号	试验参数或项目	设备名称	主要性能和指标要求
7	指示装置的线性尺寸	电子、光学或影像尺寸测量仪	测量范围：下限不大于 0.5 mm。 扩展不确定度：不大于 0.02 mm
8	气候环境	高低温交变湿热试验箱	技术性能：应满足 GB/T 2421、GB/T 2423.1、GB/T 2423.2 和 GB/T 2423.4 的要求。 有效内容积：适合最大规格受试设备体积
9	电源电压和频率变化	调频调压电源	输出范围：交流单相，标称电压为 220 V 时，输出范围为 0 V～260 V 可调，标称电压为 380 V 时，输出范围为 0 V～440 V 可调。 频率：50 Hz，±2.5 Hz 可调。 输出电压的稳定性：≤施加电压的 0.2%。 输出频率的稳定性：≤施加频率的 0.2%。 谐波扰动：≤施加电流的 0.2%
10	直流电源变化	直流可调电源	输出范围：0 V～36 V 可调。 输出电压的稳定性：≤施加电压的 0.2%。 谐波扰动：≤施加电流的 0.2%
11	振动	振动试验台	技术性能：满足 GB/T 2423.56 和 GB/T 2423.43 的要求。 载荷能力：承载最大规格受试设备重量
12	交流电源电压暂降、短时中断和电压变化	交流电源电压暂降、短时中断和电压变化测试系统	技术性能：满足 GB/T 17626.11 的要求
13	瞬变脉冲群	电快速瞬变脉冲群抗扰度测试系统	技术性能：满足 GB/T 17626.4 的要求
14	静电放电	静电放电抗扰度测试系统	技术性能：满足 GB/T 17626.2 的要求
15	辐射电磁场	辐射电磁场抗扰度测试系统	技术性能：满足 GB/T 17626.3 的要求 试验场：3 米法或 10 米法电波暗室
16	传导电磁场	传导电磁场抗扰度测试系统	技术性能：满足 GB/T 17626.6 的要求
17	浪涌	浪涌（冲击）抗扰度测试系统	技术性能：满足 GB/T 17626.5 的要求

流量校准规范

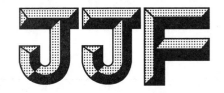

中华人民共和国国家计量技术规范

JJF 1583—2016

标准表法压缩天然气加气机检定装置校准规范

Calibration Specification for Master Meter Method
Verification Facility of Compressed Natural Gas Dispenser

2016-11-25 发布　　　　　　　　　　2017-02-25 实施

国家质量监督检验检疫总局 发布

标准表法压缩天然气加气机
检定装置校准规范

Calibration Specification for Master Meter

Method Verification Facility of Compressed

Natural Gas Dispenser

JJF 1583—2016

归 口 单 位：全国流量容量计量技术委员会

主要起草单位：重庆市计量质量检测研究院

　　　　　　　成都华气厚普机电设备股份有限公司

参加起草单位：中国测试技术研究院

　　　　　　　宁波市计量测试研究院

　　　　　　　重庆巨创计量设备股份有限公司

　　　　　　　新疆金康达能源设备有限公司

本规范委托全国流量容量计量技术委员会负责解释

本规范主要起草人：

王　硕（重庆市计量质量检测研究院）

张泽宏（重庆市计量质量检测研究院）

张　俊（成都华气厚普机电设备股份有限公司）

参加起草人：

赵普俊（中国测试技术研究院）

马　俊（宁波市计量测试研究院）

刘　伟（重庆巨创计量设备股份有限公司）

王继洼（新疆金康达能源设备有限公司）

引　言

　　本规范参照国际法制计量组织（OIML）的国际建议 R139：2007（E）《车用压缩气体燃料测量系统》（Compressed gaseous fuel measuring systems for vehicles）和国家计量检定规程 JJG 996—2012《压缩天然气加气机》、国家计量技术规范 JJF 1369—2012《压缩天然气加气机型式评价大纲》，并结合我国标准表法压缩天然气加气机检定装置的生产、使用和校准现状进行制定，主要的技术指标与国际建议、国家计量检定规程、技术规范相一致。

　　本规范所用术语，除在本规范中专门定义的外，均采用 JJF 1001《通用计量术语及定义》和 JJF 1004《流量计量名词术语及定义》。

　　根据 JJF 1071—2010《国家计量校准规范编写规则》，本规范将标准表法压缩天然气加气机检定装置的修正因子作为计量校准的主要项目。

　　本规范为首次发布。

标准表法压缩天然气加气机
检定装置校准规范

1 范围

本规范适用于标准表法压缩天然气加气机检定装置的校准。

2 引用文件

JJG 996—2012 压缩天然气加气机

JJF 1369—2012 压缩天然气加气机型式评价大纲

GB 18047 车用压缩天然气

OIML R139：2007（E） 车用压缩气体燃料测量系统（Compressed gaseous fuel measuring systems for vehicles）

凡是注日期的引用文件，仅注日期的版本适用于本规范；凡是不注日期的引用文件，其最新版本（包括所有的修改单）适用于本规范。

3 术语和计量单位

3.1 术语

3.1.1 标准表法压缩天然气加气机检定装置 master meter method verification facility of compressed natural gas dispenser

采用标准表法原理，对压缩天然气加气机进行检定或校准的计量标准装置（以下简称加气机检定装置）。它包括标准表、计算机系统、压力计、入口阀、出口阀等，标准表一般采用科里奥利质量流量计。同时根据加气机检定装置的测量范围，划分为大、中、小流量加气机检定装置。

注：大、中、小流量法加气机检定装置可以单独设计，也可以组合在一起。

3.1.2 大流量加气机检定装置 high capacity verification facility of compressed natural gas dispenser

用于检定大流量加气机的加气机检定装置，其最大流量大于 70 kg/min。

3.1.3 中流量加气机检定装置 medium capacity verification facility of compressed natural gas dispenser

用于检定中流量加气机的加气机检定装置，其最大流量大于 30 kg/min 且不大于 70 kg/min。

3.1.4 小流量加气机检定装置 low capacity verification facility of compressed natural gas dispenser

用于检定小流量加气机的加气机检定装置，其最大流量不大于 30 kg/min。

3.1.5 修正因子 correction factor

对加气机检定装置进行校准，并按校准结果对加气机检定装置示值进行修正的数字因子，其值为校准用设备测量值与被校加气机检定装置示值之比。本规范用 F 表示。

3.2 计量单位

3.2.1 质量：千克，符号 kg。

3.2.2 流量：千克每分钟，符号 kg/min。

3.2.3 压力：兆帕，符号 MPa。

4 概述

4.1 构造

加气机检定装置主要由标准表（质量流量计）、计算机系统、压力计、入口阀、出口阀等构成。

4.2 工作原理

在加气机检定装置中，使用标准表获得通过装置的压缩天然气的质量。工作时，将压缩天然气加气机上的加气枪连接到装置的入口处，装置出口连接到储气容器，使装置与加气机组成一条串联管路。压缩天然气依次经过被检加气机、加气机检定装置，然后注入储气容器。加气机和加气机检定装置同时测量天然气流量（累积流量），比较加气机检定装置测量值和加气机的显示值，即可获得压缩天然气加气机的示值误差。

图 1 为加气机检定装置工作原理示意图。

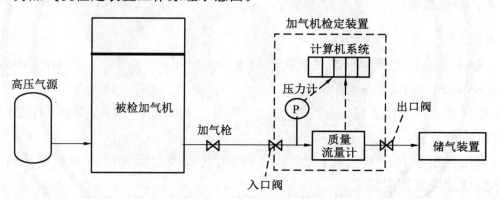

图 1　加气机检定装置工作原理示意图

5 计量特性

在 R（1）和 R（2）流量区，加气机检定装置修正因子的扩展不确定度（包含因子 $k=2$）应不超过 0.3%。

注：以上指标不是用于合格性判别，仅供参考。

6 校准条件

6.1 环境条件

校准加气机检定装置时的环境条件如下：

a) 温度：（−10～40）℃；

b) 相对湿度：35%～85%；

c) 其他影响量：电源、振动、大气中水汽凝结和气流及磁场等因素不得对校准结果产生影响。

6.2 校准用介质

校准用介质为压缩空气,其水露点和固体颗粒物符合 GB 18047 的相关要求。

6.3 校准用设备

6.3.1 主标准器

在有效测量范围内,主标准器示值的扩展不确定度应不超过 0.1%。

一般选用高准确度级的电子天平作为主标准器,应按照最大称重量的（1.2～2）倍选择电子天平的最大称量（Max）,天平的最大称重量由加气量、储气容器、管路及支架等总质量确定。电子天平的技术参数参考见表 1。

表 1　电子天平技术参数参考表

装置分类	准确度级别	最大称量（Max）	实际分度（d）
小流量加气机检定装置	⑪	250 kg	2 g
中流量加气机检定装置	⑪	500 kg	5 g
大流量加气机检定装置	⑪	800 kg	10 g

6.3.2 配套设备

a）流量指示仪：准确度等级不低于 2.5 级。

b）储气容器：储气容器必须满足最大工作压力为 25 MPa 的压力容器要求,应有有效期内的特种设备合格证书,且容积大小需要满足以下条件：

——校准小流量加气机检定装置时,储气容器的容积应不小于 90 L；

——校准中流量加气机检定装置时,储气容器的容积应不小于 300 L；

——校准大流量加气机检定装置时,储气容器的容积应不小于 600 L。

c）精密压力计：压力范围（0～40）MPa,准确度等级不低于 0.4 级。

d）标准砝码：不低于 F2 等级,质量在试验气量的（0.8～1.0）倍之间。

6.3.3 校准用主标准器及配套设备均应有有效的检定/校准证书。

7 校准项目和校准方法

7.1 校准项目

加气机检定装置在 R（1）和 R（2）流量区的修正因子。

7.2 校准方法

7.2.1 校准前检查

7.2.1.1 外观检查

检查加气机检定装置的铭牌,铭牌应注明制造厂名、产品名称、型号规格、制造日期、出厂编号、流量范围、不确定度、最大工作压力、电源电压、工作环境、防爆标识等。

检查加气机检定装置的分辨力,其最小质量变量应不超过 0.001 kg。

注：加气机检定装置应具有整机防爆性能。

7.2.1.2　密封性检查

a）将加气机检定装置与高压气源以及校准用设备相连接，如图 2 所示。

b）关闭标准装置中的容器阀门，开启加气机检定装置出口阀，打开加气机检定装置入口阀。

c）观察校准用设备上精密压力计示值，当压力值达到（21～25）MPa 时，关闭加气机检定装置入口阀。

d）观察校准用设备上精密压力计示值，并且保持压力 5 min 后，再次观察精密压力计示值。

e）压力变化不得超过 0.2 MPa。

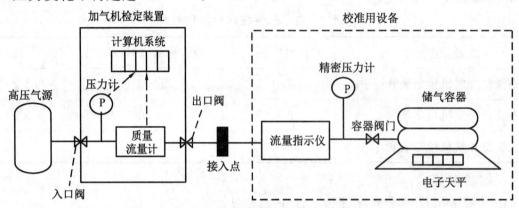

图 2　加气机检定装置校准原理图

7.2.2　修正因子校准

7.2.2.1　校准前的准备

a）将电子天平放置在一平整、稳固的平台或平板上，将电子天平调整至水平位置。将储气容器平稳放置在电子天平上。

b）将电子天平和加气机检定装置接通电源，进行电子部件的预热，使之达到平衡、稳定。

c）用标准砝码对电子天平进行校准。

d）对加气机检定装置进行调零，并将各个流量区的修正因子置 1。

7.2.2.2　校准流量区及校准次数

按两个流量区进行校准，分别是 R（1）、R（2）。每个流量区试验次数不低于 6 次。R（1）的充装压力区间为（0～20）MPa，R（2）的充装压力区间为（10～20）MPa。

各流量区的充装压力控制范围见表 2。

注：对于大流量、中流量或者小流量组合在一起的加气机检定装置，应按上述流量区对大流量、中流量或小流量加气机检定装置分别进行校准。

表 2　充装压力控制范围

流量区	储气容器起始压力	储气容器终止压力
R（1）	（0～1）MPa	（19～20）MPa
R（2）	（9～11）MPa	（19～20）MPa

7.2.2.3 校准过程控制

在每个流量区的校准过程中，环境温度变化应不超过 5 ℃，相对湿度变化应不超过 10%。

在每次校准试验过程中，高压气源的压力变化不超过 1 MPa。

7.2.2.4 校准程序

a）清除储气容器表面的霜和水。

b）按图 2 连接好加气机检定装置和校准用设备，并应可靠接地。

c）打开加气机检定装置出口阀和容器阀门对储气容器进行加气，观察校准用设备上精密压力计示值。当储气容器上压力达到流量区要求的储气容器起始压力时，关闭容器阀门和出口阀，断开接入点。

d）将电子天平示值归零（去皮）。

e）连接接入点，打开出口阀，记录精密压力计上的初始管路压力示值 p_1。

f）将加气机检定装置示值回零或记录初始值。

g）打开容器阀门对储气容器进行充气，观察校准用设备上精密压力计示值。当储气容器上压力达到流量区要求的终止压力时，停止加气。关闭容器阀门，然后记录精密压力计上的终止管路压力示值 p_2。

h）关闭出口阀，断开接入点。

i) 记录电子天平示值和加气机检定装置示值。

7.2.2.5 数据处理

a）修正因子计算

1）各流量区的修正因子

加气机检定装置的修正因子 F_{ij} 按式（1）计算：

$$F_{ij} = \frac{(M_s)_{ij}}{M_{ij}} \tag{1}$$

式中：

F_{ij}——第 i 流量区第 j 次测量得到的加气机检定装置修正因子；

M_{ij}——第 i 流量点第 j 次测量得到的被校加气机检定装置的示值，kg；

$(M_s)_{ij}$——第 i 流量区第 j 次测量得到的校准用设备测量值，kg。

2）该流量区多次校准后修正因子的平均值作为该流量区的修正因子，见式（2）。

$$F_i = \frac{1}{n} \sum_{j=1}^{n} F_{ij} \tag{2}$$

式中：

F_i——第 i 流量区修正因子的平均值；

n——该流量区的测量次数。

b）重复性计算

在 i 流量区，修正因子 F_i 的重复性按式（3）计算。

$$s_i = \frac{1}{F_i} \sqrt{\frac{1}{n-1} \sum_{j=1}^{n} (F_{ij} - F_i)^2} \tag{3}$$

式中：

s_i——在 i 流量区修正因子 F_i 的重复性。

7.2.3 加气机检定装置修正因子的扩展不确定度

7.2.3.1 加气机检定装置引入的相对标准不确定度分量

a) 计算加气机检定装置修正因子测量重复性引入的相对标准不确定度分量，见式（4）。

$$u_r(M_1) = \frac{s_i}{\sqrt{n}} \tag{4}$$

式中：

s_i——该流量区修正因子的测量重复性；

n——测量次数；

$u_r(M_1)$——加气机检定装置修正因子测量重复性引入的相对标准不确定度分量。

b) 计算加气机检定装置最小质量变量引入的相对标准不确定度分量，见式（5）。

$$u_r(M_2) = \frac{0.29\delta x}{M} \tag{5}$$

式中：

δx——加气机检定装置的最小质量变量，kg；

M——试验中最小用气量，kg；

$u_r(M_2)$——加气机检定装置最小质量变量引入的相对标准不确定度分量。

c) 计算被校装置标准表后端容积变化引入的相对标准不确定度分量，见式（6）。

$$u_r(M_3) = \frac{\Delta p \times V \times \rho}{0.1 \times M} \tag{6}$$

式中：

Δp——试验前后管道压力差的最大值，MPa；

V——加气机检定装置标准表后端管路容积（含钢管及高压软管），m^3；

ρ——介质标况（20 ℃、0.1 MPa）下密度（kg/m^3），一般取 1.29 kg/m^3；

M——试验中最小用气量，kg；

$u_r(M_3)$——标准表后端管路容积变化引入的相对标准不确定度分量。

d) 综合以上各分量，得到加气机检定装置引入的不确定度分量，见式（7）。

$$u_r(M) = \sqrt{u_r(M_1)^2 + u_r(M_2)^2 + u_r(M_3)^2} \tag{7}$$

式中：

$u_r(M)$——加气机检定装置引入的相对标准不确定度分量。

注：如果最小质量变量引入的不确定度分量小于重复性引入的不确定度分量，可不考虑最小质量变量引入的不确定度分量。如果最小质量变量引入的不确定度分量大于重复性引入的不确定度分量，可不考虑重复性引入的不确定度分量。

7.2.3.2 相对合成标准不确定度

加气机检定装置修正因子的相对合成标准不确定度按公式（8）计算。

$$u_r = \sqrt{u_r^2(M_s) + u_r^2(M)} \tag{8}$$

式中：

u_r——加气机检定装置修正因子的相对合成标准不确定度；

$u_r(M_s)$——校准用设备引入的相对标准不确定度分量。

7.2.3.3　扩展不确定度

加气机检定装置修正因子的扩展不确定度见式（9）。

$$U_r = k \times u_r \tag{9}$$

式中：

k——包含因子（$k=2$）；

U_r——加气机检定装置修正因子的扩展不确定度。

8　校准结果的表达

原始记录和校准证书格式见附录 A 和附录 B。

9　复校时间间隔

建议加气机检定装置的复校时间间隔不超过 1 年。

附录 A

校准记录的参考格式

校准申请单位					
申请单位地址					
装置名称		制造单位			
型号规格		装置编号		不确定度	
校准地点		环境温度		相对湿度	
校准日期		校准人员		核验人员	
校准依据					

校准所使用的主要计量器具：

名　称	测量范围	编号	技术特征	证书号	有效期至

校准结果：

　　1. 校准前检查

　　　外观检查：

　　　密封性检查：

　　2. 修正因子的校准

（小流量/中流量/大流量；标准表后端管路容积：　　　 m^3；校准介质：　　　）

流量区 R	初始管路压力 p_1 MPa	终止管路压力 p_2 MPa	压力差 Δp MPa	标准值 $(M_s)_{ij}$ kg	示值 M_{ij} kg	修正因子 F_{ij}	修正因子平均值 F_i	重复性 s_i %
R(1)								
R(2)								

3. 加气机检定装置的不确定度：

（小流量/中流量/大流量）

流量区 R	不确定度来源(x_i)	相对标准不确定度 $u_r(x_i)$/%	相对合成标准不确定度/% $u_r = \sqrt{\sum c_i^2 u_r^2(x_i)}$	相对扩展不确定度/% U_r，$k=2$
R(1)	加气机检定装置引入的不确定度分量			
	校准用设备引入的不确定度分量			
R(2)	加气机检定装置引入的不确定度分量			
	校准用设备引入的不确定度分量			

附录 B

校准证书的(内页)参考格式

B.1　校准依据:

B.2　校准环境条件:

　　环境温度,℃:

　　相对湿度,%:

　　其他:

B.3　校准所用主要标准器具:

　　名称:

　　不确定度:

　　有效期至:　　　　年　　　月　　　日

B.4　校准前检查

B.4.1　外观检查:

B.4.2　密封性检查:

B.5　校准结果

　　(小流量/中流量/大流量;校准介质:　　　　)

流量区 R	修正因子 F_i	修正因子的扩展不确定度/% U_r, $k=2$
R(1)		
R(2)		

加气机检定装置的实际值=加气机检定装置示值×F_i

附录 C

测量不确定度评定示例

C.1 概述

C.1.1 加气机检定装置

名称：标准表法压缩天然气加气机检定装置（小流量）

不确定度：0.3%（$k=2$）。

C.1.2 校准用设备

名称：质量法气体流量标准装置

不确定度：0.1%（$k=2$）。

1）主标准器

——电子天平

最大称量：300 kg

实际分度：2 g

2）配套设备

——质量流量计

测量范围：$(1\sim30)$ kg/min

准确度等级：0.2 级

——压缩天然气气瓶

容积：65 L（3 个）

最大工作压力：20 MPa

——精密压力计

压力范围：$(0\sim40)$ MPa

准确度等级：0.4 级

——标准砝码

标称值：10 kg（1 个）、2 kg（3 个）

准确度等级：F2 级

C.1.3 测量结果

试验数据见表 C.1。

表 C.1　试验数据

流量区 R	初始管路压力 p_1 MPa	终止管路压力 p_2 MPa	压力差 Δp MPa	标准值 $(M_s)_{ij}$ kg	示值 M_{ij} kg	修正因子 F_{ij}	修正因子平均值 F_i	重复性 s_i %
	21.4	21.2	0.2	23.720	23.759	0.998		
R(1)	21.2	21.1	0.1	23.344	23.373	0.999	0.998	0.061
	21.3	21.0	0.3	23.004	23.046	0.998		

表 C.1（续）

流量区 R	初始管路压力 p_1 MPa	终止管路压力 p_2 MPa	压力差 Δp MPa	标准值 $(M_s)_{ij}$ kg	示值 M_{ij} kg	修正因子 F_{ij}	修正因子平均值 F_i	重复性 s_i %
R(1)	21.0	20.8	0.2	23.512	23.555	0.998	0.998	0.061
	20.8	20.5	0.3	23.768	23.780	0.999		
	20.5	20.1	0.4	23.958	24.012	0.998		
R(2)	21.8	21.7	0.1	15.628	15.696	0.996	0.998	0.126
	21.6	21.6	0	15.352	15.373	0.999		
	21.4	21.3	0.1	15.014	15.036	0.999		
	21.4	21.2	0.2	15.512	15.548	0.998		
	21.1	21.0	0.1	15.768	15.780	0.999		
	21.2	21.1	0.1	15.358	15.395	0.998		

C.2 测量模型

C.2.1 数学公式

根据修正因子定义，其测量模型见式（C.1）：

$$F = \frac{M_s}{M} \tag{C.1}$$

式中：

F——加气机检定装置修正因子；

M_s——校准用设备测量值，kg；

M——加气机检定装置的示值，kg。

C.2.2 相对灵敏系数

由于 M 与 M_s 不相关，则相对合成标准不确定度见式（C.2）：

$$u_r(F) = \sqrt{c_r^2(M_s)u_r^2(M_s) + c_r^2(M)u_r^2(M)} \tag{C.2}$$

根据测量模型，得到相对灵敏系数：$c_r(M_s) = 1$、$c_r(M) = -1$。

C.2.3 不确定度分量

由式（C.2）可见，加气机检定装置修正因子 F 的不确定度来源主要有：

a）校准用设备引入的不确定度分量 $u_r(M_s)$；

b）加气机检定装置引入的不确定度分量 $u_r(M)$。

C.2.4 不确定度评定

C.2.4.1 校准用设备引入的不确定度分量 $u_r(M_s)$

质量法气体流量标准装置的扩展不确定度为 0.1%（$k=2$）；其相对标准不确定度见式（C.3）：

$$u_r(M_s) = \frac{0.1\%}{2} = 0.05\% \tag{C.3}$$

C.2.4.2 加气机检定装置引入的不确定度分量 $u_r(M)$

1. 计算加气机检定装置重复性引入的相对标准不确定度分量

取加气机检定装置在各流量区修正因子的重复性来计算不确定度分量:

对于流量区 R(1),见式 (C.4):

$$u_r(M_1) = \frac{s_1}{\sqrt{n}} = \frac{0.061\%}{\sqrt{6}} = 0.03\% \tag{C.4}$$

对于流量区 R(2),见式 (C.5):

$$u_r(M_1) = \frac{s_2}{\sqrt{n}} = \frac{0.126\%}{\sqrt{6}} = 0.05\% \tag{C.5}$$

2. 计算加气机检定装置最小质量变量引入的相对标准不确定度分量

加气机检定装置两个流量区的最小质量变量均为 0.001 kg,利用试验最小用气量来计算最小质量变量引入的相对标准不确定度分量:

对于流量区 R(1),其最小用气量为 23.004 kg,计算过程见式 (C.6):

$$u_r(M_2) = \frac{0.29 \times 1 \times 10^{-3}}{23.004} \times 100\% = 0.0013\% \tag{C.6}$$

对于流量区 R(2),其最小用气量为 15.014 kg,计算过程见式 (C.7):

$$u_r(M_2) = \frac{0.29 \times 1 \times 10^{-3}}{15.014} \times 100\% = 0.002\% \tag{C.7}$$

3. 计算加气机检定装置标准表后端管路容积变化引入的相对标准不确定度分量

加气机检定装置标准表后端管路容积为 0.000 4 m³,空气介质标况下密度为 1.29 kg/m³。

对于流量区 R(1),其最小用气量为 23.004 kg。试验中管道压力差的最大值为 0.4 MPa,计算过程见式 (C.8):

$$u_r(M_3) = \frac{0.4 \times 0.000\ 4 \times 1.29}{0.1 \times 23.004} \times 100\% = 0.007\% \tag{C.8}$$

对于流量区 R(2),其最小用气量为 15.014 kg。试验中管道压力差的最大值为 0.2 MPa,计算过程见式 (C.9):

$$u_r(M_3) = \frac{0.2 \times 0.000\ 4 \times 1.29}{0.1 \times 15.014} \times 100\% = 0.007\% \tag{C.9}$$

4. 计算加气机检定装置引入的相对标准不确定度分量

综合以上各分量,加气机检定装置最小质量变量引入的不确定度分量远小于重复性引入的不确定度分量,可不考虑最小质量变量引入的不确定度分量。得到加气机检定装置引入的不确定度分量 $u_r(M)$ 为:

对于流量区 R(1),见式 (C.10):

$$u_r(M) = \sqrt{0.007\%^2 + 0.03\%^2} = 0.04\% \tag{C.10}$$

对于流量区 R(2),见式 (C.11):

$$u_r(M) = \sqrt{0.007\%^2 + 0.05\%^2} = 0.06\% \tag{C.11}$$

C.2.5 合成标准不确定度计算

C.2.5.1　相对标准不确定度一览表见表 C.2。

表 C.2　标准不确定度一览表

流量区 R	符号	不确定度分量来源	输入量的标准不确定度分量/%	相对灵敏系数 c_r	相对标准不确定度分量/%
R(1)	$u_r(M_s)$	校准用设备引入的不确定度	0.05	1	0.05
	$u_r(M)$	加气机检定装置引入的不确定度	0.04	−1	0.04
R(2)	$u_r(M_s)$	校准用设备引入的不确定度	0.05	1	0.05
	$u_r(M)$	加气机检定装置引入的不确定度	0.06	−1	0.06

C.2.5.2　计算相对合成标准不确定度 $u_r(F)$

标准不确定度各分量互不相关，则加气机检定装置修正因子的相对合成标准不确定度 $u_r(F)$ 为：

对于流量区 R(1)，见式（C.12）：

$$u_r(F) = \sqrt{c_r^2(M_s)U_r^2(M_s) + c_r^2(M)U_r^2(M)} = \sqrt{0.05\%^2 + 0.04\%^2} = 0.07\%$$
(C.12)

对于流量区 R(2)，见式（C.13）：

$$u_r(F) = \sqrt{c_r^2(M_s)U_r^2(M_s) + c_r^2(M)U_r^2(M)} = \sqrt{0.05\%^2 + 0.06\%^2} = 0.08\%$$
(C.13)

C.2.6　计算扩展不确定度

取包含因子 $k=2$，得到该加气机检定装置修正因子的扩展不确定度为：

对于流量区 R(1)，见式（C.14）：

$$U_r = 2 \times 0.07\% = 0.14\%, \quad k=2$$
(C.14)

对于流量区 R(2)，见式（C.15）：

$$U_r = 2 \times 0.08\% = 0.16\%, \quad k=2$$
(C.15)

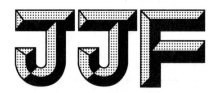

中华人民共和国国家计量技术规范

JJF 1586—2016

主动活塞式流量标准装置校准规范

Calibration Specification for Active Piston Provers

2016-11-25 发布　　　　　　　　2017-02-25 实施

国家质量监督检验检疫总局 发布

主动活塞式流量标准装置

校准规范

Calibration Specification for

Active Piston Provers

JJF 1586—2016

归　口　单　位：全国流量容量计量技术委员会

主要起草单位：重庆市计量质量检测研究院

北京市计量检测科学研究院

浙江省计量科学研究院

参加起草单位：中国计量科学研究院

重庆三协益新仪器仪表有限公司

杭州天马计量科技有限公司

本规范委托全国流量容量计量技术委员会负责解释

本规范主要起草人：

廖　新（重庆市计量质量检测研究院）

杨有涛（北京市计量检测科学研究院）

沈文新（浙江省计量科学研究院）

参加起草人：

崔骊水（中国计量科学研究院）

赵万星（重庆市计量质量检测研究院）

李绍谷（重庆三协益新仪器仪表有限公司）

马小平（杭州天马计量科技有限公司）

引　言

本规范按照 JJF 1071—2010《国家计量校准规范编写规则》要求，参照了国际建议 OIML R119：1996《用于测量非水液体的活塞装置　体积管》（Pipe provers for testing measuring systems for liquids other than water）和 JJG 209—2010《体积管》，并结合我国气体和液体活塞式流量标准装置的生产、使用和校准现状编制而成。

主动活塞式流量标准装置也称电驱动活塞式流量标准装置，是近年快速发展起来的一种新型流量标准装置，适用于常压条件下中小和微小的气体和液体流量仪表的校准、检定和测试。

本规范规定了术语、计量特性、校准条件、校准项目、校准方法以及校准结果表达等内容。

本规范所用术语，除在本规范中定义的外，均采用 JJF 1001《通用计量术语及定义》和 JJF 1004《流量计量名词术语及定义》定义的术语。

本规范参照 JJG 209—2010《体积管》规定的检定周期及本规范编制过程中所做的实验与调查，建议新制造活塞装置的复校周期为 1 年，其余为 3 年。

水表检定装置使用的活塞式流量标准装置检定依据是 JJG 1113—2015《水表检定装置》。

本规范为首次发布。

主动活塞式流量标准装置校准规范

1 范围

本规范适用于主动活塞式气体或液体流量标准装置（简称活塞装置）的校准。

2 引用文件

JJF 1001　通用计量术语及定义

JJF 1004　流量计量名词术语及定义

JJG 209—2010　体积管

JJG 259—2005　标准金属量器

OIML R119：1996　用于测量非水液体的活塞装置　体积管（Pipe provers for testing measuring systems for liquids other than water）

凡是注日期的引用文件，仅注日期的版本适用于本规范；凡是不注日期的引用文件，其最新版本（包括所有的修改单）适用于本规范。

3 术语和计量单位

3.1 术语

引用文件中相关术语适用于本规范。

3.1.1 活塞　piston

在电机驱动下沿缸体轴线运动的圆盘形或圆柱形金属机件。

3.1.2 缸体　cylinder

与活塞形成封闭空间，活塞在其中进行直线往复运动，横截面为圆形的圆筒形金属机件。

3.1.3 有效容积　effective volume

活塞启始运动至极限位置之间的几何容积，该几何容积的大小为具有恒定横截面的缸体截面积与圆盘形活塞位移之积或圆柱形活塞截面积与其位移之积。

3.1.4 最大容积　maximum volume

活塞最大位移相对应的几何容积。

3.1.5 最小测量容积　minimum measurement volume

满足活塞装置使用准确度要求的排出或吸入的最小流体体积。

3.1.6 标准容积　standard volume

在标准状态下（20 ℃，101.325 kPa）的容积。

3.1.7 启动时间　start-up time

活塞从静止状态开始运动至达到恒速时的时间。

3.1.8 活塞系数　piston coefficient

单位行程的活塞位移所对应的标准容积。

3.1.9　脉冲当量　pulse equivalent

活塞装置一个脉冲信号所代表的标准容积。

3.2　计量单位

3.2.1　长度单位：米，符号 m；或毫米，符号 mm。

3.2.2　容积单位：立方米，符号 m^3；或升，符号 L；或毫升，符号 mL。

3.2.3　流量单位：立方米每［小］时，符号 m^3/h；或升每分，符号 L/min。

3.2.4　压力单位：帕［斯卡］，符号 Pa；或千帕，符号 kPa。

3.2.5　温度单位：摄氏度，符号℃；或开尔文，符号 K。

4　概述

4.1　工作原理

活塞装置一般由驱动电机、传动系统、气缸、活塞、管路系统、信号发生器和计算机控制系统等组成。工作时电机驱动丝杠组件旋转，带动活塞沿缸体轴线作匀速直线运动，排出或吸入流体，依据流体质量守恒定律，被检测流量计的示值与活塞装置的标准示值进行比较，得到测量误差。常见活塞装置基本原理框图见图1。

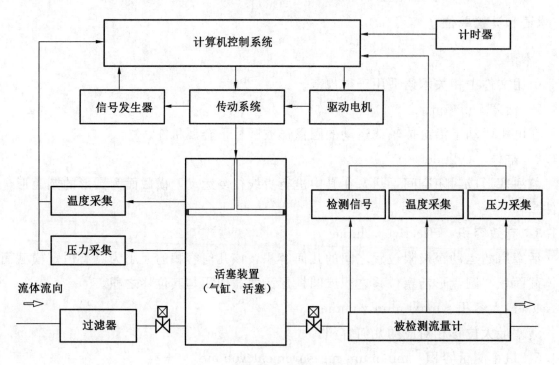

图 1　活塞装置基本原理框图

4.2　用途

活塞装置主要用于流量仪表的检定、校准、测试。

4.3　主体结构

4.3.1　按活塞运动方向，有立式活塞装置和卧式活塞装置两种结构。

4.3.2　按活塞构成方式，有盘形活塞［图2（a）］和柱形活塞［图2（b）］两种。

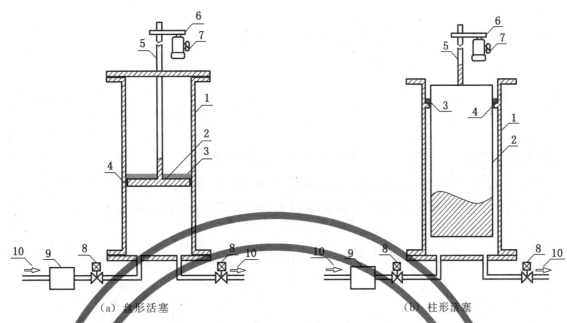

图 2　活塞装置结构示意图

1—缸体；2—活塞；3—缸体密封油（可选用）；4—滑动密封件；5—滚珠丝杠；6—动力驱动机构；

7—驱动电机；8—进、出流体电动阀门；9—滤清器；10—流体流向

4.4　配套设备

活塞装置配套设备由测温仪表、测压仪表、计时器、光栅尺或旋转编码器和滚珠丝杠等构成。

5　计量特性

5.1　流量范围

活塞装置的最大流量由最大测量容积与最短测量时间的比值确定，最短测量时间一般不小于 30 s。最小流量由最小测量容积与最长测量时间确定，气体活塞装置的最长单次测量时间一般不大于 30 min，液体活塞装置的最长测量时间一般不大于 1 h。

5.2　测量不确定度

校准结果应给出活塞装置标准容积或脉冲当量的测量不确定度。

5.3　测温、测压仪表

活塞装置配用的温度和压力测量仪表应满足装置测量不确定度要求，并具有有效的检定或校准证书。

5.4　计时器

计时器的分辨力等于或优于 0.001 s，应带有晶振信号输出口，且晶振 8 h 的稳定度等于或优于 1×10^{-5}。

5.5　光栅尺

如适用，配用光栅尺的分辨力一般等于或优于 0.005 mm/Pul。

5.6　旋转编码器

如适用，配用旋转编码器的分辨力一般等于或优于 0.005 L/Pul。

5.7 滚珠丝杠

如适用，配用滚珠丝杠的精度等级一般等于或优于 P5。

注：以上指标不是用于合格性判别，仅供参考。

6 校准条件

6.1 标准器

校准活塞装置使用的标准器应有有效的检定或校准证书。

采用质量法或容积法的组合量测量活塞体积时，其容量比值一般等于或小于 1：5。

活塞装置校准中不确定度评定应包含校准标准器所引入的不确定度分量。

6.1.1 尺寸测量法

可用三坐标测量机和温度计，或选用气缸内径校准内径千分尺，外径千分尺或 π 尺等。

6.1.2 容积测量法

可选用标准量器和温度计等。

6.1.3 质量测量法

可用电子秤或天平、密度计、温度计等。

6.2 环境条件

校准时的环境条件要求见表 1 和表 2。

表 1 校准时环境条件

温度范围/℃	相对湿度/%	大气压力/kPa
18～22	40～70	86～106

表 2 校准时温度/气压变化

活塞装置扩展不确定度 U_r （$k=2$）	一次校准过程中介质变化/℃	大气压力的变化/Pa
等于或优于 0.1%	≤0.1	≤20
0.2% 及以下	≤0.2	≤40

6.3 介质

采用质量法或容积法校准活塞装置的标准容积，工作介质一般为纯净水或蒸馏水。扩展不确定度 U_r≤0.1% （$k=2$）的活塞装置校准介质建议用蒸馏水，其余等级的校准介质可用纯净水。

7 校准项目和校准方法

7.1 校准项目

活塞装置校准项目见表 3。

表 3　校准项目一览表

项　目	常规或操作检查	校　准
外观	+	
流量范围	+	
测温、测压仪表	+	
光栅尺（或旋转编码器）	+	
滚珠丝杠	+	
计时器		+
密封性		+
标准容积		+
活塞系数/脉冲当量		+
注："＋"表示应检项目。		

7.2　校准方法

7.2.1　观察项目

外观检查和资料审查：

a) 活塞装置外观、安装、设计是否符合相关要求；

b) 缸体内径或活塞外径，活塞运动行程，脉冲当量是否符合标识或说明书要求；

c) 测温孔、测压孔、直管段或上游空间等是否符合相关规范或标准的要求；

d) 配套设备是否符合5.3、5.4、5.5、5.6和5.7要求；

e) 计算机参数设置、使用说明书、相关证书是否一致。

7.2.2　密封性试验

按活塞装置结构和用途进行试验。一般在缸体或活塞上、中和下3个位置段进行静态密封试验。

试验时启动控制器，运行活塞装置给缸体加压；也可采用外部加压方式，使缸体和活塞处于静态，试验压力为1.5倍最大工作压力，稳定3 min，观察测压仪表压力不得变化。对气体活塞装置，也可采用负压法检查缸体密封性，在缸体或活塞的试验段位置，受压（-0.05 MPa），10 min后记录温度、压力示值，15 min后再次读取温度和压力值。缸内绝对压力和绝对温度比值的变化率不超过0.05%，可认为活塞装置无泄漏。活塞装置配套的专用夹表装置可与活塞装置连接整机密封试验。

7.2.3　标准容积/脉冲当量的校准

活塞装置的标准容积、活塞系数和脉冲当量的校准可采用尺寸测量法、质量测量法或容积测量法。

7.2.3.1　尺寸测量法

对于新制造的活塞装置，尺寸测量法是确定活塞装置的标准容积、活塞系数和脉冲当量的常用方法，作为容积示值基准尺寸的气缸内径或活塞外径的测量一般按以下程序和要求：

a）确认活塞装置和量具在测量环境下已达到温度平衡；

b）依据活塞装置装配图，确定计量段高度，将计量段高度等分为若干个测量截面 m（$m \geqslant 6$），两测量截面间距一般不大于 100 mm，如图 3（a）；

c）在每个测量面沿圆周测量 n（$n \geqslant 4$）个直径。若用 π 尺测量活塞外径，应在圆周等分点处读取直径示值，如图 3（b）。按公式（1）计算平均直径。

$$\overline{D}_i = \frac{1}{n}\sum_{j=1}^{n} D_{ij}\left[1 + (\alpha - \beta_p)(t - 20)\right] \tag{1}$$

式中：

$\overline{D}_i$——第 i 个测量截面 20 ℃下的平均直径，mm；

D_{ij}——第 i 个测量截面的第 j 次测量，mm；

α、β_p——量具、缸体材料线膨胀系数，℃$^{-1}$；

t——测量时的环境温度，℃。

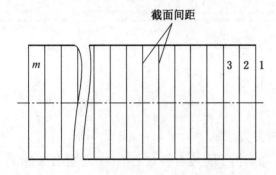

（a）测量截面间距 m 段　　　　　　　　（b）测量面沿圆周测量 n 个直径

图 3　尺寸测量法示意图

d）按公式（2）计算活塞或缸体平均直径 D。

$$D = \frac{1}{m}\sum_{i=1}^{m}\overline{D}_i \tag{2}$$

e）按公式（3）计算活塞标准容积 V_{20}。

$$V_{20} = \frac{\pi}{4} \times D^2 \times H \times 10^{-3} \tag{3}$$

式中：

V_{20}——测量活塞装置所得的容积换算到标准状态下（20 ℃，101.325 kPa）的标准容积，L；

H——活塞行程，mm。

f）按公式（4）计算活塞系数 k_V。

当 $H = 1$ mm 时，

$$k_V = \frac{\pi}{4} \times D^2 \times 10^{-3} \tag{4}$$

k_V——活塞系数，L/mm。

g）按公式（5）计算脉冲当量 k。

$$k = \frac{\pi}{4f} \times D^2 \times P_L \times 10^{-3} \tag{5}$$

式中：

k——脉冲当量，L/Pul；

P_L——丝杆螺距，mm；

f——活塞装置对应 P_L 的脉冲数。

7.2.3.2 质量测量法

用质量测量法校准活塞装置的系统连接方式可参考图4，先将校准介质注入活塞装置缸体内，校准时，电机驱动活塞装置排出介质，用电子秤/天平称量后，换算成活塞装置标准容积。

测量程序和要求：

a）将活塞运动至极限停止位置，使缸内空间容积处最小状态；

b）打开活塞上的缸体排气阀门2（圆柱形和圆筒形活塞为环室气孔），使缸体连通大气；

c）用长度适合的透明胶管连接排气孔，以便观察水位，胶管出口置于称重容器入口；

d）打开进水阀5，向缸内充水，同时缓慢提升活塞至工作零点，观察活塞装置上部排水，当排出的水中不带气泡时，则缸体内充满水；可低速启动活塞做往复运动数次，以排除尽缸体内空气；

e）关闭进水阀5，启动活塞低速向下运动（3～5）mm，标记透明管出水口液位位置；

f）称量容器放水、电子秤或天平清零/去皮；

g）打开进水阀6，活塞以适合加速度至均速运动［以（3～10）min完成一次试验为宜］，再以适合减速度至预定容积或行程停止运动，将缸内液体排入称量容器；

h）记录液体温度、液体质量和胶管出水口位置及活塞行程或活塞装置示值，完成单次校准；

i）校准从活塞装置顶部上限位置开始（即缸内空间容积处最大状态开始），分段校准，校准容积一般等于或小于活塞容积的1/5，且校准容积不小于活塞装置最小测量容积，每容积段校准重复d）～h），校准 n（$n \geq 6$）次，每次记录下活塞装置显示的脉冲数；

j）按公式（6）计算活塞装置标准容积。

$$V_{20} = \frac{M_i}{\rho_w}(1+\varepsilon)\left[1+\beta_w(t_m - t_s) - \beta_m(t_m - 20) - p_{em}\left[\frac{D}{E \times d} + \kappa\right]\right] \tag{6}$$

$$其中 \; \varepsilon = \frac{\rho_a}{\rho_w} - \frac{\rho_a}{\rho_{we}} \tag{7}$$

式中：

M_i——校准条件下的电子秤或天平的示值，kg；

ρ_w——秤量容器内水的密度，kg/m³；

ρ_a——大气空气密度，kg/m³；

ρ_{we}——砝码密度，kg/m³；

β_w——水的体膨胀系数，℃$^{-1}$；

β_m——缸体/活塞材质的体膨胀系数,℃$^{-1}$;

t_m——活塞装置缸体的壁温(用缸体内测得的水温代替),℃;

t_s——标准量器温度(用量器内测得的水温代替),℃;

p_{em}——活塞装置缸体内液体的表压力,Pa;

D——活塞装置缸体的内径,mm;

E——活塞装置缸体材质的弹性模量,Pa;

d——活塞装置缸体的壁厚,mm;

κ——水的压缩系数,Pa^{-1}。

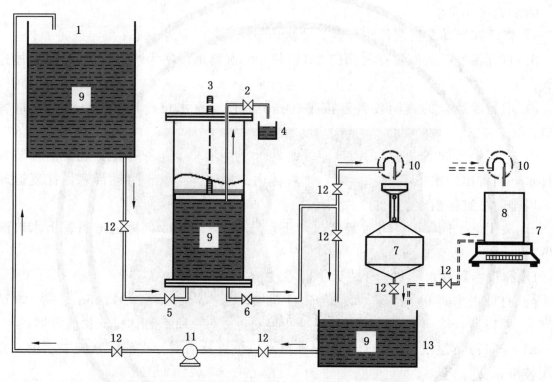

图 4　活塞装置质量测量法或容积测量法示意图

1—高位水箱;2—缸体排气阀门;3—滚珠丝杠;4—排气小容积箱;5—进液电动阀门;
6—排液电动阀门;7—电子秤或天平或标准量器;8—称量容器;9—校准用介质;
10—透明管;11—水泵;12—控制阀门;13—低位水箱

注:箭头表示校准介质流向。

7.2.3.3 容积测量法

容积测量法校准活塞装置的标准容积有两种方法:

a)采用容积测量法校准活塞装置与质量法的方法相同,校准介质(液体)注入活塞装置缸体内,校准时活塞装置直接排出液体进入标准量器的方法,可参考图 4(将图 4 中的电子秤或天平更换为标准量器),校准方法参考 7.2.3.2 质量测量法,标准容积按公式(8)计算。

$$V_{20} = V_s\left[1 + \beta_s(t_s - 20) + \beta_w(t_m - t_s) - \beta_m(t_m - 20) - p_{em}\left[\frac{D}{E \times d} + \kappa\right]\right] \quad (8)$$

式中:

V_s——单次测量标准量器示值,L;

β_s——标准量器材质的体膨胀系数,℃$^{-1}$。

b) 该校准方法仅对使用介质为气体活塞装置,采用活塞装置缸体内为空气,校准时活塞装置直接排出气体进入标准量器的方法,校准系统连接方式可参考图5。标准容积按公式(9)计算。

$$V_{20} = V_s[1 + \beta_w(t_m - t_s) - (\beta_m - \beta_s)(t_m - 20) - \gamma(t_\gamma - 20)] \pm \Delta V \qquad (9)$$

式中:

γ——丝杆或光栅尺材料线膨胀系数,℃$^{-1}$;

t_γ——丝杆或光栅尺的温度,℃;

ΔV——透明管液位变化引入的容积,液位升高取"+",反之取"−",L。

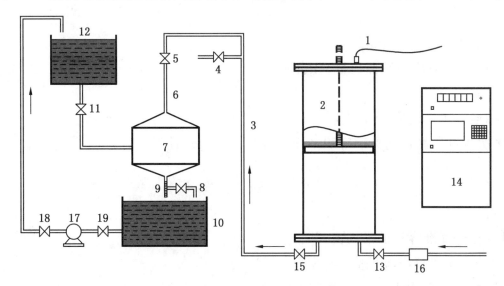

图5 活塞装置容积校准法示意图

1—旋转编码器;2—气体活塞装置;3—连接管(金属或胶皮);4、5、8、11、13、15、18、19—阀门;
6—排气口;7—标准量器;9—标准量器刻线;10—低位水箱;12—高位水箱;14—气体活塞装置电脑控制台;
16—进气空气滤清器;17—水泵

校准按以下顺序进行:

1) 活塞运动至上限位置,使缸内空间容积处最大状态;

2) 选择量限适当的标准量器,标准量器的容积不小于测量容积;

3) 校准前高位水箱12内储存足够量的液体,放置一段时间定温,使环境、气体活塞装置和液体温度符合表2要求;

4) 打开阀门11,将标准量器充满水后关闭阀门11,用胶皮管将装置的排气导管和标准量器排气口连接,打开阀门15和4,使装置中的压力与大气压力平衡,测出装置内的温度、室温、大气压力和湿度,关闭阀门4;

5) 根据标准量器规定的放水时间调节阀门8,使标准量器内的水进入水池,同时通过活塞装置电脑控制台启动活塞下行,使活塞装置的气体进入标准量器内。当标准量器的水位接近刻线时应通过调节变频电机的转速,逐步减少水流量至零,当标准量器的水位至刻度线时,依次关闭阀门8和5,同时完全停止活塞,并确保活塞装置内的压力为大气压,测出装置内的温度、室温、大气压力和湿度;

6) 每段校准 n($n \geqslant 6$)次,每次记录下活塞装置显示的容积和脉冲数;

7）从排气口处取下胶皮管和阀门 5。按照 3）、4）、5）和 6）程序重复做下去，直至该校准段底部。

7.2.3.4 脉冲当量

脉冲当量校准方法参考附录 C。

尺寸测量法脉冲当量按公式（5）计算，质量测量法或容积测量法的计算则是在 7.2.3.2 或 7.2.3.3 校准中记录标准容积对应的脉冲数，按公式（10）计算。

在校准中所测得的活塞装置的脉冲当量 k：

$$k = \frac{V_{20}}{f} \tag{10}$$

式中：

k——脉冲当量，L/Pul；

f——与 V_{20} 对应的脉冲数量，Pul。

7.2.3.5 平均值

a）标准容积平均值

在多次校准所测得的标准容积平均值按公式（11）计算。

$$\bar{V}_{20} = \frac{1}{n} \sum_{i=1}^{n} (V_{20})_i \tag{11}$$

式中：

$\bar{V}_{20}$——标准容积的平均值，L；

$(V_{20})_i$——i 段标准容积值，L。

b）脉冲当量平均值

在多次校准所测得的脉冲当量平均值按公式（12）计算。

$$\bar{k} = \frac{1}{n} \sum_{i=1}^{n} k_i \tag{12}$$

式中：

$\bar{k}$——脉冲当量的平均值，L/Pul；

k_i——i 段脉冲当量。

7.2.3.6 重复性

a）标准容积重复性

在 i 段，标准容积 $(V_{20})_i$ 的重复性按公式（13）计算。

$$u(V_{20})_i = \frac{1}{(\bar{V}_{20})_i} \sqrt{\frac{1}{n-1} \sum_{i=1}^{n} \left[(V_{20})_i - (\bar{V}_{20})_i \right]^2} \tag{13}$$

式中：

$u(V_{20})_i$——标准容积 $(V_{20})_i$ 的重复性。

活塞装置标准容积 V_{20} 的重复性取 $u(V_{20})_i$ 的最大值。

b）脉冲当量重复性

在 i 段，脉冲当量 k_i 的重复性按公式（14）计算。

$$u(k_i) = \frac{1}{\bar{k}_i} \sqrt{\frac{1}{n-1} \sum_{i=1}^{n} (k_i - \bar{k}_i)^2} \tag{14}$$

式中：

$u(k_i)$ ——脉冲当量 k_i 的重复性。

活塞装置脉冲当量 k_i 的重复性取 $u(k_i)$ 的最大值。

7.2.3.7 合成不确定度

a）标准容积的合成相对标准不确定度

1）尺寸测量法

尺寸测量法标准容积的合成相对标准不确定度按公式（15）计算。

$$u_r(V_{20}) = \sqrt{u_r^2(D) + u_r^2(\alpha) + u_r^2(\beta_p) + u_r^2(t) + u_r^2(P_L)} \tag{15}$$

式中：

$u_r(V_{20})$ ——活塞装置标准容积的合成相对标准不确定度，%；

$u_r(D)$ ——活塞装置缸体或活塞的平均直径的相对标准不确定度，%；

$u_r(\alpha)$ ——量具材料线膨胀系数的相对标准不确定度，%；

$u_r(\beta_p)$ ——缸体材料线膨胀系数的相对标准不确定度，%；

$u_r(t)$ ——测量时的环境气温的相对标准不确定度，%；

$u_r(P_L)$ ——丝杆精度引入的相对标准不确定度，%。

2）质量测量法

质量测量法标准容积的合成相对标准不确定度按公式（16）计算。

$$u_r(V_{20}) = [u_r^2(M_i) + u_r^2(\rho_w) + u_r^2(\rho_a) + u_r^2(\rho_{we}) + u_r^2(\beta_w) + u_r^2(\beta_m) + u_r^2(t_s)$$
$$+ u_r^2(t_m) + u_r^2(p_{em}) + u_r^2(D) + u_r^2(E) + u_r^2(d) + u_r^2(\kappa)]^{\frac{1}{2}} \tag{16}$$

式中：

$u_r(M_i)$ ——电子秤或天平的相对标准不确定度，%；

$u_r(\rho_w)$ ——秤量容积内水密度的相对标准不确定度，%；

$u_r(\rho_a)$ ——空气密度的相对标准不确定度，%；

$u_r(\rho_{we})$ ——砝码密度的相对标准不确定度，%；

$u_r(\beta_w)$ ——水的体膨胀系数的相对标准不确定度，%；

$u_r(\beta_m)$ ——缸体/活塞材料的体膨胀系数的相对标准不确定度，%；

$u_r(t_s)$ ——标准器中温度的相对标准不确定度，%；

$u_r(t_m)$ ——活塞装置入口温度的相对标准不确定度，%；

$u_r(p_{em})$ ——活塞装置缸体内液体的表压力的相对标准不确定度，%；

$u_r(E)$ ——活塞装置缸体材质的弹性模量的相对标准不确定度，%；

$u_r(d)$ ——活塞装置缸体的壁厚的相对标准不确定度，%；

$u_r(\kappa)$ ——水的压缩系数的相对标准不确定度，%。

3）容积测量法

容积测量法标准容积的合成相对标准不确定度按公式（17）计算。

$$u_r(V_{20}) = [u_r^2(V_s) + u_r^2(\beta_s) + u_r^2(\beta_w) + u_r^2(\beta_m) + u_r^2(t_s) + u_r^2(t_m)$$
$$+ u_r^2(p_{em}) + u_r^2(D) + u_r^2(E) + u_r^2(d) + u_r^2(\kappa)]^{\frac{1}{2}} \qquad (17)$$

式中：

$u_r(V_s)$ ——标准量器的相对标准不确定度，%；

$u_r(\beta_s)$ ——标准量器材质的体膨胀系数的相对标准不确定度，%。

b）脉冲当量的合成相对标准不确定度

脉冲当量的合成相对标准不确定度按公式（18）计算。

$$u_r(k) = \sqrt{u_r^2(V_{20}) + u_r^2(f)} \qquad (18)$$

式中：

$u_r(k)$ ——活塞装置脉冲当量的合成相对标准不确定度，%；

$u_r(f)$ ——脉冲的相对标准不确定度，%。

7.2.3.8 扩展不确定度

a）按公式（19）计算活塞装置标准容积的相对扩展不确定度。

$$U_r(V_{20}) = 2u_r(V_{20}) \qquad (19)$$

b）按公式（20）计算活塞装置脉冲当量的相对扩展不确定度。

$$U_r(k) = 2u_r(k) \qquad (20)$$

7.2.4 计时器

晶振 8 h 稳定度校准。

将计时器晶振输出信号接到标准计时器的外晶振输入口，接通电源。预热后，每隔 1 h 读 1 次频率值 f_i/Hz（$i=1，2，\cdots，8$）。

晶振稳定度按公式（21）计算：

$$E_f = \frac{f_{max} - f_{min}}{f_0} \times 100\% \qquad (21)$$

式中：

E_f ——晶振稳定度，%；

f_{max} ——f_i 的最大值，Hz；

f_{min} ——f_i 的最小值，Hz；

f_0 ——标准频率值，Hz。

7.2.5 流量稳定性

流量稳定性试验的要求如下：

至少选取 3（$j=1，2，\cdots，m$）个流量点，一般在最大流量和最小流量，以及中值流量（接近最大流量和最小流量的平均值）校准，每个流量点至少重复 6 次，取其中最大值作为活塞装置的流量稳定性。

一次累计的时间内连续测量 n（$n \geq 6$）次，流量 q_i（$i=1，2，\cdots，n$）按公式（22）计算其平均值。

$$\bar{q}_j = \frac{1}{n} \sum_{i=1}^{n} q_{ij} \qquad (22)$$

式中：

$\bar{q}_j$——j 流量点平均值，m³/h。

流量稳定性按公式（23）计算。

$$u_q = \frac{1}{\bar{q}_j} \sqrt{\frac{1}{n-1} \sum_{i=1}^{n} (q_{ij} - \bar{q}_j)^2} \times 100\% \tag{23}$$

式中：

u_q——流量稳定性，%。

8 校准结果的表达

原始记录和校准证书格式见附录 D 和附录 E。

9 复校时间间隔

活塞装置的复校时间间隔建议：新制造的 1 年，其余 3 年。复校时间间隔由装置的使用情况、使用者、装置本身质量等诸因素确定。申请校准单位可根据实际使用情况自主决定复校时间间隔。

附录 A

测量不确定度评定示例

A.1 容积测量法不确定度实例

A.1.1 概述

A.1.1.1 结构特点及型式

活塞装置由缸体、活塞、驱动电机、信号发生器、计算机控制系统和附属设备所组成。缸体内表面或活塞外表面是经过精密加工的、形成标准缸体或标准活塞。

A.1.1.2 测量原理

活塞装置工作时活塞在电机的驱动下沿缸体轴线作匀速直线运动，传递机械力置换出缸内容积，并在测试时间内流体流过被检流量计，按照质量守恒原理，活塞装置置换出的容积量与流过被测流量计的容积量比较，两者的容积值可确定被检流量计的计量性能。

A.1.2 测量模型（以缸体直径为基准的盘形活塞装置为例）

用标准量器校准活塞装置时的标准容积按（A.1）公式计算：

$$V_{20} = V_s \left[1 + \beta_s(t_s - 20) + \beta_w(t_m - t_s) - \beta_m(t_m - 20) - p_{em} \left[\frac{D}{E \times d} + \kappa \right] \right] \quad (A.1)$$

所测得的活塞装置的脉冲当量 k 按公式（A.2）计算。

$$k = \frac{V_{20}}{f} \quad (A.2)$$

式中：

V_s——标准量器的示值，L；

k——活塞装置脉冲当量，L/Pul；

f——活塞装置与 V_{20} 对应的脉冲数量，Pul；

β_s——标准量器材质的体膨胀系数，℃$^{-1}$；

β_w——水的体膨胀系数，℃$^{-1}$；

β_m——缸体材质的体膨胀系数，℃$^{-1}$；

t_s——标准量器温度（用量器内测得的水温代替），℃；

t_m——活塞装置缸体的壁温（用缸体内测得的水温代替），℃；

p_{em}——活塞装置缸体内液体的表压力，Pa；

D——活塞装置缸体的公称内径，mm；

E——活塞装置缸体材质的弹性模量，Pa；

d——活塞装置缸体的壁厚，mm；

κ——水的压缩系数，Pa^{-1}。

取多次测量的平均值作为活塞装置缸体的标准容积。

A.1.2.1 不确定度计算

由公式（A.1）和（A.2），标准容积 V_{20} 和脉冲当量 k 的不确定度按公式（A.3）

和（A. 4）计算。

$$u_r(V_{20}) = \sqrt{u_{rA}^2(V) + u_{rB}^2(V_{20})} \qquad (A.3)$$

$$u_r(k) = \sqrt{u_{rA}^2(V_{20}) + u_r^2(f)} \qquad (A.4)$$

式中：

$u_r(V_{20})$ ——标准容积 V_{20} 的相对标准不确定度，%；

$u_r(k)$ ——脉冲当量 k 的不确定度，%；

$u_{rA}(V)$，$u_{rA}(V_{20})$ ——测量重复性引起的相对标准不确定度，%；

$u_{rB}(V_{20})$ ——容积测量引起的相对标准不确定度，%；

$u_r(f)$ ——脉冲测量引起的相对标准不确定度，%。

A.1.2.2 相对灵敏系数

a) 容积测量法相对灵敏系数

由公式（A.1）可得：

$$u_r^2(V_{20}) = [c_r(V_s)u_r(V_s)]^2 + [c_r(\beta_s)u_r(\beta_s)]^2 + [c_r(\beta_w)u_r(\beta_w)]^2 + [c_r(\beta_m)u_r(\beta_m)]^2 +$$
$$[c_r(t_s)u_r(t_s)]^2 + [c_r(t_m)u_r(t_m)]^2 + [c_r(p_{em})u_r(p_{em})]^2 + [c_r(D)u_r(D)]^2 +$$
$$[c_r(E)u_r(E)]^2 + [c_r(d)u_r(d)]^2 + [c_r(\kappa)u_r(\kappa)]^2$$

其中相对灵敏系数：

$$c_r(V_s) = \frac{V_s}{V_{20}} \times \frac{\partial V_{20}}{\partial V_s} = 1;$$

$$c_r(\beta_s) = \frac{\beta_s}{V_{20}} \times \frac{\partial V_{20}}{\partial \beta_s} = \beta_s(t_s - 20) = \pm 3.3 \times 10^{-4};$$

$$c_r(\beta_w) = \frac{\beta_w}{V_{20}} \times \frac{\partial V_{20}}{\partial \beta_w} = \beta_w(t_m - t_s) = 4 \times 10^{-5};$$

$$c_r(\beta_m) = \frac{\beta_m}{V_{20}} \times \frac{\partial V_{20}}{\partial \beta_m} = -\beta_m(t_m - 20) = \pm 3.7 \times 10^{-4};$$

$$c_r(t_s) = \frac{t_s}{V_{20}} \times \frac{\partial V_{20}}{\partial t_s} = t_s(\beta_s - \beta_w) = -3.3 \times 10^{-3};$$

$$c_r(t_m) = \frac{t_m}{V_{20}} \times \frac{\partial V_{20}}{\partial t_m} = t_m(\beta_w - \beta_m) = 3.4 \times 10^{-3};$$

$$c_r(p_{em}) = \frac{p_{em}}{V_{20}} \times \frac{\partial V_{20}}{\partial p_{em}} = -p_{em}\left[\frac{D}{E \times d} + \kappa\right] = -2.1 \times 10^{-4};$$

$$c_r(D) = \frac{D}{V_{20}} \times \frac{\partial V_{20}}{\partial D} = -p_{em}\frac{D}{E \times d} = -5.0 \times 10^{-5};$$

$$c_r(E) = \frac{E}{V_{20}} \times \frac{\partial V_{20}}{\partial E} = p_{em}\frac{D}{E \times d} = 5.0 \times 10^{-5};$$

$$c_r(d) = \frac{d}{V_{20}} \times \frac{\partial V_{20}}{\partial d} = p_{em}\frac{D}{E \times d} = 5.0 \times 10^{-5};$$

$$c_r(\kappa) = \frac{\kappa}{V_{20}} \times \frac{\partial V_{20}}{\kappa} = -p_{em}\kappa = -1.6 \times 10^{-4}。$$

b) 脉冲当量相对灵敏系数

由公式（A.2）可得：

$$u_r^2(k) = u_r^2(V_{20}) + [c_r(f)u_r(f)]^2。$$

其中相对灵敏系数：

$$c_r(f) = \frac{f}{k} \times \frac{\partial k}{\partial f} = \frac{f}{k} \times \left(-\frac{V_{20}}{f^2}\right) = -1。$$

A.1.3 活塞装置容积法校准

校准装置为一台日本生产的型号 APP—200 型活塞装置，最大容积 240 L，有效容积 200 L，气缸直径 ϕ505.01 mm，立式缸体，设计脉冲当量 1 mL/Pul，校准使用的标准器为 20 L 一等标准金属量器。校准时活塞装置计算机控制系统设定示值 20.000 L。表 A.1 为校准记录及计算的结果。校准介质蒸馏水，校准方法参考 7.2.3.3a)，校准时读取活塞装置缸体的出口处压力值 p_{em}，作为本次校准活塞装置的平均压力。读取活塞装置的进、出口处温度值，作为本次校准活塞装置的平均温度值。按校准程序连续校准，校准次数为 6 次。根据测出的温度、压力按式（A.1）得到活塞装置缸体在标准状态（温度为 20 ℃、标准大气压力 101 325 Pa）下的容积值，各相关参数如下：

校准用的各参数值：$\beta_s = 33 \times 10^{-6}$℃$^{-1}$（查表所得）；$\beta_w = 2.0 \times 10^{-4}$℃$^{-1}$（查表所得）；$\beta_m = 36.9 \times 10^{-6}$℃$^{-1}$（查表所得）；$\kappa = 4.90 \times 10^{-10}$ Pa^{-1}；$D = 505.01$ mm；$f = 20\ 000$；$E = 2.1 \times 10^{11}$ Pa（查表所得），$d = 19.98$ mm。活塞的不确定度分析见表 A.2。

表 A.1 活塞装置容积法校准记录

标准段 L	$(\overline{V}_{20})_i$ L	$\overline{k}_i$ mL/Pul	$u(k_i)$ mL/Pul	$u[(V_{20})_i]$ L	$u_r(k_i)$ %	$u_r[(V_{20})_i]$ %
0～20	20.028 27	1.001 413	1.6×10^{-8}	0.000 32	0.001 6	0.001 6
20～40	20.028 24	1.001 412	2.5×10^{-8}	0.001 00	0.002 5	0.002 5
40～60	20.028 59	1.001 429	1.8×10^{-8}	0.000 35	0.001 8	0.001 8
60～80	20.028 02	1.001 401	1.1×10^{-8}	0.000 23	0.001 1	0.001 1
80～100	20.028 08	1.001 404	1.5×10^{-8}	0.000 32	0.001 6	0.001 6
100～120	20.028 08	1.001 404	9.3×10^{-9}	0.000 19	0.001 0	0.001 0
120～140	20.028 19	1.001 409	2.1×10^{-8}	0.000 42	0.002 1	0.002 1
140～160	20.027 95	1.001 397	1.6×10^{-8}	0.000 33	0.001 6	0.001 6
160～180	20.028 32	1.001 416	1.5×10^{-8}	0.000 31	0.001 5	0.001 5
180～200	20.028 47	1.001 424	1.0×10^{-8}	0.000 21	0.001 0	0.001 0
校准值	20.028 22	1.001 41	2.5×10^{-8}	0.001 00	0.002 5	0.002 5

A.1.3.1 标准金属量器引入的相对标准不确定度

标准金属量器的不确定度可以按照 7.2.3.3 的方法进行分析，可直接由所给准确度等级的允许误差并按均匀分布进行分析。本次试验使用一等标准量器，允许误差为 ±0.005%，标准不确定度为：

$$u_r(V_s) = \frac{0.005\%}{\sqrt{3}} = 0.002\ 9\%$$

A.1.3.2 活塞装置缸体引入的相对标准不确定度

活塞装置缸体标准容积分段,多次校准的相对标准偏差作为活塞装置缸体的重复性,取其中最大值作为活塞装置脉冲当量的重复性,由表 A.1 得到:

$$u_r(V) = u_r(k) = 0.002\ 5\%$$

A.1.3.3 标准金属量器体膨胀系数引入的相对标准不确定度

标准金属量器体胀系数的不确定度为 $\beta_s = 33 \times 10^{-6}\,℃^{-1}$,标准金属量器内水温 t_m 在校准规定的范围内变化,因此 $|t_m - 20| \leqslant 10\ ℃$。按最大值考虑,设不确定度为 $U_r(\beta_s) = 10\%$,矩形分布,则标准金属量器体膨胀系数的不确定度为:

$$u_r(\beta_s) = \frac{10\%}{\sqrt{3}} = 5.8\%$$

A.1.3.4 水体膨胀系数引入的相对标准不确定度

水的体胀系数为 $\beta_w = 2.0 \times 10^{-4}\,℃^{-1}$,而一次试验水温变化不超过 0.2 ℃,设不确定度为 $U_r(\beta_w) = 25\%$,矩形分布,则水体膨胀系数的不确定度为:

$$u_r(\beta_w) = \frac{25\%}{\sqrt{3}} = 14\%$$

A.1.3.5 活塞装置缸体体膨胀系数引入的相对标准不确定度

活塞装置缸体体膨胀系数 $\beta_m = 36.9 \times 10^{-6}\,℃^{-1}$,一次试验过程水温变化不超过 0.2 ℃,则水温在校准范围内变化时,设不确定度为 $U_r(\beta_m) = 20\%$,矩形分布,则活塞装置缸体体膨胀系数的不确定度为:

$$u_r(\beta_m) = \frac{20\%}{\sqrt{3}} = 12\%$$

A.1.3.6 标准金属量器壁温引入的相对标准不确定度

设标准金属量器壁温为 20 ℃,壁温的不确定度 $U_r(t_m) = 0.2\ ℃$,矩形分布,则标准金属量器壁温的不确定度为:

$$u_r(t_m) = \frac{0.2}{20 \times \sqrt{3}} \times 100\% = 0.58\%$$

A.1.3.7 活塞装置缸体壁温引入的相对标准不确定度

设活塞装置缸体壁温为 20 ℃,壁温的不确定度 $U_r(t_s) = 0.2\ ℃$,矩形分布,则活塞装置缸体壁温的不确定度为:

$$u_r(t_s) = \frac{0.2}{20 \times \sqrt{3}} \times 100\% = 0.58\%$$

A.1.3.8 液体压力引入的相对标准不确定度

液体压力测量使用 0.1 级微差压变送器,测量范围(0~5)kPa,液体压力 $p_{em} = 0.2\ kPa$,设为矩形分布,则液体压力的不确定度:

$$u_r(p_{em}) = \frac{0.1 \times 5}{0.2 \times \sqrt{3}} = 1.4\%$$

A.1.3.9 活塞装置缸体的公称内径的不确定度

设内径的不确定度 $U_r(D) = 0.3\%$，矩形分布，则活塞装置缸体的公称内径的不确定度为：

$$u_r(D) = \frac{0.3\%}{\sqrt{3}} = 0.17\%$$

A.1.3.10 活塞装置缸体弹性模量引入的相对标准不确定度

设弹性模量的不确定度 $U_r(E) = 10\%$，矩形分布，则活塞装置缸体弹性模量的不确定度为：

$$u_r(E) = \frac{10\%}{\sqrt{3}} = 5.8\%$$

A.1.3.11 活塞装置缸体的壁厚引入的相对标准不确定度

设壁厚的不确定度 $U_r(d) = 5\%$，矩形分布，则活塞装置缸体的壁厚的不确定度为：

$$u_r(d) = \frac{5\%}{\sqrt{3}} = 2.9\%$$

A.1.3.12 水的压缩系数引入的相对标准不确定度

设压缩系数的不确定度 $U_r(\kappa) = 10\%$，矩形分布，则水的压缩系数的不确定度为：

$$u_r(\kappa) = \frac{10\%}{\sqrt{3}} = 5.8\%$$

活塞装置测量不确定度汇总见表 A.2。

表 A.2 活塞装置容积测量不确定度一览表

序号	符号	来源	输入量的标准不确定度 $u_r(x_i)$ /%	灵敏系数 $c_r(x_i)$	$\lvert c_r(x_i) \rvert u_r(x_i)$ %
1	V	活塞装置重复性	0.002 5	1	0.002 5
2	V_s	标准量器	0.002 9	1	0.002 9
3	β_s	标准量器体膨胀系数	5.8	3.3×10^{-4}	0.001 9
4	β_w	水的体膨胀系数	14	4×10^{-5}	0.000 6
5	β_m	活塞装置缸体体膨胀系数	12	3.7×10^{-4}	0.004 4
6	t_s	标准量器壁温	0.58	3.3×10^{-3}	0.001 9
7	t_m	活塞装置缸体壁温	0.58	3.4×10^{-3}	0.002 0
8	p_{em}	液体压力	1.4	2.1×10^{-4}	0.000 3
9	D	活塞装置缸体的公称内径	0.17	5.0×10^{-5}	0.000 0
10	E	活塞装置缸体弹性模量	5.8	5.0×10^{-5}	0.000 3
11	d	活塞装置缸体的壁厚	2.9	5.0×10^{-5}	0.000 1
12	κ	水的压缩系数	5.8	1.6×10^{-4}	0.000 9
合成标准不确定度：$u_r(V_{20}) = 0.006 8\%$；$u_r(k) = 0.007 2\%$。					
扩展不确定度 $U_r(V_{20}) = 0.014\%$，$k = 2$；$U_r(k) = 0.014\%$，$k = 2$。					

A.1.4 计算合成相对标准不确定度

标准不确定度各分量不相关，标准容积 V_{20} 合成标准不确定度 $u_r(V_{20})$ 为：

$$u_r(V_{20}) = [0.002\ 5^2 + 0.002\ 9^2 + 0.001\ 9^2 + 0.000\ 6^2 + 0.004\ 4^2 + 0.001\ 9^2 +$$

$$0.002\ 0^2 + 0.000\ 3^2 + 0.000\ 3^2 + 0.000\ 1^2 + 0.000\ 9^2]^{\frac{1}{2}} = 0.006\ 8\%$$

脉冲当量 k 合成标准不确定度 $U_r(k)$ 为：

$$u_r(k) = \sqrt{0.006\ 8^2 + 0.002\ 5^2} = 0.007\ 2\%$$

A.1.5 计算相对扩展不确定度

取包含因子 $k=2$，扩展不确定度为：

$$U_r(V_{20}) = 2 \times 0.006\ 8\% = 0.014\%$$

$$U_r(k) = 2 \times 0.007\ 2\% = 0.014\%$$

A.1.6 校准结果

见表 A.3。

表 A.3　校准结果

序号	校准段 L	$(V_{20})_i$ L	$\overline{k_i}$ mL/Pul	$u_r(k_i)$ 和 $u_r[(V_{20})_i]$ %
1	0～20	20.028 27	1.001 413	0.001 6
2	20～40	20.028 24	1.001 412	0.002 5
3	40～60	20.028 59	1.001 429	0.001 8
4	60～80	20.028 02	1.001 401	0.001 1
5	80～100	20.028 08	1.001 404	0.001 6
6	100～120	20.028 08	1.001 404	0.001 0
7	120～140	20.028 19	1.001 409	0.002 1
8	140～160	20.027 95	1.001 397	0.001 6
9	160～180	20.028 32	1.001 416	0.001 5
10	180～200	20.028 47	1.001 424	0.001 0
相对扩展不确定度：$U_r(V_{20}) = 0.014\%$，$k=2$；$U_r(k) = 0.014\%$，$k=2$。				

A.2 质量测量法不确定度评定实例

A.2.1 概述

A.2.1.1 结构特点及型式见 A.1.1.1。

A.2.1.2 测量原理见 A.1.1.2。

A.2.2 测量模型（以缸体直径为基准的活塞装置为例）

用质量测量法校准活塞装置，活塞装置排出介质，用电子秤或天平称量，换算成标准容积：

$$V_{20} = \frac{M_i}{\rho_w}(1+\varepsilon)\left[1 + \beta_w(t_m - t_s) - \beta_m(t_m - 20) - p_{em}\left[\frac{D}{E \times d} + \kappa\right]\right] \quad (A.5)$$

所测得的活塞装置的脉冲当量 k_{20} 按公式（A.6）计算。

$$k = \frac{V_{20}}{f} \quad (A.6)$$

式中：

M_i——校准条件下的电子天平的示值，kg；

ρ_w——秤量容器内水的密度，可取 1 000 kg/m³；

大气空气密度 ρ_a 可取 1.204 kg/m³。

A.2.3 活塞装置质量测量法校准

校准方法见 A.1.3，校准系统连接方式可参考图 4。采用校准液体注入活塞装置缸体内，校准时活塞装置直接排出液体进入天平的方法，校准使用沈阳龙腾电子称量仪器有限公司电子天平，型号 ES30K-12，最大秤量 30 kg，分辨力 0.2 g，校准活塞装置同 A.1.3，校准时活塞装置计算机设定示值 20.000 L。表 A.4 为校准记录及计算的结果。

表 A.4 活塞装置质量法校准记录

标准段 L	$(\overline{V}_{20})_i$ L	$\overline{k_i}$ mL/Pul	$u(k_i)$ mL/Pul	$u[(V_{20})_i]$ L	$u_r(k_i)$ %	$u_r[(V_{20})_i]$ %
0～20	20.028 36	1.001 418	1.9×10^{-8}	0.000 37	0.001 9	0.001 9
20～40	20.028 24	1.001 412	1.2×10^{-8}	0.000 25	0.001 2	0.001 2
40～60	20.028 27	1.001 413	1.6×10^{-8}	0.000 33	0.001 6	0.001 6
60～80	20.028 07	1.001 402	1.9×10^{-8}	0.000 39	0.001 9	0.001 9
80～100	20.028 51	1.001 426	8.0×10^{-9}	0.000 16	0.000 8	0.000 8
100～120	20.028 31	1.001 415	1.7×10^{-8}	0.000 34	0.001 7	0.001 7
120～140	20.028 34	1.001 417	1.3×10^{-8}	0.000 26	0.001 3	0.001 3
140～160	20.028 00	1.001 400	2.4×10^{-8}	0.000 48	0.002 4	0.002 4
160～180	20.028 08	1.001 404	1.4×10^{-8}	0.000 27	0.001 4	0.001 4
180～200	20.028 43	1.001 421	1.8×10^{-8}	0.000 37	0.001 8	0.001 8
校准值	20.028 26	1.001 413	1.9×10^{-8}	0.000 48	0.002 4	0.002 4

A.2.3.1 天平引入的相对标准不确定度

天平的不确定度可以按照 7.2.3.3 的方法进行分析，可直接给出准确度等级的允许误差并按均匀分布进行分析。本次试验使用电子天平，准确度等级①级，最大允许误差为 ±0.2 g，称量值 30 kg，标准不确定度为：

$$u_r(M_i) = \frac{0.2}{30 \times 1\,000 \times \sqrt{3}} \times 100\% = 0.000\,38\%$$

A.2.3.2 活塞装置缸体引入的相对标准不确定度

把活塞装置缸体基本容积多次校准的相对标准偏差作为活塞装置缸体的重复性，由表 A.4 得到：

$$u_r(V) = u_r(k) = 0.002\ 4\%$$

A.2.3.3 其他引入的相对标准不确定度分量

见表 A.5。

表 A.5　活塞装置质量法测量不确定度一览表

序号	符号	来　源	输入量的标准不确定度 $u_r(x_i)/\%$	灵敏系数 $c_r(x_i)$	$\mid c_r(x_i) \mid u_r(x_i)$ %
1	V	活塞装重复性	0.002 4	1	0.002 4
2	M_i	天平	0.000 38	1	0.000 38
3	β_w	水的体膨胀系数	15	4×10^{-5}	0.000 6
4	β_m	活塞装置缸体体膨胀系数	12	3.7×10^{-4}	0.004 4
5	t_s	标准量器壁温	0.58	3.3×10^{-3}	0.001 9
6	t_m	活塞装置缸体壁温	0.58	3.4×10^{-3}	0.002 0
7	p_{em}	液体压力	0.58	2.1×10^{-4}	0.000 1
8	D	活塞装置缸体的公称内径	0.17	5.0×10^{-5}	0.000 0
9	E	活塞装置缸体弹性模量	5.8	5.0×10^{-5}	0.000 3
10	d	活塞装置缸体的壁厚	2.9	5.0×10^{-5}	0.000 1
11	κ	水的压缩系数	5.8	1.6×10^{-4}	0.000 9
合成标准不确定度：$u_r(k) = 0.006\ 7\%$；扩展不确定度 $U_r = 0.013\%$；$k = 2$					

A.2.4 计算合成相对标准不确定度

标准不确定度各分量不相关，标准容积 V_{20} 的合成标准不确定度 $u_r(V_{20})$ 为：

$$u_r(V_{20}) = [0.002\ 4^2 + 0.003\ 8^2 + 0.000\ 6^2 + 0.004\ 4^2 + 0.001\ 9^2 + 0.002\ 0^2 +$$
$$0.000\ 1^2 + 0.000\ 3^2 + 0.000\ 1^2 + 0.000\ 9^2]^{\frac{1}{2}} = 0.005\ 8\%$$

脉冲当量 k 合成标准不确定度 $U_r(k)$ 为：

$$u_r(k) = \sqrt{0.005\ 8^2 + 0.002\ 4^2} = 0.006\ 3\%$$

A.2.5 计算相对扩展不确定度

取包含因子 $k = 2$，扩展不确定度为：

$$U_r = 2 \times 0.005\ 8\% = 0.012\%$$
$$U_r(k) = 2 \times 0.006\ 3\% = 0.013\%$$

A.2.6 校准结果

见表 A.6。

表 A.6 校准结果

序号	校准段 L	$(\bar{V}_{20})_i$ L	$\bar{k}_i$ mL/Pul	$u_r(k_i)$ 和 $u_r[(V_{20})_i]$ %
1	0~20	20.028 36	1.001 418	0.001 9
2	20~40	20.028 24	1.001 412	0.001 2
3	40~60	20.028 27	1.001 413	0.001 6
4	60~80	20.028 07	1.001 402	0.001 9
5	80~100	20.028 51	1.001 426	0.000 8
6	100~120	20.028 31	1.001 415	0.001 7
7	120~140	20.028 34	1.001 417	0.001 3
8	140~160	20.028 00	1.001 400	0.002 4
9	160~180	20.028 08	1.001 404	0.001 4
10	180~200	20.028 43	1.001 421	0.001 8
相对扩展不确定度：$U_r(V_{20})=0.012\%$，$k=2$；$U_r(k)=0.012\%$，$k=2$。				

A.3 活塞式流量标准装置不确定度评定实例——尺寸测量法

A.3.1 概述

由电驱动活塞装置的工作原理可知，在定温、定压下装置所提供的容积值取决于气缸内径或圆柱活塞外径与活塞位移之乘积。新制活塞装置对气缸或活塞均需进行精密测量，结合丝杆技术参数，计算脉冲当量或活塞系数，并对其不确定度分量评定，确定装置的扩展不确定度。

A.3.2 测量模型

设室温 t 下测得气缸平均内径或柱形活塞外径为 D、配用丝杆的螺距为 P_L、二相步进电机固有步距角为 $1.8°$，标准容积 V_{20} 按公式（A.7）计算。

$$V_{20} = \frac{\pi}{4} \times D^2 \times P_L \times 10^{-3}$$

$$= \frac{\pi}{4} \times P_L \times \left\{ \frac{1}{m} \cdot \frac{1}{n} \sum_{j=1}^{m} \sum_{i=1}^{n} [D_{ij}(1+(\alpha-\beta_p)(t-20))] \right\}^2 \times 10^{-3} \quad (A.7)$$

脉冲当量 k 按公式（A.8）计算。

$$k = \frac{V_{20}}{f} \quad (A.8)$$

式中：

D_{ij}——气缸内径或圆柱活塞外径的第 j 测量截面的第 i 次测量，mm；

P_L——丝杆螺距，mm；

α，β_p——量器、缸体或圆柱活塞材料的线膨胀系数，℃$^{-1}$；

f——活塞装置对应 P_L 的脉冲数，Pul。

A.3.3 不确定度计算

由公式（A.7）和（A.8），标准容积 V_{20} 和脉冲当量 k 的合成相对标准不确定度的计算见（A.9）和（A.10）。

$$u_r(V_{20}) = \sqrt{u_r^2(D) + u_r^2(\alpha) + u_r^2(\beta_p) + u_r^2(t) + u_r^2(P_L)} \qquad (A.9)$$

$$u_r(k) = \sqrt{u_r^2(D) + u_r^2(\alpha) + u_r^2(\beta_p) + u_r^2(t) + u_r^2(P_L) + u_r^2(f)} \qquad (A.10)$$

式中：

$u_r(D)$ ——活塞装置缸体或活塞的平均直径的相对标准不确定度，%；

$u_r(\alpha)$ ——量具材料线膨胀系数的相对标准不确定度，%；

$u_r(\beta_p)$ ——缸体材料线膨胀系数的相对标准不确定度，%；

$u_r(t)$ ——测量时的环境气温的相对标准不确定度，%；

$u_r(P_L)$ ——丝杆精度引入的相对标准不确定度，%；

$u_r(f)$ ——脉冲的相对标准测量不确定度，%。

注：1　通常可视丝杆的精度（精度等级）为其标准不确定度 $u(P_L)$；

　　2　若用光栅尺测量活塞位移，$u(P_L)$ 为光栅尺的标准不确定度（分辨力与安装引入的不确定度的合成）。

活塞装置标准容积 V_{20} 和脉冲当量 k 的合成相对扩展不确定度按公式（A.11）和（A.12）计算。

$$U_r(V_{20}) = ku_r(V_{20}), \quad k=2 \qquad (A.11)$$

$$U_r(k) = ku_r(k), \quad k=2 \qquad (A.12)$$

附录 B

温度线膨胀系数表

常用金属材料的温度线膨胀系数 α $10^{-6} \ ^{\circ}\!C^{-1}$

材料名称	温 度 范 围 /℃	
	−100～0	20～100
工程用铜	——	16.6～17.1
紫　铜	——	17.2
黄　铜	16	17.8
锡青铜	——	17.6
铝青铜	——	17.6
碳　钢	10.6	10.6～12.2
铬　钢	——	11.2
40CrSi	——	11.7
30CrMnSiA	——	11
3Cr18Ni9Ti	10.2	16.2
3Cr13	——	10.2
铸　钢	——	8.7～11.1
镍铬合金	——	14.5

附录 C

光栅尺或旋转编码器的校准

对活塞装置配备的编码器，其脉冲当量（光栅尺或旋转编码器）的校准与活塞装置的容积校准同时进行。光栅尺或旋转编码器信号一般与频率计数器或计算机系统相结合使用（以下简称显示仪）。一般要求光栅尺或旋转编码器分辨力满足装置的总不确定度要求。

脉冲当量的校准可采用以下方法。校准前先接通活塞装置显示仪的电源，并预热稳定后可进行脉冲当量的校准。

C.1 容积法或质量法校准脉冲当量

容积法按照 7.2.3.3 的校准方法，质量法按照 7.2.3.2 的校准方法，可选择活塞装置的自动或手动工作方式。当开始标准容积校准时，开启出口端阀门同时驱动电机开始驱动活塞下降，显示仪接收活塞装置发出的脉冲信号，将水流导向到标准量器或标准秤中，同时，显示仪开始累计活塞装置的输出脉冲。此时保持活塞装置平衡运行，当活塞装置达到设定排出的容积量时，停止下降，同时关闭出口端阀门，停止累计编码器的输出脉冲。记录校准段的脉冲数 f 和标准量器的容积值 V_s 或质量法所得的液体质量 M，M_i 或 V_s 换算到容积值 V_{20}。每一个校准段重复进行 $n(n \geqslant 6)$ 次校准。

C.2 几何测量法校准脉冲当量

若采用尺寸测量法校准活塞装置的标准容积，按照 7.2.3.1 的校准方法，可以采用自动或手动的检测方法根据活塞装置行程，再计算得出容积值 V_{20} 校准编码器系数和记录校准段的脉冲数 f。每一个校准段重复进行 $n(n \geqslant 6)$ 次校准。

C.3 计算脉冲当量：

$$k_i = \frac{(V_{20})_i}{f_i} \qquad (C.1)$$

式中：

k_i——i 段校准中脉冲当量，L/Pul；

f_i——i 段校准中与 V_{20} 对应的脉冲数，Pul；

$(V_{20})_i$——第 i 个校准点标准容积值，L。

根据 n 次校准结果计算确定平均脉冲当量 $\bar{k}_i$ 按公式（C.2）计算。

$$\bar{k}_i = \frac{1}{n} \sum_{j=1}^{n} k_{ij} \qquad (C.2)$$

C.4 脉冲当量的不确定度

A 类相对标准不确定度 u_{rA} 按公式（C.3）计算。

$$u_{rA} = \frac{1}{k_i} \sqrt{\frac{\sum_{i=1}^{n} (k_i - \bar{k}_i)^2}{n-1}} \times 100\% \qquad (C.3)$$

B 类相对标准不确定度 u_{rB} 按公式（C.4）计算。

$$u_{rB} = \frac{u_n}{\sqrt{3}} \tag{C.4}$$

式中：

u_n——频率计数器或计算机系统证书给出的不确定度。

显示仪编码器系数的合成标准不确定度按公式（C.5）计算。

$$u_r(f) = \sqrt{u_{rA}^2 + u_{rB}^2} \tag{C.5}$$

C.5 脉冲当量的标准不确定度

活塞装置校准体积段的不确定度为 $u_r(V_{20})$，根据不确定度评定方法，脉冲当量合成总标准不确定度按公式（C.6）计算。

$$u_r(k) = \sqrt{u_r^2(V_{20}) + u_r^2(f)} \tag{C.6}$$

C.6 脉冲当量的扩展不确定度

活塞装置脉冲当量的扩展不确定度按公式（C.7）计算。

$$U_r(k) = k u_r(k)，\ k = 2 \tag{C.7}$$

附录 D

校准记录的参考格式

校准申请单位			
申请单位地址			
制 造 单 位			
实验室名称			
实验室地点			
校准的地点			
计量器具名称		型号规格	
准确度等级		器具编号	
校 准 日 期		校准用介质	
证 书 编 号		其 他	
校 准 员		核验员	

环境条件

大气压力/kPa		温度/℃	
相对湿度/%		其 他	
校 准 依 据			

校准所用主要标准器具

名称	测量范围	编号	准确度等级/测量不确定度	证书号	有效期至

校准结果：

D.1 常规或操作检查：

检查项目	外观	流量范围	测温仪表	测压仪表	光栅尺或旋转编码器	滚珠丝杠
结 果						

D.2 密封性：

序号	校准标准容积段 L	试验压力 kPa	试验时间 min	检查结果	备注

D.3 容积校准：

参数	$\rho_w/$ (kg/m³)	$\rho_a/$ (kg/m³)	$\rho_{wg}/$ (kg/m³)	$\beta_w/℃^{-1}$	$\beta_s/℃^{-1}$
实际值					
参数	$\beta_m/℃^{-1}$	D/m	E/Pa	d/m	κ/Pa^{-1}
实际值					

容积法或质量法记录

序号	校准容积段/L	活塞装置			标准器		V_{20}/L	k	$\bar{k}$	标准不确定度/%
		f	$t_m/℃$	p_{em}/Pa	V_s/L 或 M_i/kg	$t_s/℃$				
1										
2										
3										
4										

表（续）

序号	校准容积段/L	活塞装置			标准器		V_{20}/L	k	$\bar{k}$	标准不确定度/%
		f	$t_m/℃$	p_{em}/Pa	V_s/L 或 M_i/kg	$t_s/℃$				
5										
6										

合成标准不确定度：$u_r(k) = \quad \%$

校准结果的扩展不确定度：$U_r = \quad \% \quad (k=2)$。

几何测量记录

序号	测量截面段	a/mm	b/mm	c/mm	d/mm	$\bar{D}_j/mm$
1						
2						

表（续）

序号	测量截面段	a/mm	b/mm	c/mm	d/mm	$\overline{D}_j/mm$
n						

脉冲当量 $\bar{k}=$

合成标准不确定度：$u_r(k)=\qquad$ %

校准结果的扩展不确定度：$U_r=\qquad$ % （$k=2$）。

D.4 计时器/晶振 8 h 稳定度校准

校准时间	f/Hz
$E_f/\%$	

$f=$

D.5 流量稳定性

试验次数	$q_1/(m^3/h)$	$q_2/(m^3/h)$	$q_3/(m^3/h)$
1			
2			
3			
4			
5			
6			
$\bar{q}$			
u_q			

附录 E

校准证书的(内页)参考格式

E.1 校准依据:

E.2 校准所用主要标准器具:

名称:

不确定度或准确度:

有效期至: 年 月 日

E.3 校准环境条件、介质:

环境温度/℃		大气压力/kPa		相对湿度	
校准用介质		介质温度/℃		其 他	

E.4 校准结果

E.4.1 常规或操作检查:

E.4.2 密封性:

E.4.3 标准容积校准结果

序号	校准段 L	$(\overline{V}_{20})_i$ L	$\overline{k}_i$ mL/Pul	$u_r(k_i)$ 和 $u_r[(V_{20})_i]$ %

相对扩展不确定度:$U_r(k)=$ %,$U_r(V_{20})=$ %,$(k=2)$

E.4.4 计时器/晶振 8 h 稳定度 $f=$

E.4.5 活塞系数或脉冲当量 $\overline{k}=$

E.4.6 流量稳定性:u_q

　　注:为了保证测量的准确度,建议测量容积不得小于: L

E.5 扩展不确定度为 $U_r=$,$k=2$

E.6 复校时间间隔建议:

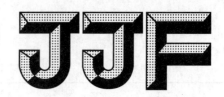

中华人民共和国国家计量技术规范

JJF 1708—2018

标准表法科里奥利质量流量计
在线校准规范

On Line Calibration Specification for Coriolis Mass Flowmeters
by Master Meter Method

2018-06-25 发布　　　　　　　　　　2018-09-25 实施

国家市场监督管理总局 发布

标准表法科里奥利质量流量计
在线校准规范

On Line Calibration Specification for Coriolis Mass
Flowmeters by Master Meter Method

JJF 1708—2018

归口单位：全国流量计量技术委员会液体流量分技术委员会

主要起草单位：国家水表产品质量监督检验中心（宁波）

中国石化镇海炼化分公司

参加起草单位：重庆市计量质量检测研究院

南京天梯自动化设备股份有限公司

成都安迪生测量有限公司

本规范委托全国流量计量技术委员会液体流量分技术委员会负责解释

本规范主要起草人：

汤思孟［国家水表产品质量监督检验中心（宁波）］

陈　磊（中国石化镇海炼化分公司）

孙梦翔［国家水表产品质量监督检验中心（宁波）］

参加起草人：

李　霞（重庆市计量质量检测研究院）

汪海勇（中国石化镇海炼化分公司）

汤　平（南京天梯自动化设备股份有限公司）

钟　骁（成都安迪生测量有限公司）

引　言

使用中的科里奥利质量流量计拆卸送检重新安装后，容易出现计量失准等问题，在线校准是目前解决该类流量计量值溯源较为合适的方法，本规范所采用的标准表法是其中之一。

本规范根据我国科里奥利质量流量计的使用和在线校准现状，参照 JJG 643—2003《标准表法流量标准装置》，结合 JJG 1038—2008《科里奥利质量流量计》检定规程进行制定，主要技术指标的确定也参照执行。

除在本规范中专门定义的术语外，JJF 1001—2011《通用计量术语及定义》和 JJF 1004—2004《流量计量名词术语及定义》均适用于本规范。

根据 JJF 1071—2010《国家计量校准规范编写规则》的 5.9，本规范将示值误差及重复性列为计量特性并作为计量校准的主要工作。

本规范参考了 JJG 643—2003《标准表法流量标准装置》对测量标准计量性能的要求及 JJG 1038—2008《科里奥利质量流量计》对检定环境条件的要求。

本规范为首次发布。

标准表法科里奥利质量流量计
在线校准规范

1 范围

本规范适用于在封闭管道中测量满管液体介质的 DN50～DN300 科里奥利质量流量计的在线校准。

2 引用文件

本规范引用了下列文件：

JJG 643—2003　标准表法流量标准装置

JJG 1038—2008　科里奥利质量流量计

JJF 1001—2011　通用计量术语及定义

JJF 1004—2004　流量计量名词术语及定义

GB/T 20728—2006　封闭管道中流体流量的测量　科里奥利流量计的选型、安装和使用指南

凡是注日期的引用文件，仅注日期的版本适用于本规范；凡是不注日期的引用文件，其最新版本（包括所有的修改单）适用于本规范。

3 术语和定义

3.1 在线校准　on line calibration

确定实际工作条件下流量计所指示的量值与对应的由标准所复现的量值之间关系的一组操作。

3.2 科里奥利质量流量计在线校准装置　on line calibration device of Coriolis Mass Flowmeters

能对科里奥利质量流量计进行在线校准、可提供准确流量值且可移动的测量系统。

3.3 零点稳定度　zero stability

在零点调整之后，当流量计内介质静止时，流量计的瞬时质量流量示值随时间或环境条件变化而变化的程度，用瞬时流量的绝对值表示。

3.4 流量校准系数　flow calibration factor

与质量流量测量有关，为了减少系统误差而设定的修正系数。

3.5 压力补偿　pressure compensation

修正工作介质压力对科里奥利质量流量计测量结果产生的影响。

注：当标准器及被校质量流量计在实验室的检定压力与在线校准压力不一致时，应根据厂家提供的压力修正系数进行压力补偿。

4 概述

4.1 科里奥利质量流量计

4.1.1 工作原理

利用流体在振动管内流动时产生的科里奥利力，以直接或间接的方法测量科里奥利力而得到流体质量流量。振动管有多种形式，图 1 为 U 型振动管的工作原理图。

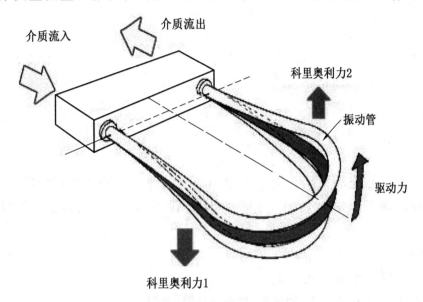

图 1 U 型振动管的工作原理图

4.1.2 组成

科里奥利质量流量计（以下简称流量计）由传感器和变送器组成。传感器主要由振动管、驱动部件等组成，而变送器主要由测量和输出单元等组成。

4.1.3 用途

流量计主要用于测量流体的质量流量，广泛应用于石油、化工、冶金、食品、制药等行业及领域中。

4.1.4 输出信号

流量计输出信号有脉冲/频率、直流电流等。

4.2 流量计在线校准装置的组成和特点

流量计在线校准装置（以下简称在线装置），主要由标准质量流量计（以下简称标准流量计）、配套设备、信号处理与控制系统及试验管路等组成。

在线装置具有结构紧凑、易于移动，不受管道介质特性限制，适合现场使用等特点。

在线装置的工作原理及使用方法见附录 C。

5 计量特性

5.1 示值误差

流量计示值误差通常用相对误差表示，示值最大允许误差见表 1。

表 1 流量计最大允许误差

准确度等级	0.2	0.25	0.3	0.5	1.0	1.5
最大允许误差/%	±0.2	±0.25	±0.3	±0.5	±1.0	±1.5

5.2 重复性

流量计重复性不得超过相应准确度等级规定的最大允许误差绝对值的1/2。

注：以上指标不是用于合格判据，仅供参考。

6 校准条件

6.1 环境条件

6.1.1 环境条件一般应满足：

环境温度：（0～45）℃；

相对湿度：35%～95%；

大气压力：（86～106）kPa。

6.1.2 工作介质应是充满封闭管道中的单相稳定液体，且密度相对稳定。

6.1.3 在防爆区域开展在线校准工作时，所有设备设施及工具应符合相关安全防爆要求。

6.1.4 电源满足现场工况要求。

6.1.5 场地满足安全操作要求。

6.1.6 在工作压力下在线装置各部件连接处应无泄漏。

6.1.7 外界磁场对在线装置和被校流量计的影响可忽略。

6.1.8 振动和噪声对在线装置和被校流量计的影响可忽略。

6.1.9 在线装置与被校流量计出口处应保持足够的背压，避免使介质出现空化的工况测量条件。

6.2 标准流量计及配套设备

6.2.1 标准流量计

标准流量计流量范围应与被校流量计的流量范围相适应，其测量结果的扩展不确定度应优于被校流量计最大允许误差绝对值的1/2。标准流量计应有有效的检定/校准证书。

6.2.2 配套设备

6.2.2.1 压力变送器

准确度等级应不低于0.5级，否则，在线装置合成标准不确定度应考虑压力测量所引起的不确定度。压力变送器应有有效的检定/校准证书。

6.2.3 信号处理与控制系统

控制设备应有良好的可操作性。数据采集、信号处理、数据处理及通讯所引起的流量测量不确定度应不超过在线装置扩展不确定度的1/5。否则，装置合成标准不确定度应考虑数据采集、信号处理、数据处理及通讯所引起的不确定度。

7 校准项目和校准方法

7.1 校准项目

示值误差/重复性的校准。

7.2 校准方法

7.2.1 校准前准备

7.2.1.1 将在线装置移至校准现场，确认其外观正常、连接稳固、电源断开、阀门处于关闭状态。

7.2.1.2 将在线装置与在线的被校流量计入口或出口串联连接，确认整个管道及接口牢固无泄漏。

7.2.1.3 确认压力变送器、信号处理与控制系统、调节阀等设备与电源连接正常，若被校流量计有多种输出信号，建议首选脉冲/频率信号进行校准。开启信号采集与处理系统电源。

7.2.2 操作步骤

7.2.2.1 开启在线装置，调节流量使标准流量计在实际工作条件下的流量点稳定运行一段时间，一般不少于 10 min，保证校准管线和流量计充满流体，满足调零时所需的条件。

7.2.2.2 应按使用要求进行零点调整，调零时传感器测量管工作介质应处于静止状态。

7.2.2.3 标准流量计和被校流量计在零点调整后，可设定校准次数、校准时间、校准流量点等参数。参数设定好后由工艺操作人员输送工作介质，根据校准流量点通过调节在线装置的调节阀或工艺阀门的开度来控制流量。

7.2.3 校准流量点选择及要求

7.2.3.1 校准流量点通常为实际工作条件下的流量点，以 q_i 表示，校准次数不少于 3 次。

7.2.3.2 如果条件允许可分别在 q_i 上、下各增加一个校准流量点，每个流量点校准次数不少于 3 次。

7.2.3.3 校准过程中，每个流量点的实际流量与设定流量的偏差不超过设定流量的 ±5%。

7.2.3.4 当流量稳定后同步采集标准流量计和被检流量计信号，当实际校准时间等于设定校准时间后停止采集，记录本次校准数据，并按式（1）和式（2）计算校准流量点的示值误差，按式（4）计算该校准流量点的重复性。

7.2.3.5 若示值误差不超过流量计最大允许误差，原系数保持不变；若系数调整应再次校准，并计算新的示值误差和重复性作为校准结果。

7.2.4 校准时间由被校流量计 1 个脉冲所代表的流量（其他信号输出时可按流量显示的最小分度值）占 1 次校准累积流量的误差，应不超过被校流量计最大允许误差的十分之一确定，且 1 次校准时间不少于 10 min。

7.2.5 在线装置和被校流量计应进行压力补偿。

7.2.6 校准结束

校准结束后，应采取一定的保护措施，以防校准系数被不当改动，并按规定要求将在线装置撤离现场。

8 示值误差及重复性计算

8.1 示值误差

8.1.1 单次测量累积流量示值误差

按式（1）计算：

$$E_{ij} = \frac{Q_{ij} - (Q_s)_{ij}}{(Q_s)_{ij}} \times 100\% \qquad \cdots\cdots\cdots\cdots\cdots (1)$$

式中：

E_{ij}——第 i 校准点第 j 次校准的示值相对误差；

Q_{ij}——第 i 校准点第 j 次校准时被校流量计的累积质量流量，kg；

$(Q_s)_{ij}$——第 i 校准点第 j 次校准时在线装置的累积质量流量，kg。

8.1.2 流量计第 i 校准点示值误差

按式（2）计算：

$$E_i = \frac{1}{n} \sum_{j=1}^{n} E_{ij} \qquad \cdots\cdots\cdots\cdots\cdots (2)$$

式中：

E_i——第 i 校准点示值误差；

n——校准次数。

8.1.3 流量计示值误差

按式（3）计算：

$$E = (E_i)_{max} \qquad \cdots\cdots\cdots\cdots\cdots (3)$$

式中：

E——流量计示值误差；

$(E_i)_{max}$——取各校准点示值误差的最大值。

8.2 重复性

8.2.1 校准点流量计重复性

按式（4）计算：

$$(E_r)_i = \frac{(E_{ij})_{max} - (E_{ij})_{min}}{d_n} \qquad \cdots\cdots\cdots\cdots\cdots (4)$$

式中：

$(E_r)_i$——第 i 校准点的重复性；

$(E_{ij})_{max}$——取第 i 校准点示值误差的最大值；

$(E_{ij})_{min}$——取第 i 校准点示值误差的最小值；

d_n——极差系数。

极差系数值见表2。

表 2 d_n 数值表

n	2	3	4	5	6	7	8	9	10
d_n	1.13	1.69	2.06	2.33	2.53	2.70	2.85	2.97	3.08

8.2.2 流量计重复性

按式（5）计算：

$$E_r = [(E_r)_i]_{max} \qquad \cdots\cdots\cdots\cdots\cdots (5)$$

式中：

E_r——流量计重复性；

$[(E_r)_i]_{max}$——取各校准点重复性的最大值。

9 校准结果

校准记录和校准证书格式见附录 A 和附录 B。

不确定度评定实例见附录 D。

10 复校时间间隔

准确度等级优于 0.5 级的在线流量计复校周期建议不超过 1 年，0.5 级及以下的在线流量计复校周期建议不超过 2 年。由于复校时间间隔的长短是由流量计的使用状况及其性能等诸多因素决定，使用单位可根据流量计实际工况合理决定复校时间间隔。

附录 A

校准记录参考格式

送校单位＿＿＿＿＿＿＿＿＿＿＿＿＿＿＿器具名称＿＿＿＿＿＿＿＿＿＿＿＿

制造单位＿＿＿＿＿＿＿＿＿＿＿型号规格＿＿＿＿＿器具编号＿＿＿＿＿＿＿

环境温度＿＿＿＿＿＿＿＿＿℃ 相对湿度＿＿＿＿＿％ 校准地点＿＿＿＿＿

校准日期＿＿＿＿＿＿＿＿＿＿＿＿＿证书编号＿＿＿＿＿＿＿＿＿＿＿＿＿

校准员＿＿＿＿＿＿＿＿＿＿＿＿＿＿核验员＿＿＿＿＿＿＿＿＿＿＿＿＿

校准依据＿＿＿＿＿＿＿＿＿＿＿＿＿＿＿＿＿＿＿＿＿＿＿＿＿＿＿＿＿

校准所用的主要标准器：

名称＿＿＿＿＿＿＿＿＿＿＿＿＿＿＿＿型号＿＿＿＿＿＿＿＿＿＿＿＿＿＿

编号＿＿＿＿＿＿＿＿＿＿＿＿测量范围＿＿＿＿＿＿＿＿＿＿＿＿＿＿

准确度等级□/最大允许误差□/扩展不确定度□：＿＿＿＿＿＿＿＿＿＿＿＿＿

证书编号＿＿＿＿＿＿＿＿＿＿＿有效期限＿＿＿＿＿＿＿＿＿＿＿＿＿＿＿

被校流量计：

流量范围＿＿＿＿＿＿＿＿＿输出方式＿＿＿＿＿＿＿＿＿工作介质＿＿＿＿＿＿

介质温度＿＿＿＿＿＿介质压力＿＿＿＿＿＿＿铭牌流量校准系数＿＿＿＿＿＿

原流量校准系数＿＿＿＿＿＿＿＿＿＿＿现流量校准系数＿＿＿＿＿＿＿＿＿＿

序号	校准流量点 kg/h	标准值 kg	测量值 kg	示值误差 %	平均示值误差 %	重复性 %	标准不确定度 %

流量计示值误差：　　　％；流量计重复性：　　　％

校准结果的扩展不确定度：$U_r =$　　　％（$k = 2$）

复校时间间隔建议：

附录 B

校准证书（内页）参考格式

工作介质：_____

介质温度：_____

介质压力：_____

流量范围：_____

输出方式：_____

原流量校准系数：_____

现流量校准系数：_____

其　　他：_____

序号	校准点 kg/h	示值误差 %	重复性 %	标准不确定度 %

流量计示值误差：　　　　　%

流量计重复性：　　　　　%

校准结果的扩展不确定度：$U_r =$　　　% $(k=2)$

复校时间间隔建议：

附录 C

在线装置工作原理及使用方法

C.1 系统组成与工作原理

在线装置一般由标准流量计（质量流量计）、压力变送器、试验管路与阀门（调节阀等）、信号处理与控制系统等组成，在线装置校准图示见图 C.1。在易燃易爆场所进行校准作业时，在线装置应符合安全防爆要求。

在线装置的工作原理基于流体力学的连续性方程，将在线装置与试验管路串接，以其中的标准流量计为标准器，使流体在相同时间间隔内连续通过标准流量计和被校流量计，比较二者输出流量值，从而确定被校流量计的计量性能。当在线装置由二台标准流量计组成时，建议采用同一生产厂家制造的同准确度等级、同型号流量计。

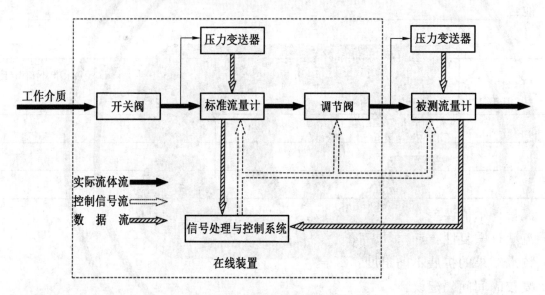

图 C.1 在线装置校准图示

C.2 操作方法

C.2.1 将在线装置与被校流量计串联连接。

C.2.2 根据现场实际工作条件下的流量大小，使工作介质同时流过被校流量计和标准流量计，保证试验管路和流量计充满流体。

C.2.3 在校准前，应按使用要求对被校流量计和标准流量计进行零点调整，调零时传感器测量管工作介质应处于静止状态。

C.2.4 操作调节阀，使流量达到实际工作条件下的流量点，稳定一段时间后开始校准，同步记录标准流量计和被校流量计的初始输出值，经过设定的一段时间后，再记录相应的输出值。

C.3 在线装置在线校准时注意事项：

C.3.1 校准时，除调节流量值需操作调节阀或工艺阀门外，严禁开关其他阀门。

C.3.2 在校准过程中，开闭调节阀或工艺阀门时需缓慢操作。

C.3.3　在线装置应在校准的流量范围内使用，工作压力不得超过设计值。

C.3.4　校准时严禁在线装置和工艺管线排污或放空。

C.3.5　操作人员必须在现场随时监控在线装置的运行状态：在线装置是否稳固、系统管线有无泄漏、仪表和阀门运行是否正常、控制系统运行是否稳定。如有异常应立即通知工艺操作人员采取停泵等措施。排除异常情况后才能通知相关人员重新输送工作介质继续进行校准。

C.3.6　校准结束后，排空在线装置和连接管道内工作介质，确认安全后方可移动在线装置。

附录 D

标准表法科里奥利质量流量计在线校准不确定度评定实例

D.1 概述

D.1.1 科里奥利质量流量计的测量原理及结构特点

科里奥利质量流量计（Coriolis Mass Flowmeter，简称 CMF），利用流体在振动管内流动时产生的科里奥利力，以直接或间接的方式测量科里奥利力而得到流体质量流量。振动管有多种型式，常见的有 U 形振动管、S 形振动管、双 J 形振动管、B 形振动管、单直管形振动管、双直管形振动管、双环形振动管等。

D.1.2 在线校准依据：JJF 1708—2018《标准表法科里奥利质量流量计在线校准规范》。

D.1.3 校准方法：在满足现场校准条件下，将在线装置串联接入现场管道。校准前被检表应在流量点处预运行，然后对被校对象进行在线校准，通过比较被校对象示值和在线装置标准值，计算其示值误差。

D.2 不确定度分析

D.2.1 测量模型

对于单次测量，科里奥利质量流量计相对示值误差的测量模型如式（D.1）：

$$E = \frac{Q - Q_s}{Q_s} \times 100\% \quad\quad\quad\quad\text{……………………(D.1)}$$

式中：

E——被校流量计示值误差；

Q——被校流量计累积流量值，kg；

Q_s——在线装置累积流量值，kg。

各输入量彼此独立不相关，合成标准不确定度可按式（D.2）计算得到：

$$u_c^2(E) = c_1^2 \cdot u_1^2(Q) + c_2^2 \cdot u_2^2(Q_s) \quad\quad\quad\text{…………………(D.2)}$$

D.2.2 灵敏系数

Q 的灵敏系数见式（D.3）：

$$c_1 = \frac{\partial E}{\partial Q} = \frac{1}{Q_s} \quad\quad\quad\quad\quad\text{………………(D.3)}$$

Q_s 的灵敏系数见式（D.4）：

$$c_2 = \frac{\partial E}{\partial Q_s} = -\frac{Q}{Q_s^2} \quad\quad\quad\quad\text{………………………(D.4)}$$

D.2.3 不确定度来源

经分析，测量不确定度的主要来源有在线装置的标准不确定度、被校流量计的测量重复性及压力变送器测量误差等因素带来的不确定度分量。

D.3 校准结果不确定度评定实例

D.3.1 校准条件

D.3.1.1　测量条件：介质为航空煤油，温度 19 ℃，环境相对湿度 52%。

D.3.1.2　标准装置：在线装置扩展不确定度为 0.076%，$k=2$。

D.3.1.3　被校流量计：科里奥利质量流量计，口径 DN150，准确度等级 0.2 级。

D.3.2　不确定度分量评定

本例的不确定度主要由在线装置示值标准不确定度、被校流量计测量重复性和介质压力等因素所带来的不确定度分量组成。

D.3.2.1　被校流量计示值标准不确定度分量 $u_1(Q)$

$u_1(Q)$ 主要由测量重复性及压力变送器测量误差引起的不确定度分量两部分组成。

1）被校流量计测量重复性所引入的标准不确定度分量 $u_{11}(Q)$

在 200(t/h)的流量点下，对被校流量计连续重复测量 10 次，得到测量误差数据列为 -0.089%；-0.091%；-0.085%；-0.086%；-0.095%；-0.090%；-0.094%；-0.082%；-0.087%；-0.093%，采用 A 类方法评定。

平均误差：$\bar{x}=\dfrac{1}{n}\sum\limits_{i=1}^{n}x_i=-0.089\ 2\%$

单次实验标准差：$s(x_i)=\sqrt{\sum\limits_{i=1}^{n}\dfrac{(x_i-\bar{x})^2}{n-1}}\approx 0.42\times 10^{-4}$

本实例中，实际校准时在每一流量点测量 3 次，取 3 次误差平均值作为该流量点的示值误差，故标准不确定度分量为：

$$u_{11}(Q)=s(\bar{x})Q=\frac{s(x_i)}{\sqrt{3}}Q=\frac{0.42\times 10^{-4}}{\sqrt{3}}Q\approx 0.24\times 10^{-4}Q$$

2）压力变送器测量误差所引入的标准不确定度分量 $u_{12}(Q)$

校准过程中，采用压力变送器测量被校流量计处的介质压力，被校流量计根据压力测量值自动进行压力补偿，因而压力变送器的测量误差会给测量结果带来附加误差。根据生产厂家提供的资料数据，压力测量值每偏离 0.1 MPa，会给测量结果带来 0.02% 左右的测量误差。本实例中所采用的压力变送器准确度等级为 0.5 级，满量程 1.6 MPa，其最大允许误差为 $\pm 1.6\ \text{MPa}\times 0.5\%=\pm 0.008\ \text{MPa}$。半宽区间为 $\dfrac{0.008}{0.1}\times 0.02\%=0.001\ 6\%$，采用 B 类评定，按均匀分布，$k=\sqrt{3}$，带来的标准不确定度分量为：

$$u_{12}(Q)=\frac{0.16\times 10^{-4}}{\sqrt{3}}Q\approx 0.092\times 10^{-4}Q$$

所以，被校流量计示值合成标准不确定度分量 $u_1(Q)$：

$$u_1(Q)=\sqrt{u_{11}^2(Q)+u_{12}^2(Q)}=\sqrt{0.24^2+0.092^2}\times 10^{-4}Q\approx 0.26\times 10^{-4}Q$$

D.3.2.2　在线装置示值标准不确定度分量 $u_2(Q_s)$

$u_2(Q_s)$ 主要由在线装置不确定度及压力变送器测量误差引起的不确定度分量两部分组成。

1）在线装置标准不确定度分量 $u_{21}(Q_s)$

根据在线装置校准证书，其扩展不确定度为 0.076%，$k=2$，因此，标准不确定度分量为：

$$u_{21}(Q_s) = \frac{0.076\%}{2} Q_s = 3.8 \times 10^{-4} Q_s$$

2）压力变送器测量误差所引入的标准不确定度分量 $u_{22}(Q_s)$

同样，压力变送器准确度等级为 0.5 级，满量程 1.6 MPa，同 D.3.2.1：

$$u_{22}(Q_s) = 0.092 \times 10^{-4} Q_s$$

所以，在线装置示值标准不确定度分量 $u_2(Q_s)$：

$$u_2(Q_s) = \sqrt{u_{21}^2(Q_s) + u_{22}^2(Q_s)} = \sqrt{3.8^2 + 0.092^2} \times 10^{-4} Q_s \approx 3.8 \times 10^{-4} Q_s$$

D.3.3　合成标准不确定度

D.3.3.1　标准不确定度一览表见表 D.1。

表 D.1　标准不确定度一览表

标准不确定度来源	符号	灵敏系数 1/kg	标准不确定度 kg
1 被校流量计示值	$u_1(Q)$	$\dfrac{1}{Q_s}$	$0.26 \times 10^{-4} Q$
1）测量重复性	$u_{11}(Q)$	——	$0.24 \times 10^{-4} Q$
2）压力变送器测量误差	$u_{12}(Q)$	——	$0.092 \times 10^{-4} Q$
2 在线装置示值	$u_2(Q_s)$	$-\dfrac{Q}{Q_s^2}$	$3.8 \times 10^{-4} Q_s$
1）在线装置标准不确定度分量	$u_{21}(Q_s)$	——	$3.8 \times 10^{-4} Q_s$
2）压力变送器测量误差	$u_{22}(Q_s)$	——	$0.092 \times 10^{-4} Q_s$

D.3.3.2　合成标准不确定度 $u_c(E)$

从测量重复性数据列可知，Q_s 与 Q 的相对误差最大相差为 0.095%，因此，$Q_s \approx Q$，即 $\dfrac{Q}{Q_s} \approx 1$，灵敏系数 $|c_1| = |c_2| = \dfrac{1}{Q}$，故：

$$u_c(E) = \sqrt{c_1^2 \cdot u_1^2(Q) + c_2^2 \cdot u_2^2(Q_s)}$$

$$\approx \sqrt{0.26^2 + 3.8^2} \times 10^{-4} \approx 3.81 \times 10^{-4}$$

D.3.4　校准结果的扩展不确定度

取包含因子 $k = 2$，则科里奥利质量流量计在线校准结果的扩展不确定度为：

$$U_r = k_{u_c}(E) = 2 \times 0.0381\% \approx 0.08\%$$

在流动中创造价值

合肥奥巴尔仪表有限公司
愿同您一道为中国碳中和目标做贡献！

在各领域广泛应用的OVAL流量计 PRODUCT INTRODUCTION

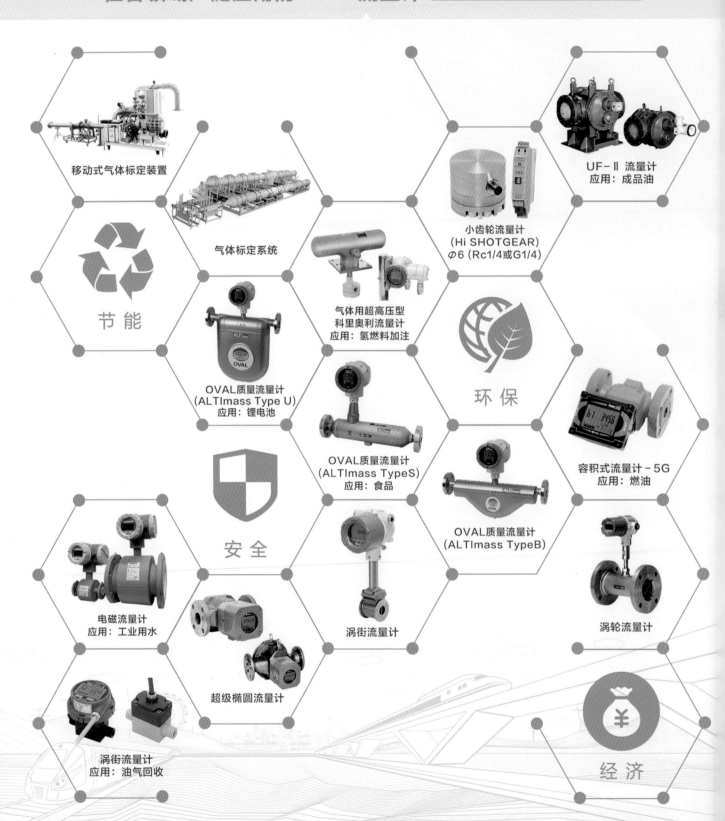

移动式气体标定装置

气体标定系统

节能

小齿轮流量计
(Hi SHOTGEAR)
Φ6 (Rc1/4或G1/4)

UF-Ⅱ 流量计
应用：成品油

气体用超高压型
科里奥利流量计
应用：氢燃料加注

OVAL质量流量计
(ALTImass Type U)
应用：锂电池

环保

OVAL质量流量计
(ALTImass TypeS)
应用：食品

容积式流量计－5G
应用：燃油

安全

OVAL质量流量计
(ALTImass TypeB)

电磁流量计
应用：工业用水

涡街流量计

涡轮流量计

超级椭圆流量计

涡街流量计
应用：油气回收

经济

合肥奥巴尔仪表有限公司
HEFEI OVAL INSTRUMENT CO.,LTD.

合肥：0551-63829198　苏州：13645602694
广州：13637071838

地　址：合肥市经济技术开发区天都路58号
邮　编：230601
官　网：http://www.hfoval.cn

智能水表
智享生活

■ 三十年精心研制

企业简介

广州市兆基仪表仪器制造有限公司前身为广州市兆基水表仪器制造厂，企业创建于2002年，2015年企业改组升级为公司。我司是专业研发、制造全系列的各式冷热水计量民用机械水表、IC卡智能水表、IC卡预付费水表、光电智能远传水表、超声波水表、NB-IoT物联网水表、无磁物联网水表、电磁水表、营业收费系统、校园一卡通系统、四表集抄系统等及配件系列产品的制造商。公司拥有多项水表新型及发明技术专利和计算机软件著作权登记证，企业拥有现代科研、生产、检测设备，拥有省级水表实验室和质检中心，是一家集研发、生产、销售为一体多元化的优秀企业。

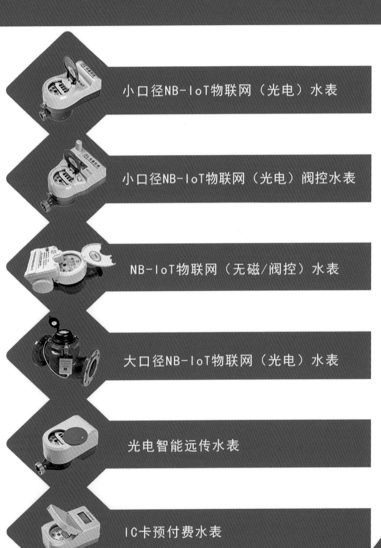

小口径NB-IoT物联网（光电）水表

小口径NB-IoT物联网（光电）阀控水表

NB-IoT物联网（无磁/阀控）水表

大口径NB-IoT物联网（光电）水表

光电智能远传水表

IC卡预付费水表

扫码关注我们

联系人：游楚峰
联系电话：400-6088-338
邮箱：info@gdzhaoji.com

Http://www.gdzhaoji.com
生产地址：广州市番禺区市莲路祥兴大街2号
办公地址：广州市番禺区市莲路新桥村西坊三楼

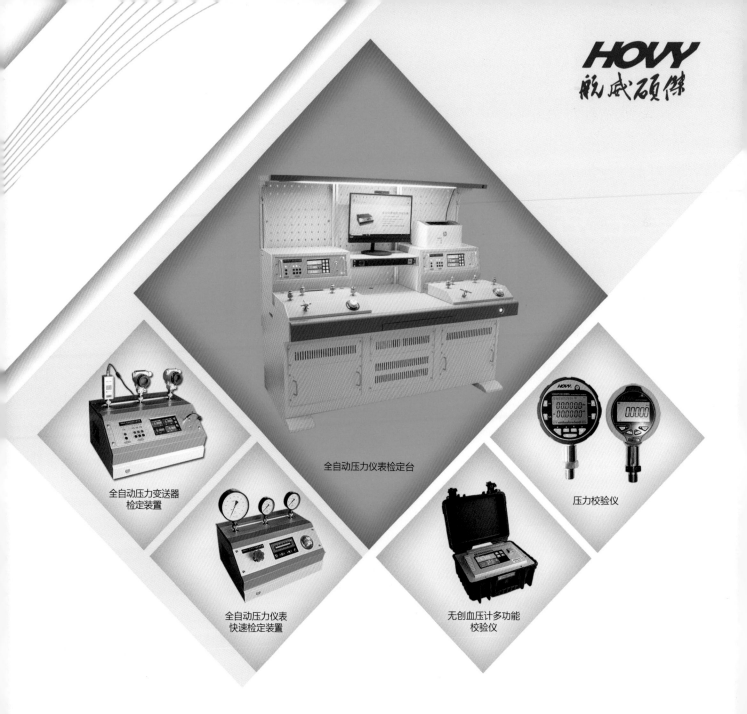

全自动压力仪表检定台

全自动压力变送器
检定装置

全自动压力仪表
快速检定装置

无创血压计多功能
校验仪

压力校验仪

国家水大流量计量站、机械工业第十三计量测试中心站和机械工业流量仪表产品质量检测中心，简称两站一中心，其法人实体是开封市水大流量计量科技有限公司。该公司是由CNAS认可的检测校准实验室。两站一中心面向全国开展流量量值传递工作。有着近50年的流量计量历程，在国内流量计量行业享有盛誉。

我站拥有完备的水、气、油流量标准装置，其中大口径水流量标准装置是国家市场监督管理总局授权的国家水大流量计量站的主力设备。我站拥有世界最大的以溢流水塔为稳压方式的静态容积法水流量标准装置，负责全国范围内大口径流量计的量值传递工作。实验室占地面积10000㎡，建有2000m³的蓄水池，1000m³的溢流式水塔，可对各种液体流量仪表进行量值传递工作。

两站一中心的流量检测能力为：水流量标准装置口径范围DN4～DN3000、流量范围0.004m³/h～16000m³/h、准确度等级包括0.1级和0.2级；气流量标准装置口径范围 DN15～DN150、流量范围 0.5m³/h～1800m³/h、准确度等级0.5级；油流量标准装置口径范围DN15～DN150、流量范围3m³/h～180m³/h、准确度等级0.05级。

两站一中心几十年来为我国流量计量工作做出了突出贡献，据不完全统计已完成数十万台的各种流量仪表量值传递任务，并积极开展大口径水流量仪表在线校准技术的研究和推广，累计完成数万台次大口径流量仪表的在线校准工作。数年来国家水大流量计量站先后完成了向香港供水的东深工程计量系统用大口径文丘里管的量值传递工作、南水北调东线工程万年闸泵站流道模型实验、三峡流量测量模型实验（与中国计量科学研究院合作项目）等，为我国大口径水流量计量技术的发展做出了卓越贡献。

我们将一如继往地坚持"及时检测、严肃认真、科学公正、热情服务"的工作方针，继续为全社会提供可靠优质的流量量值传递服务。

国家水大流量计量站
开封市水大流量计量科技有限公司

地　　址：河南省开封市汴京路38号
联系电话：0371-22950899

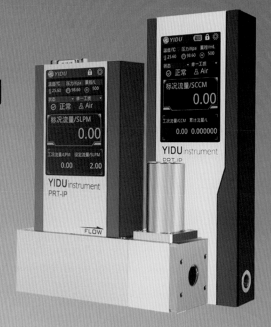

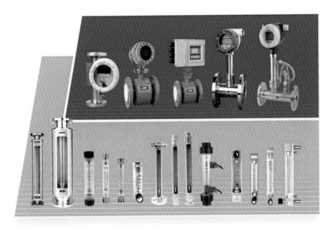

公司简介>>

丹东通博测控工程技术有限公司成立于1995年，是设计制造流量标准装置、定量装车、罐区监控等产品的自动化系统集成商。

公司经过多年的不懈努力，积累了丰富的设计和实践经验，拥有严谨务实的专业技术队伍。公司持续重视研发投入，先后获得国家专利24项，软件著作权25项。为客户提供合理的方案和优质的服务。

公司处于行业先进地位，截至2020年，为计量院所、石油石化计量中心、仪表生产企业等客户提供153套流量标准装置。同时为石油石化公司、炼油及化工企业等客户提供45套定量装车、罐区监控自动化控制系统，得到了各行业客户的高度认可。

公司通过了ISO 9001:2015质量管理体系、ISO 14001:2015环境管理体系、ISO 45001职业健康安全管理体系认证，并通过了高新技术企业和软件企业认证。

公司参与制定的现行规程有：
JJG 164—2000《液体流量标准装置》；
JJF 1240—2010《临界流文丘里喷嘴法气体流量标准装置校准规范》；
JJG 461—2010《靶式流量计》。

公司参与起草的规程规范有：
《蒸汽流量标准装置》；
《热量表检定装置》；
《临界流文丘里喷嘴标准装置》。

通博测控成立26年来，始终秉承"严谨、务实、高效、守信"的企业精神，为客户提供"高度自动化和真实复现流量性能"的解决方案而不懈努力。

---

andisoon

成都安迪生测量有限公司成立于2008年3月，占地20000m²，注册资金5000万元。公司主要产品为具有CNG/LNG、高压氢气加注计量、过程控制流量计量等应用场景的科里奥利质量流量计，以及应用于计量溯源的CNG/LNG加气机检定装置、加氢机检定装置、高压气体流量标准装置和低温液体流量标准装置等产品。

产品名称：科里奥利质量流量计
应用场景：高压氢气加注计量
CNG/LNG加注计量
过程控制流量计量等。

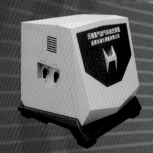

产品名称：计量溯源装置(系统)
应用场景：加氢机校准
CNG/LNG加气机校准
高压气体流量溯源系统
低温液体流量溯源系统等。

成都安迪生测量有限公司
Chengdu Andisoon Measure Co.,Ltd.

地址：四川省成都市西南航空港经济技术开发区物联网产业园区物联西街88号
电话：028-63165822   传真：028-63165817
邮箱：info@andisoon.com   网址：http://www.andisoon.com